U0208445

全球生物遗传资源获取与惠益分享行为指南与示范准则资料汇编

The Document Compilation of Global Guideline/Model Agreement for Access and Benefit-sharing to Biological Genetic Resource

李一丁 编/译

 中国政法大学出版社

2018·北京

谨以此书：

纪念《生物多样性公约》实施二十五周年

献给 2020 年在中国北京举办的《生物多样性公约》

第十五届缔约方大会（COP-15）

25 年 | 生物多样性公约
保护地球上的生命

（来自《生物多样性公约》秘书处网站）

致 谢

本书编译过程中得到生态环境部自然生态司、生态环境部环境保护对外合作中心、全球环境基金、武汉大学环境法研究所的关心、协助和支持，在此一并致谢！

序 一

喜迎全球生物遗传资源获取管制 3.0 模式

生物遗传资源对于保障一国生物和生态安全、维护国家安全具有重要意义。二十一世纪是生物技术的世纪，生物遗传资源储备情况、生物技术及相关产业成熟兴旺程度将成为衡量一国综合国力的核心标准。如何成为生物遗传资源大国和生物技术强国俨然成为一国未来发展全新政策考量。而在"一带一路"战略背景下，我国如何与沿线各国进行生物遗传资源获取和惠益分享、生物多样性保护和持续开发、利用方面的合作更是一项值得关注的全新议题。

《生物多样性公约》及《生物多样性公约关于获取遗传资源以及公正和公平地分享其利用所产生的名古屋议定书》提出了全球生物遗传资源获取管制"1.0 模式"，这种模式要求各缔约国在遵循国际公约、议定书相关规定前提下围绕生物遗传资源国家主权原则创设、构建本国生物遗传资源获取管制机制与模式，核心制度有事先知情同意、共同商定条件、来源披露等；《粮食和农业植物遗传资源国际公约》为主的国际公约提出了全球生物遗传资源获取管制"2.0 模式"，该模式提供了一种供缔约方自动加入的、适用于全球范围粮食和农业植物遗传资源多边获取和惠益分享机制，核心制度主要是标准材料转让协议。目前"1.0 模式"和"2.0 模式"正在全球生物遗传资源相关领域得到适用，但由于适用对象特殊、适用程序繁冗、行政干涉太多等问题，实施成效并未达到预期目标。

令人振奋的是，各国际组织、各国政府、土著和当地社区一直在为全球生物遗传资源获取管制模式创新付诸持续性地努力，本书所归纳、整理和翻译的这些行为指南/示范协议即是上述努力的见证，这里姑且将之称为全球生物遗传资源获取管制"3.0 模式"。与前述 1.0、2.0 模式相比，3.0 模式具有界面更加友好（多为支持、鼓励性措辞，强制性的、禁止性的措辞有所减少）、内容更加丰富（如涉及生物勘探、生物遗传资源相关传统知识、生物技术产业）、操作更加简便（并不具有强制约束力，但一旦遵守会对获取和惠益分享提供行为指引）等特点，并将为全球现有生物遗传资源获取管制模式实施提供补充性和辅助性材料。而在 3.0 模式之中，有些行为指南/示范协议已先于国际公约、议定书而存在；有些行为指南/示范协议则是对生物遗传资源获取管制国际法律最新发展而进行的全面、详尽的阐释与说明；还有些行为指南/示范协议不仅规范调整各相关主体生物遗传资源获取和惠益分享行为，还介入到生物技术、生物产业、生物道德和伦理之间的关系。

本书中的内容大多是首次推荐和介绍给国内理论界和实务界，本书的编/译者李一丁副教授也是国内为数不多的长期坚持研究生物多样性、文化多样性法制的青年学者，本书的面世不仅为我国生物遗传资源领域政策、法制研究提供基础性的研究素材，也会给我国企业、高等院校、科研机构实现跨国、跨区域生物遗传资源方面的交流、合作提供实务参考。

是为序。

秦天宝[1]
2018 年 9 月

---

[1] 教育部长江青年学者、武汉大学环境法研究所所长、教授、博士生导师。

序 二

生物遗传资源不仅是国家的重要战略资源，也关系到国家的生态利益和生态安全。而在国际上，由于"生物剽窃"现象的频繁发生，促进了1992年的《生物多样性公约》及2010年的《生物多样性公约关于获取遗传资源和公正和公平分享利用所产生的名古屋议定书》等国际法律文件的产生。为履行国际公约，各缔约国正努力制定国家层次的生物遗传资源获取与惠益分享法律框架和制度体系。在具体规则层面上，各国、各区域合作组织、国际组织、产业协会、知名大学、科研机构相继制定了关于生物遗传资源获取和惠益分享示范协议、行为准则、最佳实践手册等，为国家获取与惠益分享制度体系的建立提供技术支持。

本书即是关于生物遗传资源获取和惠益分享示范协议、行为准则、最佳实践手册的资料汇编。整体来看，该书具有如下几个特点。第一，来源广。编/译者收集、归纳和整理了来自国家、区域合作组织、国际组织、产业协会等多个主体编写、汇总的政策、法律、规则文件；第二，数量多。编/译者在此书中一共贡献了近五十余份示范协议、行为准则、最佳实践手册，其中尤以示范协议、行为准则居多；第三，内容全。编/译者在编译过程中几乎是全文翻译，以试图将文件"原真面貌"展现在读者面前。

本书编/译者李一丁副教授是国内为数不多的从事生物多样性法制研究的年轻学者之一。尽管该领域在国内并非热门、加之研究门槛较高、研究难度较大、交叉学科属性明显，着实是一块难啃的"硬骨头"，但是很欣喜地看到，李一丁副教授能够持之以恒、坚持不懈地在该领域持续挖掘与深耕，此书即可视为他在近期研究所取得的不俗成果，这是值得高度肯定和赞赏的。

中国是《生物多样性公约》和《名古屋议定书》的缔约方。为了与国际公约接轨并切实履行国际公约义务，目前，正在进行生物遗传资源获取与惠益分享的国家立法，并在一些地方省市开展了地方立法的示范实践，而本书的出版将为国内相关立法工作提供国际经验，希望此书介绍的各国经验和实践能够为我国生物遗传资源保护和惠益分享制度的建立提供切实帮助，也希望越来越多的人能够通过本书真正认识、了解生物遗传资源的价值，并真正理解生物多样性的保护、可持续利用和公平分享其利用惠益的意义。

　　是为序。

薛达元[1]

2018 年 5 月

---

[1]　中央民族大学生命与环境科学学院教授、博士生导师，我国生物多样性领域知名科学家。

序 三

作为生物资源的核心组成部分,生物遗传资源不仅具有经济价值,还具有重要的生态价值和人文价值。生物遗传资源是体现一国生物多样性、文化多样性的基础性资源,也是决定一国生物种群、生物资源能否永续生存、生态系统能否维持平衡的关键性资源,更是关乎一国生态安全的战略性资源。以生物技术产业勃兴为标志的"第四次工业革命"的主战场之一,就是全球范围内生物遗传资源获取、开发、利用活动及由此产生的惠益的分配与再分配。

目前全球范围内规范生物遗传资源获取和惠益分享的国际法律文件主要有《生物多样性公约》、《生物多样性公约关于获取遗传资源以及公正和公平地分享其利用所产生的名古屋议定书》、《粮食和农业植物遗传资源国际公约》等。这些公约和议定书旨在构建一种体现缔约国意志的双边、多边获取和惠益分享法律机制,经过多年的发展已取得一定的成效。然而,全球生物遗传资源获取和惠益分享更多地发生和体现在确定主体和明确的场域以内,如各国政府、高等院校、科研机构参与,以及发生在民族和当地社区、土著部落内的获取和惠益分享。因参与主体、活动场域的不同而导致的实施背景、条件、环境等方面的不同,要求获取和惠益分享法律机制进行某种变革与变通。

基于此,一些国家的政府、高等院校、科研机构、民族和当地社区长老、土著部落的领袖贡献智慧,并开创了一种富有新意的规范模式——获取和惠益分享行为指南(Guideline)/示范协议(Model Agreement)。这种并不具有强制约束力的模式因其格式规范、内容丰富、操作性强而逐步得到生物遗传资源获取和惠益分享各参与主体认同和接受,并成为辅助前述机制实施的重要制度保障。

本书对近些年来全球所出现的生物遗传资源获取和惠益分享行为指南/示范协议做了系统、全面、集中的展示。本书译者李一丁副教授也是近些年来涌现的为数不多的研究生物多样性法制的青年学者之一。此书的出版发行，不仅为一丁的学术成果积累再添点睛之笔，相信也会对我国相关领域的学者和实务工作者更加全面地认知、了解全球生物遗传资源获取与惠益分享机制的发展动态，以及对我国生物资源、生物技术研发主体更加熟悉全球生物遗传资源获取管制规则，起到积极的推动作用。

是为序。

于文轩[1]

2018 年 10 月 1 日

于中国政法大学海淀校区

---

[1] 中国政法大学环境资源法研究所所长，教授，博士生导师。

目 录

CONTENTS

一、行为指南部分

二、示范协议部分

一、行为指南部分

欧洲议会和《名古屋议定书》遵约委员会关于 2014/511 号规则适用范围和核心义务的指导文件[*]

2016 年版

一、简介

本文件意在为欧洲议会第 2014/511 号规则条款及实施以及欧洲委员会于 2014 年 4 月 16 日颁布的《生物多样性公约关于获取遗传资源和公正和公平分享其利用所产生惠益的名古屋议定书》（以下简称《名古屋议定书》）遵约措施[1]提供指南（以下简称"欧盟 ABS 规则"或"规则"）。

欧盟 ABS 规则是在规范使用者遵约情况的国际规则中予以实施（包括《名古屋议定书》在内），如遵守生物遗传资源提供国家创设的获取和惠益分享规则的使用者应当做些什么的规定。《名古屋议定书》也包括获取措施相关规则，但是这并不包括在欧盟 ABS 规则范围之内，因此也没有在本指南文件中提到。

本规则也提供了委员会为实施法案而采取的某些额外措施。如委员会 2015 年 10 月 13 日通过的第 2015/1866 号实施规则为欧洲议会和委员会[2]第 2014/511 号规则确定了关于收集注册、对使用者遵约情况进行监督和最佳实践等详细规定。（以下简称"实施细则"。）

在与成员国利益相关方和专家进行协商之后，各方均认为欧盟 ABS 规则

---

* Guidance document on the scope of application and core obligation of Regulation (EU) No 511/2014 of the European Parliament and of the Council on the compliance measures for uses from the Nagoya Protocol on Access to Genetic Resources and the Fair and Equitable Sharing of Benefits Arising from the Utilization in the Union.

[1] OJ L 150, 20.5.2014, p.59.

[2] OJ L 275, 20.10.2015, P.4.

各项内容需进一步明确。现有指南文件也在 ABS 专家工作组[1]各成员国代表合作下进行讨论和发展，也得到 ABS 磋商论坛[2]利益相关人的回馈。

本指南文件并不具有法律强制力，它唯一的目的是为欧盟相关法律提供各方面资讯。因为它试图对公民、企业和国家主管部门运用欧盟 ABS 规则及实施细则提供协助。它不会对委员会未来位置做出预先判断。只有欧盟法院具有解释欧盟法律的权限。本指南也不能取代、增加或修改现有欧盟 ABS 规则及实施细则条款，而且也不能被认为独立于前述立法过程中而单独使用。

（一）法律框架概览

《生物多样性公约》[3]（以下简称"CBD 公约"）一共设置三大目标，分别为保护生物多样性、可持续利用其组成部分并对利用遗传资源进行公平、公正惠益分享（CBD 公约第 1 条）。《名古屋议定书》进一步对 CBD 公约第 15 条关于获取生物遗传资源的规定予以明确，同时也对生物遗传资源相关传统知识进行规定。[4]该议定书创设关于生物遗传资源和相关传统知识获取、惠益分享以及使用者遵约等国际规则。

而在实施议定书关于获取措施的规定时，提供生物遗传资源或相关传统知识的国家（以下简称"提供国"）应将事先知情同意作为获取前置要件。议定书并不要求缔约方对生物遗传资源和/或相关传统知识获取设定限制。但是，如果获取措施一旦生效，议定书要求提供者创设清晰规则——类似规则应确保法律确定性、清晰性和透明性。议定书有关惠益分享规定建立在共同商定条件基础之上（MAT），这是提供者（大多数情况下属于提供者公共管理部门）与使用者之间的协议。[5]

议定书重要特征即要求缔约方为使用者创设遵约机制。更为具体的是，议定书要求缔约方实施这些措施（如法律、行政法规或其他政策工具）以确保其管辖范围内的使用者能够遵守提供国创设任何获取规则。议定书遵约部

---

[1] http://ec. europe. eu/transparency/regexpert/index. cfm? do=groupDetail&groupID=3123&New Search=1&NewSearch=1.

[2] http://ec. europe. eu/transparency/regexpert/index. cfm? do=groupDetail&groupID=3396&New Search=1&NewSearch=1.

[3] http://www. cbd. int/convention/text.

[4] http://www. cbd. int/abs/text/default. shtml. The protocol was adopted in Nagoya, Japan, in October 2010 during the tenth conference of the Parties to the CBD. It entered into force on 12 October 2014, having reached the necessary number of ratifications. .

[5] It is possible that PIC and MAT may be issued jointly or in one document.

分已经由欧盟 ABS 规则变成欧盟法律框架。关于欧盟获取规则，当其认为合适的时候，成员国可自由创设类似规则。类似规则也并不适用于欧盟层面，尽管其创设是为了遵守相应欧盟法律。[1]

欧盟 ABS 规则得到欧盟第 2015/1866 号规则补充，后者已于 2015 年 11 月 9 日生效。

欧盟 ABS 规则及实施细则直接适用于所有欧盟成员国，而不管《名古屋议定书》是否已在该国得到批准。

（二）本指南定义界定

本指南使用的关键术语已在 CBD 公约、《名古屋议定书》和欧盟 ABS 规则中予以说明，详情如下：

遗传资源：是指具有实际或潜在价值的遗传材料（来自规则第 3 条第 2 款；CBD 公约第 2 条）；

利用遗传资源：是指通过运用 CBD 公约第 2 条所示的生物技术手段对遗传资源的遗传和/或生物化学成分开展研究和开发活动（来自规则第 3 条第 5 款；CBD 公约第 2 条 c 款）；

欧盟 ABS 规则也提供下列额外的定义：

遗传资源相关传统知识：土著或当地社区持有的关于利用生物遗传资源、在适用于生物遗传资源利用共同商定条件中描述的传统知识（来自规则第 2 条第 7 款）；

获取：是指作为《名古屋议定书》缔约方获得生物遗传资源或相关传统知识（来自规则第 3 条第 3 款）。

本文件中"提供国"是指生物遗传资源的来源国或其他以符合公约规定获得生物遗传资源的议定书任意缔约国（见议定书第 5 条和第 6 条以及 CBD 公约 15 条）。生物遗传资源来源国在 CBD 公约中被认为是在就地条件下拥有生物遗传资源的国家。

二、规则适用范围

本部分也提到地理范畴内本规则适用范围，关于生物遗传资源来源（2.1）、所处位置（2.5）以及生物遗传资源获得期限（2.2），以及所涉及的材料、活动（2.3）和主体（2.4）。

很重要的一点是注意下列关于规则使用的起始条件是累积性的：当文件

---

〔1〕 Such as for example internal market rules etc.

提到"本规则适用时"即当某项条件得到满足时，它的法律效果通常假定为所有其他条件也应得到满足。这也反映在本指南文件附件一关于适用条件的概述之中。

某些来源国 ABS 法律或规则要求在某些方面超出欧盟 ABS 规则范围的情况是可能存在的。即使欧盟 ABS 规则并无规定，但却不影响各国法律或规则仍然有效。

（一）地理范围——生物遗传资源的提供

本部分提到特定地区适用生物遗传资源规则的条件。它在处理更为复杂的情形之前对基本条件进行描述。

1. 本规则适用于一国生物遗传资源国家主权范围内生物遗传资源

本规则仅适用于国家主权范围所涉的生物遗传资源（来自本规则第 2 条第 1 款）。这反映出 CBD 公约于第 15 条第 1 款阐述的主要原则（《名古屋议定书》第 6 条第 1 款再次提到），即各主管部门能够代表各国政府确定生物遗传资源的获取且受到各国立法限制（当该国法律存在时）。这也显示本规则并不适用于国家管辖范围以外的生物遗传资源（例如来自公海或北极公约系统内的地区的生物遗传资源）。[1]

2. 本规则适用于已经批准议定书且创设生物遗传资源获取规则的提供国

本规则仅适用于已经批准议定书且创设生物遗传资源获取规则的提供国。[2]

为了与第 2 条第 4 款保持一致，本规则仅适用于获取规则的生物遗传资源和相关传统知识（可适用的获取和惠益分享立法或规则要求），以及类似措施是由作为《名古屋议定书》的缔约方创设的。

提供国应选择适用于特定生物遗传资源和/或特定地理区域资源相关规则。而除此之外该国其他生物遗传资源的利用情况可能不会触发本规则义务产生。前述规则必须适用于讨论中的特定生物遗传资源（或相关传统知识），从规则本身到资源的利用。

获取活动的特定类型——例如，特定合作研究项目——也必须排除在特定国家获取立法适用范围之外，在这种情况下类似活动也不应触及欧盟 ABS 规则义务。

---

[1] http://www.ats.aq.

[2] "Access measures" includes measures established by a country following ratification of, or accession to, the Nagoya Protocol, as well as measures which have existed in the country before the Protocol's ratification.

CBD 公约第 15 条第 2 款提到了 ABS 核心原则之一且在《名古屋议定书》第 6 条第 3 款中进一步明确内容为：各缔约方应从环境友好角度为其他缔约方获取生物遗传资源提供便利。为了更加有效地获取和惠益分享，在获取生物遗传资源过程中使用者需要法律的确定性和明确性。为了与《名古屋议定书》第 14 条第 2 款保持一致，缔约方有义务将其关于获取和惠益分享的法律、行政或政策措施发布于获取和惠益分享信息交换所。这会让使用者和具有管辖权的主管部门能够更加容易地获得提供国利用生物遗传资源的规则。相应地，多重因素的信息：（a）该国是否为《名古屋议定书》缔约国；（b）该国获取措施是否实施，都能够从获取和惠益分享信息交换所找到（见下文第三段第二部分），议定书关于分享获取和惠益分享核心价值可以在 http://ab-sch.cbd.int/counties 通过搜索国家文件而得到信息。

总而言之，规则适用地理范围指的是生物遗传资源的起源信息。结合第 2 条第 1 款和第 2 条第 4 款来看，本规则仅适用于一国生物遗传资源国家主权范围内生物遗传资源和已经创设获取和惠益分享措施的议定书缔约方，该类措施适用于特定的处于讨论过程中的生物遗传资源（或相关传统知识），当上述标准并不满足的时候，该规则并不适用。

3. 非直接获取生物遗传资源

在非直接获取生物遗传资源的情况下，通过中间者如培育收集系统或其他具有相同职能的专业公司或组织，使用者应确保得到最初获得资源的中间者的事先知情同意和共同商定条件。[1] 取决于中间者获得生物遗传资源的条件，使用者有必要获得全新的事先知情同意和共同商定条件甚至改变现有规定，如果可能用途并未被中间者依赖或之前获得的事先知情同意和共同商定条件所涵盖。前述条件最先由中间者和提供国之间协商一致，因为中间者处于告知使用者持有材料法律状态的最佳位置。

当然，上述有关生物遗传资源的预设前提属于本规则适用范围，因此中间者可在议定书生效后从提供者获得材料（见以下第二部分）。相反，不管中间者处于何种位置（缔约方或不是缔约方），只要提供国属于缔约方即可。

非直接获取生物遗传资源的特别方式是通过生物遗传资源来源国移地收集系统获取（不管是在欧盟或其他地方）。不管讨论中的该国生物遗传资源获取规则生效与否，如果它们的收集系统获取行为发生在议定书生效之后，均属于本规则适用范围，而不管资源收集时的状态。

---

〔1〕 Consult section 3.4 with regard to genetic resources obtained from registered collection.

4. 非缔约方

获取和惠益分享立法或规则要求被认为也适用于并非《名古屋议定书》缔约方的国家。[1] 这些国家利用生物遗传资源的行为不属于欧盟 ABS 规则适用范畴。但是，资源的使用者仍应遵守本国立法或规则要求并尊重已生效的任何共同商定条件。

（二）时间范围：生物遗传资源必须在 2014 年 12 月 12 日后获取和利用

欧盟 ABS 规则于 2014 年 12 月 12 日生效，这也是《名古屋议定书》在欧盟生效的时间。生物遗传资源获取早于上述时间将不属于本规则适用范围，即使上述资源的利用发生在 2014 年 12 月 12 日之后（参见规则第 2 条第 1 款）。换句话说，规则仅适用于发生在 2014 年 12 月 12 日之后的获取行为。

欧盟为基础的研究机构从 2015 年开始从位于德国的收集系统获得微生物遗传资源。1997 年，该收集系统从提供国获得前述生物遗传资源，[2] 随后该国成为《名古屋议定书》缔约方。上述生物遗传资源并不属于本规则义务对象。但是，使用者必须受到最先进入和由收集系统要求的合同义务。这在从收集系统获得材料时就应当查实。

相反也存在获取生物遗传资源以及在议定书生效之前对类似材料单独进行研究和开发情形（如利用，详见第二部分第三段第三点）。如果生物遗传资源的获取持续进行但并没有开展研究和开发活动，这应当属于规则适用范围例外。

在欧盟具有市场份额的某项化妆品产品（如面霜）是在议定书生效前从某国获得生物遗传资源开发而来。目前该面霜中的生物遗传资源通常来自于该国，包括它成为议定书缔约方以及创设获取规则之后。然而并无任何研究和开发活动发生，所以本案并不适用本规则。

任何关于欧盟 ABS 生效时间的额外说明均是有意义的。当规则视为整体而在 2014 年 12 月 12 日生效时，第 4 条、第 7 条和第 9 条也在一年之后生效。因此使用者也受到 2015 年 10 月生效条款的制约，但是原则上与所有生物遗传资源相关的义务均在 2014 年 12 月之后产生。换句话说，2015 年之前或之后获取生物遗传资源并无显著区别，使用者的法定义务确实存在差异，因此使用者并无履行合理注意的义务（详见第三部分第一段）。该义务直到 2015

---

〔1〕 For an updated list of parties, see http://www.cbd.int/abs/nagoya-protocol/signatories/default.shtml or http://www.absch.cbd.int.

〔2〕 With regard to genetic resource from the country of origin of those genetic resource obtained through a collection, consult section 1.3.

年 10 月才生效，因此本规则所有条款均适用于所有生物遗传资源。

某些议定书的缔约方也会将国内规则适用于议定书生效之前的生物遗传资源获取行为。但这种生物遗传资源的利用行为不属于欧盟 ABS 规则适用范围。但是，提供国国内立法或规则要求仍然适用且任何已生效的共同商定条件仍需得到尊重，即使并未将其纳入欧盟 ABS 规则。

（三）材料范围

本规则适用于生物遗传资源和相关传统知识利用行为。所有三个方面要素均在本部分整体以及特定情形进行说明。

1. 生物遗传资源

为了遵从 CBD 公约关于生物遗传资源的定义，欧盟 ABS 规则将其定义为："具有实际或潜在价值的遗传材料"（本规则第 3 条），然而"遗传材料"是指"任何植物、动物、微生物或其他具有遗传功能单元的原初材料"（CBD 公约第 2 条）。

专门国际规定和其他国际协议规范的生物遗传资源

为了遵守《名古屋议定书》第 4 条第 4 款规定，为了实现该机构的目标，专门获取和惠益分享方式应在专门规定所涉特定生物遗传资源中占据优势地位，如果其与 CBD 公约和议定书目标保持一致且并不违背。相应地，欧盟 ABS 规则第 2 条第 2 款也明确规定该规则并不适用于类似专门国际规定所规范的生物遗传资源的获取和惠益分享。现阶段它们包括《粮食和农业植物遗传资源国际公约》（以下简称"ITPGRFA 公约"）[1]以及世界卫生组织《大流行性流感防范框架》（以下简称"PIP 框架"）。[2]

但是，欧盟 ABS 规则适用于 ITPGRFA 公约及 PIP 框架所涉生物遗传资源。如果获取的所在国并非上述协议而是《名古屋议定书》的缔约方，[3] 该规则也适用于所涉生物遗传资源专门规定用于除专门规定以外的目的（如某

---

[1] http://planttreaty.org/.

[2] http://www.who.int/influenza/pip/en.

[3] As noted at the beginning of Section 2, the condition for applicability of the regulation are cumulative. The statement 'the Regulation applies' therefore implies that, in addition to the specific condition in question, all other conditions for applicability of the Regulation are also fulfilled- i. e. the genetic resource were accessed in a Party to the Protocol which has in place relevant access measures, they are accessed after October 2014, and the genetic resource are not covered by specialized international ABS regime (which in the circumstance described above is the case due to the fact that the provider country is not a party to such specialized agreement); furthermore they are not human genetic resource.

个适用于 ITPGRFA 的粮食作物用于制药）。为了得到更多为粮食和农业获得和利用植物遗传资源不同情形的信息，取决于获取生物遗传资源所在国是否是议定书和/或 ITPGRFA 公约缔约方，也取决于使用行为类型，参见本文件第五部分第二段。

人类遗传资源

人类遗传资源不属于本规则适用对象。因为它们并不属于 CBD 公约及议定书适用对象，这也在 CBD 公约缔约方大会 II/11 号决定（第二段）以及 X/1 号决定（第五段，尤其是获取和惠益分享规定）[1]所确认。

作为贸易商品的生物遗传资源

作为商品而进行贸易和交换的生物遗传资源（如农业、渔业或森林产品——不管直接消费或作为营养成分，如用于食物和饮品中）均不属于本规则适用对象。议定书并不对贸易相关议题进行规范，但是仅适用于利用生物遗传资源行为。只要没有对生物遗传资源进行研究和开发（但是并不属于议定书利用行为——见第二部分第三段第三点），便不适用于欧盟 ABS 规则。

但是，假如当作为商品进入欧盟的生物遗传资源被投入研究和进行开发，使用的意图已经改变则这种新用途亦属于欧盟 ABS 规则范围（提供其他使用条件的规则也将适用）。例如，欧盟市场中供消费使用的橘子并不属于规则的适用对象。但是，如果同样的橘子用于研究和开发（如某类物质从其分离且将用于形成新物质），这种行为也属于欧盟 ABS 规则。

如果上述用途的变化直到被称为商品，使用者也希望与提供国联系并阐明是否需要就类似生物遗传资源利用行为进行事先知情同意和达成共同商定条件（如果是，应获得必要的许可并创设共同商定条件）。

如果使用者希望利用包括生物遗传资源的商品（比如开展研究和开发活动）它们应被建议直接从提供国获取生物遗传资源以便其来源清晰且从一开始便明确适用议定书。

私人持有的生物遗传资源

取决于任何特定提供国的获取措施，本规则也适用于私人持有生物遗传资源所在国，例如，私人收集系统。换句话说，当生物遗传资源属于私人或

---

〔1〕　See http://www.cbd.int/decision/cop/default.shtml? id=7084 and http://www.cbd.int/decision/cop/default.stml? id=12267, respectively.

公共持有并不影响本规则是否发生效力。

2. 生物遗传资源相关传统知识

生物遗传资源相关传统知识能够为生物遗传资源潜在用途提供指南。国际上并未出现可接受的传统知识定义，但是议定书缔约方应在国内立法中对生物遗传资源相关传统知识定义予以界定。

为了确保提供者和使用者的灵活性和法律确定性，欧盟 ABS 规则将"生物遗传资源相关传统知识"界定为："由土著或当地社区持有的且与生物遗传资源利用相关的，并在适用于生物遗传资源共同商定条件中描述的传统知识。"（来自规则第 3 条第 7 款）

3. 利用

本规则规定"生物遗传资源的利用"，尤其是在议定书中，是指"对生物遗传资源遗传和/或生物化学成分开展研究和开发活动，包括使用 CBD 公约第 2 条规定生物技术"（来自本规则第 3 条第 5 款）。上述定义过于宽泛且包括与很多部门相关的活动，而没有提供具体活动类型的清单。上述清单也在议定书制定过程中予以协商但最终并未纳入议定书，所以在该领域快速发展的知识和技术中并不属于先发制人的变化。

提供者可能在其获取立法中就不同类型的利用行为创设不同情形，也会排除不予适用的情形（可见第二部分第一段第二点）。因为使用者有必要分析可适用的提供国获取规则以及它们所承担的专门活动是否属于这些规则适用范畴，以及谨记它们也能够成为适用事先知情同意和共同商定条件规定的主体。下列部分（研究和开发）以及活动的类型（来自第八段）都在有意帮助使用者开展的活动适用本规则。该议题也属于委员会部门指导文件核心内容，且将在未来发展的关于规则第 8 条的 ABS 最佳实践中得到进一步体现。

研究和开发

"研究和开发"一词——议定书中是指对生物遗传资源的遗传和/或生物化学成分的研究和开发——并未在《名古屋议定书》或欧盟 ABS 规则予以界定，且这些规定的解释以它们使用的最初文本意义以及依据本规则的目的来确定。

《牛津大辞典》对"研究"的定义是指：对材料和来源进行系统性的调查和学习以便创造事实和达成新设结论。

经济和合作发展组织《2002 年弗拉斯卡蒂手册》将应用研究纳入"研究和开发"定义中："研究和实验性开发包括围绕系统性基础开展的创造性工作

以便提升知识储备，包括人类、文化和社会的知识，以及使用这些知识储备以开发新技术。"

很多生物遗传资源的转变或活动并不包括研究和开发的任何要素，因此并不属于本规则适用范围。

虽然农民对种子或其他可复制材料的种植和收割并不包括研究和开发活动，但上述行为仍不属于本规则适用范围。

应有必要付出额外的努力确定某项特定的科学活动是否属于本规则所持的"利用"，因此适用本规则。尤其是关于"上游"活动问题也明显地与生物遗传资源获取有关。当确定 ABS 体系整体功能性的时候，挑战在于不应将不必要的负担置于该类活动，因为它也对生物多样性保护富有贡献且被鼓励（来自《名古屋议定书》第 8 条 a 款）。

特别典型的是，基础研究的结果会被出版且它们也会变成未来与商业有关联的应用研究的基础。基础研究的研究人员在那个时段无需特别意识，但是它们的发现依旧会在未来时段具有商业关联。取决于所承担的特定活动类型，基础和应用研究应被认为属于议定书和规则所指的"利用"。相应地，各种科研机构均与本规则有关。

然而还有某些与研究相关的（以支持的方式开展）特定上游活动却并不被本规则视为"利用"行为——例如，以保护目标维持和管理收集系统的行为，包括资源存储或质量/植物病理学检测以及对所接收的材料的确认。

类似地，在植物病理学为基础的研究中对生物遗传资源仅有的描述，如形态学分析也不被视为"利用"。

但是，如果生物遗传资源的描述与研究相关，如发现特定遗传和/或生物特征，可能会被认为属于议定书和规则的"利用"。以"石蕊实验"为例，使用者应询问自己即他们对生物遗传资源所做工作是否有对生物遗传资源特征的新发现，且该类生物遗传资源对未来产品开发具有（潜在）利益。如果情况属实，则该类活动应不限于描述，应被认为属于研究活动因而属于"利用"。

属于或不属于本规则"利用"定义的活动

正如前所述，穷尽式的活动清单并不能被提供。但是下列情形或许可以帮助清晰描述各种利用活动，因此也适用于本规则：

- 生物遗传资源生物化学成分研究以用于活性或非活性成分化妆品生产；
- 以地方品种或天然产生种为基础创造新物种的育种项目；

- 基因改良——创造转基因动物、植物或微生物以及其他物种基因;

- 通过研究和开发过程,通过人类活动的产生或提升酵母以用于制造业(可见下文生物技术应用范例)。

相反,下列活动并不属于本规则"利用"行为,因此并不适用本规则:

- 生物遗传资源中生物化学成分特征早已被人熟知,为后续引入产品而提供和加工相关原材料的活动,因此并无任何研究和开发活动产生。例如,提供和加工芦荟汁、非洲酪脂树种子或黄油、玫瑰精油以及进一步地引入化妆品。

- 作为测试/参考工具的生物遗传资源:在此阶段材料并非研究的目标且仅用于确认或核实其他开发或已开发的产品显著特征。这可能包括用于测试药物样品反映的实验室动物、或实验室参考材料(包括参考菌株),水平测试的样本或试剂或用于测试植物种群抵抗性的病原体。

- 不过在任意早期阶段,研究和开发活动或许针对那些生物遗传资源,其目的在于将其转变为更好的测试或参考工具,而这应当属于规则适用范围。

- 处理或存贮生物材料并描绘其表现型。

- 以一种不会让生物遗传资源成为研究和开发活动客体的生物技术应用方式。例如,在啤酒酝酿中使用试剂,然而试剂本身并不涉及研究和开发,它就是照原来的样子在酝酿过程中使用,且并不被认为属于生物遗传资源的"利用"。

衍生物

议定书和规则中将"利用"界定为包括通过生物技术运用对生物遗传资源遗传和/或生物化学成分开展研究和开发活动。事实上,生物技术在 CBD 公约中被界定为"任何使用生物系统、活的有机物或衍生物的技术应用行为,以为特定目标制造或改变产品或技术"。(议定书第 2 条,亦可见第 2 条第 d 款)。但是,借由生物技术的概念,"利用"的概念与议定书第 2 条 e 款关于"衍生物"的定义具有内部联系,而"衍生物"是指生物或遗传资源新陈代谢或遗传表达产生的天然生物化学成分,即使并不包括具有遗传功能单元。衍生物的示例包括蛋白质、油脂、酶、RNA 和有机成分如黄酮、香精油或植物松香。某些衍生物不再包括遗传功能单元。但是,作为使天然产生生物化学成分更为清晰的参考依据,该定义并不包括合成基因片段。

衍生物通常包括在"利用"定义之中,但是议定书相关规定中并无任何材料,包括与利用相关的最终确定适用范围的材料。相应地,获取衍生物也被包括在利用生物遗传资源的定义范畴之内，如当获取衍生物始于获取衍生物来源或获得的生物遗传资源与获取行为相联系。衍生物相关的研究和开发活动也应包括在获取生物遗传资源明确的共同商定条件内容之中。总而言之，衍生物的研究和开发活动（不管是否包括遗传功能的单元）均属于议定书项下获取生物遗传资源的适用范围，都要遵守作为来源的生物遗传资源的事先知情同意以及共同商定条件。

生物遗传资源包括的信息

值得争论的议题是议定书仅对生物遗传资源利用行为予以规范，因此并不包括生物遗传资源数码信息。但是，上述区分的意义仍然被议定书当事方依据最近技术开发现状予以考虑。在不对考虑结果抱有偏见的情况下，对基因序列的数据的使用，这种频繁发生于公共数据库情况下的行为将会被认为不属于获取和惠益分享规则适用范围。

无论如何，类似数据的使用或出版应符合受到尊重的共同商定条件设定的条件，尤其是，那些获得生物遗传资源且序列数据的主体应尊重生效协议的规定，同时告知后续行动者与所获数据相关的权利和义务以及未来可能用途。

（四）个人范围：规则适用于所有使用者

欧盟 ABS 规则所设定合理注意义务适用于所有规则范围内的使用者。本规则设定的"使用者"是指任何使用生物遗传资源或相关传统知识的自然人或法人（规则第 3 条第 4 款）。这与使用者的类型或意图（不管是商业或非商业）并无关联。因此审理审查义务适用于所有主体，包括研究人员、组织如大学或其他研究机构，以及小型和中型企业和跨国公司。换句话说，该主体（研究人员或其他组织）开展利用活动应遵守欧盟 ABS 规则合理注意义务，只要所有其他条件均满足而不管类型是否是盈利主体。

仅转移材料的个人并非本规则所示使用者。但是，当材料已然获取且有可能需要为后续使用者提供信息以便后者能够遵守合理注意义务，类似主体也受到合同义务的限制（也可见本章第六部分关于作为贸易商品的生物遗传资源的内容）。

类似地，某个个体或主体仅对利用生物遗传资源或相关传统知识为基础的产品进行商业化，则不属于使用者——不管类似产品开发活动是否已经开始。但是，类似个体也应在材料已然获取或使用意图发生改变，尤其是分享惠益的时候履行合同义务。[1]

（五）地理范围：本规则适用于欧盟发生的利用行为

欧盟 ABS 规则所涉义务适用于所有生物遗传资源的使用者（属于本规则适用范围）在欧盟领域内生物遗传资源或相关传统知识利用行为。

相应地，生物遗传资源利用范围不属于欧盟领域内则不适用本规则。如果在欧盟境内进行商品开发的某公司但是生物遗传资源利用行为（指整个研究和开发活动过程）却发生在欧盟境外，则并不适用欧盟 ABS 规则。

三、使用者的义务

（一）合理注意义务

本规则使用者核心义务即为通过合理注意确认他们获得的生物遗传资源符合提供国可适用的获取和惠益分享法律或规则要求，以及该类惠益可以在符合任何可适用的法律或规则要求基础上依据共同商定条件进行公平、公正的惠益分享（规则第4条第1款）。

"合理注意"的概念最初来自于商业监管，它通常适用于公司兼并和收购决策，例如在确定兼并之前对公司资产和责任进行评估。[2]取决于它所适用的背景，对上述概念的理解应呈现不同变化，下列要素被认为属于常见的且在相关研究和法院判决中被反复提到：

• 合理注意指的是来自于特定情形下某自然人或实体合理的决定和判断。它是以一种系统性的方式收集和使用信息的活动。它并不能确保特定结果达到完美，但是也需要完全且最佳可能努力。

• 合理注意超出规则和措施合理适用范围。它也包括对适用和履行的关注。法院审判经验不足和缺乏实践并不认为是足够的抗辩理由。

• 合理注意适用于某些情形——如对危险系数大的活动投入更多关注，新知识或技能要求采用预先实践。

而在适用欧盟 ABS 规则特定情形下，遵守合理注意义务也能确保获得与

---

〔1〕 These obligations should best be clarified, for example by means of a contract between the user and the person commercializing the product.

〔2〕 In European public policy, "due diligence" is employed also in relation to issues such as international trade in timber（http://ec. europe. eu/environment/forests/timber_ regulation. htm）and "conflict minerals" [Proprosal for a Regualtion of the European Parliament and of the Council setting up a Union system for supply chain due diligence self-certification of responsible importers of tin, tantalum and tungsten, their ores, and gold originating in conflict-affected and high-risk areas, COM（2014）111, 5 March 2014].

欧盟整个价值链内的生物遗传资源必要信息。事实上，这也使得所有使用者能够知晓生物遗传资源和/或相关传统知识相关的权利和义务。

如果某个使用者——不管其位于价值链哪个位置——对寻找、保持、转移和分析信息采取合理措施，该使用者将会被认为遵守欧盟 ABS 规则合理注意义务，使用者上述做法也能避免后续使用者承担相对应的责任，尽管上述内容并不由欧盟 ABS 规则调整。

正如前所述，合理注意义务依据不同环境而发生变化。同样在 ABS 规则实施过程中，合理注意义务也并未对所有使用者施加相同类型的义务，尽管所有使用者均需合理注意，考虑到能力受限，仍然留下某些空间以采取特定措施以在特定环境中实现最佳状态。使用者联盟（或其他有利益诉求的当事方）也能够决定部门最佳实践以对上述被认为最适合的措施进行说明。

作为整体合理注意义务的一部分，使用者也有必要注意到当生物遗传资源给定用途发生改变时，有必要从提供国寻求新的（或改变之前的）事先知情同意并为新用途创设共同商定条件。不管生物遗传资源是何时转移的，均应当符合受让人签署合同中有关共同商定条件的规定。

如果使用者已履行上述合理注意义务规定，因此满足合理注意标准，但是最终呈现出结果为非法获取前端价值链国家提供生物遗传资源，这也不会导致违反依据规则第 4 条第 1 款有关使用者义务的规定。然而，如果生物遗传资源并未按照可适用的获取立法进行获取，使用者被要求获得获取许可或相同文件并创设共同商定条件，或依据规则第 4 条第 5 款规定属于不连续的利用行为。这意味着除了上述义务以外，只要明确事先知情同意和共同商定条件已经（未曾）获得满足，规则都提供结果义务。

某些成员国也将引入欧盟 ABS 规则合理注意义务以外的规定，以适用于违法行为的罚款。使用者在遵守规则的同时应注意到这些措施以避免违反各国立法。

（二）创设规则适用标准

为了确定规则所设义务是否适用于特定生物遗传资源，潜在使用者应创设材料是否属于议定书范围或欧盟 ABS 规则适用标准。上述活动应倾尽勤勉和合理关注。它包括决定材料提供国是否属于缔约方成员。缔约国清单可在获取和惠益分享信息交换所网页上查询。如果提供者并未在清单目录之内，从逻辑上说下一步应查找其是否有可适用的获取和惠益分享立法或规则要求。这也可以在获取和惠益分享信息交换所网页上查询（http：absch. cbd. int）。

为了与《名古屋议定书》第 14 条第 2 款保持一致，缔约方有义务向信息交换所提交获取和惠益分享相关的法律、行政或政策措施。这也使得使用者和生物遗传资源所辖范围内的主管部门能更为容易地使用提供国规则信息。议定书缔约方也有向信息交换所通知其履行与议定书平行法律措施的义务（第 15 条至第 17 条）。以此说来，这也使得生物遗传资源的提供者能够更为容易获得使用国遵约措施方面的信息。从这种方式来看，获取和惠益分享信息交换所便成为一个分享议定书所有信息的主要渠道。

如果信息交换所并无任何关于可适用的获取和惠益分享措施信息但是有合理理由相信存在获取立法或规则要求，或其他情形下潜在使用者认为它可能有用，应与议定书项下创设的提供国国家联络点直接取得联系。如果获取措施是否存在得到确定，国家联络点也应明确该国获取生物遗传资源所需要程序。如果已从国家联络点倾尽合理努力仍未得到答复，（潜在）使用者有必要决定其是否获取或利用生物遗传资源。上述必要的步骤是为了明确已生效的欧盟 ABS 规则适用标准。

如果后续发现事实上适用于规则的生物遗传资源之前并不属于本规则，未获取的生物遗传资源也应符合可适用获取立法的规定，使用者应被要求获得获取许可或相同文件以及创设共同商定条件或不进行连续利用。在某些情形使用者也会考虑到采取某些超出范围的措施以让人更满意，类似（额外）努力应有助于确定生物遗传资源能够安全地在价值链中使用，他也将提升它们的价值以便下游使用者能够在欧盟 ABS 规则被彻底检验时获得利用生物遗传资源的优先地位。

当超出本规则适用范围时（更多的是临时原因），没有必要从生物遗传资源主管部门获得证明或书面确认。特别是超出规则适用范围的认证证据也只在主管部门对使用者遵约情况进行检查时才会被要求。但是，主管部门开展的类似活动是以成员国行政法律规定为前提，通常是就超出规则适用范围的材料进行判断并询问原因。因此也建议保留类似理由和判断的证明和证据。

（三）规则适用标准创设完毕后进行合理注意

为了表明如何遵守合理注意义务，规则第 4 条第 3 款要求使用者寻找、保留和向后续使用者转移相关信息。目前有两条路径足以显示第 4 条第 3 款所示的合理注意义务。

首先，合理注意义务可由使用者所持有的经认证的国际遵约证书（IRCC）予以显现，或使用者对其依赖是因为 IRCC 规定了特定的利用行为（规则第 4

条第 3 款 a 项）。〔1〕《名古屋议定书》对生物遗传资源获取进行规范的缔约方有义务提供获取许可或其他相同文件作为授予事先知情同意和创设共同商定条件的证据，如果他们向获取和惠益分享信息交换所提供许可通知，也能够成为 IRCC。因此，议定书缔约方在其向信息交换所进行通知后授予的国家许可文件便成为经认可的国际遵约证书（IRCC）（议定书第 17 条第 2 款）。IRCC 的参考资料也有必要在合适的情况下，由后续使用者在共同商定条件内容信息中得到补充。

如果使用者不能获得 IRCC，它必须寻找和获得规则第 4 条第 3 款（B）项所列的信息和其他文件，这些信息包括：

- 生物遗传资源和相关传统知识获取时间和地点；
- 生物遗传资源和相关传统知识描述；
- 生物遗传资源和相关传统知识直接获得来源；
- 获取和惠益分享相关权利和义务现状或缺失情况（包括后续应用和商业化相关的权利和义务）；
- 适当情况下的获取许可；
- 适当情况下的共同商定条件。

使用者需要就所占有的情况进行分析并确信他们遵守提供国可适用的法律要求。

使用者如果缺乏足够信息或对获取和/或利用合法性抱有疑问则必须获得错误信息或不连续使用（规则第 4 条第 5 款）。

使用者有义务在利用周期结束后保留获取和惠益分享相关信息至少 20 年（规则第 4 条第 6 款）。

（四）从土著和当地社区获得生物遗传资源

如果生物遗传资源——特别是生物遗传资源相关传统知识——来自于土著和当地社区，最佳实践方式应是考虑持有生物遗传资源或相关传统知识的社区的立场和观点并将其反映在共同商定条件中，即使国内立法并未做任何规定。

（五）从已注册的收集系统获得生物遗传资源

当（部分或全部）生物遗传资源来自于规则第 5 条设定的已注册的收集系统，使用者应对拟寻找资源是否来自（或相关、部分注册）收集系统信息履行合理注意义务。换句话说，当材料来自于收集系统但仅有部分样本得到注册，

---

〔1〕 An IRCC may either be issues for a specific user or have more general application, depending on the law and administrative practice of the provider and the terms agreed.

寻找信息的合理注意义务的假设规定仅对来自于已注册部分的生物遗传资源有效。

被要求履行寻找信息的合理注意义务意味着使用者并未被排除在规则第 4 条第 3 款所要求的寻找信息的对象之外。该项提供生物遗传资源的义务与其他相关信息共同取决于已注册收集系统的持有者。但是，保留和转移的职责取决于使用者。相应地，该项义务仍然可依据规则第 7 条第 1 款作出声明，即在成员国和委员会要求下，或依据规则第 7 条第 2 款规定（见第四部分）。上述声明也应在使用收集系统提供的信息过程中进行使用。

同理（见第三部分第一段），使用者有必要意识到当使用意图改变时，或许有必要从提供国寻求新的或更新的事先知情同意和就新的使用目标创设共同商定条件，如果所依赖和从已注册的收集系统获得的事先知情同意和共同商定条件并未涵括相应内容的话。

四、不同场合引发合理注意声明

欧盟 ABS 规则界定两处"检查点"以便生物遗传资源使用者提交合理注意义务声明。对于所有"检查点"而言，要求提交声明的内容均附于实施规则附件（欧盟规则 2015/1866）。

（一）研究基金开启阶段合理注意声明

第一个"检查点"（规则第 7 条第 1 款）来自研究阶段，主要情形是研究项目包括利用生物遗传资源或相关传统知识且收到外部赠与资金的限制。[1] 欧盟 ABS 规则并没有区分公募基金和私募基金。所有为研究而设立的基金类型均包括按照第 7 条第 1 款规定履行合理注意声明义务。

规则第 7 条第 1 款的语言清楚表明类似声明需由成员国和委员会提出要求。即便这些要求仅适用于并非由公共主管部门控制的私募基金，很多成员国通过国内法律或行政措施来履行该项义务，该项请求的目标也并不必然为基金的个人接收者。

实施细则第 5 条第 2 款是关于填写声明的时间规定。该声明有必要在首笔分期付款收到且该类基金项目中已获得所有拟利用的生物遗传资源和相关

---

〔1〕 According to Article 5（5）of the Implementing Regulation, funding for research-in the context of submitting due diligence declarations at the first checkpoint-is to be understood as 'any financial contribution by means of a grant to carry out research, whether from commercial or non-commercial sources. It does not cover internal budgetary resources of private or public entities.

传统知识，但无论如何也不得晚于终期报告提交之时（或上述报告缺失时则在项目后期）。在实施细则明确的期限内，成员国国内主管部门应进一步明确期限。再次，这也可以由单独目标请求或一般法律/行政规定所确定。

授予申请或获取的时间与提出请求和填写合理注意声明无太大关联。仅有的决定性要素即为生物遗传资源（或相关传统知识）获取的时间。

（二）产品最终开发阶段的合理注意声明

第二个"检查点"即为使用者利用生物遗传资源或相关传统知识相关产品最终开发阶段而提交合理注意声明。实施细则第 6 条谈到五种不同的情形，但是也需要在情形出现时（如最早的时间）一次性作出声明。

这些情形包括：

● 利用生物遗传资源或相关传统知识相关产品开发获得授权或市场许可；

● 利用生物遗传资源或相关传统知识相关产品首次进入欧盟市场之前按要求发出通知；

● 欧盟市场首次出现没有市场许可、授权或要求发出通知的利用生物遗传资源或相关传统知识相关产品；

● 欧盟内以任意其他方式将利用结果售卖或转移给某个自然人或法人以为开展第一项、第二项和第三项所涉活动的主体；

● 欧盟利用行为已结束且结果以其他方式售卖或转移给欧盟以外的自然人或法人。

当使用者即开发产品又试图将产品推向欧盟市场时，上述三类情形可能会首次出现。而在这种情况下它们或许会对利用生物遗传资源而开发的产品寻求市场许可或授权，或在将该产品推向市场前填写所要求的通知，或如果没有市场许可、授权或所要求的通知的时候直接将产品推向市场。

后面两类情形并不直接与将产品推向市场的使用者有关（或意图这么做），但是仍然与其他情形有关。更为具体的是，在第四类情形下，使用者转移或售卖利用行为的结果至欧盟内的其他人，而该使用者的意图必然是将产品推向欧盟市场。当上述主体并未涉及利用（研究和开发）行为但是仅制造产品和/或将其推向市场，该主体则不属于本规则适用范围，正如第二部分第四段所述。因此应由价值链中的最后一位使用者（如规则所确定的那般）来作出合理注意声明。

有关"利用的后果"定义（实施细则第 6 条第 3 款所示）也清晰说明使用者有义务仅对能够以利用结果为基础制造产品的下一个主体作出合理注意

义务声明且该主体不会继续进行利用（开发和研究）。价值链中不同行为人应与其他主体沟通以为确立谁是价值链中最后一个使用者。类似沟通也要求在包括意图改变的时候进行——例如，当下游行动者改变计划且决定最终不再开展任何利用活动，但是仍将生物遗传资源相关产品投向市场（例如洗发香波）。而在这种情况下先前行为人有必要做出合理注意义务声明。

而在第五种情况下欧盟利用行为行将结束。该情形比第四种情形更为常见。第五种情形有关利用行为的结果允许产品制造而无需进一步利用，或该结果受到发生在欧盟以外的未来研究和开发活动的限制。"利用的后果"的概念因而要宽于"利用的结果"。

利用的结果：一家法国公司从某亚洲国家获得植物利用许可（该国为议定书缔约国且有可适用的获取措施）。研究活动正在所获得样品上开展。研究非常成功且该公司从植物中发现一种新的活性成分。然后该材料规则第4条第3款所确定的所有相关信息全部转移至一间德国公司用于进一步产品开发。德国公司与比利时公司签署许可协议。该技术转移并不要求任何未来研究和开发活动。依据欧盟立法规定，比利时公司也在产品首次投向欧盟市场之前发出告示。但是，即使该比利时公司并未开展任何研究和开发活动，因此也没有欧盟ABS规则中所谓的使用者，德国公司仍应在产品开发的初始阶段向检查点提交合理注意声明。而这种情况下通常发生在为将产品推向欧洲市场（实施细则第6条第2款d项），当出现利用的结果已经售卖或转移给欧盟中的自然人或法人（如比利时公司）的情形。

利用的后果：一家西班牙公司从南美某国获得植物利用许可（该国为议定书缔约国且有可适用的获取措施）。研究活动正在所获得样品上开展。研究非常成功且该公司从植物中发现一种新的活性成分。然后该材料规则第4条第3款所确定的所有相关信息全部转移至一间荷兰公司用于进一步产品开发。这间荷兰公司并未继续进行产品开发却将开发后果卖给一家美国公司，该公司有意图继续进行后续研究和开发。荷兰公司应在产品开发的初始阶段向检查点提交合理注意声明。而这种情况通常发生在欧盟利用行为已经结束且利用后果已经售卖或转移给欧盟以外的自然人或法人（如美国公司）——不管未来欧盟以外的公司如何开展活动（实施细则第6条第2款e项）。

相同公司各主体之间的转移并不被视为实施细则第6条第2款e项、d项有关"转移"的界定，因此也无需提交合理注意声明。

科学论文的发表也不被认为属于实施细则第6条第2款e项、d项有关售卖或结果或后果的转移，因此也无需提交合理注意声明。但是，如果所有规则适用条件均满足的情况下，常规合理注意义务仍应履行。如向后续行为人寻找、保持和转移的义务取决于科学论文的作者（们）。

五、选定特定部门议题

当有针对性的、全面的生物遗传资源利用指南对若干部门均有必要的时候，某些需要面对的特定意图与规则的适用范围紧密相关，其中一些议题列入本部分内容。

（一）健康

对人类、动物或植物健康带来威胁的病原有机体一般属于本规则适用对象，即使它们由《名古屋议定书》予以调整。但是，《名古屋议定书》第 4 条第 4 款有关特定获取和惠益分享机制的规定也适用于这些特定病原有机体。获取和惠益分享特定国际法律机制所涉材料应当与 CBD 公约和《名古屋议定书》保持一致且不能相悖，比如世界卫生组织 PIP 框架，它不属于议定书和规则适用范围（规则第 2 条第 2 款及以上第五部分）。

更为常见的是，议定书明确认识到生物遗传资源对公共健康的重要性，在发展和实施获取和惠益分享立法或规则要求的时候，各方均被要求充分关注现在或即将出现的威胁或毁灭人类、动物或植物健康的紧急情况（议定书第 8 条 B 款）。因此迅速地获取和惠益分享也适用紧急情况下非病原体生物遗传资源。

规则赋予病原有机体特殊位置，这取决于（或可能取决于）国际关注的现在或未来公共健康紧急状态或严重的跨境健康威胁产生的病原体。为了遵守合理注意义务对上述生物遗传资源应适用延长期限（规则第 4 条第 8 款）。

国际获取

病原有机体及害虫以无法控制的方式分布。例如，它们可以共同出现在进口至欧盟的食物中或当意图变为商品转移且并无病原体附加时可在成员国之间进行贸易流转。病原体也可以共同出现在旅行个体身上，它的意图并非传播病原有机体（且进一步来说它不可能设立病原体来源国）。这或许与蚜虫、植物出现的臭虫或作为商品进口的树木、在进口的肉类中发现的弯曲杆菌细胞，或有旅行者或为医疗其他个体携带的埃博拉病毒（如带病健康护工）进入欧盟成员国有关。在所有上述情形下非常明确的是没有将生物遗传资源作为有害的有机体予以引入或传播。因此可以认为规则并不适用存在于人类、动物、植物、微生物、食品、牲畜或任何其他材料，无意间引入到欧盟境内的病原有机体或害虫，它们来自于第三世界或获取立法所在成员国。这也证实一个事实即类似生物遗传资源可以从一个欧盟成员国转移到另一个成员国。

（二）粮食和农业

粮食和农业遗传资源的特性及有特色的解决方式的需求与这些资源被广泛认可有关。

《名古屋议定书》承认生物遗传资源对食品安全及农业生物多样性的重要性。它要求为了粮食和农业生物遗传资源的重要性及其对食品安全特殊角色（议定书第 8 条 C 款）各缔约方考虑创设和实施其获取和惠益分享法律或规则要求。植物和动物育种另一特质即为上述部门利用生物遗传资源的最终产品同样为生物遗传资源。

粮食和农业遗传资源应由不同于给定提供国可适用的常规获取和惠益分享规则来调整。可适用的特定获取和惠益分享立法或规则可在获取和惠益分享信息交换所查询。同时，《名古屋议定书》所规定的提供国国家联络点也能够提供协助。

1. 植物遗传资源不同获取情形

粮食和农业植物遗传资源在不同情形下可以获取和利用，这取决于生物遗传资源获取所在国是否为《名古屋议定书》和/或《粮食和农业植物遗传资源国际公约》（ITPGRFA）[1]，这也与使用类型有关。下列概述描述了不同情形以及欧盟 ABS 规则对每种情形如何适用的规定。

不属于欧盟 ABS 规则适用范围

• ITPGRFA 公约附件一所涉粮食和农业植物遗传资源。[2] 包括来自 ITPGRFA 缔约方获得以及多边系统的粮食和农业植物遗传资源。上述材料是由一项特殊的获取和惠益分享，且与 CBD 公约和《名古屋议定书》保持一致且不相背离的国际法律机制调整（规则第 2 条第 2 款以及第五部分）。

• 任何依据标准材料转让协议接收的从国际农业研究中心如国际农业研究磋商工作组或其他依据 ITPGRFA 公约第 15 条签署协议的国际机构获取粮食和农业植物遗传资源。[3]

---

〔1〕 http://www.planttreat.org/.

〔2〕 Annex 1 contains a list of corp species which are covered by the multilateral system of access and benefit-shairing established by that Treaty.

〔3〕 http://www.planttreaty.org/content/agreement-concluded-under-article-15.

上述材料也是由一项特殊的获取和惠益分享，且与 CBD 公约和《名古屋议定书》保持一致且不相背离的国际法律机制调整（规则第 2 条第 2 款以及第五部分）。

属于欧盟 ABS 规则适用对象但需要遵守合理注意声明义务

• 不管是否来自缔约国或非缔约国，依据标准材料转让协议获得的非附件一的粮食和农业植物遗传资源。如果《名古屋议定书》缔约国决定管理、控制或处于公共领域但并不属于附件一的生物遗传资源仍然受到 ITPGRFA 公约标准材料转让协议的规定和条件限制，上述材料的使用者也被认为应履行合理注意义务（规则第 4 条第 4 款）。相应地，这类材料并不需要合理注意义务。

属于欧盟 ABS 规则——合理注意需要表明

• 来自《名古屋议定书》并非 ITPGRFA 公约缔约国，属于后者附件一的粮食和农业遗传资源，且获取机制适用于粮食和农业植物遗传资源；

• 来自《名古屋议定书》缔约方非附件一的粮食和农业植物遗传资源，不管它是否属于 ITPGRFA 公约缔约方，当国内获取制度适用该类遗传资源，以 ITPGRFA 公约设置目的为限它们并不适用于标准材料转让协议；

• 除了设置于 ITPGRFA 公约目的以外的使用任何粮食和农业植物遗传资源（包括附件一材料）的来自于拥有可适用国内获取立法的《名古屋议定书》缔约方行为。

2. 植物育种者权

《植物新品种国际公约》[1] 以及欧盟议会集体植物品种权规则（第 2100/94 号）[2] 提供了获得植物新品种权利的可能性。这是一种关于植物育种相关的特别知识产权。植物育种者权法律实效有某些边界，即它们不得用于：（a）私人和非商业目的的行为，以及（b）实验目的的行为和（c）育种、或发现和开发其他育种为目的的行为（第 2100/94 号欧盟规则第 15 条，与《植物新品种国际公约》第 15 条第 1 款相一致）。前述 c 情形属于"育种者的例外情形。"

《植物新品种国际公约》并未构建一套议定书第 4 条第 4 款所要求的特别获取和惠益分享法律机制。但是，《名古屋议定书》明确规定——也经欧盟 ABS 规则确定——应以一种与其他国际协议相互支持，即应支持而非与 CBD

---

〔1〕 http://upov.int/. As of October 2015, the EU and 24 of its Member States are UPOV Members.

〔2〕 OJL 227, 1.9.1994, p. 1.

公约和《名古屋议定书》目标相背离的方式履行。而且，议定书第 4 条第 1 款也提到不应影响现存国际协议的权利和义务（如果它们没有对生物多样性造成严重损害或威胁的话）。

欧盟 ABS 规则尊重《植物新品种国际公约》设定的义务：来自规则职责的遵守并不与前述实现"育种者的例外"而履行的公约义务相冲突。换句话说，合理注意义务的履行并不与现有的《植物新品种国际公约》规定的植物育种权制度和缔约国所保护的材料使用制度相冲突。

附件一：欧盟 ABS 规则使用条件一览

		适用范围内（累积条件）〔1〕	适用范围外
地理范围（生物遗传资源的证明）〔2〕	在……获取	在一国境内地区	该国国境以外或北极条约所涉地区
	提供国……	《名古屋议定书》缔约方	并非《名古屋议定书》缔约方
时间范围	获取……	2014 年 12 月 12 日后	2014 年 12 月 12 日前
材料范围	生物遗传资源	并不属于特定国际获取和惠益分享法律机制适用对象	属于特定国际获取和惠益分享法律机制适用对象
		非人类	人类
		以商品形式获得但随后受到研究或开发活动限制	以商品形式使用
	利用	对遗传和/或生物化学成分的研究或开发活动	非研究或开发活动
个人使用		自然人或法人使用生物遗传资源	仅转移生物遗传资源或以此为基础的商业化过程
地理范围	研究或开发活动	在欧盟境内	完全不在欧盟境内

---

〔1〕 To be within the scope, all conditions must be fulfilled.

〔2〕 GR = genetic resource; to be read as also including "tradtional knowledge associated with genetic resource", where appropriate.

印度生物遗传资源和相关传统知识获取和
惠益分享实施规则[*]

2014 年版，印度国家生物多样性管理局

为了践行《生物多样性法案》（2002 年，以下简称"本法案"）第二十一部分第 4 条、第十八部分第 1 条和第六十四部分赋予权力，以及为了与《生物多样性公约关于获取遗传资源和公正和公平分享其利用所产生的名古屋议定书》（2010 年）保持一致，国家生物多样性管理局创设了下列规则。

简略标题与开头

1. 本规则可称为 2014 年《生物遗传资源和相关传统知识获取和惠益分享实施规则》。

2. 本规则在官方公报文本发布后即生效。

一、以研究或生物调查或为研究而进行生物利用活动而获取生物遗传资源和/或相关传统知识程序

1. 任何本法案第三部分第 2 条提到的主体试图在印度以研究或生物调查或为研究而进行生物利用活动而获取生物遗传资源和/或相关传统知识，应以本规则表格一形式向国家生物多样性管理局提出获取申请许可。

2. 在满足前述申请条件前提下，国家生物多样性管理局应与被认为已获得下列研究许可的申请者签署惠益分享协议，前述研究如下所述：

假设生物遗传资源具有较高经济价值，本协议应包含产生下列实施效

---

    * Guidelines on Access to Biological Resource and Associated Knowledge and Benefits Sharing Regulation, 2014.

果的条款即惠益分享应包括申请者预付款项内容，相关数额由双方协商确定。

二、以商业利用或生物调查和为商业开发而进行生物利用活动获取程序

1. 任何试图获取包括联合森林管理委员会（JFMC）/森林居民/部落耕作者/Gram Sabha 所收获的生物遗传资源，应以本规则表格一形式或邦生物多样性管理局创设的表格形式向国家生物多样性管理局或邦生物多样性管理局提出获取申请许可，并根据具体情况附在本规则表格 A 之后。

2. 国家生物多样性管理局或邦生物多样性管理局，根据具体情况，在满足前述申请条件前提下，与已获得以商业利用或生物调查和为商业开发而进行生物利用活动获取许可的申请者签署惠益分享协议。

三、以商业利用或生物调查和为商业开发而进行生物利用活动获取生物遗传资源而进行惠益分享的模式

1. 当申请者/贸易商/制造商并未事先与联合森林管理委员会（JFMC）/森林居民/部落耕作者/Gram Sabha 开展惠益分享协商，如果购买生物遗传资源行为直接来自上述主体，则贸易商的惠益分享内容应以购买价格的 1.0% 至 3.0% 计，制造商的惠益分享内容应以购买价格的 3.0% 至 5.0% 计：

假设买方进一步提交了供应链中中间商进行惠益分享的证明材料，买方的惠益分享义务仅适用于供应链中并未进行惠益分享的那部分购买价格。

2. 当申请者/贸易商/制造商已事先与联合森林管理委员会（JFMC）/森林居民/部落耕作者/Gram Sabha 开展惠益分享协商，如果购买生物遗传资源行为直接来自上述主体，则申请者的惠益分享内容应以购买价格的 3.0% 计，制造商的惠益分享内容应以购买价格的 3.0% 至 5.0% 计。

3. 如果生物遗传资源具有较高经济价值如檀香木、红杉木及其衍生物，国家生物多样性管理局或邦生物多样性管理局可根据具体情况确定包括预付款在内的惠益分享内容，但不应少于拍卖或销售价格的 5.0%。获得成功的拍卖商或购买者应在获得生物遗传资源之前将相应款项缴至指定基金账户。

四、第二条所涉以商业利用获取生物遗传资源进行的惠益分享比例选择

当以商业利用或生物调查和为商业开发而进行生物利用活动获取生物遗传资源，申请者有权按照每年产品出厂毛价格级别比率 0.1% 至 0.5% 来进行惠益分享，上述价格应以每年出厂毛价格减去政府税收额为计，具体如下表：

产品年度出厂毛价格	惠益分享比例
不超过一千万卢比	0.1%
一千万零一元卢比至三千万卢比	0.2%
高于三千万卢比	0.5%

五、收集费

依据本法案第四十一部分第 3 条规定生物多样性管理委员会（BMC）对在印度国境内以商业目的获取或收集任何生物遗传资源所征收的费用应作为本规则项下国家生物多样性管理局或邦生物多样性管理局额外的惠益分享内容。

六、生物遗传资源相关研究成果转移程序

1. 任何出于金钱或其他考虑试图将发生或来自于印度的生物遗传资源相关研究成果转移至本法案第三部分第 2 条提到的主体，应：

• 以任何目的将发生或来自于印度的生物遗传资源相关研究成果转移行为应以本规则表格二形式向国家生物多样性管理局提出申请；

• 提供相关研究活动中国家生物多样性管理局有关批准获取生物遗传资源和/或传统知识证明文件；

加入本规定有关证据要求并不适用于印度公民或公司企业、印度注册和有印度主体参与股份或管理的组织或协会。

• 在研究成果中提供具有潜在商业价值的申请者完整信息。

2. 国家生物多样性管理局应在满足前述条件的前提下，与已被视为获得生物遗传资源相关研究成果转移许可的申请者签署惠益分享协议。

七、生物遗传资源相关研究成果转移惠益分享比例选择

第 6 条所涉研究成果转移的申请者应就与国家生物多样性管理局协商一致的惠益分享比例，向国家生物多样性管理局支付货币/非货币惠益。

如果它能够收到转移行为产生的货币惠益，申请者应将其所收受货币惠益 3.0%至 5.0%支付给国家生物多样性管理局。

八、获得知识产权程序

1. 任何试图在印度境内或境外，为在印度获得任何生物遗传资源相关研究或信息为基础的任何发明获得不论称为何名的知识产权的主体，应以本规则表格三的形式提交申请。

假如上述主体获得《植物育种和农民权利法案》任何权利应排除适用上述条款。

2. 国家生物多样性管理局应在满足前述条件的前提下，与已被视为获得知识产权许可的申请者签署惠益分享协议。

九、知识产权惠益分享比例选择

1. 在对所获知识产权进行商业化过程中，申请者应就与国家生物多样性管理局协商一致的惠益分享比例，向国家生物多样性管理局支付货币/非货币惠益。

2. 当申请者本人对技术/产品/发明进行商业化，货币惠益比例应为部门惯常数额的 0.2%至 1.0%，该部门惯常数额应以每年出厂毛价格减去政府税收额为计。

3. 当申请者本人将技术/产品/发明转移给第三人开展商业化，货币惠益比例应以部门惯常数额为基础的，每年来自代理人/许可人所获税收数额的 2.0%至 5.0%。

十、知识产权商业化过程中申请者的义务

1. 作为获得知识产权的申请者，如果其属于印度公民或公司企业、印度注册和有印度主体参与股份或管理的组织或协会，应以邦生物多样性管理局提供的形式向其事先告知有关获取生物遗传资源事项；如果有的话，也应遵守邦生物多样性管理局与提升保护和可持续利用生物多样性相关的术语和

规定。

2. 作为获得知识产权的申请者，如果其属于本法案第 3 条第二部分有关印度公民或公司企业、组织或协会，其应依据本规则提供的表格一向国家生物多样性管理局提出申请。

十一、以研究或商业开发为目的将所获生物遗传资源和/或相关传统知识转移至第三方程序

1. 任何以研究或商业开发为目的将符合第 1 条规定所获生物遗传资源和/或相关传统知识转移至第三方的主体应依据本规则提供表格四向国家生物多样性管理局提出申请。

2. 国家生物多样性管理局应在满足前述条件的前提下，与已被视为获得生物遗传资源和/或相关传统知识转移许可的申请者签署惠益分享协议。

十二、以研究或商业开发为目的将所获生物遗传资源和/或相关传统知识转移至第三方的惠益分享比例选择

1. 申请者应就与国家生物多样性管理局协商一致的惠益分享比例，向国家生物多样性管理局支付货币/非货币惠益。

2. 申请者应依据协议规定从第三方收到的部门惯常数额或税收等相关惠益分享的 2.0% 至 5.0% 支付给国家生物多样性管理局。

3. 如果生物遗传资源具有较高经济价值，申请者应就其与国家生物多样性管理局协商一致的比例向后者支付预付款。

十三、印度研究人员/政府机构在印度境外开展非商业研究或以紧急目的而开展的研究

1. 任何试图携带或传递生物遗传资源至境外开展除本法案第五部分所涉合作研究以外的基础研究的印度研究人员/政府机构应以本规则所附表格 B 向国家生物多样性管理局提出申请。

2. 任何试图将生物遗传资源用于紧急情况如缓解流行病等研究的政府机构应以本规则所附表格 B 向国家生物多样性管理局提出申请。

3. 国家生物多样性管理局应在满足前述条件的前提下，在自提交申请之日起 45 日内颁布许可。

4. 在收到第 3 款有关国家生物多样性管理局许可之后，申请者应在携带或传递至印度境外之前将凭证标本放入特定国家存储机构存储并将相关证明

材料复件交由国家生物多样性管理局签字。

十四、确定惠益分享

1. 惠益分享需以申请者与国家生物多样性管理局或邦生物多样性管理局之间协商一致并征求生物多样性管理委员会/利益主张者意见之后以货币和/或非货币形式呈现，具体形式可参见本规则附件一。

2. 确定惠益分享应以生物遗传资源商业化开发情况、研究及开发进度、研究结果的市场潜力、为研究和开发活动而进行的早期投入、技术应用的性质、研究计划中产品开发的时间阶段与时间表以及产品商业化过程中存在的风险：

如果是为控制流行病/传染病以及减缓影响人类/动物/植物健康的环境污染而进行产品/技术开发则可能需要另做考虑。

3. 不管最终产品是包括一项或多项生物遗传资源，惠益分享的数额应始终保持一致。

4. 与产品有关的生物遗传资源来自两个或两个以上的邦生物多样性管理区域，所积累的惠益总额应根据情况按照国家生物多样性管理局/邦生物多样性管理局确定的比例进行分享。

十五、惠益分享

1. 国家生物多样性管理局授予的与研究、商业开发、研究成果转移、知识产权、向第三方转移许可惠益分享应参照下列比例进行：

（1）所积累的惠益比例的 5.0% 应向国家生物多样性管理局缴纳，而近一半数额应由国家生物多样性管理局保留且另一半数额应转移给相关邦生物多样性管理局以用于行政成本支出。

（2）95% 的数额应向生物多样性管理委员会和/或利益主张人：

如果生物遗传资源或相关传统知识来自某个个体或某个群体或组织，本条款所涉数额应以符合任何协议规定并认为合适的方式直接支付给上述个体、群体或组织；

如果利益主张人并未继续主张权利，相关基金数额应被用于支持保护和可持续利用生物遗传资源并提升所获取生物遗传资源所在当地居民生活水平。

2. 邦生物多样性管理委员会应依据本规则授予下列许可。邦生物多样性管理委员会就所积累惠益分享不超过 5% 的比例予以保留以用于行政成本支出，剩下的数额应交至生物多样性管理委员会或相关利益主张人；

如果某个个体或某个群体或组织不能被确认，上述基金应被用于支持保护和可持续利用生物遗传资源并提升所获取生物遗传资源所在当地居民生活水平。

十六、国家生物多样性管理局收到申请处理流程

1. 每个申请者应完成所有程序，包括先后提到的所有附件。

2. 不完整的申请材料通常缺乏可明确找到的任意信息，如模棱两可的回答、非完整的披露、证明文件的缺失等，均会被退回。

3. 关于申请处理的期限限制只有在所有程序完成且收到申请费用之后才开始计算。

4. 申请材料中任何明示信息均属于保密状态且不能故意或非故意向任何相关人士披露。

5. 当对任何生物遗传资源（如植物和/或动物和/或其组成部分或遗传材料或衍生物）获取申请进行审批时，国家生物多样性管理局应考虑下列因素，即：

该生物遗传资源是否：
- 来自培育或家养或野生；
- 稀有或本土或濒危或受威胁物种；
- 获取来自于生活在自然栖息地首位收集者或来自于中间人如贸易商；
- 移地条件下开发或维持；
- 具有较高价值/当地社区生活至关重要；
- 不属于本法案第40条规定的情形；
- 包括《粮食和农业植物遗传资源国际公约》附件一所列作物，且印度作为缔约方；
- 包括《濒危野生动植物物种国际贸易公约》附件所列物种。

6. 国家生物多样性管理局就生物遗传资源和/或相关传统知识使用申请作出决定时应与生物遗传资源和/或相关传统知识获取行为所辖范围内的邦生物多样性管理局、生物多样性管理委员会进行协商。

7. 国家生物多样性管理局应拒绝与《生物多样性规则》第16条所列生物遗传资源获取理由相关的申请。

8. 一旦收到申请，国家生物多样性管理局如果合适的话，应开展调研；

或有必要的话，与为实现上述目标而成立的专家委员会协商。

9. 国家生物多样性管理局应结合前述调查和/或协商，并依据命令授予或拒绝许可：

如果生物多样性管理局拒绝申请，上述拒绝申请的理由应在给予申请者听证机会后以书面形式记录在案。

10. 国家生物多样性管理局授予的许可应以书面形式并经国家生物多样性管理局授权的官员、申请者和其他适格主体正式签署：

如果国家生物多样性管理局授予依据本规则第 13 条规定非商业研究或由印度研究人员/政府机构在印度境外开展的与紧急目的相关的研究的许可无需书面形式。

11. 基于任何投诉国家生物多样性管理局可撤销获取许可或解除以《生物多样性规则》第 15 条为基础的书面协议：

解除合同命令复件应提交给邦生物多样性委员会和生物多样性管理委员会以示意获取行为禁止。

12. 申请者有关撤销申请的请求或不能在给定时间内对国家生物多样性管理局提出的问题进行回复，国家生物多样性管理局应关闭申请通道或依据本规则采取它们认为合适的手段：

如果申请者希望重启申请程序，他应当在缴纳申请费用之后重新提交申请。

注意： 生物遗传资源和/或相关传统知识的申请表格、填写指南和协议格式可参阅国家生物多样性管理局网站：www.nbaindia.org.

十七、排除适用国家生物多样性管理局或邦生物多样性管理局许可的行为或主体

下列行为或主体并不适用于国家生物多样性管理局或邦生物多样性管理局许可：

- 印度公民或企业为研究或生物调查和以研究生物利用为目的发生或获得来自印度生物遗传资源和/或相关传统知识的行为；
- 联合研究项目，包括转移或交换生物遗传资源或相关信息，如果类似联合研究项目经由相关部门或邦职能部门或中央政府批准，且符合中央政府有关政策指南；
- 本地居民和社区，包括生物遗传资源的培育者和种植者、乡村医生（vaids and hakims）制作土著草药但并未获得知识产权的行为；

●获取生物遗传资源并将其用于农业、园艺、畜牧、日常农业、动物饲养等领域常规育种或传统实践；

●在任何研讨会或工作坊进行研究成果的出版或知识的传播，如果上述出版行为符合中央政府适时的指南；

●获得有增值的产品，该产品包括不可识别和物理上不可分离的植物或动物的提取物或比例物；

●通常由中央政府明确的符合本法案第四部分规定的作为商品的生物遗传资源。

表格 A：申请者自我披露使用生物遗传资源配备信息（略）

表格 B：印度研究人员/政府机构在境外使用生物遗传资源以开展非商业研究活动或为紧急目的而开展研究活动（略）

公平和公正惠益分享选择

下列选择，不管是一项抑或多项，均应逐案与申请者和国家生物多样性管理局共同商定条件保持一致，并符合《生物多样性规则》（2004 年）第 20条第 3 款规定。上述选择本质上具有指示意味且在与中央政府协商且经国家生物多样性管理局批准的其他选择也同样适用：

一、货币惠益选择

（一）预付款；

（二）一次性付款；

（三）阶段性付款；

（四）积累税金和惠益分享；

（五）许可费分享；

（六）国家、邦或当地生物多样性基金做贡献；

（七）资助印度研究和开发活动；

（八）与印度机构和公司成立合资企业；

（九）共享知识产权。

二、非货币惠益选择

（一）提供机构能力建设，包括训练可持续使用方式实践、创设基础设施和承担与生物遗传资源保护和可持续利用相关工作开发；

（二）向印度机构/个体/企业转移技术或分享研究和开发成果；

（三）提升印度技术发展和转移和/或与印度机构/个体/企业相关联合研究和项目开发能力；

（四）生产、研究和开发定位以及采取措施保护生物遗传资源获取所在地区种群以为本地经济和当地社区收入来源作出贡献；

（五）分享与保护和可持续利用生物多样性相关科学信息，包括生物储存和分类学信息；

（六）开展具有优先需要的研究活动，包括食品、健康和以生物遗传资源为中心的生活保障；

（七）为印度机构，尤其是位于地区、部落/教派的个人提供奖学金、助学金和资金资助，以为生物遗传资源的传播和后续盈利（如果有的话）做贡献；

（八）创设合资资本以帮助利益主张人；

（九）如果国家生物多样性管理局认为合适，向利益主张人支付货币赔偿和其他非货币惠益。

印度政府或外国机构转移/交换生物遗传资源
及信息国际联合研究行为指南*

一、本指南全称为《印度政府或外国机构转移/交换生物遗传资源及信息国际联合研究行为指南》。

二、本指南在官方公告出版时生效。

三、鉴于合作研究项目无需获得 2002 年《生物多样性法案》（以下简称"本法案"）第八部分设置国家生物多样性管理局许可，且转移和交换生物遗传资源的需求仍应包括在项目中且由双边或多边协议、国际合作研究项目工作计划等谅解备忘录支持，由环境与森林部通知的本指南应遵守上述法案条款和符合前述研究项目要求。

四、

（一）每项合作项目应在课题书中明确指明下列内容：

1. 每个合作机构的主要调查人员，应对所有遵约且任意违法情形承担责任。主要调查人员身份发生变化应通知中央政府相关部门；

2. 发生在印度生物遗传资源和相关传统知识获取详情，依据本项目开展情况试图作出改变或转移，如名称、数量、目的、来源、收集地点和其他活动；

3. 生物遗传资源和相关传统知识的增值情况，如果有的话；

4. 前述本条第二种情形涉及生物遗传资源存在任何印度法律或任意国际协定规定特殊状态，仍应提供获取详情，包括行政主管部门提供的必要许可。

（二）协作人员应遵守现有国内法律、规则制度和其他国际条约或协议。

（三）前述第（一）条 2 项下生物遗传资源和相关传统知识仅能因科研目的而交换或转移。

---

* Guidelines for International Collaboration Research Projects Involving Transfer or Exchange of Biological Resource or Information relating thereto between Institutions including government sponsored institutions and such institutions in other countries.

（四）拟转移或交换的生物遗传资源需严格受限于必要实验数量，该数量应在课题书或生物多样性国家管理局设置的获取和材料转移指南中设定。

（五）本项目研究成果一旦经后续证明可能产生知识产权，协作一方应与生物多样性国家管理局签订全新协议（依据本法案第8条）并确保在提交知识产权申请之前按照本法案第6条规定实现惠益分享。

（六）本项目拟转移或交换的生物遗传资源凭证标本应传递至本法案第三十九部分创设指定存储机构。

（七）一旦合作研究项目涉及交换和转移已死亡或保护标本和/或借用或其他形式存在于印度的标本，被经认可的善意科学家/教授和参与纯粹传统分类学研究的印度政府机构要求用于分类学研究，应得到印度政府相关部门/机构的批准。

（八）协作人员不得以任何不与国家生物多样性管理局签约方式将研究成果转移或通告给第三方。

（九）研究成果、专著、公告、已注册的权利取得和以上述项目研究结果为基础的成果，在未经印度方事先批准的情况下不得出版。

（十）在本项目实施期间，任何从印度交换或转移生物遗传资源的知识应及时向国家生物多样性管理局报告以便快速存档。

（十一）任何本项目项下与转移和/或交换生物遗传资源相关传统知识的出版物应对所获知识持有人予以承认。

（十二）任何通过本项目发现或开发的全新分类单元、品种、遗传繁殖种、培育种、菌株或品系应及时向国家生物多样性管理局报告且相关凭证标本应在符合本法案的情况下在特定存储机构予以存储。

（十三）合作研究项目应得到中央政府或州相关机构/部门批准。

（十四）前述批文复件应同其他相关材料一道交至国家生物多样性管理局。

（十五）有关2002年《生物多样性法案》更多规定，详见 www.nbaindia.org 网站。

埃塞俄比亚生物遗传资源和社区知识获取和惠益分享行为准则*

生物多样性保护研究所生物遗传资源转让和管理理事会，2012 年 11 月制

第一章　介绍（略）

第二章　目标和定义

第一条　目标

本准则试图实现如下目标：

1. 以对环境、当地传统和文化友好的方式促进自然栖息地或周围环境生物遗传资源的保护、收集和使用。

2. 避免因过度或无法控制生物遗传资源获取行为导致遗传性能退化和资源永久损害。

3. 促进生物遗传资源、相关社区知识和技艺的交换。

4. 确保所有生物遗传资源和社区知识获取完全尊重国内法律、当地习俗、规则和规定。

5. 提供适当行为标准并界定何谓"提供者"和"使用者"。

6. 建议使用者与提供者在考虑保护和开发生物遗传资源成本前提下促进生物遗传资源、社区知识和技艺之间公平和公正惠益分享。

7. 认识当地社区和农民，以及那些管理生物遗传资源尤其是相关促进机制的主体权利，以：

（a）帮助生物遗传资源保护和开发作出贡献的当地社区和农民获得赔偿；

（b）避免直接来自当地社区和农民生物遗传资源利益因转移或使用资源

---

* Code of Conduct to Access Genetic Resource and Community Knowledge and Benefit Sharing in Ethiopia.

而遭受破坏。

第二条 定义

1. **获取**：收集、获得、转移或使用生物遗传资源和/或社区知识。

2. **生物多样性**：来源于生态系统的所有活的生物体变异性及其构成部门的生态复杂性。这包括物种内、物种间和生态系统的多样性。

3. **社区知识**：历代当地社区在保护和使用生物遗传资源所创设或发展的知识、实践、创新或技艺。

4. **社区权利**：因过去、现在和将来在保护、改进、提供生物遗传资源和社区知识所做贡献而产生的权利。

5. **移地保护**：自然栖息地之外对生物遗传资源的保护。

6. **基因退化**：基因生物多样性损失。

7. **生物遗传资源**：包含遗传信息且对人类具有实际或潜在价值的生物遗传材料及其衍生物。

8. **就地保护**：在自然栖息地或生态系统内保护生物遗传资源。

9. **机构**：依据 1998 年第 120 号声明而创设生物多样性保护机构。

10. **个人**：自然人或法人。

11. **事先知情同意**：机构和当地社区对某人以试图完整和准确地获取特定生物遗传资源或社区知识等信息为基础的获取申请而作出的同意决定。

12. **提供者**：提供可供获取的生物遗传资源和社区知识的国家、个人或集体。

13. **相关机构**：对特定生物遗传资源或社区知识进行管理和拥有特殊技能专家的国家机关。

14. **国家**：埃塞俄比亚联邦民主共和国及适当情形下的地方政府。

15. **使用者**：任何获取生物遗传资源和/或社区知识的法人或自然人。

本准则的性质、适用对象和基本原则

第三条 本准则的性质

1. 本准则自愿遵守。

2. 本准则意识到国家对生物遗传资源及领土内社区知识享有主权，以及生物遗传资源的保护和持续获得是人类共同关切事项。而在实现上述权利过程中，生物遗传资源和社区知识的获取不应被过度限制。

3. 本准则首先适用于提供者和使用者。所有主体，尤其是当地社区和其他利益相关主体也应被要求遵守本准则。

4. 本机构、相关机构和其他主体也被要求促进本准则的遵守。

第四条　本准则适用对象

1. 本准则指明生物遗传资源和社区知识的使用者和提供者的共同职责是确保生物遗传资源收集、转移和使用最大限度地惠益于埃塞俄比亚国家及社区，以及最小限度地不利于多样性及生态系统进化过程。

2. 本准则允许相关机构在本国境内有偿授予获取活动许可。本准则认为埃塞俄比亚有权为生物遗传资源和社区知识获取和公平公正分享其获取而带来惠益设定专门性规则。

第五条　其他规定的关系

本准则的实施应与下列规定保持协调：

（a）《生物多样性公约》《获取生物遗传资源和公正公平分享其利用所产生惠益的名古屋议定书》以及其他保护生物多样性的法律机制和提供者国内法律；

（b）提供者和使用者之间任何协议。

第六条　基本原则

1. 正直和诚信。所有获取生物遗传资源和社区知识的人均应以正直和诚信的方式开展活动。

2. 保密。所有主体均应对所有涉及生物遗传资源和社区知识获取和公平、公正惠益分享信息进行保密。

3. 保护和持续使用。应以对生物遗传资源和社区知识进行保护和可持续的方式获取生物遗传资源和社区知识。

4. 获得许可。获取生物遗传资源和社区知识应获得本机构和当地社区事先知情同意。

5. 共同商定条件/获取和惠益分享协议。获取生物遗传资源和社区知识应通过共同商定条件创设与实施获取和惠益分享协议。

6. 惠益分享。国家和相关当地社区应以公平方式就获取生物遗传资源产生的惠益进行分享。这些惠益内容包括货币惠益如许可费、前期费用、阶段性费用、版税、研究基金和/或非货币惠益如知识产权联合所有权、雇工机会、支持开发基础设施、技术转移和其他类似形式。

许可条件

第七条　机构有权授予获取许可。

第八条 许可要求

为了使本机构能够做出授予或拒绝授予许可的决定，获取者应向本机构提交申请以便：

1. 尊重国内相关法律。

2. 表明已掌握、熟悉拟获取的生物遗传资源、获取的方式及分配路径。

3. 提供指示性的计划，包括预测实时费用、拟获取生物遗传资源类型、种类和数量，以及使用、储存和评估获取生物遗传资源的计划；在可能的情况下，应就提供者可以获得的生物遗传资源惠益的可能类型进行说明。

4. 向提供者告知并求得协助，提供者也应为实现成功获取提供便利。

5. 若提供者有意愿，提供与本国学者、科学家、学生、非政府组织和其他为获取活动提供协助或获得惠益的主体的合作计划。

6. 提供提供者要求其他的个别信息。

第九条 授予许可

本机构应有偿：

1. 承认获取申请，并标明需要进行监督的大致时间。

2. 在共同商定条件确定前向获取申请许可的主体介绍本准则相关内容。若本机构决定禁止或限制获取，在可能情形下，应向前述主体阐述理由，或在合适情形下，给予其更改申请的机会。

3. 表明允许或禁止收集、出口，以及需要在本国保存的生物遗传资源的种类和数量；表明生物遗传资源特殊管制的地区位置及种类。

4. 向获取者通报本国有关生物遗传资源获取限制或修改计划的情况。

5. 表明对任何生物遗传资源使用或来源于生物遗传资源的改进材料的特殊安排或分配限制。

6. 若有意愿，任命本国工作人员参与获取和/或后续合作。

7. 明确获取者支付金钱方面的任何义务，包括获取活动可能会有本国主体参与或提供其他服务情形等。

8. 向获取者提供本国有关生物遗传资源政策和管理制度、检验检疫程序和所有相关法律和规则等信息。应特别留意拟获取活动所在特定地区的社会环境和文化。

第十条 否认获取许可的条件

本机构将在出现以下情况时否认生物遗传资源获取许可：

1. 拟获取生物遗传资源属于濒危物种。

2. 获取活动将会对人类健康或当地社区的文化价值带来不利影响。

3. 获取活动将会对环境带来不良影响。

4. 获取活动将会导致生态系统损失的危险。

5. 获取活动所涉生物遗传资源使用目的违反埃塞俄比亚本国法律或埃塞俄比亚为缔约国的国际条约规定。

6. 获取申请违反现阶段获取条件或获取协议规定。

第十一条 获取的基本条件

1. 获取生物遗传资源应获得本机构事先知情同意。

2. 获取社区知识应获得相关当地社区事先知情同意。

3. 国家和相关当地社区应就获取生物遗传资源和传统知识得到公平和公正惠益分享。

4. 外国获取者应提供所在国或住所地行政主管部门证明信件确认其支持和履行获取者的获取义务。

5. 外国获取者收集生物遗传资源和社区知识的场合应有本机构人员和机构任命相关机构人员陪同。

6. 已获取生物遗传资源为基础的研究活动应在埃塞俄比亚开展，除非完全不可能，否则应有本机构任命埃塞尔比亚籍人员参与。

7. 已获取生物遗传资源为基础的研究活动允许在国外进行，由本机构支持和/或主持活动的机构应出具证明信件确认本机构遵守本准则设定的义务。

第十二条 前期许可

1. 获取者在申请时应熟悉所有研究成果，或在本国开展工作，他们应承担整个获取活动。

2. 获取活动受共同商定条件约束。除了其他内容，前述协议应对下列实际安排予以考虑：

（a）获取的优先考虑、方法论和策略；

（b）获取过程中的信息搜集；

（c）生物遗传资源和社区知识处理和保护；

（d）惠益分享条件的财政安排。

第十三条 获取过程

1. 获得者应尊重当地风俗、传统、价值和财产权，特别是使用体现生物遗传资源价值和特征的本地知识的时候对当地社区表示感谢。它们应在可行程度上对当地社区有关信息、生物遗传资源或提供协助等作出回应。

2. 为了降低遗传退化的风险，获取生物遗传资源的水平应超过生物遗传资源所在地区基础水平。

3. 当获取培育或野生生物遗传资源时，当地社区和农民获知获取目标、以何种方式以及在何处获得已收集生物遗传资源相关信息是非常必要的。若提出要求，生物遗传资源样本复件应留给当地社区和农民。

第十四条 获取结束

任何影响埃塞俄比亚生物遗传资源和社区知识获取活动的人均应：

1. 依据共同商定条件遵守义务。

2. 在获取过程中不披露任何保密信息。

第十五条 获取者职责

生物遗传资源和社区知识获取者应：

1. 以共同商定条件为基础便利获取新的、改良的品种和其他成果。

2. 支持生物遗传资源保护和利用相关研究活动，包括以社区为基础，传统或新生技术以及在就地和移地的保护策略。

3. 开展本机构和农场相关培训以提升生物遗传资源保护、评估、发展和使用的社区技能。

4. 为技术转移提供便利以保护和使用生物遗传资源。

5. 支持评估和提升本地品种和其他土著生物遗传资源项目以鼓励和保护在联邦、地区、农场和社区层次最大化地利用生物遗传资源。

6. 鼓励农民和社区为保护土著生物遗传资源和传统知识提供其他类型支持。

7. 转移生物遗传资源相关的科学和技术信息。

8. 保留生物遗传资源收集所在地区相关机构授予获取许可复件并在需要时进行展示。

9. 在收集过程中不耗尽农民种植材料、野生种群或从当地基因库中移除显著的基因变种；从保护区收集生物遗传资源时遵守保护区行政管理规则和规定。

10. 保留已收集生物遗传资源样本和相关数据、在本机构内获取社区知识或机构任命相关机构人员的描述性文件。

11. 遵守准予获取生物遗传资源的数量限制和类型；向本机构提供生物遗传资源样本和在要求时提供相关传统知识复制件。

12. 向本机构定期提交研究报告，即便生物遗传资源重复获取，仍应追踪获取活动对环境和社会、经济的影响并提交报告。

13. 若存在的话，以书面形式通告本机构所有生物遗传资源和社区知识获取的研究成果和开发情况。

14. 禁止向第三方转移生物遗传资源和社区知识，或除了在首次通知或获得本机构书面授权以外，以不同于最初目的的方式使用上述生物遗传资源和社区知识。

15. 在研究计划或获取协议终止时返还未使用的生物遗传材料。

16. 在未获得本机构同意的情况下，禁止向第三方转移获取许可或权利及义务；获取者寻求获得生物遗传资源或组成部分相关知识产权，应以埃塞俄比亚相关法律为基础并与本机构重新协商签订协议。

17. 未经本机构首次明确书面同意，不得就社区知识申请专利或其他知识产权。

18. 在对来源于生物遗传资源或社区知识申请商业财产保护时确认生物遗传资源或社区知识作为来源的角色。

19. 将获取自国家和相关当地社区的生物遗传资源或社区知识进行惠益分享。

20. 尊重国家的法律，尤其是清洁控制、生物安全和环境保护。

21. 尊重文化实践、传统价值和当地社区习俗。

22. 遵守获取协议的规定和条件。

报道、监督或评估准则遵守情况

第十六条　国家报告义务

1. 若可能的话，埃塞尔比亚应向本国联络点告知任何生物遗传资源或社区知识获取许可或禁止许可的理由及获取协议。

2. 当获取者未遵守本准则规定，提供者的规定和规则或本准则的规定要求埃塞尔比亚向本国联络点告知以便采取措施或其他成员国可依据《名古屋议定书》相关规定开展合作。

第十七条　监督和评估

1. 相关国家行政主管部门和本机构应周期性地评价本准则的实效性和关联性。本准则应被视为动态存在且按照规定会不断更新，并考虑技术、经济、社会、道德、生态和法律发展与限制。

2. 本机构应创设同行道德评价委员会确保本准则得到遵守。

3. 在各相关主体邀约和本机构的支持下，创设某些程序性规定以监督和评估本准则规定是否得到遵守是有必要的，上述程序可以解决提供者和使用者之间存在的纠纷。

利益相关方、当地社区和选任人员的职责

第十八条　当地社区的职责

当地社区应履行下列职责：

1. 禁止不属于社区的任何主体，在获得必要许可情况下收集或从其社区转移生物遗传资源；同时

2. 要求不属于社区的任何主体和收集或转移生物遗传资源的主体展示他/她获取许可，同时在未经许可情况下立刻将他/她带至最近的自治街坊联合会或第三方行政区域。

第十九条　利益相关方职责

各地政府、海关、邮政服务和检验检疫机构应在生物遗传资源和社区知识获取活动，以及实现 2006 年第 482 号规定的社区权利中履行职责。

第二十条　选任人员职责

本机构选任的任何开展生物遗传资源和传统知识获取活动以及进行惠益分享的工作人员应恪尽勤勉地开展所有活动且不应施加欺骗性行为以对国家和/或社区利益带来不利影响。

菲律宾生物勘探活动行为指南[*]

依据《生物多样性公约》和其他国际协议所规定的菲律宾应履行的国际法律义务，《野生动物法》第十四部分（共和国第9147号法令）、《认识、保护和提升土著文化社区/土著居民，成立土著居民国家委员会、创设实施机制、提供资金支持及实现其他目标法案》第三十五部分（共和国第8371号法令），以及《创设和管理国家综合保护区系统、界定范围和实现其他目标法案》（共和国第7586号法令）、地方政府行为准则（共和国第7160号法令）、《巴拉望岛战略环境计划法案》（共和国第7611号法令）、《渔业行为规则》（共和国第8550号法令）、《种子行业发展法案》（共和国第7308号法令）、《传统及替代药物法案》（共和国第8423号法令）及其他相关法令对第247号行政令相关条款的修改，《生物勘探活动行为指南》公布如下。

第一章　基本规定

第一部分　政策

1.1　国家应对生物勘探活动进行监管以便相关资源在满足国家利益前提下得到保护、开发和持续使用。

1.2　国家应确保任何生物勘探活动开展之前得到提供者事先知情同意。国家也应确保生物资源开发利用产生的惠益能够与提供者进行公平、公正惠益分享。

1.3　国家应促进当地生物技术能力的发展以最大化利用生物资源。

第二部分　适用范围

2.1　本指南应适用于包括政府部门在内任何资源使用者开展的生物勘探

---

[*] Guidelines for Bioprospecting Activities in the Philippines.

活动。适用于任何与在菲律宾境内发现的生物资源如野生生物、微生物、家养或繁殖物种、外来物种相关的生物勘探活动；也适用于所有来自于菲律宾的移地收集的生物资源，除非最近获取的收集物种属于菲律宾参加的某个国际协议调整对象；也适用于包括国家综合保护区系统及私人土地所有区域开展的生物勘探活动，以及符合《认识、保护和提升土著文化社区/土著居民，成立土著居民国家委员会、创设实施机制、提供资金支持及实现其他目标法案》规定祖先领地和土地。

2.2　任何涉及《濒危野生动物国际贸易公约》物种清单和世界自然保护联盟红色物种清单的生物勘探活动，不管何时适用本国法律，均应受到本指南有关上述物种保护特定规范的约束。

第三部分　例外

3.1　本指南并不适用下列生物资源使用行为：

A. 传统使用行为；

B. 生存型消费行为；

C. 以直接使用为目的传统商业消费行为，如伐木或捕鱼行为；

D. 以《野生动物法》第十五部分为依据的野生动物科学研究活动；

E. 与农业生物多样性相关的科学研究活动；

F. 以《野生动物法》第十七部分和第二十四部分为依据，除商业或保护育种或繁殖行为以外的、常见的野生动物物种运输或收集行为；

G. 菲律宾参加的国际协定所规定的移地收集获取行为。

所有排除适用本指南的许可、特许或同意证明应包括一项承诺声明要求，即收集者应遵守本指南的规定，所收集的生物资源应能够随即用于生物勘探行为。

3.2　研究人员开展的无任何商业利益或纯粹学术目的的科学研究活动，使用生物资源为分类学或仅用于描述生物资源的生物、化学或物理特征不适用于本指南规定但适用于《野生动物法》第十五部分。而且，生物资源的后续转移以及基于商业目的使用研究成果应被视为生物勘探行为且适用于本指南规定。

3.3　药用植物的传统使用或替代药物使用的开发活动应优先适用《传统和替代药物法》。

第四部分　目标

4.1　使生物资源获取程序流程化并为合法使用者遵守前述流程提供

便利。

4.2　为提供者获得事先知情同意提供行为指南，并就生物勘探行为产生的惠益与提供者进行公平、公正分享展开协商。

4.3　创设一个符合成本效益、富有效率、透明度高、符合标准的有关事先知情同意的、获取配额、公平、公正惠益分享、向第三方接收者转移材料、其他与开展生物勘探行为相关的遵约监督机制。

第五部分　术语的使用

"BFAR"指的是直属于农业部的渔业和水生资源局的英文简称。

"生物资源" 包括遗传资源、有机体或组成部分、种群，或其他对人类具有价值或事实、潜在使用可能性的生态系统生物组成部分。

"生物勘探行为" 是指以唯独来自于商业目的的知识适用为目的，研究、收集和使用生物和遗传资源行为。

"生物勘探许可" 是指依据《野生动物法》第十四部分的"许可"或"许诺"规定，允许使用者在指定条件约束下为实现生物勘探为目的而获取生物资源的行为。

"生物技术" 是指为实现特定用途，使用生物系统、活性有机体及其衍生物而制造或改变产品或过程的任何技术应用。

"CITES"是指《濒危野生动植物种国际贸易公约》，一项规范其附件所列动植物种清单国际贸易活动的国际公约。

"传统商业消费行为" 指的是直接用于消费的传统生物资源使用行为，如捕鱼或伐木，并不涉及以开发商业产品的生物技术过程。

"DA"是指农业部。

"DENR"是指环境与自然资源部。

"来源国披露" 是指对生物勘探许可项下使用者的要求，在所有与知识产权相关的申请或产品开发抑或营销过程中说明生物资源产品开发来源国，正如"生物勘探许可"证实的那样。

"最终评估" 指的是有关个体或联合技术委员会确定本指南的要求事实上得到满足的过程，如事先知情同意过程是否符合诚实善意且惠益分享是否公平、公正。

"免费和事先知情同意" 或"FPIC"指的是所有土著文化委员会/土著居民在完全披露项目/工程/活动范围及目的之后，以符合它们各自习惯法及实践、没有任何外部操纵、干涉、强迫的情况下，以一种社区内部易懂的语言及方式作出的一致同意决定；免费和事先知情同意是由土著文化委员会/土著居民签署的包括上述条件/要求的协议备忘录所赋予权利，双方当事人的惠益和罚款也是一致决定的基础。

"遗传材料" 是指来自任何植物、动物、微生物或其他来源的任何含有遗传功能单位的材料。

"遗传资源" 是指具有实际或潜在价值的遗传材料。

"IACBGR" 是指生物和遗传资源跨部门委员会，为实施第 247 号行政令而创设的管制机构。

"土著知识体系""IKS""土著知识" 或 **"传统知识"** 是指某些知识、创新和实践体现土著和当地社区与保护和可持续利用生物多样性相关的传统生活形式。

"土著居民" 或 **"土著文化社区"** 是指若干群体或具有自我归属或其他归属的同类社区，他们持续生活在具有公共边界和确定区域的有组织的社区，他们自古以来就具有所有权主张、占据、拥有习惯、传统和其他显著文化特征，或面对殖民化过程中政治、社会和文化以及非土著信仰和文化的侵袭而进行的抗争，使得他们与菲律宾主流人群具有显著不同的历史。土著文化委员会/土著居民也包括那些被视为来自本国种族的土著居民，他们在征服或殖民化过程中，或在非土著信仰文化侵袭，或在创设当代国家边界过程中，保留某些或全部社会、经济、文化和政治机构，但是却从传统领地背井离乡或在祖先领地以外重新安家。

"初始评估" 是指由恰当的实施机构就研究计划中有关生物勘探的生物资源收集行为申请所做的快速决定，该决定也要求前述行为符合本指南规定。

"IPRA" 是指 1997 年《土著人民权利法》（共和国第 8371 号法案）。

"IUCN" 是指世界自然保护同盟。

"本地社区" 是指生活在或与收集地点密切相近的居民。为了实现事先知情同意和惠益分享协商，本地社区应由 Barangay 大会作为代表，该大会有关事先知情同意和惠益分享的决定将会在 Punong Barangay 为证明上述决定或签署事先知情同意证书之前适时体现在 Barangay 决议之中。

"NCIP" 是指土著居民国家委员会。

"NIPAS" 是指国家综合保护区系统或共和国第 7586 号法案提到的系统。

"非商业利益" 是指用来描述不适用于本指南的生物资源研究人员或收集

人员，包括那些并无可追溯的有关开发商业产品或专利等知识产权申请记录的主体。进一步而言，这些主体必须不能包括直接或间接参与生物勘探活动的任何本地或外国协作人员、合作伙伴、捐赠者。

"无外国协作人员或投资者"，它用来描述菲律宾本国资源使用者，是指那些无需任何直接或间接参与生物勘探活动的外国协作人员、合作伙伴、捐赠者或投资人员参与或协助的本国主体。

"PAMB"是指根据《创设和管理国家综合保护区系统、界定范围和实现其他目标法案》为依据创设的保护区管理委员会以及为这些专门保护区创设特别法律。

"PAWB"是指环境与自然资源部野生动物局及保护地。

"PSCD"是指巴拉望岛可持续发展委员会。

"PITAHC"是指依据 1997 年《传统及替代药物法案》或共和国第 8423 号法案设定菲律宾传统及替代健康护理研究所。

"事先知情同意"或"PIC"是指申请者以一种社区能够理解的语言和方式在完全披露生物勘探活动的意图和范畴后，且在任何野生动物捕获活动开始之前所获得当地社区、保护区管理委员会或其他相关私人土地所有权人的同意。

"资源提供者"是指来自生物资源收集活动所在当地社区、土著居民、保护区管理委员会、私人土地所有权人。

"资源使用者"是指本国或外国个体、公司、组织、机构或公共或私人实体，与其他适当的机构共同获得的生物勘探许可为基础，在菲律宾给定区域内使用生物资源的主体。

"科学研究"是指依据《野生动物法》第十五部分及其实施细则规定，系统性地收集、学习及发现生物资源潜在用途以形成基础性科学知识的活动。

"秘书处"是指农业部或环境与自然资源部秘书处。

"生存型消费"是指为家庭消费而收集或使用生物资源的行为。

"可持续利用"是指一种不会导致生物多样性长期减少的使用方式或速率，因而可维持其潜在价值以满足当代和未来各代需要及期待。

"技术委员会"是指由实施机构单独或在适当情况联合组织的专家团队，如本指南第六部分所述其首要职责为对生物勘探许可草案进行最终评估并支持其做好签字；技术委员会应在适当场合吸纳土著居民为国家委员会、巴拉望岛可持续发展委员会、菲律宾传统及替代健康护理研究所代表。

"传统使用"是指土著居民在符合书面或非书面传统保存、接受和认可的规则、用法、习惯和实践的前提下有关野生动物使用方法。

第二章 机构安排

第六部分 生物勘探许可的签署

6.1 依据《野生动物法》第十四部分规定，生物勘探活动需在实施许可的情况下进行，也即本指南专门提到的在使用者与农业部和/或环境与自然资源部之间订立的生物勘探许可。秘书处的权限是由《野生动物法》有关农业部和环境与自然资源部各自管辖权规定而设定。

如果生物勘探活动是在巴拉望省进行，由巴拉望岛议会授权的可持续发展委员会主席，应作为生物勘探许可联合签署方参与活动。

6.2 秘书处和/或巴拉望岛可持续发展委员会应单独或联合组织技术委员会以协助评价本指南所设定要求是否得到满足，特别是有关获得事先知情同意及与相关提供者进行惠益分享协商。土著居民国家委员会、巴拉望岛可持续发展委员会和/或菲律宾传统及替代健康护理研究所代表应加入技术委员会，而在生物勘探活动涉及祖先领地/土地或活动位于巴拉望岛，或在合适情形下涉及药用目的的植物标本。

6.3 秘书处也应向行政主管部门咨询有关获取配额、技术转让、能力建设或其他类似活动相关技术问题开展协商的建议。

6.4 依据《野生动物法》的规定，秘书处主要实施生物勘探许可的权限；而第247号行政命令创设的生物和遗传资源跨部门委员会并无权限。

6.5 当生物勘探活动涉及的物种为农业部或环境与自然资源部监管对象，上述机构应就相关申请展开联合评估。农业部和环境与自然资源部秘书处在将所有规定和条件与提供者协商后，仅需签署一份生物勘探许可。

第七部分 实施机构

7.1 野生动物局、渔业和水生资源局及其他农业部相关监管部门、巴拉望岛可持续发展委员会应在适当时候对拟开展的生物勘探活动进行初始评估。各部门技术委员会专家应在提交秘书处签字前对拟推荐的生物勘探活动进行终期评估。初始评估和终期评估应交至由秘书处指定的受本指南规范的地区办事处。

7.2 野生动物局、渔业和水生资源局及其他农业部相关监管部门、巴拉望岛可持续发展委员会应就使用者理解和遵守本指南相关要求提供协助。

7.3 野生动物局、渔业和水生资源局及其他农业部相关监管部门、巴拉望岛可持续发展委员会应就使用者实现事先知情同意目标和就惠益分享开展有效协商的计划分别提供协助。

7.4 土著居民国家委员会应作为主要角色，在遵守生物勘探许可前提下，就免费和事先知情同意文件编制和惠益分享协商为提供资源的土著居民提供协助。

7.5 当生物勘探活动拟在巴拉望岛开展时，巴拉望岛可持续发展委员会应作为主要角色，为提供者和使用者提供协助。

7.6 野生动物局、渔业和水生资源局、土著居民国家委员会和巴拉望岛可持续发展委员会应对所有生物勘探许可相关信息进行常规存储。任何利益相关方均可在成文及合理保密限制前提下要求上述部门提供这些信息。

第三章　程序及要求

第八部分　获得生物勘探许可一般程序

8.1 生物勘探许可的协商和实施程序具体如下：

A. 使用者应从第七部分所规定的实施机构询问了解任何与获得要求相关的信息，同时为与当地合作者和提供者开展合作提供协助。为了进行监督，地区办事处的询问情况应被实施机构熟知；

B. 第七部分所设定的任意实施机构或它们授权的地区办事处，应向使用者提供标准要求清单以满足生物勘探许可批准需要；上述办公室也应将申请者指明提交申请的适当办公地点；

C. 使用申请者应提交符合标准的申请格式并按照第十一部分要求向渔业和水生资源局、野生动物局和/或巴拉望岛可持续发展委员会缴费；申请书及缴费也可在授权的地区办事处完成；

D. 使用者应在遵守本指南第五部分前提下寻求提供者事先知情同意或免费事先知情同意；

E. 使用者应在遵守第六部分前提下与提供者就惠益分享展开协商，事先知情同意或免费事先知情同意应受到惠益分享规定的限制；

F. 使用者应向渔业和水生资源局、野生动物局和/或巴拉望岛可持续发展委员会提交事先知情同意的证明以及一致同意惠益分享的简介；

G. 使用者应提交遵守本指南附件一标准术语和条件所设定要求的书面证明；

H. 一旦生物勘探活动涉及多种行政监管职权内的种群，相关实施机构应将提交的所有文件进行整合并将该申请列入联合技术委员会审查范围。上述机构应共同准备一份包括使用者和提供者协商一致内容的生物勘探活动许可草案；

I. 在收到满足要求回执 15 个工作日内，单个机构或联合技术委员会应就前述草案所涉申请进行最终评估；经修改的生物勘探许可应提交给相关签字方，并附上同意或拒绝建议；

J. 在尽可能行得通的情况下，在提交建议后 1 个月内，实施机构应做出同意或拒绝申请的决定。一旦同意申请，使用者应与适当的签约方签署生物勘探许可，并尊重与提供者协商成果，以及本指南所包括标准术语和规定；

K. 使用者在完成活动和履行保证后可继续收集样本，费用支付和其他惠益分享也应依据生物勘探许可计划进行。

第九部分 标准术语和条件

9.1 生物勘探许可除了经协商的惠益分享规定以外包括有关遵守附属规范和其他基础协议规定的标准术语和条件。这些术语和条件详见附件一。

第四章 获取配额和费用

第十部分 样品

10.1 生物勘探许可应明示样品名称及拟获取数量。除非收集数量限制能由使用者基于适当地资源存量进行调整并考虑到资源保护，样品数量不应超过附件三所设限制。

10.2 生物资源获取并不意味着自动获取与资源相关的传统知识。如使用者意图获取传统知识，他/她应在研究计划中明确表明上述意图。

第十一部分 申请费用

11.1 使用者应在向每个实施机构提交申请时支付 500 菲律宾比索以用于申请成本开销。

第十二部分　恢复或履行保证

12.1　申请者应以担保形式恢复或履行保证，并以相当于项目成本 25% 的数额列于研究项目成本之中。上述保证应在生物勘探许可签署后 30 个工作日内提出，直到提出保证后才允许进行样品获取活动。不能提供保证应被视为存在废除生物勘探许可的可能。

第五章　事先知情同意

第十三部分　事先知情同意行为指南

13.1　使用者应确保在依据现行法律规定前提下获得包括土著居民、保护地管理委员会、地方政府、私人主体或对其他专门区域拥有特殊管辖权的机构事先知情同意。

13.2　提供方应在遵循下列程序前提下进行事先知情同意：

A. 通知——使用者应通过意向书通知土著居民、地方政府、保护区管理委员会、私人土地所有者或其他相关机构其有意在特定区域内开展生物勘探活动。提交意向书的时候应附上研究计划复印件，且必须披露拟开展活动和已提交生物勘探活动申请详情；

B. 部门协商——申请使用者应要求保护区管理委员会、Barangay 大会或土著议会组织社区大会，并至少于上述大会成立前一周内在生物勘探活动显著地方张贴或发出通知。申请者应以社区能够理解的语言或方言向社区大会提供足够数量的研究计划概要或提纲复本；

上述概要应指明研究目标、方法、周期、所涉种群和拟使用的数量和/或在生物勘探活动开展前、中和后期产生的公平、互惠惠益情况。它也应包括一项无条件声明即上述活动并不会以任何方式对本区域内的土著社区传统使用或生存型消费资源的行为造成影响。当土著居民参与其中，社区大会也应以符合习惯法和实践/传统方式举行；

C. 出具事先知情同意证明——支持许可的协商完成后 30 日内通过的决议授予保护区管理委员会或 Punong Barangay 出具事先知情同意证明的权限。私人土地所有者或其他相关机构也应在协商过程完成后 30 日内出具事先知情同意证明。当土著居民参与其中，免费和事先知情同意证明受到《土著人民权利法》规定和其他相关规则约束。免费和事先知情同意/事先知情同意标准文本参见附件四。

13.3 环境与自然资源部、农业部、土著居民国家委员会、巴拉望岛可持续发展委员会代表以及在尽可能的情况下，非政府组织、人民团体应依据前述 A 和 B 节规定参与协商活动，并作为见证人签署事先知情同意意见。

13.4 有关土著居民出具免费和事先知情同意证明事项，本指南应作为《土著人民权利法》补充文件适用。传统知识获取应明确在免费和事先知情同意申请中明确提示并反映在证明之中。

13.5 在巴拉望岛开展生物勘探活动，使用者应获得巴拉望岛可持续发展委员会特别许可。

第六章 惠益分享协议行为指南

第十四部分 一般规定

14.1 使用者应与提供者任命的代表进行协商。提供者应受该代表决定的约束除非一项正式的批准提出保留意见。

14.2 一旦某个区域内有不止一个提供者团体，每个提供者团体均应任命一位代表参与协商。上述代表应与使用者分别或联合谈判。不过在使用者和适当的签约方之间仅有一份包括所有提供者团体协商术语的生物勘探许可能够实施。

14.3 使用者和提供者应在满足随后部门需要情况下就货币或非货币惠益等支付达成协议。

14.4 使用者应支付的确定的生物资源产生惠益的数量、周期应在中央政府和提供者之间并符合下列条件：

A. 生物勘探费用应归入本国政府，并支付给实施机构；

B. 前期费用应归于提供者；

C. 税金应在中央政府和提供者之间分享；

D. 中央政府应向地方政府分享相应数量惠益，并与地方政府规则保持一致。

第十五部分 生物勘探费用

15.1 生物勘探许可费用最低额应为 3000 元美金/项。

15.2 生物勘探许可费用可以增长或调整，但是不得超过最低额三倍，并由各当事方依据下列标准达成一致：

A. 取样方式包括野生动物杀害或摧毁；

B. 获取的种群很稀少或繁殖/恢复很缓慢；

C. 获取的种群被认为具有远比先前研究人员平均商业价值更多的潜在价值；

D. 获取的种群是一种昆虫或病毒媒介，而拟开展的研究活动恰是控制这种昆虫或病毒媒介；

E. 生物勘探许可包括获取传统知识。

15.3　依据前述第一部分和第二部分规定，没有外国协作者或投资人员参与的纯粹菲律宾使用者应支付的生物勘探许可费用为评估数额的10%；接受没有商业利益的外国捐赠者资助的菲律宾使用者有权主张费用减免。如菲律宾使用者最终与商业投资者开展协作或签署协议，他/她应在签署协议后支付90%的费用以做平衡。

15.4　依据前述第一部分和第二部分规定，如果菲律宾使用者是一名在当地机构为实现学术理想而开展生物勘探研究的学生，且该项研究并无外国协助者或投资者加入，生物勘探许可费用应为评估数额的3%；如果上述学生为使用种群或研究成果，与具有商业逐利的主体开展协作或签署协议，他/她应在签署协议后支付97%的费用以做平衡。

15.5　生物勘探许可费用在适当情形下支付给环境与资源部、农业部和/或巴拉望可持续发展委员会。上述费用应归入野生动物管理基金或保护地基金。若生物勘探许可费用并未指定归入特定基金，签字各方应就生物勘探许可费用进行合理分配。生物勘探许可应提供使用者应向支付费用的比例和支付对象。

第十六部分　金钱惠益

16.1　只要上述产品仍在市场流通，使用者每年应向中央政府或提供者支付来自或源于所获取样品、最低相当于全球销售总额2%的惠益。而更高数额的惠益应在合适情形下各方协商确定。为了实现上述目的，使用者应向签约机构提供经审计的年度销售总额报告以作为税金计算基础。一旦使用者并非产品销售人员，他/她应有义务确保从销售者处获得销售记录并将其提交至签约机构。

在适当情形下25%的税金应归于中央政府并直接提交至环境与自然资源

部、农业部和/或巴拉望可持续发展委员会。而在多于一家签约方的情形下，政府分享的税金应在这些主体之间公平分配。而剩余 75% 的税金应直接交至提供方。

实施机构和提供方依据经协商一致的安排可将税金应直接提交至中央政府，税金支付的安排应由或经使用者、中央政府（经由实施机构）、提供者之间协商一致。上述协商内容应体现于生物勘探许可中。

16.2　前期费用。使用者在收集期限的每个年度内向提供者支付 1000 美元/每收集场地的费用。上述费用被视为税金的预付款。来自菲律宾的使用者和学生，在无外国协助者或投资者加入的情况下，开展生物勘探研究有权依据第十五部分第 3 款和第 4 款规定主张减免费用。费用支付的计划应在使用者与提供者之间协商一致。上述协商内容应体现于生物勘探许可中。

第十七部分　其他惠益

17.1　非货币惠益最低数额应由使用者和提供者协商一致以外，还包括下列形式：

A. 生物多样性分类及监管设备；

B. 资源保护活动的设备及供应；

C. 技术转让；

D. 包括教育设施在内的正式训练；

E. 直接与地区管理有关的基础设施建设；

F. 健康照护；

G. 其他支持就地保护和开发活动的能力建设事项。

第十八部分　支付款项的不得返还

18.1　使用者向任何提供者团体支付的所有款项均不得返还，即使生物勘探活动最终并无收益。

第十九部分　外国使用者任命菲律宾本国协作人员

19.1　实施机构应依据要求建议外国使用者在相互接受规定和条件前提下于产品开发或技术转让过程中确认菲律宾本国科学家作为研究协作人员。

19.2　生物勘探许可活动只有在本国协作人员参与的情况下才能得到实施。

第二十部分　惠益分享

20.1　在某个收集区域有很多提供者团体，依据第十六部分第 1 款和第 2 款产生的惠益应在上述团体管辖范围和/或有权收集生物资源的地区内进行公平分享。

20.2　对当地社区希望获得的货币惠益来说，Sangguniang Pambarangay 应确保收到的资金能够专门用于生物多样性保存或环境保护，包括为社区成员提供替代性或补充性住房条件。

20.3　对土著居民希望获得的货币惠益来说，资金用途应与《土著人民权利法》所规定的祖先领地可持续发展和保护计划规定相一致，而在缺乏上述计划的前提下，国家土著居民委员会应在符合规则前提下决定如何合理处分资金。

第二十一部分　互斥承诺

21.1　若使用者和任意提供者团体协商一致或决定其他承诺作为授予事先知情同意的条件，在缺乏任何相反规定情况下，应与前述部门提到的惠益和费用条款区分或单独处理。

第二十二部分　收集区域内的获取活动

22.1　在生物勘探活动许可期间，收到配额和收集期限的限制，提供者团体应允许使用者在收集区域内进行获取以开展经审批的活动。但是，提供者也被鼓励监督使用者开展生物勘探活动和协作人员行使管辖权的情况。

第七章　遵约监督

第二十三部分　报告要求

23.1　使用者应就下列主题向实施机构提交年度进展报告：①获得事先知情同意状态；②样品收集进度；③惠益分享协商；④生物勘探许可其他规定实施（视案件具体情况）或惠益支付进度。

23.2　为实现遵约监督目标，使用者应提交下列证明以作为遵约证据，特别是适时获得事先知情同意、惠益分享协议和收集配额等证明：

A. 适时获得事先知情同意遵约证明（格式见附件六）；

B. 提供者依据生物勘探许可提供货币和/或非货币惠益接收证明（格式见附件七）；

C. 生物勘探许可设定配额许可遵约证明（格式见附件八）。

所有许可文件均需相关提供者并得到环境与资源部、农业部、巴拉望可持续发展委员会证实。上述许可文件应附在年度报告之后。而在申请生物勘探许可的时候应将适时获得事先知情同意证明文件附于事先知情同意申请后以提交至实施机构。使用者也应在适当情形下提交其他遵约证明，如照片文档。

23.3　前述条款未涉及有关生物勘探许可规定其他遵约证明也应在被要求的情况下提交。

第二十四部分　公平和惠益分享监督

24.1　当事各方和其他利益相关人应使用过程清单和内容指标以评价惠益分享协议是否公平、公正。技术委员会也应在最终评估过程中使用上述指标。指标清单模板参见本指南附件五。

第二十五部分　状态报告

25.1　单个生物勘探许可状态应由实施机构通过个别或联合监管体系予以监管。

第二十六部分　海外监督

26.1　实施机构应在监督海外发明或商业化活动过程中寻求外交部和科技部协助。上述部门应得到实施机构有关与外国主体开展生物勘探许可活动的书面通知。鼓励外交部通过其大使馆和办事处向实施机构报告任何违法活动。尤其是鼓励外交部就下列事项向外国政府予以通报：

A. 无生物勘探许可前提下阻止生物资源进入进口国；

B. 要求披露来源国（CO，Country of Origin）及在专利申请中表明生物勘探许可；

C. 便利针对收集者或商事主体的索赔。

26.2　同时，鼓励外交部和科技部创设并维持与在菲律宾拥有生物勘探许可公司，以及使用菲律宾生物资源的专业社团和大学关系。

第二十七部分　民事主体参与

27.1　政府人事并鼓励民事主体，特别是非政府组织和政治组织参与生物勘探许可实施监督活动。通过发挥自主能动性，他们能够在遵守下列程序前提下进行监督，如开展社区协商、获得事先知情同意证明过程、遵守收集要求或通过就外部网络与菲律宾大使馆展开合作，当商业化/发明在外国发生的时候以监督付款或税金。

第八章　杂项条款

第二十八部分　信息联络所

28.1　实施机构通过常规存储机构向 CBD 公约项下的菲律宾信息联络点提交报告。信息联络点应将相关信息向 CBD 公约秘书处和其他菲律宾作为缔约方参加的国际条约规定的国际机构报告。

第二十九部分　基金

29.1　收集到的资金应在符合《国家综合保护区系统法案》《野生动物法案》的前提下纳入综合保护区基金、野生动物管理资金。

29.2　为实施本指南所需以及生物勘探活动监管等全部费用应由实施机构常规预算确定，或在符合相关法律、规则和规章情况下与综合保护地基金、野生动物管理基金保持一致。

第六章　处罚和补救

第三十部分　冲突解决

30.1　涉嫌违反生物勘探许可规定和条件，特别是适时事先知情同意、获得材料相关规定行为可向任何实施机构进行正式投诉。上述机构也应在初次发现违法事实后组织一个事实调查委员会。上述机构也应在委员会成立后不迟于 30 日内将结果向秘书处报告。

30.2　任何提供者团体成员应就违反生物勘探许可行为提交正式投诉。其他主体也应向实施机构提交任何生物勘探许可事实过程中违法行为信息。

30.3　因实施和解释惠益分享规定而产生的冲突应尽可能地在提供者和使用者之间予以友善处理。

第三十一部分　制裁和处罚

31.1　不遵守生物勘探许可条款将会导致协议自动取消/撤回，政府支持所收集材料和保证金被没收，在菲律宾境内禁止违法者获取生物材料等处罚。上述违法行为被认为违反《野生动物法》，且受到现行行政或刑事法律制裁。任何没有生物勘探许可的主体开展活动均会因该行为而被罚款。

31.2 违法行为应被国内和外国媒体曝光且通过菲律宾 CBD 公约信息联络所被相关国际和地区监督机构报道。

第七章 最终条款

第三十二部分 条款强制评估

32.1 实施机构应每三年就本指南进行周期性评估，且应顾及波动性，特别是确定利益相关方之间所分享的惠益价值。

第三十三部分 可分离条款

33.1 一旦本指南任何规定、条款或部分被认为违宪或无效，剩余部分规定并不受影响，且应完全有效。

第三十四部分 条款废除

34.1 环境与自然资源部 1996 年第 20 号行政命令自此废除。所有命令、规则和规定与本指南规定不符或内容相反均应废除或做相应修改。

34.2 第 247 号行政令与《野生动物法》不符的相关规定也应被废除。

第三十五部分 有效性

35.1 本指南规定应在提交至国家行政登记办公室，且在两家大众出版的国家报纸出版后生效。

附件一：标准术语和条件

最低术语和条件

一、使用者应确保所收集的和运输至国外的样本免受传染并满足检疫程序要求。

二、所有收集的成套凭证样本应存储于菲律宾国家博物馆或只要正模标本保留于国家博物馆且被适当标记及保存，应存储于正式指定的机构。

三、所有收集的成套活性样本应在相互协商一致的前提下存储，或存储于正式指定的存储机构，如植物育种研究所为农业种群创设的国家植物遗传资源实验室、森林种群创设的生态系统研究及开发局，以及微生物创设的国家生物技术和应用微生物学研究所。

四、所有菲律宾本国公民和任何菲律宾政府应被允许在国际认可的移地存储机构和基因银行获取样本，但要受到材料转让协议和其他相关国际公约限制。

五、生物资源出口应受可适用的《濒危野生物种国际贸易公约》规则和关于出口规定以及其他规则和规定限制。

六、以科学研究或国际种质资源交换为目标的种、品系、菌株或植物材料的出口应受到《种子行业发展法案》（共和国第 7308 号法案）第四十二条、第五部分《实施规则》相关规定限制。

七、对拟获取的生物资源进行运输应受到来自于相关政府部门颁发运输或邮政清关许可限制。

八、依据经协商一致的生物勘探许可规定，菲律宾政府和提供者均可取得所有来自或源自菲律宾生物资源有关商业价值产品。

九、任何外国个人、企业开展的生物勘探许可研究活动，包括对来自于获取的生物和/或遗传资源相关产品的技术开发活动，应与相关政府部门、大学或学术研究机构和/或不管是政府或非政府相关其他部门，或附属于正式认可的大学、学术研究机构、国内政府部门和/或跨政府部门主要负责人的菲律宾科学家开展协作/合作。菲律宾科学家因此而产生的所有费用均应由使用者全权负责。

十、一旦某项/某些技术来自于菲律宾地方物种的研究活动，负责人应通过制定的研究机构告知菲律宾政府，后者使用该类技术、商业开发以及本地化均无需支付任何费用。但是在适当以及合适的情形下，双方可就其他规定另行协商。而且在种质资源交换过程中，上述技术应与国家农业研究机构分享。

任何对来自于收集区域的与生物资源相关的知识应与提供者分享，并应充分提示并在任何传播媒介（如出版物、视频、音频以及其他电子传播形式）上表示感谢。这些有关特定知识的传播材料应向提供者提供。

报告要求

使用者应视情况就事先知情同意获得状态、惠益分享协商、样品收集进度或生物勘探许可其他规定向实施机构提交年度进展报告。

附件二：材料转让协议

遵约证明、向第三方接收者转让材料、生物勘探许可

我们以极大诚意作如下保证：

一、生物资源或数据的所有权通过菲律宾政府与资源最初使用者之间的生物勘探许可而得以明确。向第三方提供材料的提供者在生物勘探许可中同样亦属于使用者。

二、向第三方提供的材料或数据仅供研究使用。第三方接收者不能在未经最初来源地政府部门书面许可同意下转让材料。

三、除非菲律宾政府专门书面授权或上述材料已通过其他并非生物勘探许可或材料转让协议的当事人进入到公共领域，第三方将视贴有"机密"的所有需转移的材料或信息为秘密，且不会描述或泄露上述材料或信息。

四、第三方将试图就来自于生物材料的申请发明专利之前和在试图获得特定知识产权许可之前与材料最初来源机构进行协商。

五、第三方将依据合同义务规定共享知识产权或与生物勘探许可当事一方就特定知识产权商业化或许可所产生的惠益或利益进行协商。

六、我们继续保证我们已阅读并理解了菲律宾生物勘探活动行为指南的相关规定。

生物勘探许可最初持有人姓名及签名：　　　　第三方主体的姓名及签名：

附三：允许获取种群/样本配额规定（略）

附四：事先知情同意证明（略）

附五：过程及内容指标清单（略）

附六：适时获得事先知情同意遵约证明（略）

附七：接受证明

附八：遵守获取配额的证明（略）

日本生物遗传资源获取及对其利用公平公正惠益分享行为指南*

日本财务省、文部科学省、厚生劳动省、
农业水产省、环境省1号联合通告

第一章　基本规定

第一条　目的

本指南目标是通过采取生物遗传资源获取及对其利用公平、公正惠益分享相关措施以确保《名古屋议定书》能够得到适时和顺利实施，并因此为保护和可持续利用生物多样性作出贡献。

第二条　定义

为实现本指南目标，下列第（1）至第（8）项术语规定均分别界定：

（1）**生物遗传资源**：是指具有实际或潜在价值的植物、动物、微生物或其他具有遗传功能单位的材料；

（2）**生物遗传资源的使用**：是指对生物遗传资源遗传和/或生物化学成分进行研究和开发活动；

（3）**生物遗传资源相关传统知识**：是指长期在土著和当地社区内使用的、包括传统、习惯、文化等、体现保护和可持续利用生物多样性相关传统生活方式的、关于生物遗传资源使用的唯一知识表现形式；

（4）**获取和惠益分享信息交换所**：是指依据《名古屋议定书》第一部分第14条设定的获取和惠益分享信息交换所；

（5）**提供国**：是指除日本以外提供生物遗传资源和相关传统知识的提供方；

---

* The Guidelines on Access to Genetic Resources and the Fair and Equitable Sharing of Benefits Arising from Their Utilization.

（6）**提供国立法**：是指依据《名古屋议定书》第一段第 15 条、第 16 条规定，提供国国内有关生物遗传资源和相关传统知识获取和惠益分享相关的国内立法或法律规定；

（7）**许可或其他等同文件**：是指《名古屋议定书》第三段（e）、第 6 条颁发的许可或等同文件；

（8）**国际认可遵约证书**：是指《名古屋议定书》第二段第 17 条规定的作为国际认可遵约证书的从信息交换所取得获取惠益分享许可或其他等同文件；

第三条　适用范围

一、不适用于《名古屋议定书》的生物遗传资源

本指南并不适用于下列生物遗传资源以及其他不适用于《名古屋议定书》的生物遗传资源（是指生物遗传资源并不属于《名古屋议定书》适用的生物遗传资源和相关传统知识分类，以下同）：

1. 生物遗传资源相关信息，比如核酸碱基序列（不包括那些被确认为生物遗传资源相关传统知识的信息）；

2. 合成核酸（仅限于那些不包括有机体片段部分）；

3. 不包括含有遗传功能单位的生物化学成分；

4. 人类遗传资源；

5. 在《名古屋议定书》于日本生效之前从提供国获取的生物遗传资源和相关传统知识；

6. 除了使用以外的其他售卖的生物遗传资源，且买入该类生物遗传资源并非直接使用。

二、使用本《名古屋议定书》并不适用的生物遗传资源

本指南并不适用于《粮农植物遗传资源国际公约》相关生物遗传资源适用行为或其他《名古屋议定书》并不适用的生物遗传资源（是指该行为并不构成《名古屋议定书》所认为的使用生物遗传资源行为）。

第二章　在提供国采取措施提升守法效果

第一条　合法获取生物遗传资源报告

一、买方报告

如果某人在适用提供国法律的区域获取生物遗传资源（排除《名古屋议定书》不适用的生物遗传资源，以下同）并进口到日本（以下简称为买方），且上述生物遗传资源国际认可的遵约证书已告知获取和惠益分享信息交换所，

买方应在告知完后 6 个月内将本指南附件一格式和前述遵约证书复印件（该类信息有可能会损害权利、竞争局面，或其他个人或公司容易忽视的法定利益，以下同）提交至环境省，前述格式表明作为信息的国际认可的遵约证书系生物遗传资源系合法获取的唯一证据；但是，下列情形并不适用上述规定：

1. 当买方在向获取和惠益信息交换所告知之前替换本指南附件一格式和前述遵约证书复印件（该类信息有可能会损害权利、竞争局面，或其他个人或公司容易忽视的法定利益，以下同），或在向环境省提交其他许可或类似文件之前提交本指南附件二格式并标明下列事项：

（1）提供国；

（2）授予许可或类似文件的研究机构；

（3）授予许可或类似文件的日期；

（4）许可或类似文件的失效日期；

（5）提供者；

（6）生物遗传资源；

（7）与提供者创设的共同商定条件；

（8）获取目的是商业利用或非商业利用。

2. 当上述许可或类似原件授予的时间超过 1 年且有关国际认可的遵约证书或其他类似文件并未提交。

二、人类健康紧急事项

1. 前述规定并不适用于国际健康规则或人类健康紧急事项下的生物遗传资源获取行为。在所设定的紧急情况要件全部完成后，买方应在 6 个月内向环境省提交本指南附件一格式和国际认可的遵约证书复件。

2. 当难于确定紧急情况的发生及是否得到处置，买方应在获取的生物遗传资源适用于前述紧急情况之日起 1 年内提交本指南附件一格式和国际认可的遵约证书复件。

三、进口方报道等

从其他主体接收适用提供国法律区域内的生物遗传资源并将其进口至日本（不包括买方，以下简称"进口方"）或在日本接收到特定生物遗传资源（不包括买方和进口方）的某些主体，如果前述主体拥有作为信息的证据以证明生物遗传资源系合法获取、经国际认可的遵约证书，应提交使用本指南附件一格式进行报告，该报告表明经认可的国际遵约证书系唯一证据；如果前述主体在经认可的国际遵约证书向获取和惠益分享信息交换所公示和向环境省报告之前，拥有除前述证据以外的能够证明生物遗传资源系合法获取的其他信息，或使用本指南附件二格式进行报告。

四、环境省向获取和惠益分享信息交换所提供信息规定

1. 环境省应依据第一段、第二段和第三段规定使用本指南附件一格式向获取和惠益分享信息交换所提供信息。在上述情况下，不论提供信息相关主体提交的报告是否以其他主体需求为决策前提。

2. 在提交特定报告主体请求下，环境省应依据第一段、第三段规定使用本指南附件二格式向获取和惠益分享信息交换所报告信息。在这种情况下，所提供的信息以特定主体需求为决策前提。

五、环境省信息传播

1. 在某些主体提交特定请求报告前提下，环境省依据第一段、第二段和第三段规定在其网站公告已报道过的信息；在这种情况下，所公告的信息以特定主体需求为决策前提。

2. 除了第一款提供的信息，环境省也应在其网站上就获取生物遗传资源及对其利用进行公平、公正惠益分享相关的适时和成功实施所须的其他信息进行公告。

第二条　合法获取生物遗传资源相关传统知识的报告

那些依据前述第一款、第二款和第三款规定提交报告的主体，如果在提供国法律适用的区域内获取生物遗传资源相关传统知识，也有意图在提交前述报告之前，使用本指南附件二格式，结合与拟报告的生物遗传资源提交一份证明生物遗传资源系合法获取额外报告；但是，上述情形并不适用于第一段第一款第二种情形。

第三条　鼓励报告

一、报告的指导和建议

1. 环境省应在规定时间内敦促相关主体依据前述第一段、第二段分别使用本指南附件一、二格式提交报告。环境省和其他行政部门应在适时情况下就报告事宜提供必要指导和建议。

2. 环境省应要求依据本指南附件二格式进口生物遗传资源但并没有依据第一段、第二段有关本指南附件一相关时间内提交报告的主体依据本指南附件二相关时间提交报告。此外，环境省和其他行政部门应在适时情况下就报告事宜为进口生物遗传资源的主体提供必要指导和建议。

二、经认可国际遵约证书唯一标识公示

环境省所公示的经认可的国际遵约证书并不包括买方和鼓励报告的信息。

第四条　提供国违法情况的合作

一、当除日本以外的缔约方在提供国行为被认为违反法律，环境省应敦促生物遗传资源和相关传统知识的买方、进口方、使用方，以及与声称违反提供国获取、进口或使用法律相关的其他有权处置生物遗传资源和相关传统知识的主体，以及适时情况下《名古屋议定书》规定的与缔约方开展合作义务的其他有权处置生物遗传资源和相关传统知识的主体。环境省和其他行政部门应在适时情况下就生物遗传资源或传统知识相关信息对有权处置的主体予以必要指导和建议。

二、环境省依据第一段通过《名古屋议定书》第一段第 13 条设定国家信息联络点向除日本以外的其他缔约方提供违法情况信息。

第五条　生物遗传资源利用相关信息的请求

一、生物遗传资源利用相关信息的请求

1. 环境省作为《名古屋议定书》第一段（a）第 17 条提到的检查点，有权要求依据第一部分第一段提交表明独立使用生物遗传资源的主体在报告提交后五年内适时依据本附件格式三（以下简称"生物遗传资源利用相关信息"）提交生物遗传资源利用相关信息。

2. 环境省应再次敦促尽管依据前述请求但仍未提供生物遗传资源利用相关信息的主体提交相关信息。此外，环境省和其他行政部门也应在适时情况下就生物遗传资源利用相关信息对前述主体提供必要指导和建议。

3. 不管是否提出前述第一段有关生物遗传资源利用相关信息请求，使用生物遗传资源和期望传播这类信息的主体在遵守提供国立法或管制要求的前提下提供信息以证明前述生物遗传资源系合法获取且以使用本指南附件一、二、三格式向环境省提交生物遗传资源利用相关的信息。

二、生物遗传资源利用相关信息的使用

环境省依据提供特定信息的主体请求，依据第一段向获取和惠益分享信息交换所提供生物遗传资源利用相关信息并在网站对这些信息进行公示。在上述情况下，提供或公示这些信息是以特定主体为决策前提。而且，环境省和其他行政部门应依据特定信息对生物遗传资源利用情况现实情况的理解以一种集中和有效的方式提升提供国法律遵约意识。

第三章　鼓励获取生物遗传资源及对其利用公平、公正惠益分享

第一条　公平、公正惠益分享

1. 如果某个主体为利用而提供日本现存的生物遗传资源并希望就其利用进行惠益分享，应鼓励该特定主体依据相关规定签署协议以确保实现公平、公正惠益分享。

2. 如果某个主体使用日本现存的生物遗传资源并要求就其利用进行惠益分享，应鼓励该主体依据相关规定签署协议以确保实现公平、公正惠益分享。

3. 如果某个主体使用获取行为适用提供国法律的生物遗传资源和相关传统知识并要求就其利用进行惠益分享，应鼓励该主体依据相关规定签署协议以确保实现公平、公正惠益分享。

第二条　为保护和可持续利用生物多样性对生物遗传资源利用产生惠益进行分配

应鼓励任何为使用而提供日本现存的生物遗传资源、使用日本现存的生物遗传资源、使用获取行为适用提供国法律的生物遗传资源的主体为保护和可持续利用生物多样性对生物遗传资源利用产生惠益进行分配。

第三条　通过规定就签署协议实施情况进行信息分享

应鼓励任何为使用而提供日本现存的生物遗传资源、使用日本现存的生物遗传资源、使用获取行为适用提供国法律的生物遗传资源的主体签署包括报告实施情况义务的协议和依据所签署的协议创设的共同商定条件分享信息。

第四条　开发示范性合同条款等

包括生物遗传资源行业组织在内的主体应依据行业组织现实条件尽力开发和更新部门内和跨部门为利用而获取生物遗传资源的合同相关的示范性条款，并提升上述条款的使用效率。

第五条　行为准则、指南和最佳实践或标准

行业组织应就生物遗传资源利用依据行业组织现实条件尽力开发和更新生物遗传资源获取及其利用公平、公正惠益分享的自愿性行为准则、指南和最佳实践或标准，并提升上述条款的使用效率。

第四章　日本现存的生物遗传资源规定

为了遵守《名古屋议定书》第一段第 6 条规定，允许缔约方就批准事先知情同意做出额外决定，现有规定中第一段有关日本政府事先知情同意条款并不适用于获取日本现存生物遗传资源情形。

第五章　获取日本生物遗传资源相关材料发布

当联合行政部门或其他部门如行政长官认为应适时提交相关材料以表明在日本获取的生物遗传资源以适时和完全实施日本现存生物遗传资源规定，应鼓励行政部门向特定其他部门提交技术建议或信息以开展协作并与其他部门或机构保持联络以采取必要措施。

第六章　行政部门

此处行政部门指的是第二章第三段第一段、第二段和第三段、第四段第一段、第五段第一段第二款和第二段提到的主体，以及前述章节提到的财务省、文部科学省、厚生劳动省、农业水产省、环境省。

补充条款

第一条　生效日期

当《名古屋议定书》在日本生效时本指南即刻生效。

第二条　修改

本指南应在必要且考虑社会环境等变化情况下就生物遗传资源获取及对其利用进行公平、公正惠益分享等内容进行修改。

应重新考虑日本现存生物遗传资源获取相关规定内容。

第三条　在本指南实施后 5 年内应在考虑生物遗传资源获取及对其利用进行公平、公正惠益分享有关社会环境变化情况下，依据《名古屋议定书》第一段第 6 条规定对日本现存获取生物遗传资源的规定和规则予以改进，并在适时条件下以上述考虑为依据采取必要措施。

附件格式一（与第二章第一条、第二条和第五条第一款第三项相关）

生物遗传资源获取相关报告

时间：

至环境省

地址：

报告人：

电话：

本人依据本指南第二章第 1 条、第 2 条和第 5 条第 1 款第 3 项就下列事项进行报告。

一、关于合法获取生物遗传资源的事项

（一）国际认可的遵约证书为唯一标识；

（二）如果允许获取和进口生物遗传资源相关传统知识并有意向与指定生物遗传资源一起使用：

☐ 前述获取的知识已事先知情同意或审批同时土著或当地社区也有参与；

☐ 前述获取的知识已与土著或当地社区创设共同商定条件。

二、关于生物遗传资源使用事项（研究和开发活动）

A.☐ 生物遗传资源已由报告人自己使用；

B.☐ 生物遗传资源已由报告人接收者使用；

C.☐ 其他人。

三、不愿意向获取和惠益分享信息交换所提供的信息等

（一）获取和惠益分享信息交换所

☐ 有关报告人的信息；

（二）环境省网站上的信息

（　　　）

四、报告的分类

A.☐ 有关第二章第一条第一款报告（由买方提供）

B.☐ 有关第二章第一条第一款、第二款第一项报告（人类健康紧急事项处置后报告）

C.☐ 有关第二章第一条第一款、第二款第二项报告（难以确定人类健康紧急事项出现和是否得到处置后报告）

D.☐ 有关第二章第一条、第三条报告（进口商等自愿性报告）

E.☐ 有关第二章第五条、第一条第三款报告（生物遗传资源使用者自愿性报告）

注意事项：

一、如果报告人是公司，应填入公司姓名并在报告人名称一栏填入代表人姓名，以及在报告人地址一栏中填写主要办公地点。

二、报告人姓名或公司名称以及代表人姓名必须以英文表示。

三、对姓名的表述（如公司、代表人名称）和印章均可由报告人签名代替（如公司、代表人名称）。

四、在如果允许获取和进口生物遗传资源相关传统知识并有意向与指定生物遗传资源一起使用一栏选择合适的选项。

五、关于生物遗传资源使用事项（研究和开发活动）选择合适的选项（可以多选）；你也可以指出未来计划的信息。

六、不愿意向获取和惠益分享信息交换所提供的信息做出合适的选择，也可在向获取和惠益分享信息交换所提交的生物遗传资源相关信息中，不提供报告人相关信息。此外，也可指出环境省网站不愿公示的有关生物遗传资源获取信息。

七、关于报告分类中选择合适的选项。

八、附上经认可的国际遵约证书复件。但是，若此类信息损害权利、竞争位置或其他忽略个体或公司法定权益除外。

九、本报告应由日本行业标准确定 A4 纸打印。

附件格式二（与第二章第一条第一款第一项和第二章或第五章第一条第三款相关）

生物遗传资源获取许可或其他类似文件相关报告

时间：

至环境省

地址：

报告人：

电话：

本人依据本指南第二章第一条第一款第一项和第二章或第五章第一条第三款就下列事项进行报告。

一、关于合法获取生物遗传资源的事项

（一）替代经认可的国际遵约证书而证明生物遗传资源系合法获取的相关信息

（1）提供国	
（2）发布许可或其他类似文件的部门	
（3）发布许可或其他类似文件的时间	
（4）许可或其他类似文件的失效日期	
（5）提供方	
（6）生物遗传资源	
（7）是否与提供方创设共同商定条件	
（8）是否商业或非商业目的	

（二）如果允许获取和进口生物遗传资源相关传统知识并有意向与指定生物遗传资源一起使用

□ 前述获取的知识已事先知情同意或审批同时土著或当地社区也有参与；

□ 前述获取的知识已与土著或当地社区创设共同商定条件。

二、关于生物遗传资源使用事项（研究和开发活动）

A.□ 生物遗传资源已由报告人自己使用；

B.□ 生物遗传资源已由报告人接收者使用；

C.□ 其他人。

三、不愿意向获取和惠益分享信息交换所提供的信息等

（一）获取和惠益分享信息交换所

□ 有关报告人的信息；

（二）环境省网站上的信息

（   ）

四、报告的分类

A.□ 有关第二章第一条第一款第一项的报告（由买方提供）

B.□ 有关第二章第一条第一款第三项的报告（由进口方等提供）

C.□ 有关第二章第五条、第一条第三款的报告（由生物遗传资源使用者提供）

注意事项

一、如果报告人是公司，应填入公司姓名并在报告人名称一栏填入代表人姓名，以及在报告人地址一栏中填写主要办公地点。

二、报告人姓名或公司名称以及代表人姓名必须以英文表示。

三、对姓名的表述（如公司、代表人名称）和印章均可由报告人签名代替（如公司、代表人名称）。

四、第1条第1款第6项，如果知道生物遗传资源的专业名称，且发布许可或类似文件的部门和提供者均必须用英文表示。

五、在如果允许获取和进口生物遗传资源相关传统知识并有意向与指定生物遗传资源一起使用一栏选择合适的选项。

六、关于生物遗传资源使用事项（研究和开发活动）选择合适的选项（可以多选）；你也可以指出未来计划的信息。

七、不愿意向获取和惠益分享信息交换所提供的信息做出合适的选择，

也可在向获取和惠益分享信息交换所提交的生物遗传资源相关信息中，不提供报告人相关信息。此外，也可指出环境省网站不愿公示的有关生物遗传资源获取信息。

八、关于报告分类中选择合适的选项。

九、附上经认可的国际遵约证书复件。但是，若此类信息损害权利、竞争位置或其他忽略个体或公司法定权益除外。

十、本报告应由日本行业标准确定 A4 纸打印。

附件格式三（与第二章第五条第一款第一项和第三项相关）

关于生物遗传资源使用相关信息报告

时间：

至环境省

地址：

报告人：

电话：

本人依据本指南第二章第五条第一款第一项和第三项就下列事项进行报告。

一、本报告所涉生物遗传资源相关信息

（　　　）

二、生物遗传资源使用现状

A. □ 生物遗传资源目前正在使用

B. □ 生物遗传资源以前使用过，现在不再使用

C. □ 其他（　　　）

三、生物遗传资源使用的领域

A. □ 化妆行业

B. □ 制药行业

C. □ 食品及饮料行业

D. □ 植物育种行业

E. □ 其他产品或品种开发（　　　）

F. □ 非商业目的的研究活动

G. □ 其他（　　　）

四、不愿意向获取和惠益分享信息交换所提供的信息等

（一）获取和惠益分享信息交换所

□ 有关报告人的信息；

（二）环境省网站上的信息

（ ）

五、报告的分类

A.□ 第二章第五条第一款第一项相关报告（买方提供）

B.□ 第二章第五条第一款第三项相关报告（生物遗传资源使用者自愿报告）

注意事项

一、如果报告人是公司，应填入公司姓名并在报告人名称一栏填入代表人姓名，以及在报告人地址一栏中填写主要办公地点。

二、报告人姓名或公司名称以及代表人姓名必须以英文表示。

三、对姓名的表述（如公司、代表人名称）和印章均可由报告人签名代替（如公司、代表人名称）。

四、关于生物遗传资源相关报告，如果知道应表明生物遗传资源的专业名称。如果使用表格一的报告已经提交，也可以表明作为国际认可的遵约证书的唯一标识。

五、生物遗传资源使用现状指的是现在或过去研究、开发、创新、商业化初始阶段、商业化等任意阶段。可根据不同选项做出选项，如果选择第三项，则应描述其特定区域。如果生物遗传资源已然处置或并未使用也要做说明。

六、生物遗传资源使用领域，如果同时选择 A 或 B 项则允许多项选择。

七、不愿意向获取和惠益分享信息交换所提供的信息做出合适的选择，也可在向获取和惠益分享信息交换所提交的生物遗传资源相关信息中，不提供报告人相关信息。此外，也可指出环境省网站不愿公示的有关生物遗传资源获取信息。

八、关于报告分类中选择合适的选项。

九、本报告应由日本行业标准确定 A4 纸打印。

澳大利亚土著科学研究道德准则*

澳大利亚土著居民和托雷斯海峡岛屿研究所，2012 年版

权利、尊重和认识

原则一：认识到人群、个体的多样性和独特性十分重要

土著研究必须认识到土著居民的多样性，包括不同语言、文化、历史和视角。认识社区内的个人和群体的多样性也是非常重要的。

原则的适用

应认识土著群体和社区的多样性以及计划开展研究、实施和报道研究成果的意义。

应认识土著个人或社区可能拥有更多优先考虑，这可能会干扰研究时间计划和进度。

当预测研究成果时，不要试图将某个土著社区的概括认识替代其他或所有土著人民。

不要采取同样的方式对待社区和个人。

明确社区内部多样性，例如，以性别、年龄、宗教、家庭成员和社区兴趣为基础的多样性。

不要设想某个群体的观点能够代表整个社区的全部观点。

个人、群体和/或集体权利，责任和所有权者之间存在区别。

只有在不与个人权利、愿望或自由产生冲突的情况下才能开展研究。

尊重个人参与研究和处置研究材料的权利。

原则二：认识到土著居民自决权利

研究活动必须以符合《联合国土著居民权利宣言》规定的形式进行，包

---

* Guidelines for Ethical Research in Australian Indigenous Studies.

括土著居民自决原则，全程参与（以符合其技能和经验的方式）影响其生活的发展进程原则。

原则的适用

认识自决权是指土著居民有关维持、控制、保护和发展文化遗产的权利，包括传统知识、传统文化表达和知识产权。

《联合国土著居民权利宣言》（2007 年，联合国）第 3 条指出："土著居民有自决权。通过该权利设定它们有权自由决定其政治地位且自由追求经济、社会和文化发展。"

原则三：认识到土著居民对无形遗产的权利

研究活动必须以符合土著居民维持、控制、保护和发展无形遗产，包括文化遗产、传统知识、传统文化表达和知识产权原则的形式进行。

原则的适用

认识土著居民有关文化遗产的定义及其看法。

《联合国土著居民权利宣言》（2007 年，联合国）第 31 条指出：

土著人民有权保持、掌管、保护和发展其文化遗产、传统知识和传统文化体现方式，以及其科学、技术和文化表现形式，包括人类和生物遗传资源、种子、医药、关于动植物群特性的知识、口述传统、文学作品、设计、体育和传统游戏、视觉和表演艺术。他们还有权保持、掌管、保护和发展自己对这些文化遗产、传统知识和传统文化体现方式的知识产权。

理解保护和维护土著无形遗产的相关法律和政策、国际标准如《传统民间文化表达保护：经修正的目标和原则》（世界知识产权组织，2006 年 A）和《传统知识的保护：经修正的目标和原则》（世界知识产权组织，2006 年 B）以及《联合国非物质文化遗产保护国际公约》等。

原则四：尊重、保护和维护土著居民的传统知识和传统文化表达权利

土著传统知识和传统文化表达系现存土著居民文化实践、资源和知识中遗产的组成部分，亦通过表达文化认同而得以流传。

为了尊重、保护和维护这些权利，研究人员必须对土著传统知识系统、传统文化表达和知识产权性质能够充分理解。

原则的适用

澳大利亚法律并未就土著传统知识和文化表达权利明确规定，但是它们必须得到尊重。确保研究项目中所有参与者意识到土著传统知识和文化表达以及知识产权内在性质。

研究的基本原则是承认信息来源和对研究作出贡献的人员。若土著知识对知识产权有所贡献，应认识到它的贡献，并在合适情形下将研究成果产生的收益和知识产权进行转移或分享。

研究活动确保熟悉土著传统知识和文化表达以及知识产权相关法律、行政安排或其他法律，包括关注研究过程或产出的数字化的实际和/或潜在意义。

讨论知识产权共同所有权时，包括已出版和记录著作和表现形式、版权分享、未来收集资源的管理以及相应贡献和相互告知。

给予作出贡献的土著居民分享任何研究人员所获知识产权的机会；研究人员也有责任同因履行契约义务而转移知识产权的机构开展协商（如某间大学）。

在适当情形下研究人员和土著居民、社区代表组织可考虑通过书面形式分享知识产权和道德权利。

在研究活动设计过程中，认识和承认研究材料所涉传统知识、传统文化表达和知识产权的持续性所有权，并对参与者的隐私、身份和利益进行保护。

研究活动所有可能措施均应保护土著居民文化表达、设计、知识和表现社区权利，以及上述（或上述某些内容）可能产品或涉及项目。

在任何出版物中，应承认信息来自于土著居民。

土著传统知识和文化表达并非静态同时也包括以这些遗产为基础形成的物体。意识到版权法有关道德权利、贡献以及不同研究成果不同保护形式，包括表现形式和土著文化表达的其他因素。应在必要情形下就知识产权议题寻求相关专家意见。

意识到包括国际层面和澳洲层面与特定领域研究相关现行法律和标准，例如生态学、遗传学、民族植物学。

基础性研究活动应对土著居民有关土著传统知识、文化表达和知识产权的定义和看法有所认识，非土著居民亦可以相同的方式做同样理解。

原则五：尊重、保护和维护土著知识、实践和创新

承认和尊重土著知识、实践和创新并非出于礼貌而是认识到该类知识对研究过程具有显著贡献。

一旦土著知识被记录，它将会变为西方法律和概念界定的"财产"。因此有必要对土著居民的权利和利益，以及谁拥有知识通过研究和在研究过程结束后对研究产品和成果进行认识和保护。

原则的适用

符合土著居民的视角、礼仪和文化价值认识和保护土著居民。

以符合《传统知识保护：经修正的目标和原则》的标准采取措施确保对土著知识适用对象范围有所认识。

尊重土著居民有关知识、思路、文化表达和素材，以及维护土著居民和实践处于保密状态的权利。

仅在提供或负责人明确许可后才能显示或分配受限制材料。应考虑披露对广泛文化资源集体产生的影响，以及披露之前是否需要广泛磋商。特别是首次磋商和出版的情形尤为如此。

土著和托雷斯海峡岛屿居民拥有来自历史和文化的独特语言、习俗、精神风貌、视野和理解力。对土著经验进行研究的主题必须反映上述视野和理解力。

土著知识也包括在所有研究活动的学习和研究阶段，包括项目设计和方法论。

协商、磋商、协议和相互谅解

原则六：协商、磋商和自由、事先和知情同意系与/相关土著居民研究的基础

研究人员应认识自由、事先和知情同意（FPIC）的意义，以及确保该程序合法进行所需步骤。

自由、事先和知情同意意味着协议获得不能遭受强迫或压力，同时确保土著居民能够完全知晓研究活动的细节和风险。来自于集体、集体中单个主体的知情同意同样重要。

原则的适用

所有研究活动的开展均以自由、事先和知情同意为基础。

确保土著居民能够公平参与研究活动。

确保研究活动目标和目的开展协商和磋商，确保协商过程、结果和参与具有实质意义。

确认相应的个体和社区参与协商——几乎通常有人为特定地区或区域代言。

对于一般研究活动来说，应确认并与那些对研究项目作出重要贡献的个人或社区进行协商。

允许某区域/某主题相关个体从某社区中被确认。

要求为某国代言的传统所有者均参与研究活动。

确认土著地区、当地和社区和/或其他组织。

确认任何书面研究协定或其他应遵守的协定。

确认受研究活动及其成果影响的潜在政治议题。

通过适时手段与个人或组织进行沟通（如通常需要面对面会议），并考虑这些个人或组织到访的预算和资金支持。

为了引荐上述个人或组织，应当明确研究人员和其他参与者，相关附属机构和关键利益相关方以及财政来源。

在开始阶段阐明活动目标，但仍应保持修改目标和工作方式的灵活性和意愿。

同意个人参与研究成果阐述和任何出版物的出版准备。（包括是否为合作作者）

同意研究成果所涉其他个人或身份以及参与研究活动的个人是否应在任何出版物中声明。

原则七：持续协商、磋商义务

协商、磋商是两种持续性的方式。处于进程中的协商对拟研究项目确保自由、事先和知情同意和维持同意是非常必要的。

社区代表、个人参与者包括传统所有者，依据广大土著社区需要在开始之前和活动进行各阶段考虑潜在研究活动并探讨意义。研究项目应当设计若干步骤提供持续机会使社区有机会考虑研究活动。

原则的适用

与其他研究活动类似，围绕社区的主题研究也同样需要。

召开准备会议讨论拟开展活动并达成协议。

若情形必要，重新构思研究提纲框架并依据社区讨论结果提供新的材料。

确保所有潜在利益主体都能参与准备会议和/或得知拟开展活动范围。

向个体解释研究方法和过程，并在社区会议等场合并以文化得体性为前提签署协议。

参与受访者/主体可明确提出记录和/或摄像的权利。协商协议应包括所有者权益和责任，如何获取、记录土著表现和活动等内容，特别是这些记录成果如何传播和以视频和其他可视方法、DVD 和网络方式进行分享。

以符合协议方式做好整个项目的记录。

若有必要，对未能预见的可能影响研究进程的事项进一步磋商。

具有依据新的因素、注意事项重新协商和修改拟开展活动的范围、目标和方法的意愿。

确保土著居民有权在任何研究项目任何阶段降低或退出参与研究机会。明确同意提供者从研究人员撤回研究材料的具体情形。

为终期会议考查研究成果设定若干条件。下一阶段磋商也应考虑报告内容和有关出版物。

合适时间获得（而不是确保）收到访问社区的邀请以开展研究和通报研究成果。

原则八：协商、磋商应对拟开展活动达成相互理解

磋商包括所有成员就目标、方式和潜在成果真诚地进行信息交换。磋商并非研究人员向社区介绍以及研究人员表述愿望的唯一机会。

适当和全面告知研究项目的目标、方式以及意义和潜在成果，并允许土著居民能够确定是否反对或涉入该项目。

原则的适用

在探讨研究目标、方式以及成果之前，确认参与磋商的相关土著社区和个人。

明确确认和说明研究活动性质和目的，开展研究活动主体和资助方，研究活动目标，研究活动相关影响和结果，包括研究成果产出、出版和商业化。

清楚说明、综合收集信息的方式，包括如何收集和储藏信息具体地点。

就如何开展研究协议达成一致，包括通知社区代表研究进程和通报任何中期成果的时间和阶段。

适时和敏锐地开展活动，讨论文化和政治环境。

对参与主体所属社区诉求及其具体内容有清晰认识。

对研究活动潜在不利影响或风险进行坦率评估。

采取策略处理可能发生的争议。这包括调解的可能或其他方式，例如参与者从研究活动退出，或活动开始改变活动性质。

提供任何环境和社会/文化影响评估以及对研究活动影响结果。

提供个人/群体获取研究活动样例，讨论研究活动的进程以及可能遇到的问题和解决方式。

说明，但不过分夸大研究活动潜在效果。

说明一般意义上研究活动对土著居民的潜在益处。

提供足够时间讨论和考虑研究项目框架。

研究成果将产生出版物联合作者（该出版物贡献极其显著的话），在适当情形下协商版权共享问题。

原则九：协商导致研究活动开展的正式协议

协商的目的是就有关研究意图、方式和潜在成果相关正式、确认的书面协议达成清晰认识。

善意协商包括全面、真诚披露所有可得信息并以诚实态度签署协议。在设计和开展研究活动之时，所有参与者均应就事先存在的土著传统知识和知识产权管理、项目进展过程中和研究成果中土著传统知识、文化表达和知识产权相关成分是否相关、研究成果和产出相关内容潜在意义进行协商并开展协议谈判。

为了保护社区和研究人员，以及指明各方达成理解，实际情况中应以书面协议（议定书、谅解备忘录或合同）作为协商、磋商最终成果。类似协议应具法律意义。

原则的适用

获得研究项目支持信。

确认谁有权签署协议，并代表谁签署协议。

以善意协商、自由、事先和知情同意签署协议。

考虑独立法律建议。

考虑土著组织、国内、地域内和当地社区要求的许可或审批。

明确协议基于协商、磋商所含信息；该协议应反映共同协商一致目标、过程和结果，社区参与和协作。

本协议中：

- 提供知识产权许可和所有权明确和清晰表述；
- 包括研究成果的联合所有权或分配；
- 在可能情形下，考虑土著居民和有关传统所有者对研究活动的要求；
- 认识到个体或社区有权从研究活动中退出；
- 包括解决争议过程，比如第三方调解；
- 特定土著社区议定书并确保该议定书能得到尊重和支持；
- 包括土著居民利益协商安排。

参与、协作和伙伴关系

原则十：土著居民有权依据技能全程参与研究项目或过程

研究活动应意识到土著居民有权全程参与并就影响其权利的事项行使表决权。

土著相关研究活动应包括土著视角，通过活动开始前便利土著居民直接参与研究活动可以有效达到目标。

一旦参与者退出活动，他或她应在退出之日同意研究活动所作出的贡献。

原则的适用

土著居民和个体有权参与任何与之和文化相关的研究活动，前述观点国际法律依据为《联合国土著居民权利宣言》第 2 条。

而在活动开始之前应对相关主体进行确认——传统所有者、监管者、长老，以及其他权利和利益主体——这些人对土著知识和/或实践应当负责，且应酌情便利这些人直接参与活动。

认识到特定社区成员专家知识以及对研究活动潜在贡献，其中包括这些专家是否可能和合适。

鼓励和支持社区成员、传统所有者和其他主体以适当方式作为协商者人员、建议者或助手参与研究活动。

在尽可能的情况下，土著居民应在研究活动开始之后持续参与（包括后期开展研究和展示研究成果）。

惠益、成果和返还

原则十一：研究活动相关或受研究活动影响的主体应享受和不被研究活动利益和不利条件影响

土著研究活动应以当地水平和一般条件与土著居民分享惠益。

提供传统知识、实践和创新、文化表达和知识产权、技能、诀窍、文化产品和表达、生物及遗传材料的土著居民应收到公平和公正惠益。

互惠利益应允许研究人员获取（通常暗示）个人和社区知识。

原则的适用

与社区公开讨论和协商任何潜在惠益。惠益分享应包括财政支出，包括版税，以及其他惠益形式，如培训、雇工和社区发展。

社区或个体参与者分享惠益的实现与需求比例有关。

当惠益并非以常见形式分享（如雇工机会或财政补偿），应与群体合作分配惠益。应认识到贡献价值并准备支付贡献价值，尤其是个人或社区常规承诺以外付出的特别时间。

认识特定文化信息的所有权以及需要支付的对价。

确保向参与者支付的款项或财政利益能够被道德审议小组评价。

提供所有土著参与者和社区相关信息以衡量潜在收益与可能风险或不利情形。

禁止为经济、文化或性别性质的剥削创造条件。

考虑土著社区利益诸如支持对无形文化遗产的归档，包括但不限于田野笔记和文献检索语言、文化实践和民族学记录。若土著社区已提供前述利益，确保采取合适措施保护这些材料处于秘密或保密状态。

原则十二：研究成果应包括回应土著利益与需求的特定成果

研究成果应对土著居民的需求和利益有所回应，包括那些参与活动以及其他受研究活动影响的社区居民。社区对研究活动所期待的有形惠益应以有用和可获取的形式在研究成果中呈现。

研究人员应意识到土著居民相关的研究利益，包括参与的任意社区和个体的利益诉求可能并不同于研究人员。

原则的适用

在早期磋商阶段，确认社区的研究需求，若可能的话，寻求合作研究的机会。

确定引入土著居民的特定观点。

将土著参与者、当地社区、传统所有者以及其他个体的特定需求引入研究成果。

认识到土著居民教育背景、经验以及提供可得材料的广泛性。

提供机会与代表和参与者讨论社区成果的重要性。

为土著参与者、土著当地社区、其他土著个体和当地组织未来研究或相关行动创设提纲做好协助的准备。

管理研究活动：使用、存储和获取

原则十三：协商一致管理研究成果的获取和使用

土著居民通过提供知识、资源和获取数据而对研究做出显著贡献。这些贡献应允许土著居民持续获取研究成果，在研究活动早期协商权利而确定。

社区的期待，拟议的成果和研究成果的获取应协商一致确定。鼓励签署书面协议。

原则的适用

确认活动开始所有希望参与决策的土著居民、组织和社区都能够获取研究成果。

同意就研究成果及其形式和表现，以及个体或社区使用的权利进行协商。

同意在研究活动开始就研究成果归属，包括研究机构对数据的归属、研究人员和土著参与者的个体权利，以及土著社区的集体权利等。

同意就何时和如何回馈研究成果并与个体社区成员和/或社区组织进行讨论。

厘清社区控制获取、使用任何研究成果的水平，包括印刷、印制、音频、视频和其他数码形式等。讨论研究成果上线和/或在图书馆和档案馆保管的可能性。

在出版和与媒体讨论前向社区报告研究成果。

与社区就如何讨论研究项目及成果表现形式进行协商。

同意研究成果的保存和处置进行协商，包括初始数据。

试图就技术使用和对研究成果及存储的影响进行预测。

详细讨论保密事项及经协商一致的信息使用限制性规定。

全面解释保密事项的限制（例如，当田野记录或研究数据因法律程序而被调取使用情形）

若有需要，有意愿将成果提供给本地、各州、领地和国内有关机构和部门。

报道和遵约

原则十四：研究成果应包括恰当机制和程序就研究道德和遵守本准则情况进行报道

研究人员和研究资助机构应确保以适当、正在进行程序供报道研究进程，尤其是道德条件或内容的任何实质或潜在变化。

原则的适用

采取必要措施以确保在设计、实施和监督研究项目的过程中遵守本准则和在研究活动开展整个阶段包括原则。

关注违反本准则（如一旦成为合同组成部分）导致的风险（包括任何惩罚手段）。

德国科学研究基金会资助涉及生物多样性公约研究项目补充指南[*]

一、说明

下列指南主要适用于德国科学研究基金会资助的在《生物多样性公约》（以下简称 CBD 公约）缔约国开展的并与 CBD 公约相关的项目。只要与生物材料相关的研究项目都是与 CBD 公约潜在相关项目。本指南依据 CBD 公约提供适用条款信息，并为项目各大实施阶段和提议阶段遵守公约规定提供便利。本指南就 CBD 公约有关获取生物遗传资源的规定作了特别说明。本指南也将提到研究过程中以及试图提出解决问题方案过程中的常见问题。

此外，本指南也希望科研人员在构思研究项目时遵守 CBD 公约规定以避免后续实施过程中出现问题并提升研究透明度和信任度。

本指南应作为德国科学研究基金会资助项目一般要求的附件。

一旦本人主持的研究项目涉及植物种群，还请认真核实是否属于《粮食和农业植物遗传资源国际公约》规定的情形。

二、（略）

三、CBD 公约项下获取和惠益分享机制清单

项目阶段	步骤	建议	备注
1. 计划阶段	1. 依 CBD 公约规定，本研究活动是否属于获取和惠益分享机制适用范围；	●在提供国寻找合作伙伴； ●在该国获取和惠益分享法制框架下商讨	在尽可能的情形下，在选择提供国时候考虑下列标准： －研究机构现存协议

* Supplementary Instructions for Funding Proposals Concerning Research Projects within the Scope of the Convention on Biological Diversity.

项目阶段	步骤	建议	备注
	2. 获取并了解提供国有关获取规定大致情况； 3. 时间表、步骤以及准备阶段可能预算； 4. 培养惠益分享理念； 5. 制定研究计划草案。	合作形式； ● 明确研究区域所适用法律后确定研究区域；注意是否要求将保护状态列为获取许可额外要求。	或现存科学交换活动； — 足够、可能情形下测试及科学研究基础设备； — 明确获取和惠益分享法制； — 因研究活动开展特别创设获取和惠益分享规则。
2. 准备阶段	1. 与国家联络点取得联系；[1] 2. 与提供国获取和惠益分享行政主管部门取得联系； 3. 考虑事先知情同意；[2] 4. 迅速从下列主体获得事先知情同意： — 该国行政主管部门； — 每项获取程序相关权利持有人（如涉及传统知识土著社区） 5. 确定获取协议当事方并进行共同商定； — 协商获取协议；[3] 6. 启动获取程序；确保文件完整。	● 建议与该国行政主管部门讨论获取程序、明确任何未解决的问题并就时间表进行协商； ● 与主管部门明确其他行政主管部门或其他权利持有人是否得到通知，是否必须获得额外许可； ● 事先知情同意需包括对权利持有人进行教育的简单和可能内容；[4] 确保获取协议与最初协商研究目标/计划（体现研究活动进程）存在偏差。	● 获取者应承担获取程序成本； ● 一旦耗费过多时间，获取程序应尽快启动； ● 应注意在获取申请提交之前（如耗时过多）向相应部门提交事先知情同意； 对事先知情同意程序进行归档。
3. 研究阶段	1. 仅在事先知情同意和共同商定条件之后才尽心研究并以协商一致地方式实施； 2. 依据事先确定的内	遵守各国和当地法律；创设积极研究环境，特别是考虑和遵守当地习俗和习惯，特别是土著社区；	如与土著社区进行合作，该社区习俗、习惯及法制理念必须得到认同和尊重； 与合作伙伴开展研究活动；

---

〔1〕 See VI. 1.

〔2〕 For details, see VI. 2.

〔3〕 For key elements, see VI. 3.

〔4〕 Applicant must enable stakeholders in the PIC process to make an educated decision based on detailed information about the research project.

续表

项目阶段	步骤	建议	备注
	容（如科研合作）开展惠益分享。[1]	提升保存、保护和可持续利用生物多样性水平。	很多国家获取管制法律要求本国研究人员和/或研究机构参与研究活动。
4. 研究成果及惠益分享阶段	1. 将研究成果与提供国及该国其他利益相关人进行分享； 2. 将研究成果与提供国学术研究机构进行分享。[2]	对于基础研究而言，出版研究成果是可选方式之一。	对当地社区要求予以回应； 为研究成果准备材料并在研讨会发表。
5. 后续活动：拟将研究成果应用转化？	1. 若开展后续研究活动或研究活动涉及遗传材料，必须再次进行事先知情同意或共同商定条件； 2. 在未签订协议情况下禁止转移遗传材料。	未经事先知情同意和共同商定条件，禁止开展任何活动； 仅与提供国研究机构或研究人员开展后续活动。	德国科学研究基金会不支持应用研究，后续研究活动仍需寻找其他资助者。
6. 商业化	1. 寻找商业伙伴； 2. 所有研究活动产生的经济和/或学术惠益必须与提供国和在获取协议中明确的其他利益相关人分享。	提升产品开发过程参与度； 尽最大可能提供国进行产品开发； 明确知识产权归属。	在合同协商过程中职业法律顾问是强制规定。

四、背景

（一）《生物多样性公约》

1992 年联合国在巴西里约热内卢召开的环境与发展大会通过《生物多样性公约》，该公约是全球保护和可持续利用生物多样性领域最为重要的公约。德国于 1993 年成为缔约国，同时将近 180 个国家签署该公约。

该公约主要目标[3]为保护和可持续利用生物多样性并公平分享因使用而

---

[1] See VI. 4.

[2] See VI. 4. b.

[3] Art. 1 CBD says: "The objectives of this Convention, to be pursued in accordance with its relevant provisions, are the conservation of biological diversity, the sustainable use of its components and the fair and equitable sharing of the benefits arising out of the utilization of genetic resources, including by appropriate access to genetic resource and by appropriate transfer of relevant technologies, taking into account all rights over those resources and to technologies, and by appropriate funding."

带来的惠益。在各种会议中，缔约国也在不断细化公约规定及通过各种方式实施公约。

（二）《生物多样性公约》项下获取和惠益分享机制

CBD 公约创设获取和惠益分享机制，这是一项收集、开展遗传材料相关其他活动的全新机制。该机制由两项核心要素组成：（1）获取生物遗传资源；（2）作为回报，提供者应通过协议形式就获取生物遗传资源进行惠益分享。

为了突出生物遗传资源国家主权原则，[1] CBD 公约指出生物遗传资源获取主管部门应与各缔约国政府保持一致，因此也应在各缔约方控制下确定专门获取程序。但由于获取程序很多关键要素对所有缔约方均有约束，它们必须在国内立法中有所反映。[2]

（三）获取和惠益分享机制的适用性

CBD 公约项下获取和惠益分享机制是否适用关键要素是确定"生物遗传资源"和"获取"的含义，以及获取类型。

1. 生物遗传资源。CBD 公约将生物遗传资源界定为："具有实际或潜在价值的遗传材料"，生物遗传资源可能是任何植物、动物、微生物或其他包括遗传功能单元的材料（CBD 公约第 2 条）。生物遗传资源的价值并非仅限于商业性质而可能具有更多纯粹的科学价值。因为即使具有潜在价值的生物遗传资源属于 CBD 公约适用对象，它也指的是所有生物遗传资源。生物信息本质上也并非天然具有遗传价值；例如，获取和惠益分享机制也适用于生物遗传资源所含有的特定充分的生化信息。此外，该机制不仅适用于就地条件下遗传材料和科研目的，也适用于移地条件下生物遗传资源和合作伙伴。

2. 获取生物遗传资源。CBD 公约并未就何谓"获取"进行界定，前述定义和范围是由生物遗传资源提供国相关规定确定。因此，"获取"可能包括各种活动，如在就地或移地条件下确定遗传材料，以及后续样品采集、收集、转移和通过育种或生物技术开发材料行为。上述不同层次活动受不同领域的

---

〔1〕 Art. 3 CBD says："States have, in accordance with the Charter of the United Nations and the principles of international law, the sovereign right to exploit their own resources pursuant to their own environmental policies, and the responsibility to ensure that activities within their jurisdiction or control do not casue damage to the environment of other states or of areas beyond the limits of national jurisdiction."

〔2〕 To faciliatate the implementation of the CBD by signatory countries, the Bonn Guidelines on Access to Genetic Resource and Fair and Equitable Sharing of Benefits Arising out of their Utilization were adopted at the sixth meeting of the Conference of the Parties（COP 6）IN April 2002. The Bonn Guidelines provide a framework ofr developing and drafting legislative, administrative or political measures regarding Access and Beneifit-Sharing, as well as contracts and other agreements, in line with agreed standards.

法律调整。例如，参观就地设施并采集遗传材料样本将受到特定地理、专一物种或受保护种群所在地行为守则规范。此外各种法律，如私有产权法律，虽不属于 CBD 公约适用范围，但其实施状态也由各国民法体系调整。从法律体系完整性来说，样品采集、收集、运输、育种和生物技术等行为之间的制度互动应由 CBD 公约及其已实施成文法以外的法律规范和限制。

总结：获取和惠益分享机制既适用于商业活动，也适用于包括遗传材料和相关传统知识纯粹基础研究活动。而在传统知识领域，土著和当地社区必须参与获取和惠益分享全过程。不过该项活动也受到相关缔约方立法限制。

3. 确定获取类型——生物遗传资源使用类型。为了确定获取和惠益分享规定是否能够使用，有必要确定拟获取使用类型。而获取和惠益分享问题也应在任何研究项目计划阶段[1]予以解决，可能有如下四种不同情形：

研究项目	获取和惠益分享情形
1. 研究活动并不涉及生物遗传资源使用和/或研究活动与遗传材料无关。该研究活动包括较多的生态系统研究项目，但并非直接包括有机物。	– 并非属于获取和惠益分享实际情形； – 该类型不适用获取和惠益分享； – 尽管如此，本地研究仍需获得许可。
2. 为实现生物分类目标而对研究活动涉及生物材料（样品）进行收集和转移。	– 这属于简单的获取和惠益分享； – 标准材料转让协议足以满足需要。
3. 为实验室分析和来源国以外的其他研究活动而出口生物材料（样品）。后续使用，特别是商业开发行为并不包括在内。	– 这属于基本的获取和惠益分享； – 该类型适用获取和惠益分享； – 简单的获取和惠益分享协议通常足以满足需要。
4. 研究项目拥有较多步骤。更为突出的是，在纯粹基础研究后，以商业开发为目的的研究活动也应纳入规划。传统知识的使用也应纳入计划。	– 这属于较为复杂的获取和惠益分享； – 该类型适用获取和惠益分享； – 复杂的获取和惠益分享协议是必须的。

（四）基础研究的意义

如同生物基础研究活动一样，CBD 公约获取和惠益机制需要在研究项目准备阶段尽早开始。应特别考虑与生物遗传资源提供国分享研究活动成果。公平和公平分享惠益（CBD 公约第 15 条第 7 款）同样适用于基础性研究和商业性研究活动。基础性研究非货币惠益形式主要有技术转移、能力建设（如

---

[1] See chart on page 5, as well as page 6 ff.

教育和培训）、构建长期学术合作关系和研究合作。

很多国家均以国内法律形式实施获取生物遗传资源关键准则。因此在构思研究计划的时候，这些国家成文法律，以及 CBD 公约项下一般规定都必须予以考虑。

此外除了各国有关生物材料获取国内法律，提供者关于研究许可申请相关规定也必须予以考虑。该规定应与提供国相关行政机关进行讨论并由该行政机关依据不同目的和性质对计划开展的研究活动授予不同许可（基础性研究还是商业性研究）。

必须明确任何合作研究机构之间的生物材料交换行为必须支持最初合作方开展事先知情同意[1]和共同商定条件，[2]以及其他获取和惠益分享相关规定。[3]

（五）适用范围

本指南创设基础为《波恩准则》，因为该指南适用于所有生物遗传资源和相关传统知识、创新和实践，以及来自于商业或其他使用目的而产生的惠益分享。其他使用目的特别包括以纯粹研究目的为主的生物遗传资源使用活动。

五、CBD 公约基础性研究主要准则

下列清单列举内容为 CBD 公约有关基础性研究的主要准则且这些准则应在创设和计划在国外开展基础性研究予以考虑。

1. 在国际层面，以研究为目的的生物材料（生物遗传资源）使用行为主要由 CBD 公约规范。它也要求各缔约国政府基于主权原则，有权规范生物遗传资源获取行为。因此任何生物遗传资源获取行为形式均应受到开展研究活动所在国国内法律规定制约。

所以在计划开展研究项目的时候，研究人员应对开展研究活动所在国或生物遗传资源获取所在国所有涉及生物遗传资源获取的法律和程序性规定进行大致了解。该项工作也通过与相关国家联络点进行联系而完成。

2. 为了实施 CBD 公约主要规则，很多通过国内法律形式规范生物遗传资源获取行为。生物遗传资源获取国际法律层次分别为国际层面的 CBD 公约、超

---

〔1〕 See explanation under IV. 2.

〔2〕 See explanation under IV. 3.

〔3〕 The exchange of biological material between botanical gardens that are memebers of the Internatioanl PlantExchange Network（IPEN）continues to be governed by the IPEN Code of Conduct. The provision of such codes of conduct muse by obeyed in addition to the principles of the CBD and national ABS regulations.

国家层面法律规则[1]和各国国内法律。[2]

3. 使用生物遗传资源相关的获取程序关键因素已有 CBD 公约和各国成文法规定：

a. 缔约方和其他相关主体事先知情同意（各国有关咨询条款规定）；

b. 生物遗传资源获取共同商定条件；

c. 作为生物遗传资源获取回报的承诺惠益分享协议。

上述各相关步骤均为研究项目准备阶段组成部门，且必须体现在合作伙伴协议之中（各国及相关政府代表以及其他利益相关人[3]）。

4. 若某项遗传材料与土著社区传统知识密切相关，获取和惠益分享机制（知识产权）同样适用。这意味着上述社区必须依据各国国内法律规定进行协商。

5. 并非所有缔约方都将 CBD 公约或《波恩准则》融入国内法。因此这些国家并未致力从法制、行政或政治层面创设获取和惠益分享框架。因此，获取行为仍需以反映 CBD 公约和《波恩准则》核心规则和规定的双方协议进行。

6. 现存行为准则，诸如国际植物交换网络[4]行为准则，在 CBD 公约规定之外继续适用。这也说明现阶段正在讨论的获得遵约证明将在未来成为强制性规定。

六、生物遗传资源获取主要步骤

（一）资格：国家联络点和各国主管部门[5]

1. 意义。缔约方有权规范生物遗传资源获取行为。有权管理和授予生物遗传资源使用许可的机构也受各国获取管制法律控制。因此任何生物遗传资

---

[1] E. g. for countries of the Andean Community the provisions of Decision 391 CAN on access to genetic resources.

[2] In Germany no such legislation has been adopted so far.

[3] In some cases, other stakeholders are specified in national regulations. For example, national research institutions must usually be involved in the research projects. Furthermore, under the principles of the CBD, the governments of contracting states, and their designated agencies, have the right to a significant measure of control over the use of biological (genetic) resources.

[4] IPEN = International Plant Exchange Network.

[5] Art. 15 (1) CBD says: " (1) Recognizing the sovereign of States over their natural resources, the authority to determine access to genetic resource rests with the national government and is subject to national legislation. "

源使用者应对各国内法律和程序性规定进行了解。当各缔约国明确各国家联络点和国家主管机关后，申请者和未来使用者必须与这些机构保持联络。

2. 国家主管机关。国家主管机关（通常是某个部门）应依据各国国内法律、行政和其他政策规定授予生物遗传资源获取许可。该主管机关主要职能包括：

- 处理获取申请；
- 更新事先知情同意和共同商定条件相关规定；
- 监督及就事先知情同意、共同商定条件和惠益分享相关问题开展协商；
- 授予许可；
- 监督生物遗传资源保护和可持续利用情况以便满足获取活动和授予许可要求。

3. 国家联络点。很多缔约国均创设国家联络点。德国联邦自然保护部也列举欧盟各国自然联络点明细。应指出的是目前很多发挥实效的联络点并非如 CBD 公约所示。不论如何，公约所列机构应有能力向发挥实效的联络点提供信息。国家联络点首要职能就是提供程序性规定、行政主管部门以及其他土著和当地社区等利益相关人的信息。

4. 注意事项。若 CBD 公约所示联络点沟通不畅，本指南建议通过相关单位与主管部门进行联系。这也有助于与德国处理相关事务其他机构（如环境部、研究部及其分支机构）保持联系，因为它们经常与提供国有关部门保持联络。

（二）事先知情同意[1]

1. 意义。事先知情同意的概念是以如下基础构建，即事先就危险活动带来影响和有权将潜在风险相关决策详细告知对方并使对方能够作出完全受过指导的决策。这项理念是由 CBD 公约从医疗纠纷引入并将其适用于遗传材料使用活动。这即意味着各缔约方（由行政主管部门作为代表）应在拟开展研究计划中就遗传材料进行预先和详细说明。各国获取管制法律应就许可形式、内容及程序作出规定。各国获取管制法律也应是否需要获得额外利益相关人

---

[1]　Art. 15 (1), (2) and (5) CBD: "(1) Recognizing the sovereign rights of States over their natural resources, the authority to determine access to genetic resource rests with the national government and is subject to national legislation. (2) Each Contracting Party shall endeavor to create conditions to facilitate access to genetic resources for environmentally sound uses by other Contracting Parties and not to impose restrictions that run counter to the objectives of this Convention. (5) Access to genetic resources shall be subject to prior informed consent of the Contracting Party providing such resources, unless otherwise determined by that party."

许可作出规定。[1]

本指南建议申请者应了解各国获得事先知情同意国内法律和要求。下列内容应被予以考虑。

2. 内容：什么和谁？一项具有代表性的事先知情同意应满足如下主体要求：

– 生物遗传资源提供国政府；

– 国内合作伙伴；

– 其他利益相关方（如土著社区）。

与研究项目有关提供国和授权机构事先知情同意必须包括下列信息：[2]

● 研究活动负责人和支持研究活动组织相关信息：

– 研究活动负责人及其相关人员信息；

– 当地合伙伙伴及其相关人员信息；

– 研究计划机构及组织；

– 研究经费预算；

– 保密措施。

● 拟开展生物研究活动信息：

– 拟获取生物遗传资源的来源、性质等完整、全部的信息；[3]

– 研究活动开始及持续时间；

– 对预期开展的活动[4]及开展活动所在区域准备地理数据；

– 研究活动的目标和对象，研究活动的类型及预期研究成果；

– 研究成果潜在运用的展望。

● 研究进程信息；

– 里程碑式研究进程以及研究成果后续可能发展；

– 研究活动所在区域信息；

– 与当地研究人员开展科研合作计划信息；

– 第三方可能参与信息。

---

[1] E. g. if traditional knowledge is involved, in which case the indigenous community must be informed about the project.

[2] The scope of the required information depends on the national access regulations.

[3] How detailed this information should be is specified neither the CBD nor by existing national regulations and therefore, to some extent, subject to negotiation with the permit-granting authority.

[4] This includes any activity related to the targeted search for biological material in the territory of th respective country.

● 惠益分享：

– 确定纯粹使用生物遗传资源研究惠益分享形式；

– 惠益分享协议中对惠益内容的明确和同意指定；

– 透明公开。

（三）共同商定条件[1][2]

1. 意义。CBD 公约项下共同商定条件是指各当事方之间的生物遗传资源获取和惠益分享必须受到协议规范。该协议代表性内容包括前述事先知情同意各项信息类别，这些信息也用纳入获取协议。

2. 内容：获取协议。各当事人之间协议通常包括如下内容：[3]

● 前言

– CBD 公约主要规则；

– 各缔约方相关信息：生物遗传资源获取者及提供者（由行政主管部门代表）；

– 协议主要目标（生物遗传资源类型，研究目标）。

● 获取和惠益分享规定

– 拟获取和属于本协议适用对象的生物遗传资源具体叙述；

– 使用生物遗传资源具体形式及经许可研究活动的准确名称，应考虑该资源相关产品、衍生物使用方式（如研究、育种、商业化开发）；

– 对任何生物遗传资源新的潜在使用行为强制报道有关规定，尤其应特别注意重新事先知情同意和共同商定条件的要求；

---

[1] Art. 15（2），（4）and（7）："（2）Each Contracting Party shall endeavor to create conditions to facilitate access to genetic resources for environmentally sound uses by other Contracting Parties and not to impose restrictions that run counter to the objectives of this Convention.（4）Access, where granted, shall be on mutually agreed terms and subject to the provisions of this Article.（7）Each Contracting Party shall take legislative, administrative or policy measures, as appropriate, and in accordance with Articles 16 and 19 and, where necessary, through the financial mechanism established by Articles 20 and 21 with the aim of sharing in a fair and equitable way the results of research and development and the benefits arising from the commercial and other utilization of genetic resources with the Contracting Party providing such resources. Such sharing shall be upon mutually agreed terms."

[2] Art 8（j）CBD says："Each Contracting Party shall, as far as possible and as appropriate：[…]（j）Subject to its national legislation, respect, preserve and maintain knowledge, innovations and practices of indigenous and local community embodying traditional lifestyles relevant for the conservation and sustainable use of biological diversity and promote their wider application with the approval and involvement of the holders of such knowledge, innovations and practices and encourages the equitable sharing of the benefit arising from the utilization of such knowledge, innovations and practices."

[3] This list in not exhaustive.

– 监督生物遗传资源管制相关规定；

– 生物遗传资源转移至第三方规定；

– 研究合作伙伴和其他第三方信息；

– 惠益分享协议，尤其是实施机制；

– 协议实现目标相关规定。

● 法律规定

– 合同期限及终止方式；

– 知识产权规定；

– 补偿条款；

– 仲裁条款；

– 保密条款；

– 设置安全保障措施。

3. 注意事项。若可能的话应使用示范性合同（如标准材料转让协议）。同时也建议行政主管部门是否能够简化基础研究合同内容，或专门就某些内容进行协商。

（四）惠益分享

1. 意义。CBD 公约规定属于提供国缔约方应有权就使用生物遗传资源而进行惠益分享。不过，CBD 公约并未就何谓"惠益"进行规定。然而该公约第15条和第19条均涉及惠益分享内容。这些条款对惠益分享类型、对象、惠益内容及承担者、这些条款制度特性均有不同规定。本指南主要建议集中在研究活动以及以确保和提升技术转让、生物遗传资源长期惠益分享研究活动向来源国转移等方面。

"使用生物遗传资源导致惠益分享"[1] 可做如下大致分类：货币（商业）惠益和非货币（非商业）惠益。在基础研究中，非货币惠益尤为重要，在惠益分享协议协商过程中应给予特别注意。

2. 惠益分享内容。科学研究惠益应包括：

– 获取研究活动研究成果（数据库）；

– 获得或分享研究活动相关基础设备；

– 获取移地条件下生物遗传资源；

– 通过分解研究任务而吸纳研究人员参与整个研究活动；

– 联合出版研究成果；

---

〔1〕 Cf. wording of Art. 1 CBD.

- 支持生物遗传资源提供国科学家；

- 形成研究网络；

- 为当地科学家提供继续教育；

- 尽可能地在生物遗传资源提供国开展研究活动；

- 与研究人员创设和维持研究及其成果信息分享机制；

- 分享货币惠益。

3. 注意事项。尤其需要注意：

- 签署协议的时候应当明确惠益分享究竟是什么，它是由什么构成以及如何实现惠益分享；

- 不同目的使用生物遗传资源应考虑不同类型惠益分享：基础研究与旨在实现商业利用的应用研究；

- 惠益分享内容与形式协商一致；

- 合同各当事方均应意识到应尽可能地在研究过程早期阶段考虑惠益分享可能性。

七、提议及材料支持

本指南建议应明确描述已经沟通与拟沟通的主管部门情况、提供国获取程序设定情况、如何实现惠益分享等。此外，本指南也建议应明确尽快熟悉 CBD 公约及相关指南规定并依据相关规则开展科学研究。若阅读本指南后仍出现问题，敬请联系德国科学研究基金会主管部门科研项目办公人员。

附件一：使用术语及其含义（略）

附件二：若干重要链接（略）

生物贸易道德联盟《开展生物贸易活动应遵循的道德标准》[*]

生物贸易道德联盟各贸易成员通过《开展生物贸易活动应遵循的道德标准》（以下简称"本标准"）形成他们生物多样性采购实践。他们开发了一套生物多样性管理系统和供应链以在其业务范围内推动前述标准实施。各贸易成员应每年就其实施情况准备工作计划和报告。各贸易成员实现承诺的情况将由生物多样性管理系统通过周期性的审查和供应链有效实施情况来进行外部验证。

一、范围

（一）本标准适用于组织项目组合所有天然成分

本标准适用于组织项目组合所有天然成分。以为实现生物贸易道德联盟的创设目标来说，天然成分是一种来自植物、动物或包括动植物输入成分（即使这种输入成分已明显被改变）的非人工成分。这些天然成分或来自于野生采集和/或培育实践。本标准特别适用于化妆品、食品生产和制药行业，不过也可能与使用天然成分相关的其他部门相关。

在关注生物贸易道德联盟成员加入条件和履行义务前提下，本联盟成员承诺将长期在整个天然成分项目组合中适用本标准。为了实现上述承诺，贸易成员采用了一种基于风险的、渐进式的方式。这些成分的优先获得与贸易成员对生物贸易相关议题供应链的了解程度有关。为了帮助各贸易成员创设这种基于风险的、渐进式的方式，生物贸易道德联盟秘书处开发出一套取名为"项目组合成份评估"的工具以协助天然成份项目组合的优先处理。而在进行优先处理后，贸易成员确定中期至长期的生物贸易道德来源目标，上述目标可供公众索取，且就实现生物贸易道德相关供应链计划的进度设置切实

---

[*] Ethical Biotrade Standard.

的、明确的目标。

（二）本标准为贸易成员的加入条件与义务提供了基准

本标准为确定贸易成员的加入条件和义务的首要参考。各贸易成员被要求设计一套生物多样性管理体系以达到生物贸易道德来源目标。就像产品质量保证体系或 GMP 体系一样，这是一套若能够遵守便能实现如本标准所预期的生物多样性得到保护、可持续利用和公平分享惠益的程序。

为了成为生物贸易道德联盟临时成员，某组织必须提供关于遵守可供识别的加入指标（条件）的外部证明，以及遵守生物贸易道德联盟加入条件和义务以及联盟相关程序的材料（如贸易成员的成员申请程序）。

生物贸易道德联盟采用自我评估和第三方认证机构外部认证相结合的方式对遵守加入条件和义务是否符合本标准的情况进行评价。这些独立的第三方机构每隔 3 年审查一次，且首要关注必要程序是否实施及得到适用，以及在某些领域是否得以实践。

（三）本标准适用于不同层次供应链

本标准适用于不同层次供应链，包括已完成的产品制造者，加工者和生产者。本标准中的条件及指标以书面方式展现以确保与不同类型组织相关且对其有帮助。解释指南的适用也将引导各贸易成员和独立审查人员依据该组织的性质和工作现状来对本标准予以适用。

各贸易成员有责任通过生物多样性管理体系及供应链对本标准予以有效实施。而在实施过程中也应得到供应链中不同行为主体（如提供者和客人）的支持和协作。

（四）其他方面

在理解本标准过程中，下列要点也同样重要：

● 本标准的原则指的是在生物贸易道德实践中必须考虑的要素；

● 本标准的条件反映了各贸易成员必须达到的目标，而指标确定了各贸易成员实现前述目标必须采取方式或步骤；

● 若某项指标仅适用于某特定情况，如野外获取或研究活动等，这将在该项指标中明确提及。如果没有提及，本指标适用于所有行为类别。

二、参考文献（略）

三、其他文献（略）

四、术语和定义

为了实现本标准的目标，下列定义将被适用。

请注意下列词语并不会在本标准正文予以强调，所以仔细阅读本部分以便在适用本标准过程中熟稔其意。

行为主体：生物贸易道德相关供应链中的个人或组织，如收集者、生产者、购买者、农民以及消费者等；

获取和惠益分享：在《生物多样性公约》中，它指的是以事先知情同意和共同商定条件为基础，获取生物遗传资源和就其使用进行公平和公正惠益分享。而在实施前述公约的很多法律和规范中，以及在本标准范围内，获取和惠益分享要求远远不限于以生物多样性为基础的研究和开发活动，以及后续应用和商业化活动；

适应性管理：通过学习前期已推行政策和实践的结果而持续提升政策和实践的系统性过程；

农业化学成分：在农业领域使用的化学成分，如肥料、杀虫剂、除草剂、杀真菌剂、激素和其他输入成分（来自牛津大辞典）；

外来物种：过去或现在天然分布来自外界的种群、亚种和更低的分类单元，包括前述生存或后续复制的组成部分、配子、种子、卵或繁殖体（来自《生物多样性公约》，1992 年）；

购买者：排除生产组织（依据前述生产者定义）以外的、处于供应链之中购买生物贸易道德相关产品的组织（生物贸易道德联盟，2007 年）；

生物多样性管理体系：一套在成员组织及天然成分供应链层面实施本标准和各贸易成员义务的政策、程序和实践（生物贸易道德联盟，2012 年）；

生物多样性：所有来源的获得生物体中变异性，这些来源除其他外陆地、海洋和其他水生生态系统及其所构成的生态综合体；这包括物种内、物种之间和生态系统的多样性（来自《生物多样性公约》，1992 年）；

生物相互作用：群落内有机体的互动。而在自然世界之中没有任何有机物存在于完全隔离的场景之中，因此每个有机体必须与环境和其他有机体相互作用；

生物资源：人类具有实际或潜在用途或价值的遗传资源、生物体或其部分、生物种群，或生态系统中任何其他生物组成部分（来自《生物多样性公约》，1992 年）；

收集者：专业收集植物/动物或其组成部分的主体或作为/成为商业联系的购买者的一部分；

标准：判断原则是否履行的手段（来自《森林管理委员会的标准和原则》，1996 年）；

习惯法：经当地认可的在内部规范或指导土著和当地社区生活和其他活动原则或体系；总体而言，它们确定了社区成员使用和获取天然资源、与土地、遗产和财产、知识体系和文化遗产维持相关的权利和义务（改编自世界知识产权组织）；

生态系统：植物、动物和微生物种群等组成部分以及作为功能单元的非生命环境动态复合体（来自《生物多样性公约》，1992 年）；

濒危物种：野生物种面临灭亡的极大风险，且列于 IUCN 红色名录、各国立法和/或《濒危野生动植物种国际贸易公约》中；

环境影响：任何对环境有利或不利、来自组织活动、产品或服务整体或部分的改变；（来自 ISO14001 标准，2004 年）；

生物贸易道德来源目标：将各贸易成员生物多样性来源时间逐步与生物贸易道德联盟加入条件和义务逐步联系起来的专门目标；

公平和公正惠益分享：确保生物多样性和传统知识利用、后续应用和商业化实现的惠益能够以一种公平、公正的方式与所有被认为对资源管理、研究、开发和商业化作出贡献的组织或社区进行分享（来自本标准 3.2）；

食品安全：当所有人们在任何时候均能根据自然规律、经济的获取足够、安全和营养食物以满足其饮食所需及偏爱以保证积极和健康的生活（来自 1996 年世界食品峰会）；

遗传资源：具有实际或潜在价值的遗传材料（来自《生物多样性公约》，1992 年）；

转基因作物：被摄入一个或多个转基因的已改变的生物体（来自粮农组织，粮食和农业生物技术委员会）；[1]

栖息地：生物体或种群自然出现的地区或某个位置（来自于《生物多样性公约》，1992 年）；

指标：与评价标准相关的数量或质量方面的参数（来自于 *Tropenbos* 基金会，1996 年，分级框架）；

土著社区：来自某个种族或由于其原始种群所具有的社会、文化和经济

---

〔1〕 http://www.fao.org/biotech/.

条件远不同于其他本国社区，或他们的身份整体或部分由自身习惯或传统以及特别法律或规则规范而被视为土著的人类群体（来自于国际劳工组织第 169 号公约）；

土著土地和领地：土著居民传统拥有、占领或其他方式使用或获取的土地、领地和资源（《联合国土著人民权利宣言》第 26 条，2007 年）；

引种行为：不论过去或现在，人类对种群、亚种或更低的分类单元（包括能够生存和后续复制的任何组成部分、配子或繁殖体）进行超出其自然分布区的转移行为。上述行为既可以在本国内开展，也可以在国与国之间开展（来自世界自然保护同盟）；

外来物种入侵：外来物种作为天然、或半天然生态系统或栖息地一部分已成为改变甚至威胁当地生物多样性的因素（来自世界自然保护同盟）；

土地使用权制度：不管是法律或习惯法确立的决定土地财产权在社会主体之间分配的规则。该规则确立了如何授予使用、控制和转移土地权利，以及相关义务和限制（来自于世界粮农组织[1]）；

最低工资：小时支付的工资（以标准工作月份的功能为计算依据）满足工人及家庭的基本需求且能提供可随意支配的其他收入；

本地社区：全部或部分生活直接依赖于在显著生态区域的生物多样性和生态系统产品和服务的人类群体，它们发展或获取传统知识以体现依赖性和从属性，包括农民、渔夫、牧民、森林居民和其他（来自于传统知识和文化遗产保护——来自《共同的生物——文化遗产》[2]的概念）；

住房：安全的和本地可接受的住宿条件，可以获得食物和饮料；

管理体系：由各组织确立的能够实现目标的系列政策、程序和良好实践；

共同商定条件：在使用者和提供者之间获取生物遗传资源和相关传统知识、分享产生惠益的条件，包括政府部门、群体、土著和当地社区或与认可权利相关的个人；

本地物种：不论过去或现在，出现在天然分布区的种群、亚种或更低的分类单元（如在自然分布区内天然出现的或并非由人类直接或间接引入或管理）（来自于《外来物种入侵导致生物多样性损失预防指南》）；

天然周期：来自土地、水源、植物和动物以及影响特定区域生态生产力

---

〔1〕　http://www.fao.org/docrep/005/y4307e/y4307e05.htm.

〔2〕　IIED（International Institute for Environment and Development）：http://pubs.iied.org/pdfs/G01067.pdf.

的处于天然生态系统的分类单元（来自《森林管理委员会的标准和原则》，1996 年）；

天然成分：为实现设定生物贸易道德联盟加入条件和义务目标，直接来自于动物或植物或包括植物或动物添加成分，即使这些成分已经被显著改变；

天然成分项目组合：组织来源和工作对象的天然成分组合；

组织：有义务通过管理体系和供应链逐步适用生物道德贸易标准的主体；

预先融资：购买者通过合同提供的资金资助（来自国际贸易公平组织）；

事先知情同意：生物遗传资源和相关传统知识提供者，包括政府部门、群体、土著和当地社区或与相关和认可权利相关的个人，在活动开始之前，基于全部议题和潜在影响的理解基础之上就研究和开发非强制性的许可；

原则：本质性的规则或要素（来自《森林管理委员会的标准和原则》，1996 年）；

原始生态系统：处于原始条件下的，并不会被人类打扰的生态系统；

生产者：整体控制供应链直至田野地区且有义务从基础实施管理体系确保生产方式遵守本标准的要求（来自生物道德贸易联盟，2011 年）；

注意：生产者只能是生产者或可以是其他原材料的购买者。它的管理体系有必要为实现遵约目标而做相应改变；

保护地：通过法律或其他有效方式认可、专门确定和管理，为实现自然保护长期目标以及相关生态系统服务和文化价值而清晰划定的一片地理位置（来自世界自然保护同盟——世界遗产定义[1]）；

生产区域：组织进行天然成分收集或培育的区域（来自生物贸易道德联盟，2007 年）；

再生率：种群再次生长的速度；

研究和开发活动：当类似发现成果被认为具有新颖性，包括创新性的步骤并能进行工业开发时，拟开展的分析、测试和其他调查类系列活动以便识别植物/动物新、有用的成分和/或提取物；

源头种群：为实现来源目标而培育和/或收集的种群；

源头：购买、培育和/或收集天然成分以及前述成分源自种群的过程；

源头活动：与源头相关的供应链所有活动；

源头地区：培育和/或收集来源种群的区域；

---

[1] http://data.iucn.org/dbtw-wpd/edocs/PAPS-016.pdf.

种群：能够自由相互杂交繁殖的但并不属于其他种群的某些生物体（来自于世界保护监管中心）；

基于风险、渐进的方式：一种渐进式的符合生物贸易道德标准的能够优先获得成分的方式，这种方式被本标准确认为会对生物多样性道德采购带来巨大风险（来自生物贸易道德标准，2012）；

供应链：从提供者到消费者与提供产品或服务相关组织、人们、技术、活动、信息和资源体系。供应链环节能够将天然资源、原材料和成分转变为完整产品以便最终交付给终端消费者；

技术转移：技能、知识、技术、制造方式、样品的转移过程，该过程能够确保科学和技术的发展可以被大范围的使用者获取，且这些使用者能继续开发和拓展这些技术于新产品、过程、应用、材料或服务；

追溯能力：一种识别和追溯产品、部分和材料的历史、传播、分配和应用能力。追溯系统记录和追踪上述产品、部分和材料的踪迹，来自提供者的材料以及作为终端产品处理和最终传播过程（来自国际标准化组织）；

传统知识：土著和当地社区体现与保护和可持续利用生物多样性相关的传统生活方式相关的知识、创新和实践；

生物贸易道德联盟贸易成员：成员直接包括生物贸易道德产品和服务供应链的成员（如生产者/收集者组织、加工公司、贸易商、制造公司、品牌、贸易公司联盟、研究机构等）；

生物贸易道德联盟临时贸易成员：处于成为贸易成员过程中并以遵守登记指标作为加入联盟的首要步骤；

野生物种：生活或被俘获的野外生物体，从其天然状态来说，它们并不局限于饲养方式以改变其天然状态（来自于世界保护监管中心）。

五、修改过的生物贸易道德标准（2012 年版）

（一）生物多样性的保护

1. 获取活动所在生态系统特征应得到维持或恢复。

（1）各组织应对这些生态系统进行辨认。

（2）各组织应辨认这些生态系统中有关生物多样性保护的威胁，是否与来源活动有关联。

（3）各组织应识别上述威胁的来源（本地、国家和/或国际）。

（4）各组织应通过自身来源或参加前述来源为提示这些威胁作出贡献。

2. 获取活动应保护和恢复生物多样性。

（1）登记指标：各组织不得开展转换原始生态系统的活动。

（2）各组织应辨认获取活动对获取地区生物多样性的影响。

（3）各组织应采取措施避免或减轻前述影响。

（4）各组织获取活动不应引入外来入侵物种或产生类似后果。

（5）各组织获取活动不应引入转基因物种或产生类似后果。

（6）应当采取保护和/或在获取地区恢复濒危物种栖息地的措施。

（7）各组织通过其获取活动应主动提升来源地区生物多样性恢复实践。

（8）各组织应勇于从其原生分布区域获得天然成分。

3. 获取活动应与适用于来源地区的生物多样性保护和可持续利用相关战略、计划或项目相联系。

（1）各组织应辨认这些战略、计划或项目。

（2）各组织获取活动不应干预，而应对上述战略、计划或项目作出贡献。

（二）生物多样性的可持续利用

1. 获取种群应得到指定管理文件的支持，这些文件内容包括收获率、监管体系、生产指数和再生率。

（1）应对收集或培育地区进行清晰辨认。

（2）收集或培育活动应以相关许可为基础。

（3）各组织应提供最新提供者、生产者和收集者清单。

（4）获取种群再生率、野外收集情况、来源地区种群水平等信息应可获得。

（5）各组织获取活动应保证长期收获率和再生率。

（6）监管体系应允许就收集和/或培育实践（收获率、收集技术和农业实践）持续调整以实现确保对获取种群实行适应性管理。

2. 获取活动中雇员、提供者和收集者应得到实现良好收集、培育和质量保证实践的训练。

（1）应拥有雇员、提供者和收集者的训练计划。

（2）受到训练的雇员、提供者和收集者应提供良好实践。

（3）雇员、提供者和收集者应将其接受的训练予以良好实践。

3. 采购计划应依据所提供的获取种群或收获季节予以组织。

（1）各组织采购计划应认识到收获季节、收获率、植物的物候循环和其他在管理文件中确定的良好实践。

4. 适当机制应得以实施以预防或减轻消极环境影响。

（1）各组织获取活动不应对原始生态系统引入或产生引入农用化学品的行为。

（2）登记指标：各组织不应使用农用化学品：

• 从事《关于持久性有机污染物斯德哥尔摩公约》禁止性行为；

• 从事世界卫生组织分类一和分类二行为；

• 和/或《关于在国家贸易中对某些危险化学品和农药采用事先知情同意程序的鹿特丹公约》清单中行为；

• 和/或在相关国家操作中禁止行为。

（3）各组织应尊重世界卫生组织建议农用化学品最大使用量。

（4）各组织应设定减少农用化学品使用计划并在有机农业实践中优先考虑替代方式。

（5）获取地区应对农用化学品的使用予以注册。该注册程序至少应包括化学品的名称（如无需包括其商业产品名称）。

（6）有关获取活动对空气质量的消极影响应被确认且应采取专门措施防止或降低它们发生及实施的可能性。

（7）有关获取活动对水资源的消极影响应被确认且应采取专门措施防止或降低它们发生及实施的可能性。

（8）有关获取活动对土壤质量的消极影响应被确认且应采取专门措施防止或降低它们发生及实施的可能性。

（9）相关机制应适时避免和减少不同生产阶段原材料的浪费。

（10）相关措施应适时对生产实践中废弃物进行管理，包括重复使用和回收活动。

（11）最终废弃物处理应确保减少污染风险，如果有必要的话通过环境影响评价对水体予以更多的关注。

（三）对获取生物多样性的使用活动进行公平公正惠益分享

1. 生物多样性获取协商应当透明和基于对话和信任。

（1）协商应考虑到相关习惯法和本地实践。

（2）协商使用的信息应当透明、完整和可供参与主体获取，以便相关议题得到更好理解。

（3）参与协商主体应有权积极参与上述协商活动。

（4）开展协商及其结果应记录在案，不能不考虑当地环境和实践。

2. 各组织应为来源的天然成分支付公平的价钱。

（1）价格协商过程应遵循前述方式。

（2）价格确定应以成本计算为基础并考虑实施保护、可持续使用、标准中有关社交其他要求以及利润边界。

（3）价格应当进行周期性的评价。

（4）价格设定独立于下列利润确定方式。

（5）如果被要求且正当合理，作为合同价值一部分，生产者提供事先资助应被允许。

3. 各组织应为生产者及其本地社区确定的获取地区本地可持续发展作出贡献。

（1）生产者及本地社区应接受咨询以为理解本地可持续发展目标。

（2）各组织应提升来源地区的雇工情况并优先雇佣本地居民。

（3）各组织应创设并管理其活动以构建长期伙伴关系。

（4）各组织应为生产者提升可持续发展活动作出贡献。

（5）各组织应在获取活动的背景下为生产者和本地社区创设能力，具体内容包括组织结果、自然资源管理、技术和商业技能。

（6）各组织应在获取活动的背景下提升本地水平的额外价值。

（7）各组织记录的协商和活动应参照本标准进行。

4. 与获取种群和成分相联系的传统实践应得到认可。

（1）各组织应提供与获取种群和成份相联系的传统实践的信息。

（2）各组织应采取保存和恢复与获取种群和成份相联系的传统实践以提升保护和可持续使用生物多样性。

（3）各组织仅能在生产者和本地社区批准和加入的获取活动中利用或提到传统实践。

5. 各组织应遵守生物多样性获取和相关传统知识法律或管理要求以开展研究、开发和分享作为结果的惠益。

（1）各组织应意识到获取和惠益分享的概念、原则和相关活动可能产生的法律意义。

（2）各组织应提供适用于相关活动的法律或管理要求，包括以生物多样性和相关传统知识为基础的研究和开发活动。

（3）各组织应就上述法律或管理要求采取措施。

6. 为了进行研究或开发，即使并无生物多样性获取和相关传统知识法律或管理要求，获取活动也应受到事先知情同意和共同商定条件约束。

（1）正如本部分第1款所示，关于生物多样性和相关传统知识的协商应当透明且基于对话和信任。

（2）各组织应确认生物多样性和相关传统知识相关的政府部门、群体、土著和当地社区或其他拥有认可权利的个体。

（3）各组织应采取措施使得这些部门、群体、社区或个体提供它们有效参与协商的信息和机会。

（4）事先知情同意和共同商定条件的协商考虑的议题如生物多样性和相关传统知识有意图或经许可的用途、识别其来源、知识产权可能用途、第三方参与的维护、决定和分享惠益的承诺。

（5）如果传统知识用于研究和商业活动，上述使用行为应尊重传统知识持有人的权利，并考虑其道德和文化关切，并允许其能够以传统方式持续使用。

（6）各组织应依据与道德来源实践不相一致的主张程序（PRO30）确认和表明未经事先知情同意和共同商定条件获取生物多样性和相关传统知识的观点。

7. 为了进行研究或开发，即使并无生物多样性获取和相关传统知识法律或管理要求，以及后续应用和商业化进程，惠益也应当基于共同商定条件并以公平、公正方式分享。

（1）正如本部分第1款所示，关于生物多样性和相关传统知识的协商应当透明且基于对话和信任。

（2）各组织应确认生物多样性和相关传统知识相关的政府部门、群体、土著和当地社区或对研究、开发或商业化进程作出贡献的个体。

（3）各组织应采取措施以公平、公正方式与上述政府部门、群体、土著和当地社区或对研究、开发或商业化进程作出贡献的个体以共同商定方式分享惠益。

（4）在决定惠益分享的过程中，各组织应结合第3款考虑其对本地可持续发展目标作出的贡献。

（5）其他惠益包括获取费用；阶段性付费；为支持保护和可持续利用生物多样性而支付特定费用；分享研究和开发活动成果；在科研活动中开展协作、合作和作出贡献；构建机构和专业联系。

（6）各组织应确认和表明以共同商定条件为基础分享的惠益内容。

8. 专利和其他知识产权应被一种支持《生物多样性公约》和本标准的方式创设和实施。

（1）各组织应意识到使用专利保护以及与生物多样性和相关传统知识研究和开发、前述活动可能涉及法律意义等相关议题。

（2）如果各组织对生物多样性和相关传统知识研究和开发采取专利保护，该项专利和生物多样性政策的实施目的为确保专利实现能够支持《生物多样性公约》的目标和条款和本标准。

（3）如果各组织对生物多样性和相关传统知识研究和开发采取专利保护，本专利应用和创设过程应考虑其专利和生物多样性政策以及生物贸易道德联盟专利和生物多样性原则。[1]

四、社会经济可持续性（生产力、财政和市场管理）

1. 各组织应就友好财政管理作出声明。

（1）各组织应设置财政计划工具并允许追踪收入、费用和利润并保证出台适当财政报告。

（2）财政报告应可获得并从外界得到证实与本国管理要求相一致。

（3）各组织应开展周期性的战略和商业计划以保证长期财政稳定性。

2. 各组织应将本标准融入其操作和供应链管理体系。

（1）各组织应通过政策、程序和标准化实践系统实施本标准。

（2）各组织应评估本标准的实施情况。

（3）如果被要求，各组织应监督进度并采取正确行动。

3. 各组织应在符合市场要求的前提下实施质量管理体系。

（1）各组织应识别其目标市场和相关质量标准。

（2）各组织应保留记录和相关文档以满足拟定目标市场的质量要求。

（3）各组织应开展相关工作以提升所获取天然成分的质量。

4. 追溯体系应适时就天然成分的来源进行确认。

（1）各组织应了解并记录在其自身操作过程中天然成分的流程。

（2）各组织应在组织内部和供应链设定严格控制标准以监督追溯情况。

五、遵守本国和国际法

1. 各组织应遵守与生物多样性，尤其是《生物多样性公约》《名古屋议

---

〔1〕 See in Other references.

定书》和《濒危野生动植物国际贸易公约》等国际公约。

（1）各组织应表明这些协议相关原则的应用知识。

（2）没有明显的不遵守国际协定原则的证据。

2. 各组织应尊重与使用和从事天然成分贸易相关本国和当地管理要求。

（1）各组织应表明与使用和从事天然成分贸易相关本国和当地管理要求。

（2）没有明显的不遵守与使用和从事天然成分贸易相关本国和当地管理要求的证据。

3. 各组织应支付法律要求的费用、税收和其他金钱。

（1）各组织应保留上述费用、税收和其他金钱的缴费记录。

（2）上述记录应表明各组织支付上述费用。

六、生物贸易活动中尊重行为主体权利

1. 各组织应尊重人权。

（1）登记指标：各组织应采取措施确保尊重人权且没有任何违反人权或歧视政策或实践的证据。

（2）登记指标：各组织至少应通过尊重国际劳工组织《最小年龄公约》（第 138 号）和《禁止和立即行动消除最恶劣形式的童工劳动公约》（第 182 号）来保护孩童权利。

（3）各组织应至少通过尊重国际劳工组织《结盟自由和保护组织权利公约》（第 87 号）和《集体谈判公约（第 98 号）》来尊重劳动者权利。

（4）登记指标：各组织应依据联合国《反对跨国境组织犯罪公约》《非法交易和走私公约》《跨国公司经济合作发展组织指南》以及《联合国货物买卖合同公约》规定避免不道德交易。

2. 各组织应在来源活动中尊重《联合国土著权利宣言》、国际劳工组织第 169 号公约和国内法所确立的土著和当地社区的权利。

（1）各组织应尊重土著和当地社区在来源活动中拥有、使用和控制土地、领土和资源权利。

（2）各组织应尊重土著和当地社区在来源活动中维持、保护和在宗教和文化遗址中获取隐私的权利。

（3）各组织应尊重土著和当地社区在来源活动中维持、控制、保护和发展其文化遗产、包括与生物多样性相关的传统知识的权利。

3. 各组织应为其雇员提供合适的工作条件。

（1）各组织应根据本国规定和国际劳工组织第 95 号有关保护酬劳、第 26 号最低酬劳确定机制、第 131 号最低酬劳确定和国际劳工组织第 100 号平等支付报酬的规定支付酬劳并尝试支付最低工资。

（2）各组织应确保雇员拥有包括国际劳工组织第 155 号职业安全和健康公约要求的合适的工作条件。

（3）各组织应确保其雇员拥有合适的社会保障。

（4）如果可能且相关，各组织应为雇员提供长期劳工合同。

（5）各组织应为雇员提供训练项目和职业发展机会。

（6）当其工作要求其长期远离家庭，各组织应为雇员提供住宿。

4. 各组织不应威胁本地食品安全。

（1）各组织应确认来源活动对本地食品安全产生的影响。

（2）各组织应采取措施缓解本地食品安全的消极影响。

七、明确土地所有权、天然资源的获取和使用权利

1. 各组织应在获取活动使用土地过程中尊重已创设权利。

（1）各组织有权利使用土地和天然资源。

（2）冲突解决机制有必要适用于土地使用权利的冲突之中。

2. 各组织应采取措施尽可能地不非法获取基础的主体控制获取地区。

（1）各组织应尊重来源地区的非法使用。

（2）应采取措施防止非法使用所管理的来源地区。

国际制药商协会联盟生物遗传资源获取
和公平惠益分享行为指南[*]

各成员国

支持《生物多样性公约》（以下简称 CBD 公约）目标并认识到生物遗传资源国家主权原则。

支持和希望 参与创设获取和惠益分享机制并便利生物遗传资源可持续利用，一旦明确确定相关传统知识的范畴并以透明方式设置提供者、使用者权利及义务，同时也考虑其他国家论坛的讨论结果及成果；

意识到以研究为基础的制药行业所处的重要角色，即通过特别专家以及拥有管理药物创新复杂实务经验而成为政策决策过程中利益相关人。

希望 与 CBD 公约秘书处和 CBD 公约缔约方/观察员或其他相关组织协作参与技术协助活动以构建 CBD 公约缔约方法律、科学和协商能力。

呼吁 CBD 公约成员国不管是单独还是通过 WIPO，在创设事先知情同意和惠益分享示范和/或国内立法时确保提供继续教育和更多努力以方便能力建设，包括获取和惠益分享示范性协议，同时切记上述法律应在生物多样性保护和以提升公平和公正惠益分享与鼓励获取和使用生物遗传资源达成满意平衡。

建议 各成员国采取具体措施便利 CBD 公约生物遗传资源和相关传统知识获取和公平惠益分享。

目标

以研究为基础的各国制药公司对与国际义务和协议相一致的规定 CBD 公

---

* Guidelines for IFPMA Members on Access to Genetic Resources and Equitable Sharing of Benefits Arising out of their Utilization. The Guidelines list certain "best practices" which should be followed by companies which will engage in the acquisition and use of genetic resource.

约实施持积极态度。各国际论坛就获取和惠益分享达成的成功决议也使得本行业能够更为便利地实施 CBD 公约生物遗传资源获取规定,[1] 并公平分享因获取使用而产生的惠益, 以及依 CBD 公约: (i) 有关便利获取和不与 CBD 公约目标相反的方式设置获取限制; (ii) CBD 公约以共同商定条件为基础开展获取和惠益分享等规定合理并清晰确定传统知识表现形式。[2]

以下提供本行业最佳实践和步骤并建议 CBD 公约各成员国应采取措施为遵守下列实践创造法制环境。

行业最佳实践

1. 各国及其土著居民控制生物遗传资源获取和使用事先知情同意, 并以符合本国法律规定形式提供给各公司。

2. 为了获得事先知情同意, 应披露生物遗传资源使用领域和拟进行用途。

3. 为了获得移地条件下移除材料批准, 应借移除与使用生物遗传资源的行为签署反映共同商定条件的惠益分享协议。该协议应包括准许使用生物遗传资源的条件、第三方转移、何种情形下提供技术协助和技术转移等内容。

4. 为了避免迅速采取行动, 生物遗传资源商业化开发行为应遵照如下承诺, 即不得阻碍生物遗传资源传统使用行为的进行。

5. 各方均同意任何符合正式惠益分享协议规定的争端应依据国际法律程序所设定仲裁方式或其他各方当事人一致同意方式解决。

政府应采取措施

1. 创设国内立法切实履行 CBD 公约。

2. 创设国家联络点。

上述国家联络点应提供该 CBD 公约成员国内土著社区及其他利益相关方对就地条件下特定生物遗传资源获取许可权规定。

上述规定应向本行业和其他利益相关方明确和确定提供。上述国家联络

---

[1] Under the CBD, Conference of Parties COP Decision II/11, para. 2, human genetic material is excluded from the scope of the CBD. In addition, materials removed from in situ locations prior to 1992 also fall outside the remit of the CBD.

[2] As recognized by the recent European Community and Member States Proposal to WIPO: "There are concerns about the possibly unclear scope of the term 'traditional knowledge'. In order to achieve the necessary legal certainty, a further in-depth discussion of the concept of is necessary." Source: http://www.wipo.int/en/genetic/proposals/european_ community. pdf.

点也可创设生物遗传资源使用和存在情况数据库。

3. 承诺以诚实信用方式同各商事主体就获取和惠益分享相关规定展开协商。

4. 同意以前述第 5 点内容所示解决争端。

结　论

国际制药商协会联盟成员国强烈希望实施本指南将会对实现具有可操作性的获取和惠益分享环境（该环境有助于创造价值）和通过对各利益相关方权利和责任予以明确规定并为惠益分享作出贡献。

库特奈地区研究活动道德准则[*]

目标

1. 本道德准则的目标是确保在所有涉及或与库特奈地区的研究活动中，库特奈地区有能力保护其居民、文化、历史和确保受到相应尊重。

适用对象

2. 本准则适用于与库特奈地区相关研究活动所有人员，包括希望与库特奈地区成员开展条约协商，以及使用口头历史记录、文化遗产资源、传统用途研究图书馆、库特奈地区档案以及其他文化信息。本准则同样适用于代表库特奈条约委员会研究人员和在库特奈地区内外工作的群体、代表或组织。

原则

3. 研究人员必须与库特奈地区议会、库特奈地区条约委员会、长老会及议会成员保持联络并观察他们各自与社区进行沟通的规则和规定，比如要求获得相关信息和知识的方式。

4. 所有有关信息，使用文化遗产资源、传统用途研究图书馆和库特奈地区图书馆、资源的请求以及与社区成员或集体访谈的内容必须在库特奈地区条约委员会管理人员或该委员会任命的其他单个官员处进行书面记录。上述请求必须列明目的、范围和研究项目预期成果，包括潜在影响和任何可能风险。管理人员或其他官员会将上述详情提供给长老会、库特奈条约委员会、库特奈地区议会和其他有关集体或个人决策参考。在收到条约委员会的评论和建议后，库特奈地区议会或其他集体或个人应提供建议，长老会将批准或否认请求（请注意：文化遗产资源包括可移动生物遗传资源，消失或遗产地

---

[*] Ktunaxa Nation´s Code of Ethics for Research.

区或文本遗产资源）。

5. 一旦长老会批准此项研究活动，研究人员必须与长老会或长老会直接指定的其他集体或个人协商以便确定社区成员或集体能够提供拟寻求的特定类型信息。

6. 在与长老会或长老会指定的集体或个人协商后，研究人员应与个别社区成员或集体进行接触以开展访谈。当研究人员开展访谈的时候，他们必须在获得对方同意之前，向其介绍研究活动的性质和目的，包括潜在影响和任何可能风险。任何个人不得单独受访或作为部分集体代表受访除非他明确知情同意。

7. 在合适的时候，研究人员必须确保其代表具有跨部门社区经验和研究活动所需的洞察力。

8. 研究人员有义务告知参与人员有权利表明其所提供的部分或全部信息属于秘密。一旦参与人员告知信息属于秘密的情况，研究人员必须要求参与人员告知基于何种原因而保密，以及可能情况下询问该信息具体用途。

9. 研究人员必须遵守参与人员提出的保密请求。

10. 研究活动不应增加参与人员参加活动压力。

11. 参与人员必须被告知其可在任何时候任意退出研究活动。

12. 研究人员必须通过提供适当物质酬谢或支付参与人员任何费用等方式给予参与人员公平补偿。

13. 研究人员必须基于诚信向所有参与人员公布研究报告。

14. 研究人员有义务获取库特奈地区和其居民项目潜在影响和任何可能风险信息以及及时通知长老会、库特奈条约委员会和议会。在可能情况下，社区内部利益冲突必须在项目开始之前确认并解决。

15. 研究活动应在尽可能的程度上向社区内居民提供转化的技能并提升社区能力以使其能够管理自身研究活动。

研究成果

16. 研究人员有义务向长老会、库特奈地区条约委员会和议会提供审议研究成果和在最终成果完成之前提供评价的机会。

17. 研究人员必须将最终研究成果复印件提供给下列主体：

（1）长老会；

（2）库特奈条约委员会；

（3）库特奈地区议会。

实施

18. 本协议必须包括所有长老会、库特奈条约委员会、库特奈地区议会及成员授权个人、集体、代表和组织开展的研究活动。

19. 每位适用本准则的人员应在研究活动开始之前要求签署协议表明它们已经阅读并了解本准则且同意受其约束。

20. 库特奈条约委员会有责任监督本准则实施以及就本准则解释、适用和条款遵守问题作出决定。

评价

21. 长老会、库特奈地区条约委员会和区议会应至少在每个日历年度内对本准则进行评估。

22. 本准则必须在库特奈地区条约或自治协议签署生效之时进行评估以便确定如何对本准则进行修改。

修改

23. 长老会、库特奈条约委员会和区议会应经常就本准则修改相互协商。

本准则附件

24. 本准则的最新附件，包括经批准的任何修改部分可从库特奈地区条约委员会办公会获得。

批准

25. 本准则自长老会、库特奈条约委员会和区议会批准后生效。

批准自：

_____

长老会代表

批准自：

_____

库特奈地区议会授权代表

批准自：

_____

库特奈地区条约委员会授权代表

加拿大努恰努斯部落研究活动规定及准则*

努恰努斯部落委员会研究道德委员会，2008 年版

1. 基本原理

1.1 本规定意识到研究人员为知识的"经纪人"，这些人具有构建正当支持或反对理念、理论或实践的能力。他们是信息的收集者和意思的生产者，这些信息和意思均能被用于对抗土著利益。

1.2 努恰努斯部落理事会认识到其中一项职责即有必要为在努恰努斯领地开展研究的个人和集体创设议定书。

1.3 努恰努斯部落研究道德委员会批准任何符合所创设议定书和程序规定的多家社区开展研究活动。

1.4 本议定书创设的目标是协助研究人员确保他们在领地内开展研究活动时符合努恰努斯社区相关议定书，同时建议某项确保该研究活动以符合道德和相应方式开展。

2. 研究意义

涉及努恰努斯部落及成员作为参与者的研究活动必须确保研究议定书支持保护目标。理论上来说，研究人员应与社区共同开展活动且邀请其参与研究活动。

2.1 努恰努斯部落委员会承诺尊重研究活动中有关努恰努斯的目标和期望，包括努恰努斯应控制资源，包括它们所拥有的人员和知识。

2.2 伙伴关系：当努恰努斯部落居民作为参与者且对研究项目成果抱有兴趣的时候，研究人员与参与者或参与社区代表应构建伙伴关系。

---

* Protocol & Principles for Conducting Research in A NUU-CHAH-NULTH Context.

2.3 保护：研究人员需在研究开始前、数据收集和编纂、数据传播之前和之后确保努恰努斯参与者及其资源得到保护。

2.4 参与：所有努恰努斯部落居民均有权参与或拒绝参与研究活动。加入或退出活动的理由必须在研究活动开始时予以明确说明。必须给予适当时间（通常为 24 个小时）考虑是否加入研究活动，同时必须在未产生任何后果之前准许退出活动。

3. 议定书

努恰努斯部落为每个社区制定的单独的议定书。社区之间议定书内容各有不同。研究人员有责任与相关社区通过协商确认这些议定书。

3.1 社区协定；

3.2 世袭部落首领；

3.3 选举的委员会；

3.4 社区资源。

4. 原则

任何或所有与一个以上努恰努斯部落社区开展的研究活动必须经努恰努斯研究道德委员会批准。社区必须选择努恰努斯研究道德委员会审议在其社区开展研究活动的申请。批准的标准包括：

4.1 研究人员完成努恰努斯研究道德委员会审批申请；

4.2 开展研究活动目标已明确声明且表示对努恰努斯社区有益；

4.3 开展研究活动产生利益远大于风险；

4.4 因研究活动开展只会对社区产生最小程度的破坏；

4.5 研究过程并无任何欺骗行为发生；

4.6 研究人员、数据收集者和其他参与活动个体已清晰确定且已提供它们开展活动具有的资质；

4.7 一旦完成研究活动，向个体参与者和参与社区传播数据的方式对个体而言是有用的和可以理解的；

4.8 研究人员应确认研究数据的所有权状态并示意努恰努斯部落将会持续保留部分所有权并完整享有获取研究成果信息的权利；

4.9 一旦完成研究活动，本计划应明确预期已收集数据可能产生的结果。

5. 道德准则

行为道德准则适用于个体或群体。

5.1 尊重个人。包括至少两项道德确信：

5.1.1 自治。个人应被视为自治代表。个人有能力审议个人目标以及在前述目标指引下展开行动。个人也被允许自愿加入研究活动以及获得适当信息。

5.1.2 保护。自治权利被减弱的个人有权得到保护。并非每个人都有能力行使自决权。这些个体有必要得到保护和确保以最佳利益做决策。

5.2 行善。尽力确保参与者利益。实现该准则必须满足下列两项标准：

5.2.1 不伤害；

5.2.2 收益可能最大化和伤害可能最小化。该标准考虑到所获收益可能伴随风险。尽管存在相关风险，寻求合理利益以及当风险存在时预期利益的大小。

5.3 正义。分配公平或谁优先考虑以及平等理念应同时考虑。可参考下列有关提供负担和收益如何分配的建议的规划：

5.3.1 每个人公平分享；

5.3.2 每个人应依据个人需要；

5.3.3 每个人应依据个人努力；

5.3.4 每个人应依据社会贡献；

5.3.5 每个人应依据功绩。

当公共资金资助的研究活动导致出现有益健康的策略或程序，有关正义渴求不仅会给那些对研究活动有帮助的人带来满足，且该研究活动应适度考虑来自后续研究应用所产生惠益团体中的某些人。

加拿大育空第一地区开展研究协定与规则（节选）*

下列协定与规则适用于育空地区大学任何研究人员，同时也鼓励育空地区研究访问人员在开展直接或间接将育空第一地区人民或文化研究活动作为关注利益的研究活动时予以遵守，这与研究人员是否为育空地区人员无关。

道德规范

当研究活动相关的当地人员可被识别时，研究人员应在活动开始前或持续基础上找到这些人员并对其并进行确认。当研究活动并不涉及可被识别的人员或群体的时候，当公共信息/知识被引用时，第一地区将创设咨询机构。而有关知情同意，研究人员需了解谁有权代表社区说明以及知情同意具体条件。适当机构建议也会指导协商过程。

研究活动的目标，以及类似调查活动的预期成果，将会以清晰、准确和适当的方式向研究活动相关的当地人员通报。

研究活动所涉人员的权利、利益和敏感事项应被承认和保护，包括传统医药、仪式、歌曲、仪式和其他即将灭失的文化传统的知识产权保护。

必须时刻使用公开、直接和透明的研究工具和技巧。秘密或隐秘的工作是不被接受的。所有的参与者在研究活动开始之前都必须完全知晓他们所涉及研究活动。

研究活动参与者都能够控制研究过程的结果，他们也能够完全控制他们自愿提供的信息，这些权利包括控制权、限制获取权、从某项现行研究项目成果中撤回部分或全部信息的权利。研究人员有责任明确参与者如何实现其控制权利。

研究人员必须诚实、准确地表明研究活动相关的技巧和经验。

研究人员也不会剥夺信息提供者以及将研究活动产生的信息用于个人收

* Protocol and Principles for Conducting Research with YUKON FIRST NATIONS.

益或进行其他增值。而在可能和合适情形下，研究人员对参与者提供的帮助和服务给予公平回报并在最终可交付的成果中对其进行确认。

当研究过程出现任何问题时，研究活动相关当地人员有权向学生研究委员会或育空大学研究政策委员会提出申诉。这些委员会在研究活动开始之前必须进行明确。

育空第一地区大学研究道德政策和研究整体规范中所有的道德规范均将附于本政策，包括独立研究参与者的权利。

道德规范问题最重要的问题即是研究价值。育空第一地区价值必须通过涉及的研究内容和研究项目方法论确定。这些价值可能包括：

- 确保育空第一地区价值在任何时候都能得到提升；
- 确保育空第一地区人民在研究活动开始、持续和结束后都能够参与协商和清晰认识研究活动；
- 确保育空第一地区人民特定价值能够被理解、承认和提升；
- 确保育空第一地区文化能够严格提升和关注；
- 确保育空第一地区价值、文化和传统不会产生冲突；
- 上述过程应在合适时间、地点自始至终地贯穿于整个项目进程中。

所有参与研究活动的个人或群体均应得到本政策的复印件。

责任

研究人员主要责任是使参与研究活动的相关人员能够在研究活动中享有平等利益。

研究活动相关人员拥有完全权利即尽可能地预期他们自愿提供的信息的最终结果以及可能用途和应用价值。

研究人员需在研究活动最开始即乐意了解个人或群体对任何研究成果的贡献并以草案形式告知后者有关利益分配或成果出版等事项的策划，如他们有权对贡献予以否决或发出责难。任何个人或群体协商的贡献将会在最终研究报告中得到确认，除非所有个人或群体均保持沉默。

参与方式

研究活动内容，以及研究活动涉及问题以及方法论的涉及均需与，以及必须对意欲形成研究成果的育空第一地区个人或群体予以考虑或进行协商。

研究人员以及研究活动相关个人或群体提供的信息必须同样分享持续监

督研究过程相关信息。

一项成功的整体式的参与研究是由真正信赖的研究伙伴关系的发展而来。任何一方不得对构成伙伴关系的任何一方利益存有偏见。

作为协同合作的组成部分，研究活动发起者应有责任与研究人员分享和共同提升研究技能。

研究成果的知识产权

在协商初始阶段有必要以下列要素为前提规定研究最终成果所有权：

1. 材料的共同所有权；
2. 学术出版物的目标；
3. 给予社区任何数额的版税。

研究成果

研究活动必须对育空第一地区需要、目标和该地区人民的愿望以及价值的提升作出积极贡献。研究人员有责任确保育空第一地区的参与者充分知晓研究活动的目标。

研究成果应以所有利益相关人员能够理解和获取的形式发布，尤其是那些为成果提供研究基础的人员。在适当的时候，研究成果可以口头、书面或视频方式在第一地区或非第一地区出版物、论坛中发布。

最终研究报告的摘要应能供任何提供信息的个人或群体获取。一份完整的研究报告可通过育空第一地区大学院系各部门或各项目组，或该部门访问研究人员、育空第一地区研究中心以及第一地区提供。若研究活动涉及艺术类或艺术创作类，参与人员或群体将会被通知正在展览的地点。

马拉维生物遗传资源获取和收集程序与规则（节录）*

本指南并非试图限制生物遗传资源创新研究而是确保政府以适当管理和因研究持续利用生物多样性的方式承诺促进研究活动开展以便马拉维能从生物遗传资源利用活动中受益。

本规则目标

委员会认为外国研究人员和科学家收集马拉维生物遗传资源的活动需遵守本规则，保证生物遗传资源对经济社会发展有利。从本质上而言，本规则试图实现下列目标：

1. 确保马拉维遗传材料研究不会导致生物多样性丧失；

2. 确保遗传种质资源交换和研究成果商业化能够类似马拉维获得经济收益的出口方式进行；

3. 鼓励创设基因银行和基因数据银行（移地和就地）并与南部非洲发展共同体基因银行在内的基因银行加强联系；

4. 确保涉及遗传和种质资源交换的研究活动产生鼓励与外国研究人员开展合作的效果；

5. 确保马拉维裔研究人员/收集者能够与本国主要研究人员紧密合作维护马拉维利益；

6. 确保生物遗传资源研究活动仅为马拉维经济社会发展作出贡献且其实施不会导致研究努力的重复和脱节；

7. 鼓励研究活动对生物遗传资源进行适当管理、保护和可持续利用。

研究人员分类

为了实现本规则目标，研究人员可做如下分类：

---

* Procedures and Guidelines for Access and Collection of Genetic Resource in Malawi.

1. 外国研究人员或机构

很多研究人员或机构试图出口和/或收集马拉维生物遗传资源并开展科学研究，这些研究人员或机构可做如下细分：

（1）学术和研究机构

他们主要是学生/学者以及马拉维境外的学术和研究机构。他们试图出口和/或收集马拉维生物遗传资源并开展科学研究。

（2）非营利性机构

这些马拉维境外的机构试图出口和/或收集马拉维生物遗传资源进行天然产品开发和研究。它们包括经注册的慈善组织、非政府组织和信托机构。

（3）商业性公共或私人机构

这些马拉维境外的商业公司试图出口和/或收集马拉维生物遗传资源进行天然产品开发和研究并最终在国际市场上进行销售。

2. 本国研究人员或机构

很多研究人员（系马拉维本国居民）和研究机构试图出口马拉维生物遗传资源供外国研究人员和机构分析或交换。

（1）学术和研究机构

他们主要是学生/学者以及马拉维境内的学术和研究机构。他们试图出口马拉维生物遗传资源供外国研究人员和机构开展科学研究。

（2）非营利性机构

这些马拉维境内的机构要求获得出口马拉维生物遗传资源许可供天然产品开发和研究。它们包括经注册的慈善组织、非政府组织和信托机构。

（3）商业性公共或私人机构

这些马拉维境内的商业公司试图出口马拉维生物遗传资源进行天然产品开发和研究并最终在国际市场上进行销售。

使用的程序和要求

生物遗传资源收集相关研究活动批准程序涉及若干机构，包括附属机构、认证机构和马拉维国家研究委员会（NRCM）。附属机构是指研究人员开展活动所属机构。这些机构应具备承担特定研究活动的必备资源（如设备、设施和人员）。认证机构是由政府部门认定的控制生物遗传资源相关部分的机构。这些机构具体名称详见本规则附件一。这些机构将会在提交给马拉维国家研究委员会之前事先审议研究计划。认证机构将会被要求在为外国人员开展研究活动配备陪同人员并为这些收集活动科学家出具证明。马拉维国家研究委员会有义务批准涉及收集生物遗传资源的研究活动。此外，外国和本地研究人员希望出口任何生物遗传资源也有必要依据该国《环境管理法案》规定获得自然资源和环境事务部颁发许可。所有生物遗传资源的研究申请需满足下列要求：

1. 本地研究人员应来自或附属于经认证的研究或学术机构，或外国研究人员应附属于经认证的外国和本地研究或学术机构；

2. 每项研究活动申请应通过附属机构至少在研究活动开始前 2 个月单独提交委员会，同时也应包括研究主持人的个人履历；

3. 应依据下列要求为每项研究活动申请向马拉维国家研究委员会缴纳不可退还的费用：

（1）外国研究人员或机构出口和/或收集马拉维生物遗传资源并开展科学研究

学术研究机构：150 美金/件；

非营利性机构：300 美金/件；

商业性公共或私人机构：600 美金/件；

（2）本国研究人员或机构出口和/或收集马拉维生物遗传资源并开展科学研究

学术研究机构：50 美金/件；

非营利性机构：150 美金/件；

商业性公共或私人机构：200 美金/件；

上述费用将随时更新。

4. 每项研究活动申请应以本规则附件二形式提交。此外还应包括研究活动详情附件，内容涉及主体、名称、研究人员、研究目标、研究问题概述、研究前提、研究材料和方法、研究计划、可能成果和研究人员履历。

5. 每项外国研究人员研究活动申请应包括隶属于本地或外国学术研究机构证明。这也要求申请者就身份及时协商，委员会认为隶属关系可通过外国研究人员与附属机构签署协议确立。只有本地附属机构确认身份关系后才能获得批准。

6. 申请者应声明所收集生物遗传资源的数量。马拉维国家研究委员会生物遗传资源和生物技术委员会主席依据所收集生物遗传资源的性质和范围在合理和必要的限度内仍保留决定拟收集生物遗传资源数量的最终权利和权限。

附属机构和认证机构的职责

1. 鼓励生产性收集并与马拉维材料收集的外国接收者开展研究合作。

2. 确保外国研究人员开展田野调查均有本地同伴陪同。研究人员必须负担本地同伴费用，如交通、住宿和日常开销。

3. 核实所有收集标本复制品已在特定马拉维研究组织/机构保存。

4. 确保《濒危野生动植物国际贸易公约》附件所列濒危物种和马拉维濒危物种在获得马拉维国家研究委员会豁免前提下才能收集。认证机构应经常就特别研究区域告知生物遗传资源和生物技术委员会。未获得豁免不得收集濒危稀有物种。以生物遗传资源为例，特别研究领域包括下列内容：

（1）敏感领域如生物遗传资源使用相关的特定传统知识分享；

（2）濒危稀有动植物物种，人类结构/组成部分。

5. 确保所有生物遗传资源研究活动在活动开始前获得必要审批和证明，以及在出口情形下获得管理部门的出口许可。

6. 确保研究人员就所有收集生物遗传资源编撰完整清单并在田野调查完成三个月内将复件提交给马拉维国家研究委员会。

7. 确保研究人员以符合协商一致的研究方法开展调查和遵照本规则规定收集遗传材料，并通报其调查结果以便监督，附属机构应尽全力将任何研究成果三份复印件提交至生物遗传资源和生物技术委员会。

8. 确保获得有权对包括收集资源的任何研究活动开始之前特定生物遗传资源进行管理的社区/部门事先知情同意。

9. 必须确保本规则的目标坚持为适当管理和可持续利用马拉维生物遗传资源和传统知识。

研究和材料转移协议以及证书

研究活动和材料转让协议将用于确定本地研究组织和外国研究活动研究成果以及在收集和使用生物遗传资源过程中各方权利和义务。为了对本国获取和收集生物遗传资源程序与规则的精神和目标提供支持，收集人员应有义务经常签署任何具有强制约束力的材料转让协议。这些协议应由马拉维国家研究委员会或任何认证委员会提供。若缺乏上述协议，本规则也应整体适用但仍受限于马拉维政府当时认为有必要设置的某些条件、规则和规定。经任命的认证机构（提供者）应在本机构水平上便利材料转移协议的管理，同时将协议提交给生物遗传资源和生物技术委员会主席供最终证明和签字。

1. 生物遗传资源和生物技术委员会系批准生物遗传资源研究和材料转让协议的唯一主管部门。秘书处应就证明要求、经接收者和提供者签字的研究和材料转移协议进行审议。

2. 生物遗传资源和生物技术委员会应在适当情形与利益相关人如法律专家、认证组织、非政府组织、当地社区或私人部门就审议研究和材料转让协议开展合作。

3. 经批准的研究和材料转移协议应得到生物遗传资源和生物技术委员会的支持。

4. 前述材料转移协议应由生物遗传资源和生物技术委员会及代表管理且由提供者和接收者签字生效。

证明撤回

生物遗传资源和生物技术委员会保留在不经通知或向研究人员/收集人员或机构说明理由的情况下撤回证明的权力。

违反马拉维生物遗传资源规则的人员应受到罚金或监禁或双重惩罚且依《环境管理法案》规定而遭受起诉。

数据及出版

1. 境外研究人员应被要求承认马拉维参与和为书面出版提供的协助。

2. 马拉维收集生物遗传资源相关的所有出版物 4 份复印件应适时交给附属机构。

3. 在学术研究、非所有权研究或其他情形，接收者产生的所有原始数据应以适时方式储存于附属机构。

4. 而在所有权研究活动，接收者产生的数据或编造的子数据应依据协商研究协定以适时方式储存于附属机构。

附件一：认证机构清单（经常更新）

略

附件二：马拉维生物遗传资源收集申请格式

A 部分（由申请者填写）

1. 申请者姓名（接收者）

_____

2. 职业

_____

3. 地址

_____

电话：_____ ；传真_____。

电子邮箱：_____

4. 所需材料类型

特定名称		类型		数量	收集材料部位	收集地点
普通	学名	科	目			

5. 收集目的（请画勾）

- 研究
- 培育
- 教学
- 其他_____

6. 拟收集日期

_____

7. 若研究活动并未如期开展请解释原因

_____

8. 合作科学家/机构姓名及地址

_____

B 部分（由认证机构填写）

9. 该类型材料的用途（附上要求附件）

- 植物
- 动物
- 其他

10. 陈述在马拉维开展相关活动及其重要性

_____

11. 马拉维是否开展过类似活动

_____

12. 声明从研究活动中受益的其他类似项目

_____

13. 拟获取材料保护状态

特定名称		类型		数量	收集材料部位	收集地点
普通	学名	科	目			

14. 机构负责人的建议

_____

15. 机构负责人的签名及姓名

_____（机构印戳）

C 部分（由生物遗传资源和生物技术委员会填写）

17. 某项_____申请涉及收集_____材料：

批准：_____

拒绝：_____

拒绝具体理由：_____

批准/拒绝编号：_____

18. 生物遗传资源和生物技术委员会主席签字

_____（机构印戳）

美国阿拉斯加州尊重本地文化知识行为指南[*]

术语清单

本行为指南所提到的术语及清单因具有特殊含义而并未被人熟知。简要界定或解释每项术语有助于本指南的使用者明确说明使用意图并准确适用。若需要进一步明确，很多术语也能够在相关参考文献清单中找到。若需要为解释本指南提供协助，可联络阿拉斯加本地知识网络。

定义：一种有关展示对象与常规分类中相似点、不同点以及区分点的文字叙述；

阿拉斯加回应文化型学校建设标准：阿拉斯加州本地教育者联盟创设的，为学校和社区评估创设的、促进履行受教育义务的年轻人获得文化福利的标准；

相应版税：为作者或编者分享来自于售卖、展出、使用与其他个体或集体协作智慧创造的货币份额，该份额支付给创作者，使他人有权使用其创作或服务的对价；

鉴定：创设须成为独一无二且被证明真实存在；

作者：创作者或著作或思想的来源方，并不限于书面创作物；

个人履历：有关总结某人生平及著作的重要信息，通常包括出生年月、民族遗产、文化经历、教育、研究方向、社会活动或其他读者认为重要的信息；

信息联络点：拥有文化集体或收集和传播文化知识的集体相关信息或材料的地点或集体；

同意形式：一份已签名的允许某人或某机构开展研究或其他活动并表明研究成果如何表现及出版的书面许可；

版权：对已出版和未出版的作者原初作品法律保护形式（包括文学、戏剧、音乐、美术和其他知识创作作品），即在未经版权持有人同意前提下不得

---

* Guidelines for Respecting Culture Knowledge.

复制。在法制现状下，版权通常由个人或组织持有，尽管对社区文化权利进行版权保护的努力仍在继续；

文化准确：由特定社区成员接收文化信息并将其作为社区恰当地和准确的代表；

文化内涵：某个创设或表现的思想、习俗、技艺或艺术所含文化背景或环境；

文化专家：特定社区的成员，拥有自身文化传统，且经本社区其他成员认可的对文化，尤其是在艺术、宗教、习俗、组织和价值等领域有很深的见解；

文化完整性：对研究而言，研究人员有义务尊重他/她的消息提供者及他们提供信息以便以一种准确的、易感知的、完整的方式向其他人表述；

文化视角：一种有文化的长老和知识渊博的实践者通常接受的观点；

文化责任：此处责任是指拥有自身文化系统的特定社区成员实施的理解、提升、保护和保持文化和实践的活动，比如，语言、艺术、社会规则、价值和信仰，以及它们必须以诚实和真诚的方式开展前述活动；

文化：从人们的创作和活动中体现的思想和信念系统，且经过时间检验已成为该系统中各种人的特征；

课程：一门课程，或教学计划中系列课程；它包括故事、传说、课本、材料和其他类型的说明材料；

长驻长老：在正式教育机构（通常是指大学）中邀请长老教学和课程设计项目，该项目可能会影响课程内容和教学方式；

明确认知：某项材料或有某文化群体成员的信息的贡献者必须被公开、清晰地确认；这种认知包括姓名、种族背景以及贡献；研究人员应允许前述贡献者在出版前审查他们提供的信息，并确保这些信息已准确地反映他们所想所思；

行为指南：为准备开展下列活动如备课、写作、评审或组织材料而制定的系列规则、规定或建议；

土著知识系统：独特地来源于并具有特定社区及其文化的知识；

知情同意：同意仅在某人完全理解所有同意许可或禁止性规定以及授予同意意义和可能影响之后才能作出；当出现多于一种语言的场合也需要为真正"知情"的人提供相应翻译服务；

法律保护：由某政府或社区法律提供保护。但通常无需书面形式提供（有时本地法律通过传统口头和习惯实践传承）；

手稿：向出版商或其他人展示的书面文件；

本地：被陌生人、外来移民和其他不被土著社区完全认可的典型的土著社区成员；

本地语言专家：被说其他语言的人认可的、说某种语言的人语言流畅且有能力正确地翻译或解释语言；

受保护的密码：某种保护信息获取的方法；要求某人知道密码才能获取特定信息；

在地教育：某教育项目坚定地位于社区独特的物理、文化和生态系统内，包括语言、知识、技能和故事均通过历代相传；

公共领域：共同享有的，虽受法律限制但可自由获取的事物，如版权或专利；

公共信息：不属于单个个人或集体，但却成为公共财产和允许普通大众使用的信息；某文化集体的信息告知者和/或成员有权在文化知识分享前了解将构成其贡献的信息使用情况并允许其成为公共信息；

授权协议书：书面签署的允许信息展演、售卖、出版、使用或传播或创作的协议。信息的未来使用及条件或创作必须清晰表达且在签署协议前向贡献者进行说明；该信息应包括版权、商标或其他所有权；

储存室：用于保存物品的地方如档案馆、图书馆、博物馆；

敏感文化信息：本身敏感且并未与普通公众或文化集体以外的人员分享的文化信息或详情；

传统名称：土著居民和/或当地社区通常使用较长时间的名称；土著名称通常来自于历代居住在本地区居民的语言且保留其中；

文字记录：口头分享的信息所作书面复制。通常复制形式包括打印复印件或储存于电脑中的复件，储存于光碟或其他电子存储设备和检索系统。

本地长老行为指南

作为传统文化知识的首要来源之一，本地长老承担着以符合传统实践和教育的方式分享和传承传统文化知识的职责。

本地长老通过下列行动增加其文化响应能力：

1. 参加本地和地区长老委员会并以此为未来传统文化知识的表述、归档和传承提供帮助；

2. 当认识到可能存在多样性意见时，帮助展现和将适合当地的文化价值引入社区生活各个层面；

3. 说明向其他社区传承文化知识相关的传统方式，如认知、教学、倾听和学习等；

4. 以归档为目的寻找与其他人分享的所有当地知识受到知识产权保护和版权保留相关信息；

5. 仔细查阅合同和授权协议书以确定谁有权控制出版物传播和版税；

6. 查阅为确保准确而书面记载文化信息的所有记录本；

7. 在解释和利用文化知识时尽可能地遵从相关传统议定书；

8. 协助有意愿的社区成员获得知识和技能以便确保长老在未来各代的地位。

作家和画家行为指南

作家和画家采取所有必要方式应确保任何文化内容表达准确、符合上下文要求且被明确认可。

作家和画家通过下列行动增加其文化响应能力：

1. 积极实践以确保所有文化内容的获取遵循知情同意且其准确性和适用性经过前文中文化内容所在当地知识渊博的居民代表审查；

2. 为文化信赖来源地的居民或社区保留或分享版权及版税，且追踪当地议定书直至获批和传播；

3. 确保获取控制状态下的敏感文化信息不被传播；

4. 明确说明所有文化知识和材料如何获取、鉴定和使用，以及列举可能存在的任何明确的、差异性观点；

5. 明确任何文化信息的听众，以及准备这些信息主体观点；

6. 倾尽全力以符合本地传统拼写和发音方式使用人员、地点、物品的传统名称；

7. 确认特定文档所有首次贡献者和再次来源，并在可能的时候将这些贡献者列为共同作者；

8. 在书写或绘画前尽可能广泛地获得的一手文化内容；

9. 当获得拍摄照片或视频许可时详细说明使用意图和方式，并在重新演绎或表现真实事件时在出版物中予以标记；

10. 当记录口述历史、认识，考虑文字及将口头传统非语言方面的意蕴记载于纸张的书面效果时，应尽可能地着力传递原初的意思和内容。

课程设计者和管理人员行为指南

课程开发者和管理人员应采取多种方式在所有使用和解释当地文化知识和实践的活动中引入符合当地水准专家。

课程设计者和管理人员通过下列行动增加其文化响应能力：

1. 创设简易可获取包括来自于社区的知识渊博专家和适合本地文化的资源数据库；

2. 在学校使用的课程教材中应包括当地文化代表的看法；

3. 使用社区天然环境以在教室之外推动教学活动开展并以此加强本地教育、提升学生的学习经验；

4. 支持各学校和教室"本地长老"项目的实施；

5. 为所有新晋教室和管理人员提供深度文化适应培训；

6. 在学校课程所有方面促进阿拉斯加回应文化型学校建设标准的实施，并表明符合采取多种方式满足州内容标准的需要；

7. 使用来自当地社区的长老和本地教师以全面获得对学生生活所在地、地区和州范围内各方面信息的了解，特别是与当地文化保存和福利相关的信息；

8. 在所有主题范围内使用本地产出的资源材料（报告、视频、地图、书籍、部落文件等），并与当地代表开展紧密合作以充实课程商业价值以外的内容；

9. 创设本地知识渊博人群组成的评审委员会以评估所有书本和课程材料与本地文化内容关联性和准确性，以及检视教育系统对文化的反应能力。

教育工作者行为指南

教育工作者有义务利用周围社区的长老和其他专家确保所有材料和学习活动文化知识准确性和相关性。

教育工作者通过下列行动增加其文化响应能力：

1. 学会如何利用当地认知和教学方式将学校知识基础和社区进行联系；

2. 在当地文化知识进入课程内容时充分利用当地专家，尤其是长老作为合作教师；

3. 采取措施认识和确认学生学习的所有知识，并对他们正在进行的个人和文化认同请求提供协助；

4. 开发观察和倾听技能对当地社区土著居民知识系统有更深了解，并将其运用于教学实践认知过程中；

5. 仔细审查所有课程资源并确保文化知识的准确性和相关性；

6. 倾尽全力使用符合本地水平课程材料，包括本土作者著作，以便学生能乐意参与；

7. 为安排长老参与教学提供足够便利以便他能够完全分享所知而在时间上受到最低程度的干扰，同时进行预先通知以便充足准备；

8. 使所有主题符合阿拉斯加文化回应型学校建设标准，并以学生本地文化和环境经历为基础设置课程模式；

9. 在教学实践中认识文化和知识产权重要性，在课程资源的利用和选择所有方面尊重这些权利。

编辑和出版商行为指南

编辑和出版社应利用文化知识渊博的作者和开展不同层次的评论以确保所有出版物文化知识的准确性和相关性。

编辑和出版商通过下列行动增加其文化响应能力：

1. 鼓励和支持本地作家并提供文化指引性材料的作者照片和履历信息；

2. 向来源社区或个人返还重要比例的出版收益及版税；

3. 将所有文化知识内容的稿件交当地学识渊博人士审阅，有效调动当地和地区机构以实现上述目标；

4. 确保所有数码和网络材料都能获取、评价和回复；

5. 在最终出版前解决所有文化知识或知识传播的争论；

6. 为再版印刷的重新授权而经常回顾原始来源材料；

7. 常规课程课本所有内容的运用应确保被广泛接受和认知，且这些内容并非单个作者观点；

8. 尊重当地所有认知文化和知识产权习俗。

文件审查人员行为指南

审查人员应在审查过程中事先考虑文件中所有群体文化观点。

文件审查人员通过下列行动增加其文化响应能力：

1. 以经过确认的尽可能明确的背景经历和个人相关信息为前提解释文化知识；

2. 在可能和适当的情形下，应从多方面视角解释和审查文化材料；

3. 当得出有关出版物的关键性结论之时，以创设审查小组的形式从不同文化视角全面审查上述结论；

4. 不论存在多大文学价值，应对歪曲或忽略文化知识内容的出版物予以识别；

5. 包括文化知识内容的电影评论也应与出版材料一样使用相同标准。

研究人员行为指南

研究人员在道德上应获得知情同意，准确表明其文化视角和保护研究活动所有参与者的文化完整性与权利。

文件审查人员通过下列行动增加其文化响应能力：

1. 有效识别和利用所参与社区的专家以提升数据及数据收集质量，同时在分析和说明过程中应小心谨慎地使用外部建议框架；

2. 由当地社区成员作出决定确保获取控制状态下禁止敏感文化信息进行传播；

3. 由当地知识渊博群体提交研究计划和审阅结果并最大可能性地遵守建议；

4. 提供完整资金来源、赞助商、附属机构和评审专家信息；

5. 最终报告中明确确认所有研究活动的贡献者；

6. 遵守阿拉斯加本土联盟和其他代表土著居民的州、国内和国际组织创设的研究准则和指南。

本地语言专家行为指南

本地语言专家有义务采取所有可能方式传播传统语言中蕴含的文化知识含义。

本地语言专家通过下列行为增加其文化响应能力：

1. 在可能的情况下，运用当地专家组而非单一来源论证语言材料的解释和翻译，以及为新主题创设词语；

2. 鼓励使用和教授当地语言以为传递准确含义和解释提供适当背景，包括鉴别微型故事，使用暗喻或演说技巧等；

3. 为长老提供机会并支持其使用本地语言分享所知；

4. 在尽可能的情形下于会议过程中使用同声传译设备便利使用本地语言；

5. 通过使用本地语言准备课程材料，以便使老师们有可能利用本地语言授课。

本地社区组织行为指南

本地社区组织应创设评审和授权开展包括收集、归档和使用当地文化知识活动。

本地社区组织通过下列行为增加其文化响应能力：

1. 本地教育人员组织应创设地区信息联络点以提供正在进行的文化资源评审和认证信息，包括使用已退休的本地教育人员作为专家的信息；

2. 本地教育人员应参与批判式自我评价和参与式研究以便确认其教学实践紧紧围绕周边社区文化传递传统方式；

3. 本地社区应提供支持机制以协助长老理解知情同意过程和申请版权保护，通过广播公共服务通告提供类似服务以便所有长老都能意识到自身权利；

4. 每个社区和地区均应创设影响本地研究计划的评审和审批程序；

5. 每个社区均应确定何谓"公共知识"与"私有知识"，以及如何和与谁分享知识的规定；

6. 本地社区应接收复制件和保留本地相关的所有文件；

7. 本地社区/部落应促进传统知识、语言和议定书引入社区生活和组织实践；

8. 随着地区部落学院设立，它们应为本指南在每个地区的实施提供支持架构。

普通公众的行为指南

作为文化知识的使用者和听众，普通公众有责任就重要文化的真实性以及使用材料关联性的价值判断进行事先通知。

普通公众民众通过下列行为增加其文化响应能力：

1. 限制购买或使用那些未用准确和适当方式表达传统文化的出版物；

2. 鼓励和支持本地居民尽量使用自身标准评阅和批准代表文化传统文件；

3. 为当地文化事件积极做出贡献、礼貌参与以便更好地了解努力共存于阿拉斯加的传统文化范围；

4. 为所有社区活动中多重文化传统表达预留空间。

一般建议

下列建议用来促进归档、表达、使用文化知识行为指南的有效实施。

1. 阿拉斯加回应文化型学校建设标准是一项用于任何文化归档、表达或评阅等教育活动通用标准；

2. 州土著文学评审委员会（尊重阿拉斯加土著文学-HAIL）应为每个地区教育者联盟提供表述意见的机会以便审查本部分内容实施情况；

3. 州"阿拉斯加土著知识多媒体工作小组"应开拓机会监视本指南的适用性并创设电子媒体以及通过网络出版和利用文化知识；

4. 文化内容相关材料"生产证明"标准应通过各地本地教育者联盟下设地区文化评阅委员会创立和实施。源自阿拉斯加本地知识网络的"大乌鸦"的图片即可用于代表每个文化地区批准的图章；

5. 每个地区尊重阿拉斯加土著文化评审委员会创设的反映各地文化内容出版物授权评审专家的意见；

6. 代表当地文化的最佳材料说明资料附件应由各地尊重阿拉斯加土著文化评审委员会编辑通过阿拉斯加本地知识网络发布以供全州教师和课程开发者使用；

7. 尊重阿拉斯加土著文学委员会和地区文学评审委员会开设的年度富有声望大奖以授给本地长老、作家、画家和其他为文化知识表达和归档作出突出贡献的人；

8. 动机、资源和机会应用于鼓励和支持本地作家、画家、故事叙述人等能够为本地文化知识和传统表达和归档发出强烈声音的人；

9. 出版物所含的行为指南应列入大学课程中并作为组成部分纳入所有教师备课和文化认同培训项目；

10. 代表当地文化最佳说明资料的附件应标明归档代表和使用文化知识等文化和知识产权问题并保留在阿拉斯加州本地知识网络；任何与前述材料相关的人均应受邀提交必要信息以补充这些准则相关的最初资料。

美国个人护理产品协会生物遗传资源获取和惠益分享行动指南[*]

2016 年版

美国个人护理产品协会成员：

●支持《生物多样性公约》创设各项目标并认识到保护生物多样性对所有利益相关方而言具有显著的长期效应；

●支持任何促使世界对环境负责的行动；

●希望以符合各国际条约和国内法律规定的方式开展活动；

●认识到本协会在个人护理行业为获取生物遗传资源进行政策决定时提供特别专家和实践经验时所具有的重要作用。

据此美国个人护理产品协会（以下简称"本协会"）创设生物遗传资源获取和惠益分享行动指南。

1. 适用对象

本指南为本协会成员进行生物遗传资源获取和惠益分享行动创设相关规则并对其进行规范。

2. 生物遗传资源获取事先步骤

就地获取生物遗传资源实物样本前，本协会成员应：

确认并与特定生物遗传资源所在当事方主管部门和/或联络点取得联系；

与当事方主管部门和/或联络点进行合作确认所有适用的获取和惠益分享规定。

移地获取生物遗传资源实物样本前，本协会成员应：

确认并与移地收集管理者（如大学、基因银行和植物园等）认可的当事

---

* Access to Genetic Resource and Sharing of Benefits Arising from Their Utilization Guidance for Members of the Personal Care Products Council.

方主管部门和/或联络点取得联系；或移地收集管理者并不知道或未尽合理努力认可当事方主管部门；

一旦获得确认依据本指南第 4 条规定，就在该当事方境内合法收集和使用特定生物遗传资源向该主管部门申请事先知情同意许可。

与当事方缔结包含事先知情同意以及共同商定条件的协议。

因为加入上述复杂供应链之前，参与获取特定生物遗传资源活动的本协会成员经常被鼓励加入到包括第三方在内的各种供应链之中并确保获得事先知情同意和共同商定条件等已明确第三方（如不与当事方直接联络的其他当事方）权利义务条款得到实施。因为本协会成员自身经常作为第三方参与活动，所以他们也被号召应主动教育其他当事方确保所有参与主体都能够遵守适用生物遗传资源的事先知情同意和共同商定条件制度。

3. 创设事先知情同意

本协会成员应勤勉而合理地采取如下措施：

决定事先知情同意规定是否适用于本协会成员拟开展获取活动的生物遗传资源（如决定其是否为特定生物遗传资源）及其相关产品；

确保本协会成员中期和最终产品中获取的生物遗传资源已获得事先知情同意；

确保本协会成员获取特定生物遗传资源早已获得事先知情同意；

接收由提供方提供事先知情同意书面文件；

为所有特定生物遗传资源提供事先知情书面文件。

4. 确保公平和公正惠益分享

本协会成员应就与各当事方同意对特定生物遗传资源预期使用产生的公平和公正惠益分享安排签署协议。

本协议的术语应包括转移第三方的可行性、新用途、获取意图的改变等。

惠益分享的行为应包括但不限于《名古屋议定书》关于《货币和非货币惠益》附件的内容。

5. 商业秘密的保护和记录

本协会成员应：

保存关于获取、运输和使用特定生物遗传资源相关记录至少 5 年或依据当地法律规定的时间进行保存；

基于提供适当保密措施前提，并在适格国内主管部门提出申请的情况下做好分享信息的准备；

采取合理措施方式防止保密信息被相关土著和当地社区泄露，并以符合提供信息社区要求的方式处理相关信息。上述规定也应尽可能地包括在协议中。

6. 协议和指南的遵守

本协会成员应：

以符合本协议明确规定的术语和条件的方式获取和转移特定生物遗传资源；

本协会成员不应：

以本协议事先知情同意规定以外的目的获取特定生物遗传资源，除非此种获取行为又再一次获得单独许可。

除非转移行为符合本协议明确规定的术语和条件否则不得向第三方转移特定生物遗传资源实物样本。

7. 采取措施保护土著和当地社区的利益和权利

本协会成员应：

尊重各当事方和获取生物遗传资源所在地土著和当地社区的习惯、传统、价值观念和惯例。

对土著和当地社区符合本协议术语规定生物遗传资源处理、储存和转移相关信息公开请求及时予以回应。

8. 保护和可持续利用生物多样性

本协会成员：

采取合理措施以防止破坏或改变当地环境以及缔约国就地获取生物遗传资源实物样本的行为。

避免任何行为对保护和可持续利用生物多样性造成威胁以及缔约国就地获取生物遗传资源实物样本的行为。

采取合理措施和恪尽诚信义务与缔约国和/或提供方分享已收集生物遗传资源研究成果，这些研究成果将会对已收集生物遗传资源相关物种、环境和栖息地的保护提供支持。

9. 意识提升

本协会成员：

依据各国获取和惠益分享程序及本指南规定创设内部遵约程序。

尽勤勉义务确保所属公司对含有获取和惠益分享国内法律实施要求的关键（或相关）功能/地区区域负责，包括采取常规性发布各国最新获取和惠益分享履行规定信息的方式。

10. 定义

ABS：获取和惠益分享。

协议：本协会成员所属公司与各当事方签署的包括事先知情同意和共同商定条件内容的书面合同。

主管部门：由各当事方创设有权授予许可、在合适情形下提供书面证据证明获取符合要求和有权建议制定获得事先知情同意要求和程序和开展共同商定条件的行政部门（《名古屋议定书》第 13 条第 2 款）。

当事方：已批准《名古屋议定书》的国家。

公约：《生物多样性公约》。

移地保护：是指在其他地点对原本应就地保存的生物遗传资源实物样本进行保护的行为（《生物多样性公约》第 2 条）。

遗传材料：来自植物、动物、微生物或其他来源的任何含有遗传功能单位的材料（《生物多样性公约》第 2 条）。

生物遗传资源：具有实际或潜在价值的遗传材料（《生物多样性公约》第 2 条）。

就地保护：是指生物遗传资源位于该国自然栖息地或生态系统的有关区域；对于驯化和培植的物种来说指它们在其中发展出明显特性的环境（《生物多样性公约》第 2 条）。

共同商定条件：提供方和获取方在书面协议中就获取生物遗传资源协商一致确定的术语。

名古屋议定书：《关于获取生物遗传资源以及公正和公平分享其利用所产生利益的名古屋议定书》。

事先知情同意：以符合《名古屋议定书》第 6 条规定授予生物遗传资源获取许可之前，各当事方规定的应基于共同商定条件就获得生物遗传资源取得同意的要求。

特定生物遗传资源：所获取生物遗传资源处于某当事方境内或在当事方批准《名古屋议定书》生效日期后获取的生物遗传资源。

获取生物遗传资源：通过运用生物技术对生物遗传资源和/或生物遗传资源生化组成成分进行的开发和研究活动［《名古屋议定书》第 2 条（c）款］。本协会开展研究/开发活动基本类别如下所示，但不包括在遵守法律关于健康和安全规定前提下开展的常规测试行为：

● 对植物、动物和微生物或其他 DNA/RNA 和提取物或合成物进行的研究/开发；

● 转基因；

● 生物合成；

● 育种及选择；

● 对接受的生物遗传资源形式进行培育和繁殖；

● 保存；

● 特征描述和评估；

● 基因或基因体排序；

● 遗传材料天然产生合成物（如提取代谢物，DNA 片段合成和成果复制）。

英国皇家植物园邱园部分植物标本出借须知[*]

英国皇家植物园邱园收到大量拟将部分植物标本用于孢粉学、解剖学、形态学、植物化学和 DNA 提取等活动的请求。某些仅通过有限材料就邱园几乎无法收集到的材料提出出借请求的情况也经常存在。为了延续邱园协助国际植物研究的优良传统，邱园有关植物标本主要职责即是对现在和未来阶段所开展的分类研究进行维持和维护。不过在上述环境下，邱园仍有能力出借部分植物标本，但需要满足下列条件：

1. 在尽可能的情况下，必须事先向申请者所在国内或附近的国家植物园，或已收集本地区大量材料的最合适的植物园提出相关材料的出借请求，亦可向材料生长所在国提出出借请求。只有在上述申请出借请求均告失败的前提下，邱园才考虑上述请求。

2. 在提供材料之前，每位接收者均应要求签署材料提供协议并由此明确他们不会在未经邱园事先书面同意的前提下将出借标本或任何组成部分及衍生物转移给第三方。

3. 属于特定品种的材料禁止出借。

4. 不属于特定品种的部分材料也仅在有足够后备材料基础上才能出借。

5. 每项出借请求只能逐案考虑且每项材料收取 25 英镑成本费；而当出借材料用于部分协作项目费用可被减免或免除。请进一步询问有关费用支付信息。

6. 这些材料禁止用于 DNA 抽取活动。不过，邱园或可在返还标本后提供 DNA 片段。并非所有的腊叶标本均适合 DNA 抽取，邱园也保留在上述条件下禁止抽取 DNA 的权利。

7. 当孢粉学、解剖学活动处于准备阶段，复制幻灯片或扫描式/透射电子显微镜正在工作状态时，借用者必须将高质量的图片传回邱园以便交换任何

---

[*] Requests for Portions of Specimens from the Kew Herbarium.

希望得到的标本。

8. 为了将材料返还给邱园，邱园应向借用者要求提供来自于借用标本的研究成果复件并将其提供给邱园图书馆。

借用材料的研究机构收集管理部门的负责人必须向邱园材料收集部门负责人发送正式的书面请求 herbarium@ kew. org，以及有 DNA 等分请求时，应向 DnaBank@ kew. org 提供正式书面请求。上述请求必须包括拟需要的样本情况，谁需要样本以及研究活动性质等详情。

Dr Alan Paton

Head of Science Collections   2015 年 9 月

英国皇家植物园邱园植物标本出借规则[*]

    英国皇家植物园邱园允许以研究为目的获取所收集的材料，为了让国际研究能够持续性地从邱园获得资源，邱园创设植物标本出借规则，该规则要求借用者借用标本之前友善考虑。即使包装良好，运输过程中可能对植物标本造成重大破坏。邱园要求借用者熟记于心并严格以研究活动开展必要性为目的提出出借请求。

    1. 植物标本出借请求必须由经认证的植物园机构负责人向专业收集部门负责人提出（herbarium@kew.org），作为一名"安全保管人"，前者应就返还出借标本负责。上述请求必须明确包含植物园机构负责人提出的代表某方利益的研究人员姓名，以及开展工作范围和是否有出版研究成果意图等相关信息。

    2. 植物标本通常出借时间为收到之日起6个月。在可能情况下，敬请借用者在全部分类工作完成之后和植物标本已返还邱园最短时间内提出出借请求。

    3. 某些具有特定历史意义的植物标本室内的标本不提供出借。

    4. 邱园所收集材料通常用于满足邱园内部工作人员和大部分参访邱园植物学家需要。基于此，同时也是为运输过程造成破坏和损失的保险得以有效实施，当现阶段所收集材料足以避免上述情形发生的时候，邱园的政策是决不在某一次将某部分具有代表性的材料悉数出借。而在适当条件下，下一次委托可在头一次委托材料返还后继续进行。一次对某个分类所有材料提出出借请求是被禁止的。

    5. 出借材料详细信息（尤其是种）应当进行说明，如现阶段学界有关称谓、来源国及位置，收集人员的姓名和编号等。若同义词出现在此类材料中或其他材料之中时也必须予以说明。所有编目类研究应对此材料名称类型化

---

  * Policy of the Loan of Herbarium Specimens.

有帮助且必须由提出出借请求的研究人员完成。邱园的政策是希望为各种材料提供图景式介绍而绝非仅仅将材料进行出借。若借用者更希望看到材料而绝非上述图景式介绍，敬请详列原因，并指出不能通过图景式介绍而展现的形态学特征，只有这样借用者的请求才会予以考虑。而在与邱园专业收集部门负责人和管理团队开展讨论的过程中上述请求即会被答复。

6. 收集材料的请求必须是与邱园所保留的标本相关的标本（在可能的情形下）或属种。除非特别要求出借保留标本，邱园仅提供各种属的植物标本复制件。

7. 对已遭破坏的部分样本的出借请求将由另外的政策进行规定——"**邱园部分植物标本的出借请求（亦见于本书，译者注）**"。因为邱园要求该部分的接收者在上述材料出借且离开邱园之前签署材料供应协议。

8. 所有接收者均被要求符合邱园有关规范植物标本出借相关规则。在对已出借材料进行接收的情况发生之时，每位接收者均需签署并向邱园返还小纸条，这意味着接收者已同意上述条款。

Dr Alan Paton

Head of Science Collections

附件：植物标本出借条件

邱园所有出借的植物标本应满足下列条件：

1. 植物标本通常出借时间为接收之日起 6 个月。不过邱园要求在最早的时间予以返还，要求是以原始薄纸进行包裹并妥善包装以避免在运输过程中发生损坏同时在必要时应附上《濒危野生动植物物种国际贸易公约》文件/行李标签。延长 6 个月出借时间的请求需经由邱园专业收集部门负责人书面同意。

2. 接收者不得对出借标本或任何组成部分及衍生物进行商业化处理。[1]

3. 接收者不得未经邱园事先书面同意的前提下将出借标本或任何组成部分及衍生物转移给第三方。出借标本不得离开接收者所在的位置。

4. 而在出借过程中，植物标本应以某种不受昆虫和其他危害的方式予以存储。它们必须以极其小心的方式处置，不能弯曲、折叠和铺平。邱园应在

―――――――――

〔1〕 商业化包括但不限于下列活动：售卖、提交专利申请，获得或转移知识产权权利或通过售卖、许可或以其他任意方式获得其他有形、无形权利，启动产品开发、开展市场研究、寻求前期市场许可。

出借之前进行清理和修复，而任何进一步的清理和修复也不得随意进行。若在运输过程中植物标本的某些细小部分不幸分离，应尽快将该部分已松散材料放入纸质容器中并用回形针别于白纸之上。若出现更为严重的毁损应及时通知邱园。

5. 所有种属的材料均在出借之前由邱园事先进行数码处理。除非处于实际检测过程中，某些种属和其他重要材料仍应在红色封盖容器中保存，未经许可不得撕开前述封盖。

6. 对于出借适当份额的非种属标本行为通常是允许的，只要上述标本属于蜡叶标本并已返还给邱园。所有出借份额的标本必须置于纸质容器中并以回形针附于蜡叶标本之上。

7. 一旦出借，禁止任何以孢粉学、解剖学、植物化学研究为目的对任意标本部分进行永久转移的行为。（详见《邱园部分植物标本的借用请求》，亦见于本书，译者注）

8. 禁止对出借标本进行 DNA 提取行为。不过，邱园或可在返还标本后提供 DNA 片段。若确有上述等分要求，借用者应提交特定书面请求。（详见《邱园部分植物标本的借用请求》，亦见于本书，译者注）

9. 在尽可能的情况下，所有出借标本均应进行注释：鉴定人、确认人或项目，而在返还给邱园之前应在蜡叶纸上附上纸条。而不管是以印制字体或以永久墨迹标明的易读字体，鉴定人纸条应标明结论、签名和日期。而当某项标本可能属于不只单个门类或在蜡叶纸出现问题时，应分别附上不同纸条。除了对某些混合标本不同元素进行分类，蜡叶纸不应留存任何标记，且现有标签、笔记等必须留存、而不被覆盖或损毁。

10. 若出借标本以拍照或数码等任意形式予以处理，敬请借用者在蜡叶纸附上小型标签并标明上述图片的位置和编码。

11. 敬请注意最官方的产品（如 *Copydex*、*Pritt* 和其他固体胶水，*Sellotape* 和 *Tipp-Ex*）并不具有存档效果，若借用者还对胶水质量抱有疑问，他可以在蜡叶标本上使用回形针附上注释标签。

12. 在返还植物标本过程中，邱园应向接收者要求提供来自于出借标本的研究成果复件，并应在上述研究成果中向邱园表示感谢。

接收者也应注意到邱园标本有时采用化学手段以阻止昆虫感染。此时应特别注意对植物标本进行特殊处理。

请就下列内容签字，分离标本，并通过邱园提供信封及时向邱园返还纸

条和蓝色收据。

我完全同意邱园上述有关植物标本出借条件。No. _____

签名：_____；日期：_____

Head/Collections Manager of Recipient Institution（"Recipient"）

签名：_____；日期：_____

Researcher

英国皇家植物园邱园与合作方合作备忘录*

本合作备忘录于＿＿＿＿＿（年）＿＿＿＿＿（月）＿＿＿＿＿（日）于邱园，主要营业地点位于里士满萨里，TW9 3AB 以及＿＿＿＿＿（交易对方），其主要位于＿＿＿＿＿＿＿＿。

背景

A. 邱园是由英国依据《国家遗产法案》（1983 年）成立的植物园，除去慈善活动以外，它的主要任务是激发和实现全球范围内的以科学为基础的植物保护并提升人类生活质量。邱园由英国环境、食品和城市事务部提供支持，该部对邱园委员会主要宗旨和活动最终负责。

B. 为了践行作为非营利组织应有的社会任务，邱园与其他国际合伙伙伴一道：

• 搜集、保管植物材料，包括种子、植物标本和组织样本 DNA 提取物；

• 开展科学研究活动以便更好评估和保护植物多样性，例如对植物标本进行分类确认和种子研究以便决定种子生存能力以及是否能够长期保存；

• 为下阶段全球范围内科学研究而与其他研究机构交换植物材料；

• 创设富有领导地位的全球种子保存系统，使之具有维持特定野生植物种群并为全球保存目标而作出贡献的能力。

C. ＿＿＿＿＿＿＿＿＿＿＿＿＿＿＿＿＿＿（就合作方的任务与内容进行描述）

D. 或者：

邱园及＿＿＿＿＿（合作方）在＿＿＿＿＿（合作方）所在国就植物收集、研究和保护等互利合作项目共同努力多年，同时也希望正式确认这种长期存在的关系并期待未来时间内延续这种友谊。

或者：

邱园及＿＿＿＿＿（合作方）希望在＿＿＿＿＿（合作方）所在国就植物收

---

* Memorandum of Collaboration between the Board of Trustees of the Royal Botanic Gardens, Kew and other Subjects.

集、研究和保护等互利合作项目开展合作。

E. 本备忘录合作各方承诺遵守《濒危野生动植物国际贸易公约》（1973年）、《生物多样性公约》（1992年）以及相关国内和地区法律、法规有关生物多样性以及植物遗传资源和相关传统知识获取和惠益分享相关规定。

F. 合作各方认识到与其他组织开展的合作具有的潜在收益将有助于理解、保护和可持续利用野生植物多样性以及通过技术转移和提升标准协助创设国际种子保护系统的兴趣。

请注意：F 项亦应在适当时间进行检视。

第一条 机构合作各方

1.1 邱园：_____。

1.2 合作方：_____。

1.3 机构合作各方均应监督和推进所属机构依据本备忘录规定开展活动。

第二条 合作领域

2.1 邱园和_____（合作方）期待在收集、研究和保存植物材料如种子、植物标本和组织样本用于科学研究和创设并交换相关数据和图片资料等实现中开展合作。所有合作事项均应遵循《濒危野生动植物国际贸易公约》(1973 年)、《生物多样性公约》（1992 年）以及相关国内和地区法律、法规有关生物多样性以及植物遗传资源和相关传统知识获取和惠益分享相关规定。

2.2 合作领域包括但不限于下列内容：

（a）_____（继续就正在进行中的特定合作项目开展合作），如_____；

（b）以符合所有适用法律、法规和适用许可、事先知情同意和/或许可证的规定并以生态可持续方式联合开展田野调查；

（c）将_____（合作方）提供的植物材料复制件和相关数据、图片资源转移至邱园以便登记入册及存储于邱园收集机构并依据第三条规定进行使用；

（d）开展某些领域_____（如种子银行规划设计）的能力建设以确保_____（合作方）更长期保护植物遗传资源；

（e）允许_____（合作方）若干专业人士参加邱园举办的培训课程；

（f）支持邱园在_____（合作方）训练专业技术人员；

（g）在_____（合作方）地域内开展移地和就地保护合作，包括种群和栖息地保护评估；

（h）交换双方机构留存文献，如邱园公报和_____（合作方）文献；

（i）发布并传播相关科研信息以鼓励和便利保护活动开展，如在同行业期刊中发表联合研究成果；

（j）产生应用成果并将其向国内和/或国际场合传播以寻求资金支持邱园和_____（合作方）未来合作；

请注意：有关千年种子伙伴关系条款。

（k）分享特定种子收集相关数据以便邱园和_____（合作方）进行长期保护，这些数据能够通过邱园管理的适当电子数据门户获取。

（l）对存储、鉴定进行周期性联合评估，代表性种子收集样本的存活和发芽状况以及相关植物材料以及_____（合作方）长期保护的相关植物材料。

请注意：注意千年种子伙伴关系。

2.3 邱园和_____（合作方）所认可的千年种子伙伴收集关系在上述合作领域开展种子收集活动必须符合下列标准：

（a）以符合包括千年种子伙伴关系议定书在内的任何国际标准如鉴定、取样、控制和数据收集等开展收集活动；

（b）以最少符合两家认可的种子银行国际标准监督和储存种子；

（c）依据质量和数量标准以及各国和国际法律、法规并符合研究、教育和保护目标。

2.4 上述合作领域的技术资料将由邱园和_____（合作方）以适当资金来源为基础进行发展和评价。

第三条 邱园对材料的使用

3.1 种子材料以及_____（转移的数据和图像）应在邱园各储存机构如威克赫斯特、阿丁、西苏塞克斯以及里士满塞满等登记入册。

3.2 _____（合作方）应确认邱园工作人员和授权访问人员有权代表邱园以科学研究、教育和长期保护的目的使用上述材料、相关数据和图像。上述材料和相关数据应进行数码处理，且这些经转移的图像可通过植物园网络数据库免费索取和/或由邱园予以发表和资金筹措。种子材料应继续生长且成熟植物将可能用于公共陈列、教育或科学研究。

3.3 种子材料相关的科学研究包括但不限于：

（a）种子研究，如更好的认识种子储存要求的测验，包括采集后种子处置、发芽率测试和休眠期研究、湿度研究、种子形态学研究和特征诊断；

（b）植物标本研究，包括对植物标本比较观察、特征定性、分析、数据化和图像化以便更好地对其鉴定和分类，包括进行花粉、DNA 取样和解剖准备；

（c）园艺学研究，包括培育植物材料以便更好认识植物生长和复制，以及在必要条件下微体繁殖技术的使用；

（d）遗传学研究，如 DNA 抽取和存储，聚合酶链式反应扩增、DNA 排序和指纹识别以及对组织样本进行 DNA 编码，以便推导动植物种类关系或研究以及协助保护在种群层次上对基因和基因组多样性。

3.4 邱园不会在未经_____（合作方）事先书面同意前提下售卖、分配、转移和使用和/或材料和/或已转移数据、图片用于盈利和其他商业目的。

3.5 邱园可以科学研究、教育等目的向其他研究机构借出或提供材料及衍生物和已转移数据、图片，只要上述借出或供应行为符合禁止商业化规定。

请注意： 千年种子伙伴关系协议可能会考虑植物标本收据可能受不太严格的出借条件限制而需额外考虑情形。

第四条　材料收集、转移、研究和保护许可；转移通告

4.1 _____（合作方）应与其所在国行政主管部门和_____（可能利益相关人），邱园也应与本国行政主管部门共同协作以便利必要的主管部门种子材料获取申请以使其行为合法化并能及时将材料转移至邱园。

本条款必须在适当时机予以重新检视。

4.2 合作各方应对方请求为其相关工作人员或专业人士在_____（合作方）和英国合法参与课程、工作坊和研究项目获得相应资格以提供必要协助。

4.3 所有_____（合作方）转移至邱园的植物材料应在转移通告中列明，转移通告样例可参照本备忘录附件一。所有列于转移通告的由_____（合作方）转移至邱园的植物材料需满足本备忘录规定。

4.4 _____（合作方）授权代表在对转移通告签字时应确认上述已经收集的植物材料和正转移至邱园储存机构的植物材料符合所有可适用的法律、法规、许可、同意意见和/或许可证规定。

第五条　惠益分享

5.1 邱园和_____（合作方）应就收集、研究和保存材料及相关数据、图像资料产生的惠益如何进行公平、公正惠益分享协同合作。

_____（惠益分享应互利分享具体包括下列形式，例如）

- 通知对方相关科研成果；
- 在适当时候分享标本数据和图像；
- 向对方提供后续出版物复件；
- 通知对方在_____（合作方）或邱园为相关专业人员提供的正式或非正式培训和/或研究机会；
- 感谢_____（合作方）以及就协作出版物披露材料来源。

5.2 合作各方一致同意与其他利益相关方在适当时机就影响收集、研究和保存材料及相关数据、图像资料产生的惠益的因素进行讨论和考虑。

请注意： 千年种子伙伴关系条款规定。

第六条 种子样本的返还

6.1 由于邱园为保护种子而拥有充分的种子储备，一旦_____（某国）所存储种子出现减损或破坏情势，或某物种濒于灭绝，应_____（某国）请求，邱园应依据协议向该国提供由该国转移至邱园的相同种子样本。

6.2 _____（某国）应竭尽全力将邱园依据上述条款提供给其的种子样本在合理时间内返还给邱园。

第七条 期限、更新和修正

7.1 本备忘录自最后一方签字时生效。它的有效期限自该生效之日起____
____年。

7.2 本备忘录通过双方书面协议形式确认未来_____年内继续生效。

7.3 本备忘录可于任何时候通过双方书面协议形式进行修正。某些条款修正，一旦经双方同意将成为本备忘录组成部分。

第八条 终止

8.1 合作各方均可通过书面形式提前_____月通知对方终止本备忘录实施。

8.2 无过错一方可向过错一方立刻终止本协议，当过错一方事实上已违反本备忘录规定且并未进行补救，或未在无过错一方发出要求进行补救通知30日之内进行补救。

8.3 第三条、第五条和第六条应在本备忘录失效或终止后继续有效除非双方一致同意意思相反，上述一致同意意思表示应以书面形式作出。

第九条 争端解决，管辖权和法律选择

9.1 一旦合作各方产生任意争端与本备忘录相关，邱园负责人应与_____（合作方）主要负责人竭尽全力地进行沟通以解决该争端或异议。

9.2 若争端无法得到解决，合作各方应将其提交至双方一致同意的独立专家，或在合作各方缺乏协议的情况下，_____（插入相关专家姓名），并向专家建议争端解决方式。

9.3 当该行为有助于阻止不可恢复损失，只要本条规定并未阻止合作各方在任何时候寻求诉前禁令或其他司法救济，除非合作各方通过第九条规定的程序解决争议以及该程序并未产生令各方满意效果，合作各方不得选用法院地法就本备忘录相关争端开展诉讼。

9.4 本备忘录受到英国法规范且仅由英国法院专属管辖。

第十条　杂项条款

10.1 本备忘录并未限制其他各方与其他公共、私人机构和个人参与类似活动。

10.2 _____（本备忘录所有条款不能解读为合作各方已互相作出财政承诺）。

10.3 任意各方不得在对方书面同意之前使用对方的品牌、标记、商标和其他类似记号。

10.4 依据本条第 5 款规定，邱园在依据第五条第 1 款规定协作出版物中保留承认_____（合作方）和披露材料来源的权利，任意各方未在对方事先书面同意的前提下不得出版与本备忘录相关的出版物或就与备忘录关系发表公开声明。

10.5 _____（合作方）认可邱园行为受信息自由义务如受到《信息自由法案》（2000 年）规范。邱园也应尽合理努力就与备忘录相关或与备忘录存在联系的信息自由义务向_____（合作方）进行可能披露，但这并不意味着在任何披露事项进行之前邱园需获得_____（合作方）书面同意。

10.6 _____（合作方）同意对信息、任何文件、信息或其他与邱园各项事务或业务相关其他数据保密，也仅在履行备忘录所规定义务情况下使用上述信息。

10.7 各合作方承认对方不管是暂时还是永久均应禁止在不可抗力出现时依据备忘录开展活动。

10.8 本备忘录相关通知或其他文件必须通过手动、发送注册邮件或由服务于以下地址的通讯员传递。

_____（某国接收通告地址）

RBG Kew：

Head of Legal and Governance, Royal Botanic Gardens, Kew, Richmond, Surrey TW 9 3 AB, UNITED KINGDOM.

10.9 本备忘录相关通知或其他文件在特定时期和时间一经传递对接收方而言均视为送达。

10.10 注意到本备忘录并不意图或被视为在合作各方之间创设合伙或任何类型的合资企业，也不视为任意目的下某方为对方的代表。任意各方也无权作为对方的代表或以任何方式限制对方。

10.11 本备忘录对合作各方而言是个性化的且任意各方无权分配或改变本备忘录部分或全部惠益安排或规定的权利，或依据本备忘录转移、委派或分包职责或义务。

10.12 合作各方应践行本备忘录各项规定或文档，上述行为或行动对于全面实施本备忘录条款十分必要。

本备忘录各方通过签字同意上述规定。

签字：   签字：
作为_____（某国）政府代表或为   作为邱园代表或为邱园
                                      _____（某国）

姓名：   姓名：
身份：   身份：
日期：   日期：

微生物可持续使用和获取国际行为准则[*]

比利时微生物协作联盟，2011 年版

第一部分　获取微生物遗传资源相关术语

1.1 事先知情同意：定义及内容[1]

在本行为准则整个规定中，"事先知情同意"是一份由官方确认的对就地保存状态下微生物遗传资源来源地并授权可在就地状态下获取微生物遗传资源的文件/记录。这也是设置监督获取和微生物遗传资源转移程序的必然结果。

事先知情同意必须：

－在获取微生物遗传资源之前获得；

－基于法律正确和申请者提供的可靠信息而获得；

－依据微生物遗传资源所在国国内实体、程序法律并由该国主管部门授予许可（为实现本准则目标，各国主管部门有权授予微生物遗传资源获取许可并称为"事先知情同意提供方"）。[2]

＊　Micro-organisms Sustainable Use and Access Regulation International Code of Conduct.

〔1〕　本准则提到规则主要是指《生物多样性公约》第 15 条，尤其是：－各国对其自然资源拥有主权权利，因而可否取得生物遗传资源的决定权属于国家政府，并依照国家法律行使。－每一缔约国应致力于创造条件，便利其他缔约国取得遗传资源用于无害环境的用途，不对这种取得施加违背本公约目标的限制。－取得经批准后，应按照共同商定的条件并遵照本条的规定进行。－生物遗传资源的取得须经提供这种资源的缔约国事先知情同意，除非该缔约国另有决定。

〔2〕　事先知情同意提供方（以下简称"提供方"）有很多种。有些提供方经政府授权可在 CBD 公约框架内授予事先知情同意许可而有的只能依据国内法授予事先知情同意许可。某些提供方仅有有限权限，例如，仅对从特定地理区域如森林地区或国家公园管理处获取授予许可。某些提供方拥有授予生物遗传资源获取许可等广泛权限（如环境事务部）。实践中各国以不同方式开展上述工作。从这个方面来看各国或采两步来实施知情同意规则：首先，设置一至多家提供方；其次，定期更新相关提供方的名称与地址。这份清单应包括提供方相关权限范围具体说明（如涉及生物遗传资源种类、权限地域范围等）。各提供方所在国应使用事先知情同意标准证明如本行为准则示范性证书（见本准则第二部分）。

本准则建议不论在哪种情形下，事先知情同意或记录应包括：[1]

  - 事先知情同意申请人和提供方名称和地址；

  - 提供方相关权限的证明；

  - 事先知情同意明确适用范围的证明（如附件有关事先知情同意申请书、样本所在区域和尽可能地对已获取微生物遗传资源描述）；

  - 有关事先知情同意法律文件，不管是国内法律相关规定还是国际公约建议性表述（如 CBD 公约）；

  - 标准转让协议，如果有的话；[2]

  - 相关权利持有人（如土地所有者和/或）提供许可，附于附件。

1.2 就地条件获取微生物遗传资源程序[3]

事先知情同意

本行为准则希望在就地条件下获取微生物遗传资源的学者主动在任何情形下申请事先知情同意而不管该国是否依据 CBD 公约规定设置主管部门。[4]

因为前述"提供方"并不能在就地获取遗传资源条件下经常被查明，因此本行为准则建议微生物学者：

  - 在获取微生物遗传资源前尽最大努力查明"提供方"以获取事先知情同意；

  - 为获取事先知情同意所付出努力和采取步骤做好记录；

---

〔1〕 某些条件可依据各国国内法和/或提供方专门规定而增加但这些条件若过于严苛则会与实现《生物多样性公约》目标的初衷相悖。

〔2〕 当现有储存室能够从就地条件下直接分离微生物并将其直接存储的情形下生物遗传资源不受标准转让协议约束，微生物生物遗传资源从就地条件下转移至移地保存设备情形是存在的。除此之外不受标准转让协议转移行为是有较大风险的。应当注意的是当接收需要保存的微生物菌株之时，培育机构要求储存室填写"获取表格"以记录基本信息。该表格一般是首份记录微生物活动轨迹官方文件，此外还有科研文献可描述微生物及其特性。

〔3〕 正如 CBD 公约第 15 条所示，该公约第 2 条规定称：-生物遗传资源的原产国是指拥有处于原产境地的生物遗传资源国家。-原地条件是指生物遗传资源生存于生态系统和自然生境之内的条件；对于驯化或培植的物种而言，其环境是指它们在其中发展出明显特性的环境。本行为准则将原地条件微生物遗传资源界定为："含有遗传功能单位的微生物或其他材料生存的生态系统和自然生境；对于驯化或培植的物种而言，其环境是它们在其中发展出明显特性的环境。"注意：本定义排除在体外且在其生态系统和自然生境之下具有明显特性的微生物遗传资源。

〔4〕 CBD 公约第 15 条第 5 款最后称"除非缔约国另有决定"意味着事先知情同意规定仅是各缔约国选择而非绝对义务，这也可能导致使用方仅被要求形式上遵守事先知情同意，若提供方采取相应措施在法律规定中创设必要程序。［Hendrickx/Koester/Prip, The Convention on Biological Diversity-Access to Genetic Resource：A Legal Analysis, 23 Environmental Law and Policy 250（1993）］.

－当可能在就地条件下获取微生物遗传资源时，[1] 应试图获得已查明权利持有人书面许可同意，如土地所有人和/或土地或水域用益物权人；

－使用本行为准则事先知情同意获取申请示范性文本（见第二部分示范性文本）；

－在缺乏官方文件之时，询问"提供方"是否可使用事先知情同意获取申请示范性文本（见第二部分示范性文本）。

事先知情同意主要用于就地条件下获取微生物遗传资源，它为获取微生物遗传资源样本设置若干条件。而且，当每项微生物遗传资源在特定田野调查/抽样活动中分离出来的时候，事先知情同意也可用于证明该微生物遗传资源是以一种合法方式被分离同时它也从官方角度证明微生物遗传资源来源地。从这个角度而言，全球唯一识别标记（GUIDs）的发布[2] 使得微生物遗传资源的转移运输变得更加可行。此外 GUIDs 的发布也被建议适用于移地条件下长期保存设施、菌种保藏室。世界培育收集联合会（WFCC）先行开发了国际培育资源数据库——世界微生物数据中心（WDCM）。[3] WDCM 开创了一种以连续标记微生物菌种的系统并通过培育搜集网络允许找回微生物交换踪迹。

快速跟踪程序适用于紧急情况如传染病或通过微生物遗传资源生物控制来自于相同栖息地或生态系统的非本地昆虫/植物/动物等情形。而在上述情形下，GUIDs 的使用也将导致快速跟踪程序的实施：无需在获取之前获得事先知情同意许可，此处首先获取即视为许可且 GUIDs 也被视为电子标记帮助检索并在跟踪程序中跟踪活动轨迹。快速跟踪程序也会与合法程序连接在一起。

即使 CBD 公约[4] 关于事先知情同意规定较为灵活且有必要为特定情形

---

[1] 就地条件下获取微生物遗传资源所在国即来源国。

[2] More information related to GUID is available at http://bccm. belspo. de/projects/mosaics/reports/files/ics_ report. pdf and at http://www. cbd. int/doc/programmes/abs/studies/study－regime－05－en. pdf, Studies on Monitoring and Tracking genetic resource. Garrity G. M. et al, 2009.

[3] Work of Professor Skerman, University of Queensland, Australia, and his colleagues in the 1960's, See www. wfcc. info.

[4] 正如前述 CBD 公约第 15 条第 5 款最后规定所示，该规定使得各国在处理事先知情同意规定和尽可能地提供特别程序时具有相当程度的灵活性。而在紧急状态下，当爆发动物、植物和微生物寄生疾病导致健康或环境损害的时候，获取致病微生物遗传资源应当不被拖延和研究者善意限制。事实上，在上述情形下，某缔约国几乎不可能拒绝或拖延微生物遗传资源获取以延迟国际救援，而且这也违背 CBD 公约第 14 条 (e) 款规定："促进作出国家紧急应变安排，以处理大自然或其他原因引起即将严重危及生物多样性的活动或事件，鼓励旨在补充这种国家努力的国际合作，并酌情在有关国家或区域经济一体化组织同意的情况下制定联合国应急计划。"

制定适当程序，各缔约国也应依据各国紧急程度不同，通过最短的行政程序设置快速追踪程序，以购买最小程度的信息为基础在就地条件下获取微生物遗传资源。而在本行为准则创设制度体系中，快速追踪程序应与标准转让协议内容相融合但却排除适用于微生物遗传资源分配和分类等情形（见标准转让协议的内容和形式）。

各获取方应牢记获取微生物遗传资源是开展基础性、上游性研究和产生非货币惠益的必要前提条件，[1]各缔约方在依据 CBD 公约第 15 条第 1 款践行生物遗传资源主权原则时应考虑创设一套简化程序以方便开展非商业性研究活动并不对潜在商业利益造成影响。[2]该简化程序的实施可通过不同方式展现，如 GUIDs、生物分子标记、指纹、生命科学非商业研究活动相关的更多方式。

1.3 移地条件下获取微生物遗传资源程序[3]

事先知情同意

本行为准则对希望移地条件获取微生物遗传资源的微生物专家提出如下建议：

－ 当在移地条件下获取微生物遗传资源得到授权或当微生物遗传资源最初存储在移地条件等相同条件下应在所有情形下尽力，至少获取来源地证明或类似于 GUIDs 可导致事先知情同意的材料[4]（参见合法程序建议）。当移地条件下微生物遗传资源来源地不明确时，在移地条件下存储微生物遗传资源的机构或个人信息必须被记录下来。

－ 当处置移地生物遗传资源中心应对结果进行记录，包括可能签署材料

---

　　[1]　正如第六次缔约方大会第 24 号决议附件二及《波恩准则》附件二所示，惠益形式包括但不限于：人力和机构能力建设、教育和培训；技术转移，新研究项目的开展和设备获取；获取数据、信息和知识并为所有层次的政策和决议做出贡献；参与协作、多学科研究活动和协作。

　　[2]　Schindel et al. Workshop report on access and benefit－sharing in non－commercial biodiversity research. Bonn, Germany, 17~19 November 2008. Documents accessible at http://barcoding. si. edu/ABSworkshop. html.

　　[3]　正如 CBD 公约第 15 条所示，该公约第 2 条规定称：－可提供生物遗传资源的国家是指供应生物遗传资源的国家，此种生物遗传资源可能是取自原地来源，包括野生物种和驯化物种的种群，或取自移地保护来源，不论是否原产于该国。－移地保护是指在自然栖息地以外地方对生物多样性组成部分的保护。本行为准则将移地状态下微生物遗传资源界定为含有遗传功能单位的、处于自然栖息地以外（如处于实验室或体外的微生物材料）。

　　[4]　依据 CBD 公约规定，移地状态下微生物遗传资源通常与就地状态呈现分离因此保存在体外，这些与就地状态分离的微生物遗传资源获取应通过事先知情同意确认其来源并为获取条件的创设提供参考。

转让协议（参见材料转让协议定义）；

－检查附在或通过 GUIDs 可检索到微生物遗传资源是否有必须的最小化信息；

－经常提醒提供方菌株参考号码和文献/出版物中来源地。

本行为准则建议提供方转移微生物遗传资源时一并转移如就地来源地等必须最小化信息：

－最早事先知情同意文件或当微生物遗传资源最初储存于移地收集设施时等相同效力文件；

－微生物遗传资源获取国；

－菌株参考号码或 GUIDs；

－若合适的话，识别菌株的种群名称；

－被分离的时间和地点以及在就地条件下进行菌株分离的个人姓名或该人姓名未知时，在分离过程中雇佣该个人的法人机构名称；

－若可能的话，先前适用的标准转移协议。

在就地和移地保存之间联结维持微生物活性条件的关键所在即为菌株应长时间处于移地保存设施内。一旦接收菌株，培育储藏室应要求保存者提供类似于必须最小化信息相关基本信息。这些信息记录在"获取格式"之上。"获取格式"也是附在已进入培育状态菌种的首份文件。对该格式适当使用也会贯穿移地保存整个过程而有助于微生物的管理。

而微生物整个生命关键时段基本信息的补充记录和 GUIDs 的使用也将有助于必须最小化信息的检索方式等。[1]

因为某些个人甚至机构同意，包括就地保存资源中心多半在过去获得事先知情同意，很多移地保存状态下的微生物遗传资源并未获得事先知情，特别是某些情形下事先知情同意并非微生物遗传资源获取必要条件。

本行为准则建议对未取得事先知情同意的从就地分离/获得处于移地保存状态下微生物遗传资源相关程序进行完善。该有待完善的程序应要求申请者向主管部门提供以纯化培养方式提供的、保存于相关设施的、不管能否被确认被索引菌株目录。这一正确的做法通过记录和转移适当信息方式将会满足确认菌株就地来源的需要。该措施必须保持特殊性。它试图将以任何理由越

---

〔1〕 Tindall, B. J. & Garrity, G. M.（2008）. Proposals to clarify how type strains are deposited and made available to the scientific community for the purpose of systematic research. International Journal of Systematic and Evolutionary Microbiology 58, 1987~1990.

过标准程序使获取微生物遗传资源恢复至正常轨道。这一有待完善的程序也将适用于前述快速追踪程序。

除了在移地条件下保存菌株，通过标准化验和水平测验选出的菌株也称为参考菌株，而用于支持分类和专门术语界定的菌株则称为标准菌株。上述菌株是否可及时获得在比较科学领域是特别重要的，因为最基本的问题是获取和交换上述参考菌株及典型菌株将不会阻碍微生物系统性研究活动。某些个人或组织试图限制使用、获取或保护知识产权行为的出现将对获取构成威胁，[1] 并与 CBD 公约第 15 条第 2 款规定相违背。本行为准则建议各国积极履行生物遗传资源国家主权规定并要求移地状态下微生物遗传资源提供方如培育储藏室不受限制地、合理费用提供其菌株储存以便利储存未来研究活动和有助识别。

1.4 设置材料转移协议

本行为准则建议所有微生物遗传资源转移行为（从就地至移地保存状态和转移移地保存状态下微生物遗传资源）必须受到提供方和接收方共同商定的材料转移协议[2]规定约束。

材料转移协议为包括超短发货单据、简化标准发货通知、包括最低标准要求的标准发票或极详细特定合同如包括定制共同商定条件的合同的一般协议。所有文件均可被视为材料转移协议只要它们至少包括如下内容：

– 就地来源或来源地相关信息；

– 提供方和接收方相关信息；

– 获取和转移微生物遗传资源共同商定条件，获取和转移技术、公平和公正分享惠益如技术和科学合作；

依据微生物遗传资源的使用和可能分配，共同商定条件可详细可简略。

标准材料转移协议和材料转移示范协议

对于一般转移者而言，对于测试菌株和转移以及科学家之间交换等活动，各国均建议使用广受好评的材料转移示范协议。欧盟菌种中心组织（ECCO）以授权特许形式创设核心生物材料转移示范协议。上述地区性材料转移示范协议有助于微生物材料以统一合法形式交换。以全世界培育收集机构认同的

---

〔1〕 Tindall, B. J. & Garrity, G. M.（2008）. Proposals to clarify how type strains are deposited and made available to the scientific community for the purpose of systematic research. International Journal of Systematic and Evolutionary Microbiology 58, 1987~1990.

〔2〕 取得经批准后，应按照共同商定的条件并遵照本条的规定进行（CBD 公约第 15 条第 4 款）。

获取和惠益分享理念为基础为世界菌种中心联盟的成员设置标准材料转移协议是非常重要的环节，尽管存在不同法律制度和体系但仍能便利获取。

本行为准则也建议开发适用部门内部如适用于《粮食和农业植物遗传资源国际公约》标准材料转移协议（sMTA）。[1] 该协议也能受到粮农公约启发而适用于 CBD 公约创设单边框架，尽管粮农公约部门标准材料转移协议适用于多边框架。

微生物遗传资源获取常见规则和相关数据也被视为重构"公共"微生物数据、信息和材料过程的重要内容，该过程也是创设"公共微生物"以利在微生物材料交换过程中提供获取材料和信息基础、常见的获取规则。该过程的发展也是作为各国创设获取和惠益分享专门法律以及现行知识产权法律必要补充，它也将成为相对易获取的材料和信息分界区域，只要上述材料和信息能够重新回到公共空间并重新分享。[2] 而在此公共空间中获取和惠益分享属于"公共分享"。

而在前述划定区域以外，获取和惠益分享将通过常规国际、国内法进行规范，包括知识产权法律和专门通过 CBD 公约授权制定的规则。

世界菌种中心联盟支持类似微生物"公共区域"观点。[3] 考虑到公平、公正惠益分享取决于资源使用和开展的相关活动，而很多研究和教育活动惠益分享或许延伸至储藏室进行保存、出版包括研究成果相关数据、更广泛和更轻易地将材料和相关资讯分享给包括来源国在内利益相关人等。若微生物遗传资源以商业开发目的获取利用则其他惠益分享形式可以适用，如阶段性利润金/许可费用，或专利相关知识产权机制和许可费用。

本行为准则也建议，正如世界菌种中心联盟所示，采用"权利束"[4] 的

〔1〕 See www. planttreaty. org.

〔2〕 See Reichman, J. H., Dedeurwaerdere, T., Uhlir, P. F. (2008) . Designing a Microbial Research Semicommons: Integrated Access to Scientific Materials, Literature and Data in a Highly Protectionist Legal Environment. Paper presented to the Conference on the Microbial Commons. Ghent, Belgium, 12-13 June 2008.

〔3〕 Smith, D & Desmeth, P. (2007) . Access and Benefit-sharing, a main preoccupation of the World Federation of Culture Collections. In: UNEP/CBD/WG-ABS/6/INF/3 13 December 2007 Compilation of submissions provided by parties, governments, indigenous and local communities and stakeholders on concrete options on substantive items on the agenda of the fifth and sixth meetings of the ad hoc open ended working group on access and benefit-sharing. Canada: UNEP/CBD. pp. 68~70.

〔4〕 Dedeurwaerdere, T. (2005) Understanding ownerships in the knowledge economy: the concept of the bundle of rights. BCCM News Edition 18. De edeurwaerdere, T. (2006) The Institutional economics of sharing biological information. Int Soc Sci J 58, 351~368.

概念作为一种有活力的适应路径用于微生物材料和相关信息产生有效惠益分享时的权利分配。

所有权也可构成一系列"使用""决策"权利而授予利益相关人/代理人。

"权利束"是一项允许多重所有权结构出现在各种使用、决策权利的思路。若干权利持有人将会决策如何获取和使用资源。这些权利可以基础性权利如获取权开始，直至向公众发布研究成果的权利、以标准转移协议描述和规定条件向第三方转移的权利、通过实施前述权利而获得知识产权和所有权的权利。

而且，"权利束"的申请应尽可能使"各国对生物遗传资源主权规定"不对私权利造成侵害。清晰的权利分配将会在最后阶段预先促进实现正确的惠益分享。

设计材料转移协议

当适用于各部门材料转移协议和材料转移示范协议并不能满足利益相关人要求和需要更多定制协议的时候，各缔约国建议各当事方使用材料转移协议清单[1]以避免协商过程中忽略重要内容。只要符合法律规定并符合 CBD 公约规则，各缔约国能依据自身需求自由地商议如何定制协议。

材料转移协议内容取决于如下两个主要标准：

（1）微生物遗传资源使用类型。

（2）微生物遗传资源转移给第三方可能性。

1. 本行为准则将微生物遗传资源可能用途分成两类：

－类型一：用于测试、参考、生物试验、控制、教育和研究目的；

－类型二：商业开发。

---

〔1〕 材料转移协议应包括：－附带规定：来源国、最初事先知情同意证明以及最初材料转移协议；－基本规定：如微生物遗传资源信息（来源地、被分离的时间和地点、参考菌株号码、识别码、从就地条件下分离菌株的个人姓名、若姓名未知则为菌株分离时受雇该人的法人机构）；依据 CBD 公约规则，善意和可持续利用的行为；规范支付处置费用的条款；转移类型：是否允许或禁止将材料转移至第三人，如何作出选择将取决于接收方的种类。提供方和接收方信息：名称、地址。－使用行为专门规定：类型一：用于测试、参考、生物测验、控制、训练和研究目的；非商业利用；不对微生物、相关技术和信息生物遗传资源申请知识产权，接收方应遵守标准测试和参考程序。类型二：商业利用。需要更为准确的与知识产权、信息回馈、专利申请和惠益分享相关的材料转移协议条款。－其他额外规定：微生物遗传资源相关知识产权和衍生技术；训练、技术和科学合作、获取和转移技术、交换信息和公共政策相关规定。除此之外，反复强调微生物遗传资源提供方进行微生物遗传资源分类和常规微生物研究等方面提供能力建设可能性以及应优先于赔偿支付如财政安排；保护微生物遗传资源；除微生物遗传资源提供方和接收方以外的其他利益相关人，包括土著和当地社区；货币惠益：最初阶段、前期、阶段性货币支付和利润金支付。

上述分类的使用将决定材料转移协议如何界定"使用"等术语。潜在使用行为和意图将会依据研究/开发项目成果和后续新应用的愿景而发生改变（事实上，所有微生物都具有潜在商业利益）。从这个角度而言不同缔约方签署的所有协议都应明确规定使用行为改变需经协商且经适格所有人或提供方协商一致。为了帮助各缔约国在使用分类、清晰界定和明确描述使用行为等活动中做出合适选择，特别是对微生物"商业开发"概念界定对货币惠益分享相关术语的正确界定十分必要。微生物"商业开发"概念包括但不限于如下活动：买卖、申请专利、获得或转移知识产权或通过购买和授予许可获得其他有形或无形权利、产品开发和寻求事先市场准入。

2. 本行为准则建议区分两种不同类型的材料转移行为

– 默认下一步分配行为不包括转移给第三方；

– 例外允许下一步分配行为包括转移给第三方。

上述两种转移行为选择将由使用方能力以及提供方对转移微生物遗传资源获取方（个人或机构）信息记录情况来决定。[1] 本行为准则建议材料转移协议默认禁止完全转移。

I. 材料转移协议规定禁止向第三方分配时，提供方和获取方应同意获取方不应将微生物遗传资源分配给位于其机构以外的任何人。某材料转移协议禁止向第三方分配也阻止微生物遗传资源沿合同实施过程继续分配的可能。从提供方视角来看，对微生物遗传资源的分配进行监督仅限于获取方注册情况。一旦除了获取方出现其他科学家，他们仍可获得相同微生物遗传资源菌株，这时他们仍可向原来提供方另行提出申请。而菌株来源地条款也能确保微生物遗传资源质量。这种选择只能用于个人或机构首要任务并非移地状态下的保护以及维持微生物遗传资源的价格前提下的那些转移行为。材料转移

---

〔1〕 I. 材料转移协议建议出现下列情形时禁止向第三方分配：–位于培育储藏室的就地微生物遗传资源处置，当储藏者对分配设置某些限制（如专利处置、某些安全处置）应注意上述行为不得违反CBD公约第15条第2款关于"便利生物遗传资源获取"的规定；–位于实验室的就地微生物遗传资源处置与位于培育储藏室情形不同，位于实验室不能记录转移行为；–从非培育储藏到培育储藏的个人或机构发生的移地微生物遗传资源的转移行为，当储藏者对分配设置某些限制（如专利处置、某些安全处置）；–从培育储藏室到某个人或机构的移地微生物遗传资源转移行为并不能记录转移行为；–不能记录转移行为的某个人或某机构之间的移地微生物遗传资源转移行为；–快速追踪行为。II. 当出现下列情形时，材料转移行为允许向第三方分配：–位于培育储藏室的就地微生物遗传资源处置（符合CBD公约第9条a款最好是原产国规定）；–被合法确认的交换行为：各培育储藏室之间依据机构间专门协作协议（尤其是微生物遗传资源中心首要任务是移地保存和价格维持）移地微生物遗传资源的交换；有权在同一间实验室工作的科学家或受相同契约约束在同一研究项目工作的人员之间转移行为（此概念称"研究小组"）。

协议禁止向第三方分配的规定也能适用于快速追踪程序。

II. 材料转移协议允许向第三方分配应属于特殊情形，仅适用于就地条件下的微生物遗传资源和存储于储藏室并准备继续分配情形，以及"合法交换情形"。

"合法交换"被界定为"为了实现获取目标，微生物遗传资源在储存培育室/生物资源中心（BRC）[1]之间转移并确保被接受储存培育室/生物资源中心的后续分配与材料转移协议相关规定兼容或维持与首次提供行为相同条件的行为"。换句话说，当微生物遗传资源转移给储存培育室或接收方和提供方均是储存培育室情形下的转移行为才被允许。转移行为相关规定必须与储存培育室最佳实践和协作协议框架（当存在协作协议时）规定保持一致。

合法交换也包括"研究小组"内进行的微生物遗传资源转移。"研究小组"被界定为有权在同一间实验室共同工作的，或受相同契约约束在同一研究项目工作的人员。

上述规定限制连续分配。它通过缩短分配线路而便利追踪微生物遗传资源。它也能保证微生物遗传资源维持其原有特征和质量。微生物学家若希望获取微生物遗传资源应优先向储存培育室而不是提供微生物资源的其他微生物学家咨询。同时也应注意某些材料转移协议是否包括特别转移行为取决于先前材料转移协议有关规定，因为各国国内法均对违反法律规定的任何特定情形设置相应程序它也取决于事先知情同意有关规定。

1.5 监督微生物生物遗传资源的分配和使用

各缔约国拥有一个确保微生物遗传资源便利流转的、简单化的行政系统是很有必要的。该系统必须对微生物的分配和使用过程进行监视从而确认某个人或集体是否有权以公平和公正方式分享研究、开发成果和生物遗传资源利用和商业开发产生的惠益（CBD 公约第 15 条第 7 款）。因为上述个人或集体对微生物遗传资源的保护和可持续利用作出过贡献。

本行为准则认为上述系统应同时满足如下需求：

1. 在第一层次分配情形下便利微生物遗传资源流转；

2. 限制向第三方后续分配，以便于在监督微生物遗传资源转移可能消失的情形下缩短分配线路。

本系统的职能应通过适当选择材料转移协议中有关规范转移行为条件规

---

〔1〕 For more information related to the concept of BRC, see http://www.oecd.org/dataoecd/55/48/2487422.pdf.

定来确认，这些规定也需经提供方和接收方协商一致同意。提供方和接收方的期望、可获得值得信赖的信息、各国际法和国内法律文本和协议文本（先前协议可能规定）也将通过材料转移协议予以确认。

更为特别的是，有关允许或排除微生物遗传资源未来分配规定的平衡适用将有助于安排微生物遗传资源的流动。为了作出适当的选择以使用合适的规定规范微生物遗传资源后续分配，接收方和提供方将会在尝试进行转移行为的时候就如下事项进行判断：

A. 微生物遗传资源是处于移地还是就地保存状态；

B. 是否获取事先知情同意；

C. 是否事先存在材料转移协议；

D. 若事先存在材料转移协议，它可能是禁止向第三方分配（这是默认规定）或者是允许向第三方分配；

E. 若材料转移协议规定下向第三方分配属于"合法交换行为"，即当微生物遗传资源转移给储存培育室，或接收方和提供方均是储存培育室，或在同一研究小组内的工作人员之间进行的转移行为。当微生物遗传资源转移的接收方并非储存培育室，微生物遗传资源的转移将适用于禁止向第三方分配的材料转移协议。

GUIDs 的使用被视为一项帮助追踪微生物遗传资源和检索相关建议信息的电子工具。

1.6 术语界定

术语界定一致性将减少提供方、接收方和利益相关方理解上的不确定性和争端风险。存在于不同材料转移协议的定义一致性对于缓解统一文义语境下[1]对话也是有必要的，特别是若干材料转移示范协议和标准材料转移协议如何兼容情形。

考虑到各种类型的材料转移协议、CBD 公约获取和惠益分享专家工作组建议和储存培育室的日常经验，下列术语简单定义为：

– **提供方**：提供材料主体；

– **接收方**：购买和/或使用材料的法人主体或个人；

---

[1] 本行为准则希望重视种群有关定义面临的术语和分类挑战，尤其是原核生物。这对于连续识别微生物遗传资源是非常重要的因素，同时对微生物遗传资源的追踪也是很重要的。For more information read Krichevsky, M. i., *Taxonomic Nomenclature*; *A Useful Tool*, *Not truth*. SIM NEWS January/February 2007.

– **存储方**：以提供方监管者的角色存储原初材料的法人主体或个人；

– **研究小组**：有权在相同实验室工作的科学家或受相同契约约束在同一研究项目工作的人员；

– **材料**：原初材料、后代和未改变的衍生物。该材料不包括转基因。对于该材料转移的描述应在发票和提货单体现；

– **原初材料**：由存储方提供给提供方的材料；

– **后代**：原初材料未改变的后代，如从细胞分离出的细胞，从有机物而来的有机物；

– **未改变的衍生物**：接收者创造的一种物质，这种物质构成未改变功能的材料子单元；

– **合法交换**：研究小组内材料转移，也包括微生物遗传资源在储存培育室/生物资源中心（BRC）之间转移并确保被接受储存培育室/生物资源中心的后续分配与材料转移协议相关规定不相冲突，或维持与首次提供行为相同条件的行为；

– **商业利用**：以盈利为目的使用材料的行为。商业利用包括销售、出租、交换、许可或其他以盈利为目的的材料转移行为。也包括使用材料开展商业服务活动的行为，如生产产品、开展合同研究、以营利为目的开展研究活动等。

材料转移协议使用的所有名词必须明确界定。每个新增名词将会增加材料转移协议的协商参与过程的复杂性。以最少单词确定简短定义应优先被选择。

1.7 惠益分享协议、获取和转移技术、科学和技术合作以及技术转移相关规定

本行为准则建议材料转移协议缔约方在可能情形下设置额外规定以便利CBD公约[1]预见的惠益分享规定，特别是科学和技术合作以及获取与转移信息和技术。

---

[1] CBD 公约第15条第7款规定："……以期与提供生物遗传资源的缔约国公平分享研究和开发此种资源的成果以及商业和其他方面利用此种资源所获的利益。"除了标准材料转移协议中创设基本规定和特定术语，本行为准则也预见在协议中补充专门规范惠益分享、技术转移、科学和技术合作以及技术转移（特别是生化技术）的共同商定条件规定。该额外规定的创设，以及它们明确的定义取决于个案（如参与国家和组织；微生物遗传资源的价值和性质；商业或非商业使用行为等）。当上述额外规定适用的时候，协商能否成功取决于各缔约方是否希望达成双赢的意愿和对双方利益和各自贡献所产生价值的相互理解。上述额外规定除了微生物遗传资源提供方和使用方以外，也适用于微生物学家、地方主管部门以及土著和/或当地社区代表。

CBD 公约第 15 条第 7 款规定："以公平和公正方式"预示着公平返还给各缔约方时间、金钱、智力投入和对方投资的创造性努力（包括维持微生物遗传资源），同时也反映各式特定价值将会在实施额外包项协议时得到实现。

当对材料转移协议进行协商的时候，各缔约方既可以在时机成熟时对某些议题如商业利用和其他微生物遗传资源获取产生的惠益、明确说明补充性规定可以解决有关问题等做出决定；也可以决定在协商开始前就惠益分享规定展开事先协商，而无需等到必须制定法律的时候。本行为准则也建议材料转移协议各缔约方应签署有关货币惠益分享的事先协议。

各缔约方应就能力建设是否可能，尤其对微生物遗传资源提供者进行分类学和常规微生物学指导等问题优先进行规定。

在符合 CBD 公约建议和规定前提下本准则也建议各缔约方尽可能以及很希望就下列事项签订协议：

· 微生物遗传资源和衍生技术相关的知识产权问题〔1〕

当涉及商业性使用行为的时候，微生物遗传资源、衍生技术相关的知识产权协议被认为是专门性规定。本行为准则建议各缔约方：

－在投入可能导致微生物遗传资源或衍生技术商业性行为的研究和开发活动开始之前就微生物遗传资源或衍生技术知识产权相关问题进行协商；

各缔约方可对微生物遗传资源或衍生技术的不同分类签署不同协议，这取决于微生物遗传资源（分离、纯化）获取的时候价值增值的浮动、微生物遗传资源（微生物遗传资源的确认和可能用途的发现）的特征、微生物遗传资源或衍生技术的后续开发等因素。协议内容可从单独到共享知识产权所有权。

－为与发明相关缔约方分配知识产权收益；这并不必然排除在微生物遗

---

〔1〕 本行为准则提到 CBD 公约相关规定：－第 1 条：实施手段包括生物遗传资源的适当取得及有关技术的适当转让，但需顾及对这些资源和技术的一切权利，以及提供适当资金；－第 15 条第 1 款：确认各国对其自然资源拥有的主权权利，因而可否取得生物遗传资源的决定权属于国家政府，并依照国家法律行使。－第 16 条第 2 款："……此种技术属于专利和其他知识产权的范围时，这种取得和转让所根据的条件应承认且符合知识产权的充分有效保护……"且第 5 款："缔约国应认识到专利和其他知识产权可能影响到本公约的实施，因而在这方面遵照国家立法和国际法进行合作，以确保此种权利有助于而不违反本公约的目标。"当各国知识产权法律呈现差异性的时候，国际法某些一般原则和规定必须在国际性惠益分享安排中得到体现（如《布达佩斯公约》《与贸易有关的知识产权协定》《巴黎公约》等）。只要满足专利标准如新颖性和实用性等，越来越多的国家允许对微生物、衍生产品、相关技术和工艺授予专利。专利法通常情况下并不认为以非商业目的开展实验性使用行为侵犯专利所有人的权利。

传资源和/或衍生技术成功商业化特殊情形下，从货币补偿（如利润或其他方式）和/或减让许可或优惠条件（如 CBD 公约第 16 条第 2 款）获得利益的其他缔约方；

– 及时申请专利（如当在某国申请专利并未提供所谓宽限期的时候，在某项成果出版之前）。

● 培训、技术和科学合作，技术转移，信息交换和政策公开[1]

– 本行为准则建议各缔约方在多数情形下寻求研究项目共同合作并提供技术和科学合作提供最佳培训；

– IMUNS 建议所有学术论文必须明示提供方、来源国、分离地点和确认数据。[2]

● 微生物遗传资源保存的方式和地点[3]

国际合作可使来源国创设保存设施或在无保存设施的来源国和国外微生物遗传资源中心签署协议。

此外，为了避免移地保存状态下微生物遗传资源个人或机构停止活动而造成损失，各缔约方应与培育储藏室签署协议由后者保管那些没有复件的移地微生物遗传资源。

● 除提供方和接收方，包括土著和当地社区在内的其他利益相关人。[4]

---

〔1〕 研究和培训：CBD 公约第 12 条第 1 款规定："……建立和维持科技教育和培训方案，并为该教育和培训提供资助以满足发展中国家的特殊需要……"获取和技术转移：CBD 公约第 16 条规定："……技术的取得和向发展中国家转让，应按公平和最有利的条件提供或给予便利……"信息交换：CBD 公约第 17 条规定："……信息交流应包括交流技术、科学和社会经济研究成果，以及训练和调查方案的信息、专门知识、当地和传统知识本身以及连同第 16 条第 1 款中所指的技术；技术和科学合作：CBD 公约第 15 条第 6 款："……使用其他缔约国提供的遗传资源从事开发和进行科学研究时，应力求这些缔约国充分参与，并于可能时在这些缔约国境内进行。"CBD 公约第 18 条第 1 款："……应促进生物多样性保护和可持续利用的国际合作……"CBD 公约第 18 条第 4 款："……鼓励并制定各种合作方法以开发和利用各种技术……"CBD 公约第 18 条第 5 款："……促进设立联合研究方案和联合企业，以开发与本公约目标有关的技术……"CBD 公约第 19 条："……让提供生物遗传资源用于生物技术研究的缔约国，特别是其中的发展中国家，切实参与此种研究活动；可行时，研究活动宜在这些缔约国中进行。"

〔2〕 Dr. Cletus P. Kurtzman-US Nat'l Committee for the IUMS and MS Robin Schoen-US Nat'l Academy of Science/National Research Council.

〔3〕 CBD 公约第 9 条规定：每一缔约国应尽可能并酌情：（a）在国家决策过程中考虑到生物资源的保护和持续利用；（e）鼓励其政府当局和私营部门合作制定生物资源持续利用的方法。

〔4〕 除了建议微生物遗传资源接收方，尤其与政府机构和微生物遗传资源私人部门 [CBD 公约第 16 条第 4 款] 和/或适合国际和国内机构 [CBD 公约第 18 条第 1 款]，CBD 公约也提到土著和当地社区 [CBD 公约第 8 条（j）款]。不过，CBD 公约并未对作为使用者的社区进行定义或提供如何操作的指南。

本行为准则建议各缔约方包括土著和当地社区在内应作为缔约方，只要该社区：

– 获取的就地微生物遗传资源所在地所有者或用益物权人；

– 该国官方认可的能代表广泛利益的代表人；

– 将会保护和维持微生物遗传资源保护和可持续利用的知识、创新和实践〔CBD公约第8条（j）款〕；

• 货币条款〔1〕

本行为准则建议对提供方的货币赔偿或使获取微生物遗传资源有助于技术和科学合作项目。

– 初始阶段预付款〔2〕

初始阶段的付款可在获取微生物遗传资源之前或后开始，但这通常无需考虑微生物遗传资源是否可能或成功地进行商业化。

本行为准则建议以提供方在微生物遗传资源交付时的事实参与程度来评估初始阶段付款的重要性（如当地社区是否参与田野调查；微生物遗传资源在就地保存状态下的维持成本等）。

– 阶段性付款

阶段性付款取决于导致微生物遗传资源商业化的研究/开发过程进度。在研究/开发过程特定阶段由各缔约方事先确定。

使用方应向提供方支付特定数额，作为微生物遗传资源可能具有某些工业应用特征的确认。

– 利润金

利润金完全取决于微生物遗传资源商业开发获得成功。

本行为准则建议非营利性公共移地资源保存中心不应就获取微生物遗传资源支付任何利润金，这也是与公众使命相关，即可预见上述微生物遗传资源将会由公众共同承担所有成本。

第二部分　示范文件

下列文件清单将确保微生物遗传资源转移符合CBD公约相关规定。

---

〔1〕　货币条款可概述为，一方面包括初始阶段支付货款（如预付款），以及微生物遗传资源事先可能成功的商业运用；另一方面，仅在特殊情形下微生物遗传资源成功商业运用产生的利润金。

〔2〕　在这个阶段，应当认识到支付费用更多地用于移地资源保存中心且这部分费用是由微生物遗传资源接收方在被请求的微生物遗传资源交付后支付的。而在获取就地微生物遗传资源的时候，预付款将与培训、技术和科学合作项目进行联结。

获取就地状态下微生物遗传资源：

- 事先知情同意–应从行政主管部门获得；
- 可选项：土地所有者和/或用益物权人许可；
- 材料转移协议–MTA。

获取移地状态下微生物遗传资源：

- 材料转移协议–MTA；
- 可选项之一：GUIDs 的使用、涉及来源地、事先知情同意、获取格式等材料或能够证明微生物遗传资源最初分离于就地状态下和在移地收集设施下存储的相同材料；

本行为准则建议上述文件（事先知情同意申请、事先知情同意证明、材料转移协议、获取格式）应：

- 完全确认相关当事方及其代表人；
- 已标记日期；
- 包括有关规定明确期间；
- 事先知情同意申请和证书已经签字确认；
- 材料转移协议应经所有缔约方签字，或以采购订单或微生物遗传资源接收通知为基础而批准。上述所有选择都受法律约束。这些选择依赖于提供方政策。进一步而言，考虑到以互联网为媒介的电子商务方式从培育储藏室/生物资源中心获取微生物遗传资源已成为优先选择，买方要求通过"点击和包装"或"收缩包装"等类似方式交付已成为默认程序。它为电子记录和转移行为的传递提供了便利（而在最终使用 GUIDs 的时候）。

本行为准则建议：

- 材料转移示范协议；
- 获取就地状态微生物遗传资源的事先知情同意示范证明；
- 获取就地状态微生物遗传资源的事先知情同意示范材料；

材料转移协议

定义

- **提供方**：提供材料的主体；
- **接收方**：购买和/或使用材料的法人主体或个人；
- **存储方**：以提供方监管者的角色存储原初材料的法人主体或个人；
- **研究小组**：有权在相同实验室工作的科学家或受相同契约约束在同一研究项目工作的人员；

－**材料**：原初材料、后代和未改变的衍生物。该材料不包括转基因。对于该材料转移的描述应在发票和提货单体现；

－**原初材料**：由存储方提供给提供方的材料；

－**后代**：原初材料未改变的后代，如从细胞分离出的细胞，从有机物而来的有机物；

－**未改变的衍生物**：接收者创造的一种物质，这种物质构成未改变功能的材料子单元；

－**合法交换**：研究小组内材料转移，也包括微生物遗传资源在储存培育室/生物资源中心（BRC）之间转移并确保被接受储存培育室/生物资源中心的后续分配与材料转移协议相关规定兼容或维持与首次提供行为相同的条件的行为；

－**商业利用**：以盈利为目的使用材料的行为。商业利用包括销售、出租、交换、许可或其他以盈利为目的的材料转移行为。也包括使用材料开展商业服务活动的行为，如生产产品、开展合同研究、以盈利为目的开展研究活动等。

具体规定

接收方应在可能的情况下尊重先前材料转移协议设置的事先知情同意规定和其他规定。[1]

接收方应以可持续、善意真诚的目的和完全尊重 CBD 公约和其他国际、国内可适用的规则的心态使用附件列举和描述的微生物遗传资源。[2]

接收方不得擅自分配所转移的微生物遗传资源。[3]

接收方若满足如下条件，就能以"合法交换"的方式分配微生物遗传资源：

（1）接收方应保留所有微生物遗传资源下游接收方的协调记录（这些记录应会被用于监督转移行为）；

（2）接收方应在尽可能的情况下将微生物遗传资源下游接收方相关信息

---

〔1〕 附属规定为事先知情同意的证明、来源地；以及可能预先存在的事先知情同意规定。

〔2〕 基本规定：微生物遗传资源的描述（如来源地、分离地点和日期、菌株参考标记、识别数据、就地条件下分离菌株的个人姓名、若个人姓名未知则为菌株分离时雇佣该人的法人机构姓名；遵从 CBD 公约规定善意真诚和可持续利用）；处置成本规定；提供方和接收方信息，如姓名和住址；科研回馈；出版物应提示提供方、参考菌株标记和来源地。

〔3〕 材料转移协议对禁止或允许向第三方分配相关规定差异显著。

（如以商业开发为目的等）转移给提供方。

接收方和提供方应将微生物遗传资源使用做如下两类：

－ 类型一：用于测试、参考、生物试验、控制〔包括仅在官方国际（国内）测试、生物鉴定、控制协定等框架范围内使用〕、教育和研究目的。

－ 类型二：商业开发。微生物商业开发包括但不限于买卖、申请专利、获得或转移知识产权或通过购买和授予许可获得其他有形或无形权利、产品开发和寻求事先市场准入。

对于第一种类型：

接收方不能对所转移微生物遗传资源主张所有权以及对其和相关信息寻求知识产权。若接收方希望以商业开发形式使用开发类似有机物，他必须首先向提供方通告；而在得到合适授权后，来源国将在 CBD 公约相关规定前提下讨论上述事项。

接收方应确保任何提供微生物遗传资源样本的个人或机构应遵守相同规定。

对于第二种类型：

为了确保来源国和（有权接受惠益的名称）依据 CBD 公约相关规定能分享适当惠益，接收方应立即通知提供方以及微生物遗传资源最先获取方有关微生物遗传资源和/或相关技术和/或相关信息可能被商业利用的信息。利益相关方惠益分享规定依据附件规定生效。

而对上述两种类型来说：

接收方需向提供方表明参考菌株标记并在有关科学成果出版物中标记来源国和微生物遗传资源使用相关信息。

材料转移协议额外规定清单

● 微生物遗传资源及衍生技术知识产权问题

不同知识产权制度[1]与各缔约方获得（分离、纯化）后增添的价值和/或微生物遗传资源的特征（如微生物遗传资源的确认，可能用途的探究等）有关。

考虑如下分类：微生物遗传资源知识产权及衍生技术知识产权。

---

〔1〕 如知识产权单一制度或共同制度；知识产权所有权单一或共同制度，其中后者取决于微生物遗传资源的分类。

●培训、技术和科学合作，技术转移，信息和公共政策交换〔1〕

有关提供能力建设可能性的规定，尤其是为微生物遗传资源提供方提供分类学和基础生化学方面的培训应同财政性安排一样被强调和考虑。本行为准则建议各缔约方在最大可能性前提下寻求开展合作研究，并通过技术和科学合作提供最佳培训机会。

●微生物遗传资源保护的方式和地点

国际合作可使来源国创设保存设施或在无保存设施的来源国和国外微生物遗传资源中心签署协议。〔2〕

●除提供方和接收方以外的利益相关人关系，包括土著和当地社区

●本行为准则建议各缔约方包括土著和当地社区在内应作为缔约方只要该社区：

－获取的就地微生物遗传资源所在地所有者或用益物权人；

－该国官方认可的能代表广泛利益的代表人；

－将会保护和维持微生物遗传资源保护和可持续利用的知识、创新和实践〔CBD 公约第 8 条（j）款〕。

●保证和责任

微生物遗传资源提供方应提供相关保证，同时也应明确谁应对第三方产生的损害承担责任。

●货币条款

本行为准则建议对提供方的货币赔偿或使获取微生物遗传资源有助于技术和科学合作项目。

－初始阶段预付款

初始阶段的付款可在获取微生物遗传资源之前或后开始，但这通常无需考虑微生物遗传资源是否可能或成功地进行商业化。

本行为准则建议以提供方在微生物遗传资源交付时的事实参与程度来评估初始阶段付款的重要性（如当地社区是否参与田野调查；微生物遗传资源在就地保存状态下的维持成本等）。〔3〕

---

〔1〕 合作项目成果的发表或许将限制一项申请专利成功，若考虑出版则必须与相关缔约方签署书面协议。同时也要牢记学术出版物应经常提及提供方、参考菌株和来源国。

〔2〕 在这种情形下，某国可将微生物遗传资源从移地资源中心转移至另外国家。此转移行为应由包括获取和惠益分享规定在内的材料转移协议扩展规定规范。各缔约方也希望创设更为详细规定，如从非典型菌株中区分典型菌株，或为植物草本材料（或真菌材料）创设不设名额特别协议。

〔3〕 例如：当地社区允许或禁止参与田野调查，支付移地状态下微生物遗传资源成本等。

– 阶段性付款

阶段性付款取决于导致微生物遗传资源商业化的研究/开发过程进度。在研究/开发过程特定阶段由各缔约方事先确定。

使用方应向提供方支付特定数额，作为微生物遗传资源可能具有某些工业应用特征的确认。

– 利润

利润完全取决于微生物遗传资源商业开发获得成功。[1]

● 法律适用和主管部门

通常来说应适用培育储藏室所在国制定的法律。而不太凑巧的是，各国并未就法律适用问题达成一致。应尽可能地明确法律适用避免不确定性。

培育储藏室所在司法管辖区应为出现法律适用纠纷时适用的管辖法院。

---

〔1〕 纯粹利益是指利润金、许可费用、利润或其他来自于微生物生物遗传资源和衍生技术使用产生的金钱收益，排除：支付其他缔约方使用微生物生物遗传资源的专利申请费用；支付微生物生物遗传资源衍生技术专利申请费用；市场营销费用。

欧洲生物分类机构联盟获取和
惠益分享行为准则*

欧洲分类机构联盟承诺将遵照本行为准则开展获取和惠益分享。本行为准则适用于生物材料[1]获取，如依据《关于获取生物遗传资源和公正和公平分享其利用所产生惠益的名古屋议定书》（以下简称《名古屋议定书》）规定从提供国新近获取生物材料，只要存在合理性和可能性，各参与机构均被鼓励将此行为准则适用于其他所有生物材料收集储藏活动。[2]

1. 《生物多样性公约》（以下简称"CBD公约"）及生物遗传资源和相
  关传统知识获取和惠益分享法制

各参与机构将会：

●尊重CBD公约、《名古屋议定书》及其他国际公约缔约精神与字面意思；

●接受国际和各国获取和惠益分享相关法律约束；[3]

●遵守事先知情同意、共同商定条件以及其他提供国、提供者签署协议规定。

2. 获取生物材料

各参与机构将会：

---

* Consortium of European Taxonomic Facilities Code of Conduct for Access and Benefit-sharing.

〔1〕 The term "biological material" is used throughout the documents because it describes all materials in CETAF Member Institution collections, regardless if it contains "functional units of heredity" or not. "Genetic resources" is used when specifically referring to "utilization" within the scope of the Nagoya Protocol. The CBD and the Nagoya Protocol define "genetic resource" as "genetic material of actual or potential value", and "genetic resource" as "any material of plant, animal, microbial or other origin containing functional units of heredity."

〔2〕 While reasonable efforts will be made, no responsibility is accepted for any retroactive claims, such as benefit-sharing.

〔3〕 In case of conflict between national law in the home country of the institution and the CETAF code of conduct, national law will take precedence.

• 为了获得事先知情同意，就生物材料使用和如何利用生物遗传资源（以最新的技术理解水平）进行全面说明；

• 就地条件获取生物材料的情形下，在尽可能的时候：（1）了解提供国获取相关法律、事先知情同意及其他许可程序性规定以及共同商定条件等资讯；（2）获得事先知情同意及依据提供国内法律要求的提供国政府、利益相关人其他许可；（3）依据可适用法律及最佳实践；

• 移地条件获取生物材料的情形下，应就使用材料相关规定与移地条件管理机构协商一致；

• 获得或接收移地生物材料，不管是来自科研机构、商业开发活动或其他个体，应就所得文件进行评估，且在必要情形下采取适当措施尽可能地确保生物材料能够在符合可适用法律规定情况下获取。

3. 使用生物遗传资源

各参与机构将会：

• 以获取或其他获得行为相一致的规定和条件使用生物遗传资源。在参与机构试图以不同于事先协议设定的方式使用生物遗传资源的时候应就事先知情同意和共同商定条件展开重新协商。

4. 将生物材料提供给第三方

各参与机构将会：

• 仅以获得相一致的条件和规定将生物材料暂借给第三方；

• 提供生物遗传资源的形式也需以获得相一致的条件和规定提供生物材料，如转包给基因测序公司；

• 生物材料也需以获得相一致条件和规定而永久转移，同时也应在适当情形下提供由提供国签署的，包括事先知情同意、共同商定条件及其他文件的协议复本。

5. 使用书面协议

各参与机构将会：

• 以书面协议形式获得生物材料并提供法律确定性及确保对事先知情同意和共同商定条件有关文件进行记录；

• 以书面标准材料转让协议形式将生物材料提供给第三方，并因此设定生物材料获得、使用和提供以及惠益分享的规定和条件。

6. 生物遗传资源相关传统知识

各参与机构将：

● 以书面协议形式获得生物遗传资源相关传统知识并提供法律确定性及确保对事先知情同意和共同商定条件有关文件进行记录；

● 以获得相一致的条件和规定使用和提供生物遗传资源相关传统知识。

7. 惠益分享

各参与机构将：

● 与提供国和其他符合资格的利益相关人公平和公正地分享使用生物遗传资源而产生的惠益；[1]

● 努力尽一切合理可能并以后续相同的方式就《名古屋议定书》实施之前获取或获得的、新的使用生物遗传资源行为产生的惠益进行分享；[2]

惠益分享形式应包括《名古屋议定书》附件中任意形式，尽管参与机构所从事工作多半为非营利性质进而应以非货币惠益形式为主，特别是：科研训练、教育、能力建设、技术转移、科研项目协作、研究成果共享以及出版。

8. 机制创设

各参与机构将创设内部机制和相关程序以便：

● 记录生物材料获取或其他方式获得规定和条件；

● 记录使用生物遗传资源以及惠益分享相关信息；

● 记录以暂借方式永久将生物材料转移给第三方相关信息，包括提供材料的规定和条件；

● 记录何时及如何将生物材料永久脱离管理者相关信息，包括对样本进行完全消费或处置等行为。

9. 政策

各参与机构将：

● 就自身如何实施该行为准则制定机构规则进行准备、决策和沟通；

● 就使用生物遗传资源提供透明度较高的政策。

附件一：使用生物材料的主张

本材料设定了参与机构（机构名称：_____）获取生物遗传资源可能方式和生物遗传资源可能使用情形。这些情形不仅包括法人主体拥有或管理

---

〔1〕 As agreed in Prior Informed Consent and Mutually Agreed Terms at the time of Access, or as renegotiated following a subsequent change of use.

〔2〕 While reasonable efforts will be made, no responsibility is accepted for any retroactive claims, such as benefit-sharing.

的设备，也包括其他主体因特定目的而强制性地拥有或管理的设备（例如外在的 DNA 筛查设备）。若生物材料提供者并不希望以本材料设定方式或希望通过其他限制性条件提供生物材料，当出现捐赠或材料交换情形，以及提供未被许可的材料供确认时，他有必要以书面形式授予获取许可。若提供者并非希望设置其他限制性条件提供生物材料，材料获取和使用将以本材料设定条件为限。

[可选内容：此处机构是指属于欧洲分类机构联盟成员且同意遵守本联盟获取和惠益分享行为准则的研究机构。]

1. 生物材料的使用

在某研究机构（机构名称：_____）进行研究：任何在研究机构使用生物材料均可由成员及认证的访客以非商业目的如从事分类学、生态学、保护学、遗传学、形态学、物理学、分子生物学、基因组学、环境基因组学和其他支持可持续利用的科学等研究。上述研究包括解剖和细胞学准备，开展同位素分析以及传授花粉、芽孢和/或其他化学成分的样本储存。DNA、RNA、蛋白质或其他生物分子的排序或其他分析。上述分析可能对生物材料产生完全破坏。

研究成果

研究成果将通过刊印出版或在线发表形式（如专著、期刊、共享数据库、画册出版或互联网）面向公共领域。DNA 排序结果将提供给共享数据库如 GenBank，而在尽可能地情况下供研究机构（机构名称：_____）存储生物样本参考。

信息和图片

随着研究机构参与生物多样性研究和保护活动，某研究机构（机构名称：_____）将其存储物质尽可能地供周围利益相关方和其他社区获取是非常重要的。前述可能包括以数码形式（如图片或 3D 模型）体现的标本及相关数据，这些物质相关信息和材料应位于公共领域亦可自由获得。图片和信息也可在研究成果出版物中得到展现。

暂借

研究机构（机构名称：_____）可以提供者获取材料相一致的规定和条件将生物材料（样本）租借给第三方 [可选内容：可明确第三方具体内容，如其他研究机构] 用于确认、科学研究或由第三方研究机构（机构名称：

_____）以暂借条件实现教育目标。［可选内容：若暂借条件可通过网络列示的话，应提供网址］。

永久提供给第三方

研究机构（机构名称：_____）可以提供者获取材料相一致的规定和条件将生物材料提供给其他科研机构和/或单个科学家用于科学研究或教育目的，包括通过捐赠或交易标本或部分标本。接收材料的研究机构或个人与前述研究机构（机构名称：_____）签署《材料转让协议》后转移即生效。

繁殖与公开展览

活体标本可以保存［可选内容：繁殖[1]与培育[2]］于研究机构（机构名称：_____）。任何通过保存［可选内容：繁殖与培育］或其他形式获得的标本均应在研究机构（机构名称：_____）公开展览。研究机构（机构名称：_____）应保存［可选内容：繁殖与培育］各项标准数据记录确保其来源或相关记录如事先知情同意和共同商定条件可以被追溯。

2. 生物遗传资源相关传统知识

若研究机构（机构名称：_____）获取生物遗传资源相关传统知识，它也应与提供者就使用和管理条件和规定协商一致。

3. 商业化

研究机构（机构名称：_____）是非营利组织和［可选内容：没有/几乎不会］参与以已收集生物遗传资源为基础的商业化开发活动。但是，研究机构仍可（机构名称：_____）开展研究活动［可选内容：动物/植物/微生物/真菌/基因组样本］以及将其成分用于分类学和其他科学研究活动。上述研究活动可能会催生生物遗传资源商业化开发与使用。而在上述情形下，该研究活动并不符合提供者获取材料规定和条件，研究机构（机构名称：_____）可以就前述规定和条件进行重新协商。

4. 惠益分享

研究机构（机构名称：_____）应与提供国和其他利益相关人就生物遗传资源使用进行公平和公正惠益分享。[3]努力尽一切合理可能并以后续相

---

［1］　For botanical collections.

［2］　For zoological collections.

［3］　As agreed in Prior Informed Consent and Mutually Agreed Terms at the time of Access, or as renegotiated following a subsequent change of ues.

同的方式就《名古屋议定书》实施之前获取或获得的、新的使用生物遗传资源行为产生的惠益进行分享；[1]

惠益分享形式应包括《名古屋议定书》附件中任意形式，尽管参与机构所从事工作多半为非营利性质进而应以非货币惠益形式为主，特别是：科研训练、教育、能力建设、技术转移、科研项目协作、研究成果共享以及出版。

附件二：欧洲分类机构联盟获取和惠益分享最佳实践文件

本获取和惠益分享最佳实践文件是对《名古屋议定书》第 20 条和欧盟 511/2014 规则第 8 条以及欧盟《行为准则实施机构指导实施法案》的回应。

前言

本最佳实践内容是用于协助研究机构实施欧盟分类机构联盟获取和惠益分享行为准则。本最佳实践为研究机构日常工作提供实际指导，以便于：

－ 履行相关义务并了解各国际公约和与生物材料提供者相关权利和义务；

－ 工作人员、经认证的访客及助理在代表研究机构或开展工作遵守相关国内、国际法律及规则；

－ 进入储藏阶段的生物材料可以获得法律确定性以及受法律规定约束；

－ 前述过程合法获得的文件应得到有效管理。

最佳实践特定部分实施并非或并不适用于所有研究机构。[2]

为了遵守并有效实施获取和惠益分享规则，研究机构[3]及其研究人员[4]应当：

（1）仅获得合法拥有的[5]生物材料（不管是就地还是移地条件）；

（2）以可以追踪提供者和可轻易获取生物材料的规定和条件管理已存储的生物材料和相关数据；

---

[1] While reasonable efforts will be made, no responsibility is accepted for any retroactive claims, such as benefit-sharing.

[2] Depending on Prior Informed Consent and Mutually Agreed Terms at the time of access and documentation requirements laid down in relevant national or international law.

[3] In the following the term "Institution（s）" refers to those bodies adhering to the CETAF Code of Conduct and Best Practice.

[4] In the following the term "staff" is used as a general term, but institutions should make sure that not only employees but also associated and any other individuals acting in the name of the institution are informed and abide by relevant ABS policies, regulations and legislation.

[5] See glossary for a definition of "Access".

（3）以获得生物材料相一致的规定和条件使用[1]生物材料；

（4）以获得生物材料相一致的规定和条件向第三方提供生物材料并限制其仅供自身使用；

（5）以协商一致的条件与提供者进行惠益分享；

（6）在事先协商一致的使用行为发生既定改变时寻求新的事先知情同意并就共同商定条件重新协商；

（7）创设机构政策；

（8）训练工作人员并向经认证的访客和联合研究人员进行通告。

最佳实践主要适用于《名古屋议定书》（2014年10月12日）生效后的生物材料获取行为。鼓励欧洲分类机构联盟各成员和其他参与机构在尽可能合理情形下将本最佳实践适用于所有其他生物材料存储活动。[2]

1. 生物材料获取

目前有很多生物材料获取方式：如就地条件下收集活动和移地条件下获取资源，包括永久（如交易、捐赠、分享组织或DNA样本）或临时转移（如暂借）。

研究机构应恪尽勤勉确保对已获取生物遗传资源和相关传统知识的使用符合相关获取和惠益分享立法或规则要求。[3]理论上说材料获取应满足上述要求。本最佳实践文件第二部分第一段已依据欧盟规则列举履行恪尽勤勉义务所需信息。

当签署共同商定条件协议或标准材料转让协议时，研究机构应考虑材料存储的法律框架以及如何适应上述协议规定，包括持续性义务。

为了便利上述事务进程，研究机构应考虑任命一至两个个体（如主任、保护人员或其他技术人员）管理相关法律事务和批准共同商定条件或标准材料转让协议。

研究机构应在尽可能的情况下确保其预先设定的内部规则和程序包括获取和惠益分享内容，如：

• 田野收集；

---

[1] See "Statement of Use of Biological Material" for a description of the spectrum of "Use".

[2] While reasonable efforts will be made, no responsibility is accepted for any retroactive claims, such as benefit-sharing.

[3] Note that the term "access" has not been defined in the Convention on Biological Diversity of the Nagoya Protocol, and may be used differently by some countries or organizations. Therefor it is recommended to include an agreed definition in all legal documents.

● 目标进入,[1]当生物材料已接收时研究机构对法律文件的要求,不管是未主动提供生物材料,还是临时或永久提供生物材料。

1.1 就地条件获取

提供国有关田野活动和收集生物材料的许可显然包括事先知情同意和共同商定条件,有时候两项许可合二为一。研究机构工作人员(以下简称"工作人员")也需要在田野活动开始前与提供国进行协商并达成一致。研究机构创设相应制度以便工作人员能够意识到所需许可和法律要求,同时使工作人员从提供国主管部门获得相应文件证明。[2]依据提供国相关法律规定,研究机构和工作人员应意识到在与行政主管部门沟通时,也需要与其他工作人员保持良好沟通。若提供国允许自由获取,研究机构应被建议就不受限制获取以及获取生物材料无需授予许可等事项进行记录。[3]

工作人员只能在所需获得一致同意和最终确定,或收到书面保证后开始田野活动。提供国内田野活动也应遵照该国相关法律和法规规定。

研究机构也应创设指南协助工作人员从事正式活动,包括明确设定谁有权签署协议。工作人员也仅在研究机构符合条件的情形下代为确定共同商定条件(如许可条件)。而就事先知情同意和共同商定条件开展协商时,研究机构及其工作人员必须明确使用材料目的。[4]本实践文件鼓励研究机构和工作人员积极使用欧洲分类机构联盟生物材料使用声明,因为该声明指出生物材料使用主要形式。

在可能和适当情形下,田野活动应成为与博物馆、植物园、大学或提供国其他经认证的科学研究组织成立的合作企业日常工作一部分。这种合作也

---

[1] Objects may include biological material but also other material that could contain biological material, such as soil samples.

[2] With pending international and national ABS legislation inside and outside the EU, institution should carefully check and compare laws as soon as they enter into force to determine if specific access restrictions and reporting obligations need to be considered. Relevant information on national ABS legislation and Competent Authorities can be obtained from the ABS clearing house website, http://absch.cbd.int/.

[3] e. g. by recording positive replies of respective Competent National Authorities.

[4] It is advisable to consider and cover- as far as foreseeable and possible- any potential future uses beyond current specific research projects for which PIC & MAT are negotiated. The proposed use should be as broad as possible and not be limited to a specific technique, keeping in mind that samples persist in collections (if not consumed by the current project). This could help to avoid new negotiations being triggered duet to novel analytical and technical advances even though the purpose of the research is unchanged.

属于共同商定条件有关田野活动直接惠益分享形式。[1] 一旦研究机构在提供国进行长期或重复开展活动，上述做法也有助于与提供国主管部门创设框架协议。

包括工作人员及联合研究人员收集标本或样品，以及个人使用机构名称等活动仅能以和以对田野活动承担责任的研究机构名义开展；任何以私人或使用目的额外使用生物材料的行为，包括代表或将生物材料售卖给第三方的行为均应被研究机构禁止。[2]

1.2 移地条件下生物资源临时获取

上述情形包括所有尚未转移至研究机构所有和/或并未增加至储藏室等。它们具体是指以研究、展览或临时使用为目的的材料暂借行为，也如客座教授引入材料在研究机构 DNA 实验室进行分析或访问人员引入标本在研究机构进行测试。

研究机构内部操作规程将会有助于创设各种条件以评价研究机构工作人员或联合研究人员接收暂借材料是否符合获取和惠益分享规定的要求。当生物遗传资源获取过程中相关文件并未随材料同时转移，或非法使用非法获取生物遗传资源的时候，前述违反规定的做法所导致的风险是非常重要的问题。

1.3 移地条件下生物资源永久获取

上述情形包括研究机构从野外收集的生物材料，也包括从其他机构或其他移地条件下转移的属于或由研究机构管理的生物材料，包括购买、捐赠、遗赠、交换和未经主动请求而提交的样品等。

研究机构必须恪尽勤勉义务以使它们在足够确信将合法保留生物材料的情况下开展获取活动。

研究机构禁止通过直接或间接手段开展违反最初获取及随后相关国际、国内法律规定收集、售卖或其他转移生物材料的活动，除非该项活动已经相关外部机构明确表示同意。而在《名古屋议定书》生效后[3]开展生物材料获取活动，研究机构必须同意仅接受能提供生物遗传资源和相关信息获取符合适当的获取和惠益分享立法或制度要求，或相关情况下共同商定条件文件

---

[1] It is advisable to list under the MAT all benefits that are to be delivered and to record all benefits being delivered.

[2] Institutions are advised to develop or revise procedures to train and inform independent or contracted individuals or organizations who collect and supply biological materials or who do fieldwork for and in the name of that institution.

[3] 12th of October, 2014 http://www.cbd.int/abs/.

证明的生物材料。[1]

如果生物材料来自于商业性质的提供商，研究机构应意识到这可能构成使用用途的改变，从而要求最初提供者的事先知情同意和共同商定。研究机构也被建议在获取之前查验上述材料的出处和法律状态。

为了对移地来源的材料获取进行管理，研究机构希望开发或采取内部措施以对即将进入的材料进行归档。研究机构将需要包括与研究材料相关的许可、出处以及在可得情况下指明其出处的文件，或一项为何不可得或不能被要求的声明。这些包括任何条件的文件或声明或许附在确认转移至研究机构的文件之后可能会更加有用。某项便利上述工作的称为标准"材料获取协议"[2]的工具可适用于并未被工作人员收集的任何材料。该类工具也适用于提供给研究机构的材料或在捐赠之前研究机构被承诺接受的材料。

1.4 未经请求的获取

材料不能未经请求即到达研究机构，具体包括提交识别意见书、来自其他研究机构研究人员的捐赠以及参观人员放弃的材料。研究机构应创设或适用明确上述情形的政策以及实践。对未经请求的捐赠，捐赠者应被要求提供相关文件或有关并未要求归档的支持性声明。参观人员放弃的材料应返还给他或明确那些未经请求的捐赠物所寻求的法律来源。[3]

那些用于识别或分析等类似活动材料不能在没有适当归档的情况下予以保留（包括如果可以，明确其虽然没有在第一个地方合法获取，但基于某些原因，比如国内边境检查部门提交的意见书，它能够被研究机构合法获取。）测序结果或其他来自这项材料的用于识别的数据不能在未被明确其是否合法获取的情况下径自公开。

2. 创设机制和数据管理

研究机构应确保内部规程和程序尽可能地顾及获取和惠益分享。内部规程需要考虑如下问题：

A. 协调、管理和记录研究机构各研究小组以及所有收集活动相关政策及持续有效议定书；与传统收集活动相比，单独或新近发展的收集活动（如冷冻器官及 DNA 收集）和公共展览收集活动可能产生不同议定书和政策；对上述政策进行协调将减少工作人员管理问题和管理的不确定性；

---

〔1〕 Legal exemptions such as materials seized by customs and deposited at the institution may apply.

〔2〕 See joint GGBN/CETAF MTA templates, here specifically MTA 3.

〔3〕 See CETAF MTA 4, warranty of guests bringing material to an institution for research/ analysis.

B. 活性物质收集——活性物质收集可能需要特殊条件，包括培养皿选用和在收集活动中对有机物进行人工繁殖和增殖；

C. 研究活动与获取和惠益分享。研究人员和其他人在研究活动过程中需要政策约束内部获取和使用生物遗传资源，以及出版研究成果等行为。上述行为属于获取和惠益分享或其他政策框架内容取决于研究与收集活动管理结合紧密程度；

D. 外来样品破坏和入侵——包括任何形式样品或拟抽取 DNA 的二次抽样样品。尤其重要的是需依据提供国协商一致的要求和限制规定管理；

E. 生物遗传资源相关传统知识——包括研究机构获取、记录、电子存档、归档和其他发布生物遗传资源相关传统知识行为。上述记录也应反映生物遗传资源相关传统知识如何存储、谁有权获取以及进入公共领域相关条件；

F. 数据库、数据（包括图片）以及文档管理、生物材料相关数据出版、收集活动数据记录和事先知情同意、共同商定条件和标准材料转让协议之间数据链接等；

G. 内部收集活动审计——监督或审计制度（尤其是电子形式）作用在于依据协议和相关进程，以及在被要求和合适情形下更新协议规定确定研究机构是否有效管理获取和惠益分享文件。

本文件建议在中心机构（如某位注册员）注册和储存相关法律文件，尤其是在分离储藏室、不同建筑物内储存的单个、独立的有机物子样品（生物遗传资源）。若能够较易获取上述文件电子存档将会为研究活动提供有价值的支持。

2.1 保存记录和数据管理

研究机构必须对储存物及相关信息进行管理以便生物材料使用行为与提供国提供材料规定和条件相一致。

为了实现上述目标，研究机构应就保存如下记录：

● 获取生物材料，包括与生物遗传资源相关的核心数据；[1]

● 生物遗传资源描述（以恰当地分类学方法）；

● 生物遗传资源和相关传统知识获取时间与地点；

● 生物遗传资源和相关传统知识直接提供者；

● 相关法律文件参考材料（特定情形下若干国际认证遵约证书、许可、

---

〔1〕 In this list the items in italics are those that may be required for reporting to a checkpoint under the Nagoya Protocol and Under the EU Regulation（See Article 4, paragraph 3）.

事先知情同意、共同商定条件等）以及可能情形下已扫描过的或客观存在的复本，包括授予事先知情同意行政主管部门、授予日期和被授予事先知情同意的个人或法人。上述材料也应在授予事先知情同意文件里进行标记或指示；

- 共同商定条件，包括已分享惠益；
- 现存或欠缺的权利及限制，包括商业化开发和第三方转移。
- 使用生物遗传资源或研究机构或受约束的法人内个人或法人已使用生物遗传资源的情况，以及是否得到外部资源或内部资源支持；[1]
- 任何向第三方转移行为，不管是暂借还是永久转移；
- 任何由使用行为产生或与提供者/提供国分享惠益；
- 出售、处置以及损失，包括对组织消耗或 DNA 分析或材料自行退化。

同时也建议采取适当数据管理系统以便研究机构能够：

A. 对材料来源、出处以及任何由研究机构收集的生物材料样品或标本的提供者、生物材料使用规定和条件提供的工作人员和经认证的访客进行记录；

B. 追踪已进入储存状态的生物材料使用情况（包括使用或向第三方转移的情况）；

为了实现上述目标，理论上数据管理系统应关注如下问题：

- 迅速发现标本或样品相关法律文件、法律规定及限制条件的手段（如在共同商定条件中），若必要的话应在标本或子样品、组成部分或衍生物发生转移的时候将上述信息富有成效地向其他研究机构使用者进行转移；
- 将最初样本或标本与使用生物材料（如 DNA 测序信息、图片或其他数码表现形式）不同数据和信息相连接的手段；
- 保留特定时间段生物遗传资源相关所有记录或法律信息手段（如遵守欧盟规则，所有记录或信息需在使用结束后保留至少 20 年）。

2.2 储存物的处置和出售

与其他储存物管理事项相比，某项或多项经过协调的内部政策或许更有帮助。一旦符合经提供国协商一致同意的规定和条件即可开始进行处置活动。

共同商定条件可能要求在使用完毕之后销毁标本（如将 DNA 交由第三方实验室排序）或返还给提供者。销毁标本应在符合所有限制条件或要求情况下开展。研究机构也应设置相应程序对销毁活动进行管理以便符合获取时相关事先知情同意、共同商定条件或标准材料转让协议。

---

[1] This might have relevance in combination with the ABS Implementing Act or the EU and should be critically reviewed for each utilization（including multiple use of same samples）.

3. 使用生物遗传资源

研究机构应注意到任何借助自身设备使用〔1〕生物遗传资源的行为之后仍应履行报告义务。〔2〕而本文有关使用声明也附在欧洲分类联盟获取和惠益分享行为准则附件一。

若共同商定条件作出禁止性规定，不得以使用生物遗传资源为目标而将生物材料制成标本。因此研究机构应为每份材料样本（或子样本）创设任意有关使用生物材料（包括使用生物遗传资源）禁止条件的数码提示辅助工具。这些工具应放于适当位置以便工作人员和其他使用者，如合作项目合作伙伴可以及时得到通知并遵守生物遗传资源和相关传统知识相关规定和条件。

当研究机构在《名古屋议定书》生效后从提供国获取材料信息并未完全满足报告要求，或获取和使用活动存在法律不确定性时，研究机构或者尽快得到获取许可或其他同等效力法律文件，或者与提供国协商共同商定条件，或者中止使用行为。

研究机构应保留生物遗传资源使用记录。研究机构应就如何处理工作人员和其他使用者非正常情形使用生物遗传资源（故意或疏忽大意）进行明确和健全规定。

生物遗传资源使用相关出版物和其他生物材料使用情况均应承认提供国。理论上而言，出版物应包括获取许可识别标记或其他包括标本使用、收集协议（若仍然存在的话）。同时亦应列明有关标本或样品参考资料。"出版物"应包括纸质或电子出版物，以及公共领域在线数据库，例如 GenBank。

4. 提供给第三方

任何来自于研究机构规定或所获标本的限制条件或要求应与第三方进行沟通。这或许要求提供共同商定条件纸质或电子文档、获取许可和某些情况下需要材料转让协议（尤其是标本、样品或子样本永久转移的情形）。

2014 年欧盟第 511 号规则第 4 条第 3 段要求欧盟研究机构应当：

针对该条首段提出的目标，使用者应向后续使用者寻求、保留和转移如下：

（A）国际认证遵约证书，以及与后续使用者共同商定条件内容相关信息；或者

---

〔1〕 "Utilization" here is used in the sense of the Nagoya Protocol.

〔2〕 See Nagoya Protocol, Article 15, and the European Commission Implementing Regulation for the Implementation of Regulation（EU）No. 511/2014.

（B）在不存在国际认证遵约证书的情况下，如下信息和相关文档：

（i）生物遗传资源和相关传统知识获取时间和地点；

（ii）生物遗传资源和相关传统知识具体情况描述；

（iii）生物遗传资源和相关传统知识直接获取来源，以及后续使用者情况；

（iv）与获取和惠益分享相关的权利义务（包括后续应用和商业化导致的权利和义务）；

（v）适当情形下的获取许可；

（vi）共同商定条件，包括适当情形下的获取和惠益分享协议。

依据 2014 年欧盟第 511 号规则有关获取和惠益分享规定，欧盟各国国家联络点仍应就其他相关信息提出要求。上述 iii）说明应包括使用者记录。因此，或许向第三方（尤其是生物遗传资源使用者）明确告知使用信息仍将作为报告主要内容予以保留。上述内容也应成为标准材料转让协议部分。

4.1 临时转移（如暂时借用或分享组织/DNA 子样本）

本部分主要适用于不改变所有权的生物材料临时转移给第三方行为，如材料由并非原始获取的研究机构人员临时管理等。上述行为只能在不违背事先知情同意和共同商定条件最初规定时发生。

借用生物材料的第三方应意识到使用材料的规定和条件。

研究机构应使用标准材料转让协议[1]创设包括临时向第三方转移规定的新协议。

研究机构应设置相应程序即允许借用协议将最初共同商定条件或其他规定进行规定以就第三方改变研究机构所获材料使用用途的请求进行回应。研究机构应创设明确、完善的政策以应对第三方不当使用上述材料（可能基于故意或过失）的情况。上述规定应包括通知国家检查点或使用者所在国联络点。

第三方应保留所借用的样本或标准记录，包括使用生物遗传资源所在地点。

4.2 第三方永久转移

生物材料不应在违背事先知情同意和共同商定条件最初规定情形下被永久转移给其他研究机构。若转移行为并未违背事先知情同意和共同商定条件最初规定，生物材料可以标准材料转让协议为基础向第三方转移，且至少应与提供者签署标准材料转让协议要求保持一致。本协议应要求第三方仅能以

---

〔1〕 See joint GGBN/CETAF MTA templates, here specifically MTA 1.

符合最初事先知情同意和共同商定条件规定的方式使用生物材料。[1]事先知情同意和共同商定条件相关规定也应随着材料同时转移（参见欧盟相关规则规定），且应将保存的标本或样本记录永久转移给第三方。

若研究机构被第三方希望以最初事先知情同意和共同商定条件或材料转让协议规定不同的方式使用生物材料，研究机构可能的反映包括拒绝请求、要求第三方获得提供者事先知情同意和共同商定条件，或与第三方获取许可开展合作。

任何与样本有关的作为研究活动组成部分的商业活动应在活动结束后返还或将残渣予以销毁。

5. 惠益分享

研究机构应创设相应程序以获取事先知情同意和共同商定条件或以后续使用目的发生改变的重新协商内容为基础，就生物遗传资源使用产生的惠益与提供国、其他利益相关人进行分享。这些程序应包括以协商一致的事先知情同意和共同商定条件保存相应惠益分享记录。研究机构应被建议保留惠益分享记录。

与提供国协商一致的惠益分享包括《名古屋议定书》附件清单任意列举的形式和内容，因为研究机构工作具有非营利性质，惠益分享内容多半是非货币，特别是：科研培训、教育、能力建设、技术转移、科研项目协作、研究成果出版物分享以及在公开数据或研究成果时承认提供者。一旦前述附件清单作为提供国签订协议基础，惠益分享的管理应尽量提供相应便利，因为这将支持标准词语记录管理活动。

研究机构应尽力实施程序性规定以就新的生物遗传资源使用行为或《名古屋议定书》生效之前获取行为产生的惠益尽可能合理地、以获取行为相同的方式进行分享。

6. 研究机构政策

明确政策主张将有助于研究机构以符合《名古屋议定书》和其他适用的获取和惠益分享相关法律规定前提下开展工作。它们需要在工作流程中对活动或特定时点进行控制，如何处作出决策——是否存在获取和惠益分享可能性，是否受获取和惠益分享相关法律规范，何处应考虑获取和惠益分享。

---

〔1〕 Where sequence of other analytical data are retained by the Third Party as a part of the logfile of the sequence or other database, a contract should be agreed prior to analysis that excludes utilization not in compliance with the terms and conditions under which the biological resources were required.

任何有关生物遗传资源政策应明确义务承担者（如工作人员是否在场或不在场），包括在其他研究机构进行访问的工作人员；研究机构内学生；研究伙伴（如研究助理、荣誉研究员）。同时也需要对在多家研究机构工作的研究人员或研究团体予以特别考虑。

研究机构（以及其他符合条件的主体）应创设完整获取和惠益分享政策（这可被称为"伞形"政策进而包括所有获取和惠益分享相关内容以及适用于其他政策领域的内容[1]）。协调一致的政策及程序将会有助于研究机构及其人员以符合各国国内和国际获取和惠益分享法律规定进行管理。而在可能的情况下，研究机构政策应对已经接受的法律框架做出回应，包括2014年欧盟第511号规则以及获取和惠益分享后续规定。不同研究机构政策应就如下内容予以考虑：

6.1 获得新的标本

（1）田野收集——应包括所有收集活动，包括获得适当文件如各种许可、事先知情同意和共同商定条件等要求。

（2）对象进入——当生物材料在获取活动开始前进入研究机构，研究机构所要求的法律文件，包括研究机构管理的文件和对象进入。

（3）获取——对进入存储室和由研究机构管理所有和管理的标本要求，包括长期暂借和处于信托状态的材料。政策相关内容包括：

A. 所需文档（如事先知情同意、共同商定条件、材料转让协议、捐赠信件、契约文件的转移[2]），以及如何管理；

B. 个体识别（在对获取活动应负其责的研究机构主任、储藏室领导）

6.2 管理储存室

（4）符合共同商定条件的管理手段——包括在法律框架下适应持续性的储存义务（如标本应返还给提供国）。此外也应依据协商一致的事先知情同意和共同商定条件改变使用目的。

（5）借用的DNA和组织——所需文件（如事先知情同意、共同商定条件和材料转让协议，借用文件复件）以及如何管理。

---

[1] It might be advisable to develop policies and clear procedures for utilization of pre-NP specimens (collected in-situ or acquired ex-situ prior to 12 Oct 2014) and pre-CBD specimens (collected in-situ or acquired ex-situ prior to 29 Dec 1993).

[2] Legal document managing the formal change of ownership of an object from one person or organization to another. Documents required (e. g. PIC, MAT, MTA, Donation letters or Transfer of Title or similar documents confirming transfer of ownership).

（6）研究机构内特殊或新发现的储存物——如授予干燥或经冷冻的酒精浸润的组织和 DNA；应创设统一的政策和记录。

（7）破坏性和侵入性的样本——包括任何试图提取 DNA 的子样本。应与提供国就管理限制性规定和要求协商一致。

（8）活体储存物——对栽培、其他培育和繁殖的储存有机物进行使用；[1]相关协议也应提供给第三方。

（9）生物遗传资源相关传统知识——包括所有研究机构获取、记录、数字化实现生物遗传资源相关传统知识。如何存储、谁有权获取、面向公共领域的条件。

（10）引入和对外展览借用品/获取——尽管以科学研究为目的借用行为并不适用获取和惠益分享许可（包括生物遗传资源相关传统知识）。[2]

（11）即将开始的借用——其他研究机构的使用者在何种条件下可以符合材料获取时要求借用生物材料，具体包括：

A. 借出者被允许对所接收材料采取的分析技术清单；未在借用清单里的材料应被禁止使用；

B. 借用文件要求（如最初事先知情同意、共同商定条件或概要）；

C. 第三方要求商业化活动；

D. 第三方不当利用活动。

（12）即将借出的 DNA 和组织——其他含有破坏性地取样技术的产品；不仅包括前述第十一点内容，以及：

A. 返还或处置任何剩余的并未用作分析的样本/衍生物/等分部分；

B. 借用者后续使用行为；

C. 由个人借用的以及并未被借用者转移的物品；

（13）研究和获取与惠益分享——生物遗传资源获取、使用和出版研究机构研究成果。

（14）数据管理和归档——所有数据管理包括与获取和惠益分享相关归档或信息，具体如：

A. 存储与获取和惠益分享相关文件和信息；

B. 符合事先知情同意和共同商定条件规定的对照检索机制；

C. 获取和惠益分享文件中与第三方分享的内容，包括通过报告和遵约

---

〔1〕 若使用目标发生改变，如从宠物贸易变为生物遗传资源利用。

〔2〕 他们也应遵守《濒危野生动植物国际贸易公约》额外规定。

机制；

D. 敏感信息特殊处理（如生物遗传资源相关传统知识，事先知情同意和共同商定条件下信息限制）；

E. 当出现物理分离时，记录合适的组织和 DNA 子样本记录方式，如样本（组织、DNAs 和凭证标本）以物理形态存储和/或研究机构不同部门或实体管理；

F. 额外信息出版议定书（如提供者，许可数量，限制使用情形）以及相应数据（如通过基因银行出版物）

G. 记录保留。

（15）内部储存审计——创设监督或审计制度亦明确研究机构是否有效管理获取和惠益分享文件，遵守协议和相关程序，以及要求或是否因此得到提升。

6.3 储存室移除标本，包括在分析活动过程中消耗

（16）分派和物质退出——包括所有暂时离开或永久离开研究机构的活动，包括：

A. 内部要求文件，尤其是子样本及衍生物的消耗情况；

B. 一旦转移给第三方，接收者需要文件；

C. 提供国要求文件。

（17）损失或完全消耗——行动方针应考虑获取和惠益分享要求（比如共同商定条件），包括归档，样本不再因内部（完全用于 DNA 分析）或外部（暂时借用损失）理由无法获得。

（18）出售、交换与处置[1]（包括交换和转移）——如何就标本脱离研究机构所有/监管状态，如何由共同商定条件或标准材料转移协定进行规范。

7. 工作人员培训

所有工作人员工作包括对标本进行储存、管理和研究标本，承担实验室工作和管理其他研究机构借用物品，同时应接受获取和惠益分享政策和其他政策有关获取和惠益分享方面规定的训练。任何经确认的工作人员号码对应相应训练项目以及训练记录。研究机构获取和惠益分享相关政策及程序手册应以电子版或纸质版呈现。

---

[1] e. g. PCR and cycle sequencing products.

生物技术产业组织成员生物勘探
协议操作指南（A）[*]

前言

生物技术产业组织：

• 认识到保护生物多样性对所有人来说具有显著的长期效应并希望在这个过程中扮演相应角色；

• 认识到促进生物多样性可持续利用以及与提供生物遗传资源其他当事人进行公正惠益分享的重要性；

• 认识到生物遗传资源相关科学研究的重要性及此类研究对整个社会产生重要利益；

• 希望推动明确、透明的生物遗传资源使用条款尽快通过并促进此类资源更多地开发利用且让更多利益归入提供方和整个社会；

• 希望引导各方及其代理人的包括生物遗传资源收集及以符合国际国内相关规定的方式对所收集生物遗传资源进行使用和评估在内的各种行为。

因此而创设生物勘探协议操作指南。

1. 定义和适用对象

A. 定义：本指南所使用下列术语具体含义如下。

1. **"惠益分享"** 是由生物技术产业组织成员（以下简称"BIO 成员"）向提供方提供的任何形式的金钱或非金钱的补偿或对价以使 BIO 成员有权获取和使用特定生物遗传资源；

2. **"生物技术产业组织成员"**（BIO 成员）是指生物技术产业组织会员；

3. **"生物勘探"** 是指 BIO 成员在就地或保存在移地环境下收集特定生物

---

* Guidelines for BIO Members Engaging in Bioprospecting.

遗传资源实物样本的行为；

4. **"生物勘探协议"** 是指 BIO 成员与任意缔约方或提供方签署的包含（ⅰ）事先知情同意；（ⅱ）收集和使用特定生物遗传资源以及惠益分享的术语和条件的书面协议；

5. **"已收集生物遗传资源"** 是指 BIO 成员通过生物勘探协议收集的特定生物遗传资源的实物样本；

6. **"缔约方"** 是指接受、批准或加入《生物多样性公约》的国家因此也成为该公约缔约国；

7. **"移地保护"** 是指在其他地点对原本应就地保存的生物遗传资源实物样本进行保存的行为；

8. **"联络点"** 是由某缔约国政府确认或授予应当：（ⅰ）在生物遗传资源获取活动中确认提供方或公约缔约方；（ⅱ）提供该国境内获取和使用特定生物遗传资源获得事先知情同意要求和程序相关信息；（ⅲ）提供适用于缔约国惠益分享相关要求信息；（ⅳ）确认该国境内土著和当地社区代表的行政机关；

9. **"生物遗传资源"** 是指含有遗传功能的非人造的动物、植物和微生物遗传材料；

10. **"就地保护"** 是指生物遗传资源位于该国自然栖息地或生态系统的有关区域；

11. **"提供方"** 是指缔约国内具有授予事先知情同意和有权审批获取和使用特定生物遗传资源申请的主体，主要包括尤其是各国中央政府、地方政府、土著和当地社区以及上述主体的结合；

12. **"事先知情同意"** 是指 BIO 成员和提供方签署旨在规定 BIO 成员应向提供方提供的符合本指南第三部分规定关于 BIO 成员获取的特定生物遗传资源是否获得许可的信息；

13. **"特定生物遗传资源"** 是指《生物多样性公约》对该国生效前缔约国内提供方提供生物遗传资源也应在收集或使用之前进行事先知情同意。

B. 适用对象

1. 本指南创设规则正如 A.3 部分所示主要是对 BIO 成员开展生物勘探活动进行指导。

2. 本指南不适用于如下获取或使用行为：

a. 任何从人类或来源于人类的材料获取行为；

b. 获取不属于本指南规定的特定生物遗传资源行为；

c. 任何在《生物多样性公约》对缔约方生效之前从移地条件下获取生物遗传资源的行为；

d. 不论是以商业开发或非商业开发目的，从不受限制的公共领域获取生物遗传资源的行为；

e. 公开获取信息的行为，特别是获取包括科普文献信息、专利或专利申请公告信息、以非限制的方式传播信息。

2. 生物勘探行为

A. 生物勘探行为之前应开展的工作：

1. 就特定生物遗传资源确认和联系缔约方联络点。

a. 就地获取特定生物遗传资源实物样本，还是在该国境内或该国控制的区域内移地获取生物遗传资源实物样本等事宜与缔约方确认的联络点进行联系；

b. 就该国境外或不在该国控制区域内移地获取生物遗传资源实物样本等事宜与移地获取管理人进行联系，若该管理人也不了解联络点具体情况则采取合理步骤确认联络点。

2. 与联络点进行合作，倾尽合理努力确认缔约方所有利益主体并确认生物勘探行为要求。

3. 就收集和使用缔约方合法控制或持有特定生物遗传资源申请事先知情同意。

4. 与提供方共同履行协议规定术语或条件，如获取、处理和使用特定生物遗传资源实物样本，尤其是对使用、处理或转移这些实物样本进行惠益分享。

5. 与提供方签署反映和包括事先知情同意条件和术语在内、涉及获取、处理和使用特定生物遗传资源实物样本的生物勘探协议，同时该协议也应包括惠益分享的术语和条件。

6. 采取合理步骤确认生物勘探协议将会对缔约方政府产生约束力，不管是直接还是通过提供方所在缔约国授权机构产生约束力。

B. 在获得事先知情同意和缔结生物勘探协议后以符合生物勘探协议规定术语和条件规定开展生物勘探活动和利用已收集生物遗传资源。

3. 事先知情同意

A. 倾尽合理努力通过以下方式明确事先知情同意任何特定要求是否适用于已收集的生物遗传资源：

1. 确定缔约国是否创设事先知情同意相关要求，或相应机关是否有权代表提供方；

2. 根据具体情况确定提供方或缔约国创设事先知情同意要求性质；

3. 遵守经确认的规定以符合适用于已收集的管制范围内的生物遗传资源事先知情同意义务，同时将其作为遵守生物勘探协议的证据；

B. 若缔约国没有创设事先知情同意相关要求，应倾尽合理努力至少向提供方提供如下信息：

1. 已收集生物遗传资源开展活动的性质（如以生物学特性筛选实物样本、实物样本的研究和发展、实物样本化学成分的分离和提取、实物样本的基因分析）；

2. 使用已收集生物遗传资源开发产品或相关服务的可能领域（如制药业、农业、工业技术、环境修复等）；

3. BIO 成员首席研究人员的联络信息和身份，或类似研究活动 BIO 成员的联络点。

4. 研究成果的分享和惠益分享、知识产权获得和其他相关规定

A. 受生物勘探协议约束的 BIO 成员和提供方应诚信遵守该协议已收集生物遗传资源进行惠益分享规定，同时也应明确生物勘探协议相关术语和条件。

B. 生物勘探协议可考虑如下惠益分享形式：

1. 已收集生物遗传资源商业开发或利用的货币或非货币惠益，包括提供设备和材料、预付款和支付价款等；

2. 分享已收集生物遗传资源相关研究活动科普信息，为了保护已获得专利或未披露信息的权利该研究活动符合公开披露的时间和条件等标准工业实践要求；

3. 与 BIO 成员利益和商业需求保持一致的情况下，授予或已经授予提供方直接使用来自于 BIO 成员使用已收集生物遗传资源产生的技术成果；

4. 为提供方选派的科学家提供培训；

5. 邀请提供方选派的科学家参与 BIO 成员开展已收集生物遗传资源相关

科研活动；

6. 在已收集生物遗传资源的缔约国境内开展研究活动；

7. 向提供方转移 BIO 成员所拥有的：（1）与已收集生物遗传资源相关的研究成果；（2）关于保护、保存或实质处理已收集生物遗传资源的科学知识、专家和技术；

8. 承诺仅就已收集生物遗传资源的使用和研究产生的发明且以一种明显区别于提供方提供已收集生物遗传资源的方式申请专利。

5. 保护土著和当地社区权利和利益措施

A. 尊重缔约国以及已收集生物遗传资源来源地土著和当地社区的风俗、传统、价值观和惯例。

B. 积极回应土著和当地社区提出的符合生物勘探协议有关规定的已收集生物遗传资源处理、储存和转移信息请求。

C. 尽可能地采取合理的措施阻止披露土著和当地社区成员保密信息，同时依据提供信息社区的规定处理有关信息。在可能的情况下将上述规定纳入生物勘探协议。

D. 避免使用或商业开发行为阻碍提供方对已收集生物遗传资源进行传统使用。

6. 保护和可持续利用生物多样性

1. 采取合理措施以防止破坏或改变当地环境以及缔约国就地获取生物遗传资源实物样本的行为。

2. 避免任何行为对保护和可持续利用生物多样性造成威胁以及缔约国就地获取生物遗传资源实物样本的行为。

3. 采取合理措施和恪尽诚信义务与缔约国和/或提供方分享已收集生物遗传资源研究成果，这些研究成果将会对已收集生物遗传资源相关物种、环境和栖息地的保护提供支持。

7. 遵守生物勘探协议和指南相关规定

1. 依据已适用的生物勘探协议术语和条件使用已收集生物遗传资源。

2. 除非首次为其他目的使用已收集生物遗传资源并获得单独事先知情书面同意或依据已适用生物勘探协议事先知情同意相关规定，禁止任何使用已收集生物遗传资源的行为。

3. 在依据本指南规定获得已收集生物遗传资源后，保留处理、储存和物理移动已收集生物遗传资源的记录并在提供方于合理期限内提出要求时与其分享。

4. 确保生物勘探协议相关术语和条件也同样适用于：（i）依据协议继承缔约国和提供方权利的任何继受者；（ii）依据协议获得已收集生物遗传资源实物样本的第三方，除非该第三方已从缔约国或提供方完全独立地受让相关权利。

5. 不得向第三方转移已收集生物遗传资源，除非这种转移行为符合已适用的生物勘探协议术语和条件。

6. 若不能提供证据证明获取行为符合事先知情同意义务规定以及适用于实物样本使用的条件，不得从第三方接收已收集生物遗传资源实物样本。

7. 不管是承诺采用与本指南附件所设定程序规定一致的国际仲裁程序还是其他缔约国或提供方一致同意的程序，生物勘探协议应包含符合相关术语和条件规定的有效、公平争端解决处理程序性规定。

生物技术产业组织标准材料转让协议建议文本（B）[*]

前言

鉴于：

受让者为生物技术产业组织（BIO）成员，具体情况为：＿＿＿＿＿＿＿

转让者的具体情况为：＿＿＿＿＿＿＿

受让者依据与转让者签署的生物勘探协议确认和/或收集特定生物遗传资源实物样本；

受让者希望对转让者持有的上述特定生物遗传资源实物样本享有所有权；

受让者通知转让者所拥有的特定生物遗传资源可能用途，以及特定生物遗传资源相关主要研究人员身份和联络资讯；

转让者同意将以转让者提供的信息为基础而使用的生物遗传资源的所有权转移给受让者。

受让者和转让者一致同意下列内容：

评价：如果转让者或受让者作为其他实体的代表（或转让者具有转移特定生物遗传资源至其他实体的义务），其他实体也应被得到确认。

上述前言的第三条仅适用于转让者和受让者之间事先存在生物勘探协议的情形。

转让者通常是指南第一部分 A 条第 11 款所定义的提供方，它拥有授予事先知情同意许可和获取和使用特定生物遗传资源的法定权力，特别是，国家政府部门、地方政府部门，土著或当地社区或上述实体结合体。同样的，转让者也应作为提供方的代表。如果存在生物勘探协议，它也应罗列提供方。其他转让者也必须依据协议在特定生物遗传资源识别或收集过程中进行确认。

---

[*] Biotechnology Industry Organization Suggested Model Material Transfer Agreement.

上述前言也注意到事先知情同意应在依据协议转让特定生物遗传资源过程中发挥作用。事先存在的生物勘探协议应指出事先知情同意主要用于收集活动但并非特别用于转移或使用特定生物遗传资源活动。指南第三部分有关事先知情同意规定可适用。

第一条　定义

本协议所使用的规定含义具体如下所示。

"生物勘探协议" 是指转让者和受让者之间以＿＿＿＿＿＿＿＿＿＿为主题的书面协议，且实施于＿＿＿＿＿＿，复印件应附于本协议之后。

"生物遗传资源" 是指包含遗传功能单元的非人造的来源于动物、植物或微生物材料。

"当事方" 是指转让者和受让者。

评价：评价中所使用的术语规定可见指南第一部分 A 条。

第二条　材料

材料受到本协议如下限制：

_____

评价：可转移的实物样本材料的识别应尽可能地包括下列内容：

1. 材料的分类学身份（如果分类学身份未知，应包括材料物理学属性描述）；

2. 描述材料的照片、图片或其他书面手段；

3. 获得材料样本的位置和转让者提供的样本地理来源信息（如来源国），以及

4. 可在机构存储的一份标本样品以保持样本的完整性并允许未来进行特性描述。上述机构应包括依据《国际承认用于专利程序的微生物保存的布达佩斯条约》设立的"国际储藏机构"。但是可接受的结构并不限于国家储藏机构，它还包括转让者和受让者认为合适的其他机构。

在可能的情况下，材料的识别应由转让者完成。而在可替代的情况下，受让者应与转让者一起创设识别和描述材料的方法。如果转移材料数量较多，有关材料的描述应标于附件。相应地，若干转移协议也将使用，特别是不同用途或适用于不同惠益分享安排的材料。

第三条　转让

3.1 转让者应将本协议第二条提到的样本按照本部分以下段落规定转移至受让者。

3.2 样本转让条件，包括样本数量、包装、地点以及发送时间等：

3.3 受让者不应继续转让转让者提供的样本，且不应将来自样本的生物遗传资源转让至其他主体除非出现下列情况：

3.3.1 作为受让者的代表，前文所述且受到本协议约束；

3.3.2 转让者书面授权接收样本的主体；

3.3.3 受到本协议约束的受让者利益继承人。

3.4 受让者应保留有关样本处置、存储和物理移动的记录且应将该记录提供给转让者。

评价：如果样本从转让行为发生国移出，政府应对上述进口和/或出口授予许可。如果政府部门即为转让者，它必须清楚是否有权和/或授予出口许可。不论情形如何，上述部门应有义务就指定进口和出口活动获得授权。相应地，政府规章也应就处置材料设置特定程序。政府部门有义务履行特定要求且所有要求均应得到落实。

第四条　使用材料

4.1 为实现下列目标，受让者（作为受让者代表的实体）应依据本协议第三条规定使用转让材料样本：

替代方案 1：生物勘探协议第_____款列举的内容。

替代方案 2：生物勘探协议第_____款列举的内容以及下列描述目标。

替代方案 3：详情如下。

4.2 受让者（作为受让者代表的实体）应依据本协议第三条规定返还转让材料样本（当受让者完成第四条第一款使用活动后，来源于样本其他材料或将会破坏前述样本、生物遗传资源或转让者指定的其他材料），除非为了申请专利或专利品种保护必须满足披露要求。

4.3 受让者不应对第二条所列示的材料寻求专利或植物品种保护（如将材料转移至受让者某种形式）。受让者也应在申请授予专利过程中主张发明使用转让材料，包括专利展现材料改变形式，或授予植物品种保护过程中主张相关品种使用了转让材料样本。

评价：如果受让者希望以前述第四条第一款规定以外的方式使用转让样本，受让者必须与转让者就本协议修正案或者创设新协议进行协商。

第四条第三款授权受让者就使用样本申请专利或植物品种保护。第五条是惠益分享规定，不过仍可以允许转让者成为受让者许可转让人或共同所有者以适用惠益分享安排部分规定。类似转让协议寻求权利禁止性规定试图保证转让者的权利将不会限制或影响其他当事方使用材料行为，除非该主体是专利/植物品种权利拥有者。

第五条　惠益分享

5.1 受让者（作为受让者代表的实体）应在双方同意的时间提供来自使用转让材料产生的利益：

替代方案1：生物勘探协议第＿＿＿＿＿＿款列举的内容。

替代方案2：生物勘探协议第＿＿＿＿＿＿款列举的内容以及下列描述目标。

替代方案3：详情如下。

评价：惠益分享形式具有广泛性且取决于转让者需要，特殊的惠益分享需求如土著或当地社区、已转让实物样本商业价值、样本潜在使用方式、使用样本创造有商业价值产品的可能性及其他因素。所以，为惠益性质或惠益分享方式提供模式化的建议并不太合适，也没有单一定义能够适用于所有环境。

模式构思提到了特定惠益形式，产生惠益分享义务的条件也会得到确认，所提供的特定惠益日期也会在上述内容中得到明确（如费用即时付款、将材料用于研究活动或试验设置确定费用支付）。相应地，本部分也包括未来某个时点就惠益分享规定和条件进行协商承诺。上述时点或许是：（1）确定的时间；或（2）对已转让材料开展特定类型研究活动的时间；（3）商业产品被确认的时间和正在准备商业化生产和市场营销时间。通常情况下不太建议将惠益分享协商推迟太久，即使对惠益分享规定缺乏协商可能会干扰商业营销活动，和/或可能破坏材料价值仍是如此。

指南第五部分B条列举惠益分享特定形式应被考虑在生物勘探协议项下惠益分享模式化建议之中。同时也应关注《关于获取生物遗传资源并公正和公平分享通过其利用所产生惠益的伯恩准则》附件二列示可供转让者及利益相关人参考的惠益分享形式。

第六条　生物多样性的保护和可持续利用

受让者应采取所有合理步骤并基于真诚考虑与转让者分享来自于第3条所列举转让材料样本研究数据，且上述数据应对保护样本收集相关的种群、环境或栖息地保护努力提供支持。

评价：指南第四部分第三条所述义务（第四部分第一条和第二条仅与收集活动有关且并无关联）。生物勘探协议将构成类似条款。

第七条 一般规定

7.1 本协议自实施之日起十年内有效除非各当事方同意提前结束。本协议也因任意当事方以书面形式向对方提出希望终止协议意图六个月内终止。

7.2 第四条第三款和第六条所示权利和义务将会随着本协议的失效或终止而继续有效。

7.3 本协议失效或终止后，受让者（作为受让者代表的实体）应依据本协议规定将材料样本（生物遗传资源或来自于已转让材料样本的其他材料）返还至转让者或按照转让者指示进行销毁，除非有必要为专利或植物品种保护申请而履行披露要求。

7.4 本协议条款构成各当事方之间类似主题协议的组成部分，且各当事方无需进行任何表述或承诺，除非本协议已包括上述内容。本协议并不被视为任何内容的延伸、取消或修改，除非各当事方代表以书面形式做出确认。

7.5 本协议权利或义务不得分配或除非在其他当事方事先知情同意情况下而转让。

7.6 本协议任何内容均不构成当事方之间合伙或代表关系。

7.7 本协议应符合具有管辖权的法律、法规规定且受其规范，而无需考虑法律规则冲突问题。

7.8 保留赔偿和保密条款。

7.9 保留争端解决条款。

签名：_____

评价：第七段第一条有关适当注意条款的出现，可能因转让者而具有不同意义。例如，植物园适当通知程序就不同于土著或当地社区通知程序。若存在生物勘探协议，上述通知条款也将反映本协议有关通知条款。

而第七段第二条也适当指出第四条某些用途以及第五条某些惠益分享形式以使协议生效。

而对于保留条款第七条第九款，适当争端解决条款可能因转让者而具有不同意义。若存在生物勘探协议，本协议上述规定也应与生物勘探协议争端解决条款相一致。注意到指南第七部分第七条称争端解决条款应提供"公平和有效解决方式"且可包括与指南附件所列的程序相一致的国际仲裁程序。

植物园[1]管理获取、保存和提供活性植物材料[2]相关国际植物交换网络行为守则[3]

保护地球生物多样性是所有人类的责任。纵观历史，植物园为植物多样性的保护作出了重要且不可磨灭的贡献。《生物多样性公约》尊重各国对作为生物多样性成分的生物资源的主权。

为了遵守本行为守则，植物园及其雇员将会为实现《生物多样性公约》设定目标创造贡献。

依据本守则规定，植物园承诺将会谨遵《生物多样性公约》《濒危物种国际贸易公约》等国际公约规定获取、保存和提供活性植物材料。此外，植物园也将尽力遵守各国际国内法律规定。

1. 获取：植物材料如何进入到国际植物交换网络

a. 就现有知识所及，植物园仅接受直到确认获取行为符合《生物多样性公约》、各国际国内法律关于保护和可持续利用生物多样性、生物遗传资源和相关传统知识获取与惠益分享的植物材料。

b. 在就地保存条件下获取植物材料时，植物园应获得来源地获取相关法律、获得事先知情同意程序及其他许可等信息。上述信息来源之一为《生物多样性公约》设置国家信息联络点（若存在的话则为获取和惠益分享国家联络点）。

---

〔1〕 Botanic gardens are institutions holding documented collections of living plants for the purposes of scientific Research, conversation, display and education (Wyse Jackson, BGCI1999).

〔2〕 According to the CBD, "genetic resources" means genetic material of actual or potential value. This definition covers both living and not living material. The Code of Conduct and the IPEN covers only the exchange of living plant material (living plants or parts of plants, diaspores) thus falling in the definition of genetic resources.

〔3〕 IPEN Code of Conduct for botanic gardens governing the acquisition, maintenance and supply of living plant material.

c. 当在移地保存条件下获取植物材料，植物园应依据对植物材料进行保存的机构所在国法律获得事先知情同意。[1]

1.1 植物材料进入国际植物交换网络程序

并不是国际植物交换网络成员的所有植物材料都能够自动分配至国际植物交换网络。已进入到国际植物交换网络的材料即意味着可由该系统某位成员交换至其他人。而这些植物材料相关要求和条件也将被保存。这即意味着只有那些不限制第三方获取和使用的植物材料才能进入到国际植物交换网络并进行交换（见 1.2 不符合交换系统的材料部分）。

如果某植物园在国际植物交换网络中首次提供特定植物样本，该植物园应在提供材料同时附带该系统编号、来源国首字母信息、任何有关限制记录、首家植物园首字母及标识号。该植物园也需要提供由它自行记录的进入国际植物交换网络相关信息（如进入国际植物交换网络的植物材料的有关文件）。

如果是从国际植物交换网络其他成员处接收材料，则应尽量以列举形式按照《植物材料转移记录信息最低要求》做好记录。

1.2 不能进入国际植物交换网络的材料

若某些植物材料的要求和条件限制第三方获取和使用，则这些材料不能进入国际植物交换网络。

即使允许向第三方转移但仍有其他限制条件发生的那些材料也不能进入国际植物交换网络。可以想象到的限制条件包括：

－ 发生任何材料转移需事先通知来源国；

－ 不允许公共陈列；

－ 来源国要求每年提供植物材料使用年度报告。

因为前述标识号本质即是限制性代码，理论上在国际植物交换网络内应尽可能地进行材料交换，接收方也应在此条件基础上获得相关信息。但是实践中如此分散的交换系统很难满足上述要求。因此这些材料不能进入到交换系统中且在本系统内进行交换。

1.3《生物多样性公约》生效前与生效后材料交换

植物园强烈建议获取所有植物材料行为均视为发生在《生物多样性公约》生效后且适用于该公约。若果真如此，各方需明确无论如何也无需对接受《生

---

〔1〕 When requesting plant material for non-commercial purposes, the request will automatically be considered as a request for the PIC. A positive response, i. e. the supply of the requested material, will be considered as granting the PIC.

物多样性公约》生效前植物商业开发产生的惠益分享主张溯及既往的责任。

2. 保存：国家植物交换系统各成员所含材料都发生了什么？

2.1 归档

为了保护生物多样性、促进科学研究、教育和惠益分享，植物园应尽最大努力对委托其"照顾"的植物进行培育和护理并保存相关信息，特别是获取植物材料的若干规定。

这即意味着需要利用数据或记录系统追踪植物材料发生在植物园内外所有信息。这时应考虑交换和分类数据国际标准（如有分类工作组创设的，http://www.bgbm.org/TDWG/）。该数据必须严格区分适用于国际植物交换网络的植物材料和不能进入国家植物交换系统的植物材料。

2.2 使用

任何植物材料的使用均应受到获取时相关规定限制。如使用行为不能超越这些规定，植物园承诺获得来源国新设事先知情同意。

国际植物园交换系统内植物材料不适用于商业开发。如果相关规定和条件并不涉及潜在商业用途或其他使用方式，参与商业开发活动的植物园应承诺获得来源国新设事先知情同意。

2.3 惠益分享

本着实现《生物多样性公约》目标的宗旨，植物园应尽力与来源国就使用植物材料产生的惠益进行分享。因为植物园是以非商业目的使用交换系统提供的材料，所以惠益分享应是非货币形式。

下列清单包括植物园和其他合作机构早已开展的非货币惠益分享实践具体形式：

– 与来源国合作机构联合开展探险和项目合作；

– 知识和技术转移；

– 技术支持；

– 园丁和其他工作人员交换；

– 濒危植物物种的重新引入；

– 与来源国机构和科学家进行联合出版，或；

– 出版来源国研究成果或至少为来源国研究成果提供获取机会。

3. 供应

3.1 国际植物交换网络植物材料的提供

1. 植物材料提供的条件应与获得条件一致。

2. 植物材料的提供应包括与材料相关的转移信息，特别是来源国惠益分享相关信息。

3.2 国际植物交换网络向外界提供植物材料

1. 植物材料提供的条件应与获得条件一致。

2. 植物材料的提供应包括与材料相关的转移信息，特别是来源国惠益分享相关信息。

3. 植物园提供植物材料用于供非商业目的应使用国际植物交换网络提供的非商业目的植物材料提供协议，通过所签署协议接收方承诺以符合《生物多样性公约》规定的方式和协商一致的内容进行惠益分享。这包括来源国在未按原获取条件规定情况下为任何获取行为新授予的事先知情同意。

4. 植物园为商业目的提供植物材料必须有证据证明已获得来源国事先知情同意。在这种情况下，接收方也有责任确保与来源国进行公平和公正惠益分享。为商业目的提供植物材料也要求签署双边协议。

微生物遗传资源研究基础设施获取和惠益分享最佳实践手册[*]

一、介绍

微生物遗传资源研究基础设施（MIRRI）[1]是一个跨欧盟的、分散式的研究基础设施，它为研究、开发和应用提供可供便利获取高质量微生物有机体并将公共微生物领域生物资源中心（mBRCs）与研究人员、政策制定者和其他参与主体联系起来并更有效率和效果地提供生物材料与服务以满足生物技术创新需求。该基础设施开发出一套具有可操作性的法律框架以确保mBRCs成员能够遵守《生物多样性公约[2]关于获取遗传资源和公正和公平分享其利用所产生的名古屋议定书》[3]（以下简称《名古屋议定书》）规定。相关规则如欧盟第511/2014号规则[4]（以下简称"规则"）对欧盟境内使用者遵守规则和惠益分享进行调整。它是委员会为实施欧盟2015年第1866号规则有关采集、监督使用者遵约和最佳实践提供的详细规则。

MIRRI创设了一套有关MIRRI伙伴mBRCs如何在遵守所有可适用的国内和外国获取和惠益分享和规则要求的前提下为实现CBD公约主要目标作出贡献的政策声明。[5]

---

[*]　Best Practice Manual on Access and Benefit Sharing of Microbial Resource Research Infrastructure.

[1]　Microbial Resource Research Infrastructure；http://www.mirri.org/.

[2]　http://www.cbd.int/abs/.

[3]　http://www.cbd.int/intro/default.shtml.

[4]　"Regulation（EU）No 511/2014 of the European Parliament and of the Council of 16 April 2014 on compliance measures for users from the Nagoya Protocol on Access to Genetic Resource and the Fair and Equitable Sharing of Benefits Arising from their Utilization in the Union"；http://eur-lex.europa.eu/legal-content/EN/TXT/? uri=CELEX：32014R0511（applies from 12 October 2014，i.e. the date of entry into force of the Nagoya Protocol for the EU）.

[5]　MIRRI Policy on Access and Benefit-sharing（ABS）.

MIRRI 最佳实践手册是对《名古屋议定书》第 20 条和规则第 8 条的回应。它为 mBRCs[1]实施与生物遗传资源和相关传统知识获取和惠益分享相关机构政策提供指导，以及获取材料的工作程序，包括获取、正式接收 mBRCs 公共收藏新材料、转移材料包括提供给第三方以及提供其他服务。它的目的也包括 mBRCs 如何提升自身开展研究活动的透明性以及合法利用[2]生物遗传资源和相关传统知识。

　　最佳实践手册首先是为活体微生物菌株及其衍生物（如 DNA 样品）收集管理而设计，但是也适用于所有接收微生物、使用和提供给大学或其他机构以外主体以供进一步使用。某些 mBRCs 成员也会保留已收集的死亡天然样本，如干燥草本植物或真菌。[3]而在本最佳实践文本所有最低要求均已列示。MIRRI 强烈建议 mBRCs 成员严格遵守这些要求，这些要求可以将不遵约风险减少到最小。

　　《名古屋议定书》适用范围颇有争议。而像 CBD 公约中"利用生物遗传资源""来源国"以及规则中"研究和开发"等表述富含解释空间。为了不增加困惑，现有文本使用的术语与前述公约、议定书和规则保持一致。这些术语定义及其显示的来源可见本实践手册第三章术语部分。仅在被认为完全有必要正确理解 MIRRI 实践手册的时候才需要对特定术语额外解释予以澄清。

　　在确定获取和使用生物遗传资源或传统知识是否属于或排除规则适用范围时，下列要素的考虑非常重要：地理、时间、材料和用途种类（如研究和开发），主体范围和获取意图。如果一个或多个要素不能满足，规则则不予适用。更多规则适用范围详情可见欧盟委员会出版的指南文件，[4]以下简称"欧盟指南"。

　　正如欧盟委员会对其指南适用范围的解释，规则适用于 2014 年 10 月 12

〔1〕 The legal entity representing the mBRC may also include other departments, where staff are working with material that may be holding of the mBRC Collections or not, for example material kept in a working collection of a research group. This best practice should be understood to apply to all staff, authorized visitors and other associates working within or on behalf of the same legal entity as MBRC staff.

〔2〕 Throughout this document the term "material" refers to any biological material. The term "genetic resource" is used when specifically referring to "utilization" within the scope of the Nagoya Protocol. Definitions of these terms are provided in the Glossary (Chapter 3).

〔3〕 For herbarium material which is sent on loan temporarily it is advised to also consult the Consortium of European Taxonomic Facilities (CETAF) Code of Conduct and Best Practice for Access and Benefit Sharing. Draft document (8-12-2014).

〔4〕 Guidance on the EU ABS Regulation implementing the Nagoya Protocol-Guidance on the scope of application and core obligations.

日及以后在《名古屋议定书》缔约方（更多是在该国领土的就地收集行为），或属于该议定书缔约方其他提供国（如通过与其他 mBRCs 成员交换）获取生物遗传资源行为。如 2012 年存储于 mBRCs 成员国内的某个菌株仍然不适用于本规则，即使提供者随后变成了《名古屋议定书》缔约方。然而，提供国的国内立法或规则要求（甚至是早于《名古屋议定书》生效），或许适用于上述材料，只要所有使用者均被认为遵守前述规定。除了规范获取和惠益分享的法律，各国环境保护法关于禁止或限制生物材料收集规定也适用于收集行为发生的地理区域（如国家公园）。

MIRRI 政策声明、最低要求、最佳实践是 MIRRI 准备阶段工作第九个工作包第一项任务的结果。[1]上述工具的产生是由参与其中的 MIRRI 伙伴机构与外部专家协商得来，且是以对 mBRCs 操作实践以及《名古屋议定书》及实施、规则和欧盟指南的理解为基础。其他项目为实施《名古屋议定书》而开发的工具以及生物收集行为的使用者、保存者组织也被考虑在内，特别是 MI-CRO-B3 项目和 CETAF 项目。[2]

二、MIRRI 获取和惠益分享最佳实践

（一）管理为公共目的收集或其他目的获取生物材料行为

MIRRI 和 mBRCs 经常嵌入大型机构之中。进入到机构的材料可能或不会试图或适合进入 mBRCs 收集系统。更多 mBRCs 成员主要通过从外部存储机构（如从其他法律主体）直接转移至管理者而获得全新生物材料或其他成员决定倾力奉献于收集管理工作。但是，仍有其他路径使得新材料可以进入 mBRCs 系统。

例如，同在一个机构工作的 mBRCs 成员或其他科学家可以收集材料。适用于该领域的本国获取和惠益分享立法应被严格遵守，包括在开始田野工作之前，从主管部门获得适当许可的要求，特别是事先知情同意和共同商定条件（由该国决定）。也建议在拟开展的田野活动中寻求当地科学家早期合作。附件一为科学家提供了在遵守《名古屋议定书》和欧盟规则的前提下如何收集材料的流程图。

在其他情况下，本机构的科学家从第三方协作获取分类研究材料，或主

---

〔1〕 The Preparatory Phase Project MIRRI was funded by the EU Seventh Framework Programe（Grant Agreement no 312251）.

〔2〕 Consortium of European Taxonomic Facilities，http://www.cetaf.org/.

动提供的样品以供识别。他们应以符合《名古屋议定书》规定的方式利用生物遗传资源。前述内容的指南可见附件二提供的流程图。

为了确保研究机构所有活动遵守适用的获取和惠益分享立法和规则要求，"尽职调查"或"合理照顾"应在所有案件中予以适用尤其是材料进入系统的时候，这也意味着所收集的文件应被要求证明材料是合法获取且会对经许可的使用行为和惠益分享规定产生影响。

如果材料进入系统的时候手头正好有上述文件，不仅会为机构使用者带来法律确定性，同时也会提升材料快速进入 mBRC 收集系统的可能性（一旦有必要也会变得很明显）。遗失文件导致进入程序的延迟或违规操作也会因此而避免。简而言之，盒子一有关进入到 mBRC 公共收集系统的要求和最佳实践也应尽可能地适用于其他生物材料进入机构的情形。

每个机构应创设和实施其自身有关获取和惠益分享的政策，同时厘清谁有权协商和签署协议，以及对机构职员的意识提升和训练负责。

1. 进入表格和材料进入协议（MAA）[1]

MIRRI mBRCs 应为每类生物材料使用"菌株进入表格"并为存储者设置必须完成的最低义务。存储者阐明材料的地理来源是非常必要的，同时也要提供 mBRCs 作出决定的最少信息。只要能够被合理预期，不管任何获取和惠益分享立法或规则要求是否适用，换句话说，均要做"尽职调查"。如果信息仅涉及某一方面要素，且可据该要素判断材料并不适用《名古屋议定书》和规则，那么其他方面要素信息并不必要。但是，如果提供信息仍不足以确定材料是否属于适用对象，上述材料也不应被允许存储且由 mBRCs 进行保留。

盒子一中进一步提到了建议，以确认存储者和 mBRC 能够理解一旦进入公共系统是否能够对材料进行处置。上述表格至少需要存储者签字；除非相关职责和任何关于存储的责任全部归于 mBRC。

一旦材料存储与相关传统知识有关，如果协议中有共同商定条件条款，作为接收者的 mBRC 应使这类传统知识能供公众获取。例如，发酵饮料所使用的材料或许来自于土著社区。

当材料来源国可适用的立法提出要求，来源国主管部门应对作为接收者的外国 mBRC 的材料存储行为提供同意证明。如果存在疑问，mBRC 应当询问存储者上述情况和/或与主管部门进行联系以便核查。

---

〔1〕 This agreement could be based on a model Material Accession Agreement used by the mBRCs, or take the form of a Material Transfer Agreement between de depositor and the mBRC.

mBRC 通过标准材料转让协议向第三方提供材料的情形应告知存储者。存储者对标准材料转让协议内容任何反对意见应被讨论且在材料转移之前通过双方得以解决。

取决于存储者和作为接收者的 mBRC 的期待，材料进入协议应得以使用以取代单独进入表格。而不管存储者选择何种文件，该文件必须是存储者和 mBRC 之间的具有法律效力的文件且由双方签字确认。CBD 公约特定当事方的获取和惠益分享法律应要求一份经来源国主管部门、存储者和作为接收者的 mBRC 签字的材料转让协议范例。

注意一：材料进入协议中第三方或许是学术或私人公司材料的使用者，且这种使用行为使材料呈现多重变化。上述使用行为应当或不应被认为属于《名古屋议定书》的"利用"。

注意二：规则包括属于国际关切的已经或即将发生的公共健康紧急事件中病原体生物遗传资源的特殊条款（参见第 4 条第 5 款）。

注意三：当进入表格由存储者签字完成即被视为是可接受的材料进入协议的合法替代性方案，MIRRI-mBRC 应将上述事项列入进入表格。

盒子一：公共收集材料存储——进入表格和材料进入协议（MAA）最低要求、合理注意步骤和建议

需要合理注意的最少信息

下列表格中所列信息应以最合适的方式列入进入表格、和/或材料进入协议或附件。这也表明不管如何提供信息对存储者而言均是强制义务。

mBRC 在符合可适用的获取和惠益分享法案情形下可获取的领域	是否需要存储者完成	备注
材料存储的识别码（如实验室菌株编号）	通常	
分类学设计（科学名称）	如果可以	
为 mBRC 提出专有菌株识别码预留空间	无需	由 mBRC 来完成
就地获取的最初时间（获取）	通常	

续表

mBRC 在符合可适用的获取和惠益分享法案情形下可获取的领域	是否需要存储者完成	备注
就地获取的最初地点（特别是相关的地理位置），包括来源国	通常	如果收集地区来源于国家管辖范围外则不适用于来源国；如果发生在公海，船舶的名称应予以记录
就地条件下获取样本的个体及在收集菌株过程中雇佣前述个体的机构（法人主体）名称	通常	
经认可的国际遵约证书编号（IRCC）	如果可以	
事先知情同意和共同商定条件，任何相关材料转让协议或其他法律文件	通常是当类似文件包括材料，IRCC 则并非必须；IRCC 可以获得但它并不能提供 mBRC 和未来使用者共同商定条件的信息	复件应提供材料存储，或 mBRC 在合适的情形下要求的信息

合理注意步骤

通过决定材料的状态，如它是否属于《名古屋议定书》和规则或其他获取和惠益分享法律的对象。

材料是来自《名古屋议定书》缔约国吗？可以在获取和惠益分享信息交换所检索相关国家信息。

•在就地获取材料的时候，来源国法律是否得到实施且它是否适用于该类材料？可以在获取和惠益分享信息交换所检索相关国家信息。

•如果不确定，或不曾找到任何结果，可要求存储者与来源国国家联络点联系以确认并提供任何答复复件。

•如果存储者提供的信息无法确定，同时仍有理由相信可适用的获取法律的确存在，应与来源国国家联络点进行确认。保留所发送的邮件复件和任何所接收的答案以作为合理注意的证据。

•以上请遵守欧盟指南第 11 条。

●如果文件是由存储者提供的，请回到检查文件部分。

建议

MIRRI 建议在进入表格中增加更多内容以记录更多获取和惠益分享相关信息，如追踪材料转移的历史，从就地材料收集直接链接至 mBRC 存储的情况等。

MRRI 也建议 mBRC 在进入表格和/或进入协议中包括下列内容：

（1）一份简要的关于作为接收者的 mBRC 的任务和 mBRC 遵守 MIRRI 批准的获取和惠益分享政策和最佳实践声明；

（2）术语及其定义，特别是 CBD 公约、《名古屋议定书》、规则使用一致的清单，同时也建议使用词汇表里的术语。

（3）存储者部分声称：

●合法获取材料且遵守可适用的法律；

●尽可能合理地确保科学和非科学信息以及与提供给作为接收者的 mBRC 并适用于材料的获取和惠益分享文件的准确、真实与完整；

●经存储的材料，存储者并没有侵害任何第三方包括知识产权在内的任何权利，或任何与属于材料转让协议任何规定指向的材料。

对于透明度而言，MIRRI 的建议也纳入进入表格和/或材料进入协议相关条款中：

（4）第三方关于使用和惠益分享的规定在为了传播而释放后也适用于作为接收者的 mBRC 接收材料的活动。

注意：为作为接收者的 mBRC 为上述目的使用的标准材料转让协议作简要介绍已经足够，材料转让协议包括在材料进入协议附件中（mBRC 可以在任何时候改变标准材料转让协议形式，但是必须适用提供材料时候的相关规定）。

（5）mBRC 权利包括获得材料。

注意：各方当事人理解作为接收者的 mBRC 在材料进入系统后便获得相应权利这一客观事实非常重要，也符合最初事先知情同意和共同商定条件或其他事先和可适用的协议规定。该项权利包括使用材料用于保护、分配、研究，包括为质量控制而从事与生物遗传资源相关工作，识别和描述（如果有必要则界定其可能使用的类型），以及出版所获结果（如序列数据、图片）权利，以及在必要的情况下从收集系统移除材料。

（6）合同期限——原则上并不确定。

（7）争议解决条款。

2. 信息追溯

当材料被用于存储用途时，在收集系统将其认定为具有新颖性的存储对象之前，mBRC 将会付诸合理努力收集信息并追溯材料来源（包括任何中间转移商）。

• 如果现有数据表明可供获取，mBRC 将会提醒存储商意识到有必要表明材料来源，要求存储商向 mBRC 提供所有相关文件以证明就地获得材料在来源国属于合法行为，包括最初事先知情同意、适当条件下共同商定条件，以及在需要的情形下后续签署的协议。

• 如果材料本身并不属于经认可的国际遵约证书、事先知情同意或其他许可[1]的适用对象，而本文件中存储者和事先知情同意申请者之间并无明确的从属关系，mBRC 也将向存储者寻求解释。mBRC 也被建议保留相关通信记录以作为履行合理调查的证据。

3. 存储者提供的核查文件

经国际认可的遵约证书应由 mBRC 提供。它应能从获取和惠益分享信息交换所获取，mBRC 也应尽可能地核查公共信息。如果证书可以获得，mBRC 应将证书上唯一的识别码置入材料文档以及将材料记录计入 mBRC 数据库（包括菌株分类）。

在缺乏经国际认可的遵约证书的情况下，mBRC 应当核查其他由来源国主管部门提供给存储机构的相关文件（获取许可、事先知情同意、共同商定条件）。上述主管部门应列示于获取和惠益分享信息交换所和来源国国家检查点网站。如果没有列示，文件的法定效力将面临不确定性且 MIRRI 建议在 mBRC 接受存储材料之前由国家检查点进行确认。

注意 1： 如果材料并不属于经认可的国际遵约证书适用对象，[2]建议注意 mBRC 有关记录的内容（例如，如果对象为土壤样本，而该样本中单个或多个菌株已处于分离状态且并未列示于上述证书之上）。

注意 2： mBRC 应提供持有目录中与上述文件有关的参考数据，或文档内容并非保密性质。

4. 特殊情形

《名古屋议定书》第 8 条关于特别考虑的规定鼓励每个当事方都能采取简

---

〔1〕 See Nagoya Protocol, Art. 17, par. 4（f）; for microbial genetic resources（strain, isolate）it will in fact be very rare that the resource would be listed under the subject matter.

〔2〕 See Nagoya Protocol Art. 17. par. 4（f）.

化措施提供生物遗传资源获取以用于非商业化研究活动，对现在或即将到来的威胁人类、动物或植物健康的紧急情况予以足够关注，并采取迅速地获取和惠益分享程序。MIRRI 的 mBRC 成员应注意它们职责并与主管部门共同合作以应对上述情形。

进入后的问题

在存储过程中，mBRC 没有理由怀疑所提供信息的准确性或获取合法性。或许出现存储者提供相关材料信息可能并不正确甚至虚假的情况时，mBRC 应立即联系存储者并就上述现象进行讨论并要求提供正确文件。如果来源国合法获取的材料情况仍不清晰，mBRC 应当立即通知所在国主管部门，以及（秘密状态下）提供进入到收集系统材料的第三方。在与主管部门进行协商后，mBRC 如果在合适情形下，前述第三方应采取切实措施。上述措施应包括从收集系统中出售材料或其他试图解决问题的方式。

5. 为 mBRC 和第三方利用行为创设规定

如果某类材料并无最初事先知情同意和合法获取的共同商定条件，且存储者设置额外规定（通过材料转让协议/材料进入协议/进入表格）也与标准材料转让协议保持一致，mBRC 应决定将标准材料转让协议用于向第三方传递材料的行为。mBRC 也被建议应就上述决定通知存储者。[1]

建议：材料使用许可和惠益分享的规定应纳入 mBRC 标准材料转让协议之中以用于分配，因此它应提前列示于 mBRC 使用的菌株进入表格模板之中。当完成进入表格之后，存储者应明确表示批准上述规定（书面或通过在线点击程序）。

如果最初事先知情同意和共同商定条件为使用提供条件，或存储者已提供材料进入协议/材料转让协议，mBRC 应与标准材料转让协议进行比较以提供给第三方。如果标准材料转让协议完全与这些文件中所创设的术语协调一致，则该标准材料转让协议则可用于未来 mBRC 分配，mBRC 也应告知存储者上述情况。如果协议与术语规定不相一致，mBRC 应考虑存储者或主管部门告知是否允许 mBRC 依据标准材料转让协议进行分配。如果不被允许，或 mBRC 同意存储者提出的规定，mBRC 应创设一项专门材料转让协议以满足所有利益相关方的要求，或简单适用存储者提供材料转让协议核心条款以向第

---

〔1〕 This can simple de done by referring in the accession form to the standard MTA for supply to third parties as the one being used in such cases.

三方提供材料。

如果关于惠益分享的规定需要在存储者和作为生物遗传资源使用者的mBRC之间经过专门协商一致，应特别强调非货币惠益分享形式，包括协作研究、培训和分类和微生物学相关能力建设；以及政策声明或最佳实践也亦足够。上述形式应与第二部分第二点 b 项内容保持一致。

为了阐明 mBRC 本身对材料的需求，一份简要声明或条款应纳入菌株进入表格或材料进入协议内容之中（见盒子一，建议部分）。任何关于存储者的限制均希望在存储过程中对 mBRC 使用材料的行为予以考虑，但是需要强调的是 MIRRI 位于盒子一建议（5）的使用权是收集管理活动最佳实践最低要求，有必要实现 MIRRI 的目标[1]和经合组织生物遗传资源中心最佳实践指南切实履行的基础。[2]

6. 临时获得的材料

如果材料是未经请求且临时获得，比如用于提供鉴定服务，而在服务过程中并未送至第三人或作为鉴定服务参与主体的分包商，它也未由 mBRC 用于研究目的，应被认为不属于规则适用范围。上述材料应返还给发送人或在活动结束之后予以摧毁。

（二）对公共收集系统转移至其他 mBRC 和第三方的材料进行管理

1. mBRC 之间材料转移（互换）

mBRC 之间材料互换的单独协议可能或并不能被要求提供。[3]

材料从 mBRC 某个成员到另个成员之间转移适用作为提供者的 mBRC 所获材料相关协议中的规定。对已完成互换的材料来说，作为接收者的 mBRC 未来分配应遵循材料转让协议相同条件且与适用于作为提供者的 mBRC 规定保持一致，但是内容却不能更为庞大（未能与来源国主管部门重新协商）。MIRRI-mBRC 应在分配至第三方过程中使用能够兼容的材料转让协议，所以能够期待的是，除了少许意外，MIRRI 之间材料互换将会符合 mBRC 自己拥有的标准材料转让协议。mBRC 之间应相互就所有与交换材料相关的获取和惠益分享文档进行通知并择时做好记录。

---

〔1〕 Typically, the mBRC staff and others at the same institute will not be allowed to use the material for research until it has been published and released for distribution.

〔2〕 Organization for Economic Co-operation and Development（2007）http://www.oecd.org/sti/biotech/o ecdbestpracticeguidelinesforbiologicalresourcecentres.htm.

〔3〕 This may depend for example on the mBRC policy for exchange of material, or requirements by national ABS law in the country where the mBRC resides.

注意：作为 MIRRI 成员的 mBRC 之间适用转移简化机制，以及其他经认可的地区网络或协会（如 ECCO、WFCC，不管处于何种水平）都应被支持。这也取决于它们能否对 CBD 公约和 EU 规则相关最佳实践成功认识。

2. 第三方转移

mBRC 通常提供的材料依据材料转让协议转移至第三方。MIRRI 对材料转让协议最低要求可参见盒子二的内容。一份标准的材料转让协议足以适用很多材料。专门的材料转让协议应在被要求或在适当的时候使用。关于为分配而创设特定材料转让协议的最佳实践参见第二部分第一段第五点。

注意：如果 mBRC 收到感兴趣的第三方为所表达的用途而获取材料的请求，但该请求并不符合目前关于共同商定条件（和材料转让协议）的规定，它不应将材料提供给第三方直至第三方有能力提供证据证明其已与来源国或其他有权的利益相关人达成一份新协议且允许进行前述用途。或者，当其他情况[1]如 mBRC 预见不遵约的利用行为所导致的风险时，上述建议也同样适用。

注意：材料并非 mBRC 持有，例如材料处于研究收集机构的时候，仅能转移至适当的受过训练的机构以外第三方，特别是经安全认证的持有材料的官员且能够预测所有运送培养物的行政和实践准备以及其他来自 mBRC 的材料。[2] 对材料负有职责的科学家必须将材料移交至为签署材料转让协议的各方运输负责的工作人员（亦可见接收者），且一旦被获取和惠益分享法律或规则所要求，也需要提供文档作为证据即材料属于经认可的国际遵约证书适用对象，或事先知情同意和共同商定条件，或其他相同许可；亦可参见盒子二第五部分。在出现质疑的时候，机构内工作人员应对获取和惠益分享的实施开展协商。

3. 后 CBD 公约和前《名古屋议定书》时期材料获取

mBRC 拥有包括来自于《名古屋议定书》缔约方管辖范围内、1993 年 12 月 29 日当时或之后（CBD 公约生效日期之后）以及 2014 年 10 月 12 日之前（《名古屋议定书》生效之后）并未获得许可（事先知情同意和共同商定条件）的材料，对此 mBRC 并无能力决定来源国国内立法（临时）是否能在就

---

〔1〕 Authorities may see as a typical example of this a request by a commercial company for material that is available for non-commercial purposes only.

〔2〕 This recommendation will be in line with practice already in place at most mBRCs where a certified safety officer is responsible for all material leaving the institute is shipped in accordance with applicable rules, including export control, dangerous goods and quarantine regulations.

地获取状态下适用。

尽管类似材料并不适用规则，MIRRI-mBRC 被建议仅能依据材料转让协议将类似材料分配（或持续分配）给第三方，该协议也赋予为实现商业意图而希望利用生物遗传资源开展研究和开发活动的接收者相应义务，并至少与来源国主管部门取得联系，而在相关利用过程中，以真诚态度就任何惠益分享的规定开展协商。

注意：从 2009 年开始，若干 mBRC 将以 ECCO 核心材料转让协议为基础的文本适用所有公共收集系统中菌株提供活动，也适用于早于 1994 年进入主体。前述协议第 7 条写道："如果接收者以商业目的试图使用材料或改变物，接收者有义务在使用过程中以真诚态度就任何惠益分享的规定与材料来源国主管部门开展协商，正如收集系统所列文件示意。"对于 mBRC 来说决定是否继续上述最佳实践非常紧迫。

注意：MIRRI 建议 ECCO 核心材料转让协议表述："希望以商业目的的使用……"应调整为"希望以商业目的利用……以用于研究和开发"，或改变相应商业目的的定义。

4. 追溯使用者的信息

正如规则第四部分第三段 B 节 iii 点所示，生物遗传资源的使用者不仅应保留生物遗传资源（或相关传统知识）的来源信息，也要保留后续使用者的信息。mBRC 也应保留从 mBRC 到最初接收者所有转移材料记录。规则也并不要求对未来从最初接收者到使用者材料的转移行为进行追溯。

5. 接收者转移给第三方

公共收集系统向最初接收者（请求者或 mBRC 消费者）提供材料所适用的材料转让协议并不允许第三方转移。而其中最重要的原因之一即为在无任何文件的情况下，最初接收者向类似第三方转移材料存在风险，也将提升不遵约使用的可能。值得注意的是微生物菌株的真实性和同一性在使用者链条之中并不能被确定，因此类似实践通常不被建议用于微生物材料。

那些不会被材料转让协议的同一签约方雇佣的使用者被认为属于第三方，甚至它们以"确定联合项目"[1]类似第三方使用者并未从合同上与提供者（mBRC）之间构成法律关系，因此也并无使用权利。而且，在参与到单个确

---

〔1〕 "Legitimate exchange" will only include exchange between mBRCs, and the exceptions (i-iii) below. In the ECCO-Core MTA the term also includes exchange between researchers collaborating in "a joint defined project", but MIRRI advices against such practice.

定联合项目的当事人法律身份或许并不一样，如立约者、承包者等。

通常情况下材料转让协议及附件通常与材料一起转移，但仍需考虑下列例外：

- 接收者与其同伴分享材料；（该同伴与前者受雇于同一家单位）；
- 接收者与工作在相同合伙的科学家分享材料；而在该合伙协议中关于获取材料的限制规定清晰确定且符合可适用的材料转让协议规定；
- 受雇于不同法律主体的科学家（例如研究机构或大学），他们在永久性共享试验设备工作和写作，允许科学家也能够就分享材料作出安排。

盒子二：从公共收集系统向其他 mBRC 或者第三方提供材料：材料转让协议最低信息和建议

考虑在前 CBD 公约和后 CBD 公约时代材料转移是否也需要标准材料转让协议– MIRRI 伙伴采取的是否和需要何种类型的材料转让协议决定。

最低信息

在材料转让协议或其附件，或在提供材料的装箱单中，无论哪个合适，下列最低信息均需要提供：

（1）属于材料转让协议当事方的机构或其他法人全名和地址；

（2）代表提供者的 mBRC 和接收者签字主体的全名和地址；

（3）材料转让协议提供的材料信息：

①菌株识别码（全球唯一识别码，作为提供者 mBRC 进入数字）；

②专业名称；

③如果可以，来源国；

（4）如果合适的获取和惠益分享法律或规则要求需要，相关文件的复印件（电子或纸质版），包括：

①经认可的国际遵约证书（IRCC）编号以及共同商定条件[1]信息，或

②如果没有经认可的国际遵约证书，最初事先知情同意和共同商定条

---

〔1〕 The MAT need not be physically transferred, the essential info could be transferred: art 4（3）a of the Regulation: "the internationally Recognized Certificate of Compliance, as well as information on the content of the mutually agreed terms relevant for subsequent users."

件〔1〕文件，或

③如果都没有，任何其他法律效力的文件，〔2〕为在来源国获取材料的合法性提供证明，同时提供关于已经协商一致（本材料转让协议）的额外使用信息（包括先前适用的材料转让协议）；

进一步来说，为了支持接收者遵约，条款也必须包括下列亟待说明的内容：

④接收者同意的转让给第三方/材料转让协议项下其他使用者材料类型（如果允许，可见第二部分第二段第五点）；

注意："合法交换"也能在材料转让协议中予以确定；MIRRI 建议第三方转移不应在 mBRC 标准材料转让协议中被允许。

⑤如果参考材料使用 mBRC 进入数据，接收者将在任何和所有出版物承认来源国和作为提供者的 mBRC 为材料来源；

⑥当上述法律超出欧盟规则要求或适用于前述材料的材料转让协议规定时，接收者也被期待以合法和可持续方式使用材料，接收者也完全尊重所在国家获取和惠益分享法律；

例如：接收者开展的材料适用行为应与所有可适用的国内和国际法律、规则保持一致，包括 CBD 公约和《名古屋议定书》有关获取和惠益分享的规定。接收者所开展的材料使用活动应得到支持且不与 CBD 公约的原则和目标相违背。

⑦材料转让协议所允许的使用类型，尤其是与：
- 非商业和商业使用行为；
- 申请专利或其他获取成熟的知识产权而使用材料行为；
- 如果有的话报告要求且惠益如何分享的行为；

注意：上述规定应通常与作为提供者的 mBRC 获得材料的限制性规定（或最近的有效力的协议）保持一致，见第二部分第一段第五点。

注意：接收者或许被生物遗传资源所在国相应法律所要求而向检查点（其他国内行政主管部门）就特定使用行为或研究和开发过程所处阶段提出声明。额外的报告要求也赋予每份材料转让协议接收者。

---

〔1〕 As far as the information in PIC and MAT is not confidential. Instead of the physical transfer of the MAT, the transfer of "information on the content of mutually agreed terms"〔Reg. art. 4（3）a〕, will probably suffice.

〔2〕 The validity needs to be determined in close consultation with the national authorities in the country where the mBRC resides. .

注意：ECCO 核心材料转让协议表述通常有用："接收者以任何合法方式为开展科学研究、教学或实现质量控制目标或其他与作为提供者 mBRC 进行书面协商的目的而使用材料。"

注意：如 MIRRI 政策声明第五部分所述，MIRRI 通常也会提升它们提供生物遗传资源商业开发程序。

⑧接收者希望他/她能够以材料转让协议和最初事先知情同意和共同商定条件禁止以外的方式使用材料。

例如：如果接收者有兴趣以一种不同于材料转让协议和最初事先知情同意和共同商定条件的方式使用生物遗传资源，接收者应寻求一项新的获取许可并在开始这类活动之前与来源国主管部门设置共同商定条件。如果接收者与主管部门达成协议，接收者将立即告知并向作为提供者的 mBRC 提供最新协议的电子或纸质版本。

注意：作为提供者的 mBRC 应为接收者请求提供协助，如果 mBRC 希望这么做的话。

建议

MIRRI 建议 mBRC 在材料转让协议中包括下列内容：

（1）一份关于 mBRC 任务和 mBRC 遵守 MIRRI 批准的获取和惠益分享政策和最佳实践的简要声明；

（2）术语及定义清单，尤其是与 CBD 公约、《名古屋议定书》和规则适用保持一致的内容，也建议使用本规则术语清单中规定；

（3）对欧盟内材料接收者而言，在利用期限结束后保存材料转让协议和其他与获取和惠益分享相关的文件至少 20 年；

（4）合同期限；

（5）时间和地点。在电子标准指令系统中批准程序的时间将足够合法。

（三）mBRC 获取、内部使用材料和惠益分享

对使用者群体有关使用生物遗传资源的定义过于粗略的批评，即"对生物遗传和/或生物化学成分开展研究和开发活动，包括运用生物技术"（见术语表）并未产生更为精确的解释，也没有将一系列被期待的特定活动囊括在内。除了使用者所期待的那般，作为忠实义务的一部分，对它们承担的活动进行评估被视为议定书和规则所认为的"利用"行为。

欧盟规则强调所谓"上游"活动的重要性，如某项活动特征即为紧跟生物遗传资源的获取活动。上述活动可被视为其对保护生物多样性的贡献，因

此也必然受到获取和惠益分享法律和规则要求的制约。在欧盟指南中提到的生物材料的存放和处置及对表现型进行描述被认为系典型的"上游"活动。移动收集状态下微生物的保存也被视为"上游"活动，且具有典型性，除了表现型相关活动以外，也包括与表现型相关其他活动，以便准确识别这些生物体并为其保护作出有效贡献。

为了实现本最佳实践的目标，MIRRI-mBRCs 开展的下列两类主要类型的活动（而其他部门属于相同机构）需要区分：

● 有关活动并不属于《名古屋议定书》及规则所设"利用"定义：

为保护目标而对 mBRC 收集系统进行维持和管理，包括材料存储、质量检查、对接收材料进行的查证（包括坚持正确的和最新的识别方式）。

● 适时的研究：

（1）有关活动可能属于议定书和规则所涉"利用"定义，比如产生对材料有价值的数据活动，以及使其置入公共领域活动；

（2）属于议定书和所涉"利用"定位的活动，如那些看上去被认为属于生物遗传资源研究和开发相关的活动，以及包括但不限于商业目的的各种目的。

注意：当与微生物基因型特征相关的技术快速且持续发展，目前不太可能将不属于规则适用范围的与基因型相关的特定活动和技术予以明示。相反，mBRC 应对获取行为施予部分合理注意义务，即看该活动是否符合议定书和规则有关"利用"的含义。

注意：MIRRI 应鼓励 CBD 公约和地区、各国主管部门允许多重类型的使用、经认可的公共商品的可接受使用行为、向来源国以及全球科学社区提供非货币惠益。[1]

mBRC 应当保存所有传送至同一机构工作的使用者（非 mBRC 工作人员）材料相关记录，并通知这些使用者关于材料使用条件和所有义务。

---

〔1〕 mBRCs should discuss with their national competent authorities their regular practice of preservation and quality control that fall（or could fall）within the definition of "research and development" in the Regulation. For example, DNA extraction and sequencing for the purpose of identification and quality control could be typical activities, as maybe also MALDI−TOF. For example, if a mBRC is successful in entering into the Register of collections（Regulation Art. 5）, it would be good to have put on paper what type of utilization will be exempt from user obligations as defined in the Regulation Art. 4）. Any additional burden for mBRCs from "user obligations" that is only the result of work the mBRCs needs to do to contribute to the conservation of GRs（in support of the CBD primary goal）, can and must be avoided. MIRRI will also advance that these types of use therefore should be exempt from the Regulation.

最低要求可见盒子三。

mBRC 或它的研究机构应实施政策或将其他措施以明确在何种条件和规定情况下，工作人员、访问科学家和其他机构内认可的访问人员被允许使用 mBRC 收集系统内的生物遗传资源或在机构内收集系统开展研究工作（但并不是 mBRC 的收集系统），以及如何处置由于不合时宜地利用产生的事故。MIRRI 建议类似政策声明，但是内容应明确单个 mBRCs 的职责。

工作人员希望不经事先知情同意和共同商定而利用生物遗传资源，但是获取和惠益分享法律或规则要求事先与生物遗传资源来源国主管部门和/或其他适当利益相关方沟通以获得事先知情同意并就共同商定条件展开协商。[1]

而在无任何商业意图的研究活动出现成功商业化可能性的时候会徒增不确定性。如果 mBRC 希望进一步挖掘，它应理解通知生物遗传资源来源国和其他有权利益相关人以就惠益分享规定展开协商，至少要符合从 mBRC 所获资源相关规定或依据可适用的获取和惠益分享法律。

在任何 mBRC 与其他非个人或个人伙伴签署的有关科学协作项目的书面合同中，应将"所有签约方均应以符合可适用的获取和惠益分享立法和规则要求利用生物遗传资源"这句话写进去。

盒子三：mBRC 研究活动——mBRC 利用生物遗传资源最低要求

（1）mBRC[2]研究人员使用行为必须完全遵守最初事先知情同意和共同商定条件，以及在某些情形下材料进入协议所设置的额外规定。类似利用行为也应遵守任何可适用的 mBRC 所在国获取和惠益分享国内立法。如果 mBRC 希望以原始协议规定以外的其他方式使用生物遗传资源，它应与来源国、存储者和/或其他可能情形下的利益相关方就事先知情同意和共同商定条件重新协商。

（2）应当明确是否允许将 mBRC 有关生物遗传资源的数据出版，以及相应条件。类似数据包括供参阅的 DNA 序列数据以及厘清材料的分类学数据，它们也可以通过公开获取的数据库或其他途径出版（通常在供分配的材料结束之后）。上述情形的重要性在于事实上第三方可能会获取数据并使用。亦可

---

〔1〕 According to the ECCO-Core MTA published in 2009（see footnote 23），this would not be necessary. Only if a "positive hit" is found and actual commercialization can be expected，making contact with the country of origin is required.

〔2〕 And other persons of the same institute（see footnote 7）.

见盒子—材料进入协议最低要求。

（3）mBRC 对持有材料的分类以及任何提到菌株的出版物必须标明材料最初来源国。

注意： MIRRI-mBRC 主要控制材料和使用生物遗传资源的方式，可见本最佳实践手册的第二部分第三段。

惠益分享

mBRC 利用生物遗传资源产生的惠益分享应依据协商一致的规定与有权利益相关人分享。

MIRRI mBRCs 对生物遗传资源安全保管进行投资，同时通过研究增加价值。生物遗传资源的研究成果可直接或间接为实现成功的商业化作出贡献，而 mBRC 得到公平、公正的惠益分享也具有正当理由。mBRCs 能够为提供材料而在材料转让协议中增加条件，以表明当接收者准备对从 mBRC 获取的生物遗传资源进行商业化时，他们必须被告知。所以如果有利益牵扯的话，mBRC 应当加入到与其他利益相关人如来源国进行惠益分享协商的过程之中。

提供材料的费用

mBRCs 日常提供材料至第三方需要后者进行缴费，有时也会被其他人误认为是商业活动。为配置材料而缴费的 mBRCs 被建议解释这些基金具体用途。很多 mBRCs 使用税收来补充公共基金并抵销支付成本和/或支持通常情况下履行包括保护生物多样性的任务。更多的是保持对最新材料的识别、在公共菌株分类中出版数据等活动也被视为 mBRC 向来源国及社会提供的非货币惠益。

（四）管理文档和数据

mBRC 应当创设一套数据管理政策以确保所有与持有者相关的获取和惠益分享数据和文件都能得到适时管理，并能容易地被授权工作人员获得。除了 mBRC 持有的材料以外，其他材料也应保管于收集系统内运作的实验室或部门。MIRRI 建议 mBRC 应在其适用的领域实施菌株收集数据库相关的获取和惠益分享要求，同时也应引入其他不同的、管理着生物材料信息的机构数据库以达到机构之间的协调。

（1）在任何可能的时候，法律文件应当数据化并存储在中央存储设备中（如果 mBRC 拥有收集持有的电子数据库的话）。如果可能，文件电子版本应与材料核心记录相连接。数据存储和备份管理程序、存储数据安全保障和获取程序应设置并实施。所有授权的工作人员均能够尽可能地查阅相关文件且这些文件并非保密状态。

（2）在尽可能地便利的情况下，mBRC 也应就持有的材料分类创设非保密状态获取和惠益分享信息。

（3）存储者提供的某些法律文件信息或许会被视为：①保密，如仅供mBRC 内部使用的信息；②敏感，如在必要情形下与材料接收者进行分享的信息。每个 mBRC 应决定哪种类型的信息应被视为保密或敏感，每种信息应存储于那些网络使用者无法获取的地方。任何存储材料进入协议有关保密信息的条款均应得到 mBRC 的尊重。

（4）mBRC 应在可能的情况使用法律文件的唯一识别码，比如经认可的国际遵约证书，在可能的情况下应直接与其他包括获取和惠益分享信息交换所数据库在内的其他有关生物遗传资源信息数据存储系统进行链接。

（5）为了确保微生物遗传资源全球唯一识别码正式注册，mBRC 应对存储机构可得的进入材料进行编码（若相关全球唯一识别码）和/或将获取和惠益分享信息交换所作为标准运行程序的一部分，当类似存储机构未来被 CBD 公约秘书处认可，同时也将上述信息与获取和惠益分享信息交换所有关经认可的国际公约遵约情况予以链接。

（五）培训和意识提升

mBRC 管理者应为培训工作人员设置某些沟通程序以及提升所有机构工作人员获取和惠益分享的责任意识，尤其是来自于利用来源国和其他有权利益相关人生物遗传资源相关的货币或非货币惠益。

（六）管理有保障的收集系统

以下论述反映了之前利益相关方工作组讨论情况。有必要确认这些观点存在于创设包括微生物收集时间在内的欧盟特定部门指南讨论过程中。

《布达佩斯公约》下存储。这些存储活动并不属于本规则适用对象。mBRC 系国际存储机构因此并不被要求保管任何来自于依据前述公约存储的与获取和惠益分享相关数据或文件。相关措施也并不属于各国专利法所规定的主管部门权限范围之内。[1]

安全存储。这些存储也不属于本规则适用对象。mBRC 并不要求保留已

---

〔1〕 The utilization of the genetic resource and associated traditional knowledge may be within the scope of the Nagoya Protocol, but this does not affect IDA activities.

被安全存储接受的任何获取和惠益分享相关数据或文件。[1]

注意：依据资源保管国国内获取和惠益分享立法规定，任何私自持有生物遗传资源的行为应受到本规则规定（欧盟指南）。

三、术语

获取：在《名古屋议定书》缔约方内获得生物遗传资源或相关传统知识。（来自规则）

注意：欧盟已经创设通过收集系统或就地条件下其他来源国获取生物遗传资源的规定。随后在使用者链条中获取行为，或从移地收集系统的获取行为，均不被认为属于本规则中获取定义。但是，各国对生物遗传资源行使主权或许会被认为在管辖权内的移地收集系统取得材料的获取行为。

使用者联盟：以符合所在国要求而创设的组织，它代表使用者的利益且在发展和监督本规则第8条所规定的最佳实践。（来自规则）

（生物）材料：存在于 MIRRI 成员收集系统内所有活体或死体微生物、标本或样本（环境样本、提取物）的菌株，不管它是否包括具有遗传特性的功能单元。

生物技术：任何使用生物系统、活的有机体或衍生物的技术应用，它能为特定用途创造或改变产品或工艺。（来自 CBD 公约）

收集：一系列收集生物遗传资源和相关信息样本并使之累积和存储的行为，而不管其处于公共或私人主体管辖。（来自规则）

（生物遗传资源）来源国：特定微生物遗传资源来自就地状态、天然栖息地或来自原始非自然生境的国家（例如，来自发酵池或人造基质）；亦可见提供国。

注意：CBD 公约提供的定义是指"在就地条件下拥有生物遗传资源的国家"，该定义很难适用于那些分布于某些或多个成员国领土内的微生物。

衍生物：来自于基因表达或生物遗传资源新陈代谢产生的天然生物化学成分，即使它不包括具有遗传功能单元。（来自《名古屋议定书》）

移地保护：在天然栖息地以外的地方进行生物多样性组成部分的保护。

---

[1] Safe deposits are understood to be material deposited in the secured collection of the mBRC through a signedContract where all rights over the material remain exclusively with the depositor, is confidential, and is never transferred to third parties or used for research by the mBRC. Any transfer to third parties on explicit request by the depositor will be subject to applicable ABS law and regulatory requirements. Any such transfers can be dealt with by the depositor.

（来自 CBD 公约）

遗传材料：任何植物、动物、微生物或其他最初来源于遗传功能单元的材料。（来自 CBD 公约）

遗传资源：事实或潜在价值的遗传材料。（来自 CBD 公约）

栖息地：天然产生的有机物或种群所在地点或位置类型。（来自《名古屋议定书》）

就地条件：生物遗传资源在生态系统和天然栖息地存在的条件，以及在繁殖培育的种群产生特色性征的环境。（来自 CBD 公约）

经认可的国际遵约证书：一种许可或在获取过程中颁发的可作为证据的类似文件。该文件内容包括已获取的生物遗传资源符合授予事先知情同意的决定，也同使用者确定了共同商定条件，也符合主管部门依据《名古屋议定书》第 6 条第 3 款 e 项和第 13 条第 2 款所明确的行为类型，且能够在《名古屋议定书》第 14 条第 1 款创设获取和惠益分享信息交换所获得上述信息。

提供国：在就地状态下提供生物遗传资源的国家，包括野生和培育种群；或来自于移地状态下，它可能或不可能来自于来源国（来自 CBD 公约）；生物遗传资源的来源国或其他议定书以符合 CBD 公约规定获得生物遗传资源的任何（其他）当事方。（来自 EC 指南）

传统知识（生物遗传资源相关）：由土著或当地社区持有的与利用生物遗传资源相关的且在适用利用生物遗传资源共同商定条件中描述的传统知识。（来自规则）

使用者：利用生物遗传资源或相关传统知识的自然人或法人。（来自规则）

生物遗传资源的利用：对生物遗传资源的遗传和/或生物化学成分开展研究和开发活动，包括采取生物技术。（来自本规则，CBD 公约第 2 条规定）

处于工作状态的收集行为：为实现研究目的由工作人员开展的收集行为，它并不属于相同机构内公共收集行为。

全球基因组生物多样性网络系统指南：行为准则[*]

2015 年修正版

介绍

全球基因组生物多样性网络系统（以下简称"GGBN"）是一个将来自于生命之树的 DNA、具有基因组品质的组织标本进行良好管理的、通过生物多样性研究并对存档材料进行长期保护的非营利性收集机构。该系统将促进生物多样性存储机构之间的协作以便确保实现高品质标准，提升最佳实践，确保机构之间的互动，并以符合国际和国内法律、法规规定方式协调材料交换。

依据《关于获取生物遗传资源以及公正和公平分享其利用所产生利益的名古屋议定书》第 20 条规定，GGBN 创设并批准本获取和惠益分享行为准则。它包括两个相关文件，"最佳实践指南"和"基因组材料使用声明附件"以便明确告知该系统成员如何使用和处理生物材料。

上述指南和附件完全支持 GGBN 成员作为分子多样性存储机构，因此也将对未来全球遗传多样性的保护作出贡献。文档一行为准则对收集机构的管理和成员以前述机构为基础开展研究活动需遵循的规范予以概述；文档二为上述规范提供了最佳实践模式以确保规范实施；文档三就 GGBN 如何管理样本向提供者和使用者进行解释。总而言之，上述信息以符合事先知情同意和与提供者商定共同条件规定就许可、研究和保存已收集材料为参与主体提供确定和透明的信息。

GGBN 获取和惠益分享行为准则

GGBN 成员机构承诺将遵循下列生物遗传资源获取和惠益分享准则。本行

---

* Global Genome Biodiversity Network（GGBN）Guidance：Code of Conduct.

为准则适用于拟获取生物材料，[1] 如在 2014 年 10 月 12 日《关于获取生物遗传资源以及公正和公平分享其利用所产生利益的名古屋议定书》生效后从提供国新获得和/或从《生物多样性公约》批准后获得许可的材料。所有国家均有权管理本国各项生物多样性事务，且各国有关生物遗传资源获取相关制度已发展二十余年。参与主体参与到有关讨论中均深入理解和赞同上述制度相关的规定和精神。本行为准则即为加深理解和遵守上述制度提供平台。

参与机构将会：

- 尊重国际和国内有关获取和转移生物材料法律、法规规定和精神；
- 遵守有关获取和惠益分享相关国际公约、各国法律、法规规定。[2]

获得生物材料

参与机构将：

- 当在就地条件下获得生物材料时，在可能情况下：

I. 获得提供国获取法律和有关事先知情同意和相关许可程序以及创设共同商定规定等相关信息；

II. 依据提供国国内法律要求从该国政府和其他相关主体获得事先知情同意和相关许可；

III. 依据相关法律和最佳实践创设并认可共同商定条件。

- 提供拟获取和为获得事先知情同意而使用的基因组材料必要的研究范围。

- 当获取、向外提供、在移地条件下接收来自科研机构、商业来源或个人生物材料时，尽可能地对文件进行评估，并在必要情形下采取措施确保获取生物材料符合适用法律。

使用生物遗传资源

参与机构将：

- 以获取和其他获得方式相同的条件和规定使用或分配生物遗传资源。当参与主体希望以原初商议不同方式使用生物遗传资源的时候应重新就事先

---

〔1〕 Biological materials is used in a restricted sense to encompass genomic resources stored as DNA or tissue, such as preserved in frozen tissue collections.

〔2〕 In case of conflict between national law in the home country of the institution and this code of conduct, national law will take precedence.

知情同意和共同商定条件展开协商。

第三方提供生物材料

参与机构将：

- 以获取和其他获得方式相同的条件和规定向第三方借出生物材料；
- 以获取和其他获得方式相同的条件和规定向第三方永久转移生物材料，生物材料相关文档复件应标明提供国同意证明，在适当情形下包括事先知情同意、共同商定条件或其他文件；
- 仅在符合获取和其他获得方式相同的条件和规定并在最初提供者出具一系列全新事先知情同意和共同商定条件证明的情况下才能向生物遗传资源分包项目开展方（如基因排序公司）提供生物材料。

使用书面协议

参与机构将：

- 禁止雇员在未与负责获取和惠益分享协议官方机构协商的前提下作为个人或机构代表签署获取协议；
- 通过使用材料转让协议并符合获取和其他获得方式相同的条件和规定将生物材料转移至第三方。

生物遗传资源相关传统知识

参与机构将：

- 使用书面协议获取、使用和提供生物遗传资源相关传统知识以提供法律确定性和确保留存事先知情同意、共同商定条件等相关文件记录。

惠益分享

惠益有诸多形式。因为 GGBN 参与机构非营利性质，很多系统产生的惠益形式多半是非货币性质，如科学培训、教育、能力建设、在科学研究项目开展协作、研究成果共享和出版。

参与机构将遵循获取时有关事先知情同意和共同商定条件所设定义务，以及在后续使用行为改变时进行重新协商。

管理

参与机构创设合适内部机制和程序以便：

- 记录获取和其他获得方式获取生物材料所需条件和规定；
- 记录使用生物遗传资源相关信息；
- 记录向第三方永久转移或临时借出生物材料的条件和规定以及提供条件；以及
- 记录何时以及如何将生物材料永久脱离监管状态，包括完整消费样本或处置样本。

政策

参与机构将：
- 针对参与机构如何实施行为准则相关的机构政策进行准备、批准或沟通；
- 针对生物遗传资源使用创设具有透明度的政策。

附件一：生物材料使用声明

本文件就生物材料使用，以及由＿＿＿＿＿＿（所在机构）使用或利用生物遗传资源登记入册等典型方式进行介绍，主要包括该机构拥有或管理的设备以及由他人拥有或管理但可用于特定目的的设施（如外部的 DNA 排序设备）。若生物材料提供者并不希望以本声明的方式或设置更特定的限制条件，提供者应在授予获取许可、捐赠或交换材料，或在进行识别时主动提供材料时以书面形式说明。若提供者并未以书面形式说明，生物材料的使用和登记入册应依据下列条件进行。

＿＿＿＿＿＿（本机构）系全球基因组生物多样性系统的成员且受 GGBN 获取和惠益分享行为准则和最佳实践约束。

生物材料的使用

在＿＿＿＿＿＿（本机构）开展研究：除非适用特定限制条件，任何生物材料及其衍生物，＿＿＿＿＿＿（本机构）应允许其由本机构工作人员和授权访问人员以非商业性研究目的使用。上述分析结果可能导致材料出现完全毁损。

研究成果：研究成果可通过纸质或在线出版物（如专著、专业期刊、共享数据库、图片设计或互联网等）。DNA 序列数据[1]将通过共享数据库存储且由国际核苷酸序列数据库协作联盟运营，并在可能的情形下，将相关生物

---

[1] 这也包括下一代测序技术中读取的原材料。

标本存储于_____（本机构）。

信息和图片：参与生物多样性研究和保护的科研机构的重要使命是让对手和更多主体尽可能地获得已收集的对象。具体包括数据出版，包括在互联网和研究成果中可自由获取区域和时限，虽然它们对实现保护而言是非常精确的数据来源。

借用：_____（本机构）视情况而异并以最初获取和其他获得方式相同的条件和规定借出生物材料。

转移至第三方：_____（本机构）可将生物材料或组成部分永久转移至其他科研机构以供科学研究、教育目的使用，包括视情况而异并以最初获取和其他获得方式相同的条件和规定将所获材料用于捐赠或交换其他标本或样本。转移仅在接收机构或个人与_____（本机构）签署"材料转移协议"时才生效。

生物遗传资源相关传统知识

_____（本机构）应依据提供者认同的规定和条件管理和使用生物遗传资源相关传统知识。

商业化

_____（本机构）系非营利性质且几乎很少涉入所收集生物遗传资源商业化活动。不过作为任务之一，_____（本机构）应调查基因组样本并将其组成部分予以分类和用于其他科学研究。前述科学研究也将可能产生发现潜在商业利用价值。而在上述情形下，若提供者并未就规定和条件作出说明，_____（本机构）将就前述规定和条件进行重新协商。

惠益分享

惠益包括列于《关于获取生物遗传资源以及公正和公平分享其利用所产生利益的名古屋议定书》具体形式。不过，由于_____（本机构）工作系非营利性质所以多半是非货币惠益，尤其是科研培训、教育、能力建设、协作和科学研究项目，以及研究成果和出版物共享。

_____（本机构）目标是为全世界各地科学家缔结合作关系并促进长期合作并尽可能广泛地帮助传播基因组研究成果和知识。

中亚农业文化-生物多样性（园艺作物和野生果树）就地/农场保护和利用项目*

联合国环境规划署、德国环境基金会与生物多样性国际提供资金支持
…………

事先知情同意协议范本

尊敬的传统知识持有人，

研究人员的基本信息，如姓名……，来自哪个研究机构……，

因开展某项研究活动需收集、使用本农场的与作物多样性使用相关的传统知识、实践。

本研究活动具体信息如下：

目标：……

范围：……

传统知识使用的目的：……

我们希望获得您的同意以便收集、使用相关传统知识、实践。

基于此，请在本协议合适内容下画勾并最后签字确认。

个人版

• 前述研究机构是否在它们开展的研究活动中使用相关传统知识、实践？

□是

□否

• 前述研究机构是否在相关传统知识、实践使用过程中与您分享惠益相关的协议详情？

□是

□否

---

* Guidelines of Access and Benefit-sharing in Research Projects in situ/on Farm Conservation and Use of Agricultural Biodiversity (horticultural crops and wild fruit species) in Central Asia.

• 前述研究机构是否与其他个人或机构分享相关传统知识、实践？

□ 是

□ 否

• 前述研究机构是否在互联网或杂志或其他媒体发布相关传统知识、实践？

□ 是

□ 否

• 前述研究机构在发布过程中提到相关传统知识、实践是否提到您（作为相关传统知识、实践来源）？

□ 是

□ 否

• 若以上情况属实，前述研究机构在多大程度上分享相关传统知识、实践？

□ 部分披露：仅摘要

□ 全部披露

• 若条件允许的话，您愿意前述研究机构就相关传统知识、实践继续进行深入研究吗？

若愿意，请详细说明

_____

_____

• 您愿意前述研究机构就如何使用相关传统知识、实践进行通报说明吗？

□ 愿意

□ 不愿意

社区版

• 社区授权领导者名称

推选出的领导：_____；

传统意义领导：_____。

• 前述研究机构是否在它们开展的研究活动中使用相关传统知识、实践？

□ 是

□ 否

• 前述研究机构是否与感兴趣的利益相关人分享相关传统知识、实践所在社区地址？

□是

□否

• 前述研究机构是否与其他个人或研究机构分享相关传统知识、实践？

□是

□否

• 前述研究机构是否在互联网或杂志或其他媒体发布相关传统知识、实践？

□是

□否

• 前述研究机构在发布过程中提到相关传统知识、实践是否提到社区（作为相关传统知识、实践来源）？

□是

□否

• 若以上情况属实，前述研究机构在多大程度上分享相关传统知识、实践？

□部分披露：仅摘要

□全部披露

• 相关特定传统知识、实践以及社区所拥有传统知识和/或实践在社区内和相关社区认知和运用程度有多大？

□几乎无人知道

□有部分人熟知

□大部分人知道

□几乎无人运用

□有部分人运用

□大部分人运用

• 前述研究机构是否通知社区相关传统知识、实践具体使用过程？

□是

□否

声明：我/我们仔细阅读事先知情同意协议内容并对相关传统知识、实践在前述拟开展研究活动中进行分享的意义有所了解。我/我们上述所作的选择大部分均出于自愿决定。我/我们保证前述研究机构提供信息最大程度地满足了我/我们的知识、理解能力和信仰。

传统知识所在社区/持有人的姓名和地址：_____

签字：_____；

研究机构代表的姓名和地址：_____

签字：_____；

日期：_____。

以研究、育种、培训和保护为目的材料转让协议范本

1. 本协议双方为

姓名、住址、机构名称、所在国家：_____；

（以下简称"提供方"）

姓名、住址、机构名称、所在国家：_____。

（以下简称"使用方"）

2. 提供方的义务

（1）提供方同意将如下生物材料转移给使用方：

_____。

（以下简称"材料"）

（2）提供方也同意将材料相关信息转移给使用方，如种质资源基本信息、农艺和种质资源估值信息；

（3）但提供方并不确保材料的特性、安全性、质量，以及所提供材料的发育能力与纯度，也不保证所提供种质资源基本信息等相关信息的正确和准确程度。

3. 使用方的义务

（1）使用方可将种质资源用于研究、育种、培训和保护，而不涉及任何商业目的；

（2）一旦以商业开发为目的使用种质资源，使用方承诺将向提供方进行说明并与之协商签订新的材料转让协议；

（3）使用方同意不对材料主张所有权利，也不对材料和/或遗传成分主张知识产权；使用方也同意不对所接收的相关信息主张知识产权；

（4）使用方同意与提供方分析材料开发利用过程中所收集信息，包括利用和改进材料的育种信息、测试材料的农艺技术等信息；

（5）若在研究成果中使用材料，使用方同意明示材料来源；

（6）只要第三方同意遵守本协议对使用方设置规定，使用方即可将材料和相关信息转移给第三方；

（7）使用方应向提供方告知材料和相关信息转移给第三方信息；

（8）使用方保证对进口或发布生物材料和相关信息是否遵守使用方国内检验检疫、生物安全相关法律、规则负全部责任。

地点、日期和签名：

_____

_____。

信息分享协议

本协议当事人主要有：

（1）哈萨克斯坦国家执行代表处名称、地址：_____；

（2）吉尔吉斯斯坦国家执行代表处名称、地址：_____；

（3）塔吉克斯坦国家执行代表处名称、地址：_____；

（4）土库曼斯坦国家执行代表处名称、地址：_____；

（5）乌兹别克斯坦国家执行代表处名称、地址：_____；

（6）生物多样性国际。

1. 目标

本信息分享协议目标主要有：

为本项目产生的信息提供、储存、分享和传播提供制度框架；

为项目各方之间分享信息和通过网络向非项目方分享信息明确术语和条件。

2. 术语的使用

项目名称：中亚农业文化-生物多样性（园艺作物和野生果树）就地/农场保护和利用项目（由联合国环境规划署、德国环境基金会与生物多样性国际提供支持）；

项目当事人：参与实施项目的各方主体，包括各国国家执行代表处成员或非成员，以及被允许在网络上获取所有存储信息的其他主体；

网络：存储信息的项目协作方搭建的和可从互联网上获得的数据库；

信息：所有项目产生的可从互联网上找到的信息；

调研数据：通过在项目实施过程中采取集中式群体性访谈、入户调查和访谈收集的信息；

项目协作方：负责协调项目实施的机构，如生物多样性国际；

国家执行代表处：各国负责实施本协议的国内机构和其他缔约方；

国家联络点：任何单独或由国家执行代表处任命的有能力提供上传至网络信息的并对第三方获取和使用信息作出决断的个人。

3. 公开获取的信息和有限获取信息

（1）本协议各方同意将信息分为三类：

公开获取的信息：这种信息在网络上发布并能够由项目各方和普通公众公开获取；

有限获取的信息：这种信息将会储存于网络某个限制进入的区域，同时仅向项目各方开放获取；有限获取信息仅在得到提供信息项目当事人适当准许后才能向非项目当事人开放获取；有限获取信息仅在项目官方宣布竣工日期七年之后才能向普通公众无任何限制地开放获取；

完全限制获取的信息：这种信息将会储存于网络某个限制进入的区域，同时仅向提供信息的项目当事人开放获取；完全限制获取的信息仅在得到提供信息项目当事人适当准许后才能向其他项目各方和普通公众开放获取。

（2）本协议各方同意公开获取信息种类如下：

所有作为项目成果科研出版物清单（如论文、研究报告及著作等）；

作为项目成果科研出版物（如论文、研究报告及著作等），只要得到出版社许可；

果树林管理和培育技术的出版物；

项目当事人数据库；

法律、法规草案；

保护农业生物多样性项目建议；

为了教育和能力建设，在知识产权法律允许复制的规定下果树林管理和培育技术的培训材料；

培训中心的信息；

主要苗圃和农业生态区数量；

农民和家庭编号；

农民情况主要介绍；

家庭、农场、安置点位置信息，仅以角度方式公开该区域的经纬度信息；

物种和变种形态学特征；

传统知识和管理实践的通常而非诀窍信息；

对地区和全球而言，植物生物遗传资源重要性、水果作物与野生物种本地多样性的通常信息；

所有不属于有限制获取条件和完全限制获取信息的调研数据。

（3）本协议各方同意有限获取信息种类如下：

非公开出版的科研成果全文（如论文、研究报告及著作等）；

示范性数据库；

主要苗圃及其区位相关数据库；

农民和家庭名称；

物种和变种估值数据；

经确认和版权保护的限制获取的传统知识和管理实践。

（4）本协议各方同意完全限制获取的信息种类如下：

入户调研归纳的社会经济数据；

家庭、农场和安置点的经度和纬度信息；

濒危物种地理位置（如《濒危野生动植物种国际贸易公约》和法律"红线"规定下各变种）。

4. 义务

（1）国家执行代表处必须：

与其他项目当事人分享被任命为国家联络点（个人）完整联络信息；

确保国家联络点（个人）将会协助实施本协议设置义务，并作为国家执行代表处和本项目协作方主要协调人；

通过国家执行代表处以常规性地网络上传形式向项目协作方通报信息；

当前述信息上传至网络以后，依据本协议第3条规定确定其为公开获取信息或有限获取信息；

向获取有限制获取条件信息的获取者进行说明并与项目协作方就获取者的联络信息进行沟通；

获得必要许可使信息发布于网络上。

（2）项目协作方/生物多样性国际必须：

设计网络页面；

依据本协议第3条对获取每种分类信息设置条件以将各国国家执行代表处提供的信息上传至网络；

为前述信息把关提供技术指导；

为获取和使用网络信息设置法律前提（如免责声明、版权保留、使用和承认来源以及其他）并将其置于网站显要位置；

将本协议复本置于网络限制进入的区域；

一旦符合质量标准，不对信息进行任何修改、修饰和其他变更；

不对国家联络点（个人）提供的任何信息主张专属性财产权利；

当信息公开发布时不发表任何意见；

承认国家执行代表处作为信息来源并鼓励网络使用者承担本网络为信息来源。"术语使用和承认"也应置于网络显要位置。

5. 网络维护

生物多样性国际承诺从运行前两年对网络进行维护，而在后期则由各国国家执行代表处负责网络维护。本协议各当事人亦可决定修改或终止本协议或签署设置有关网络维护新义务的协议。

在两年过后，生物多样性国际将不会有任何协作义务且不对网络上信息承担任何责任。

6. 项目当事人和非项目当事人分享有限获取信息的条件

所有项目当事人都有可能获取所有缔约方提供的有限获取信息。若项目当事人以商业目的使用有限获取信息，该当事人应征得提供该信息的国家执行代表处许可。

提供信息的国家执行代表处应能够复制或传播它自行提供的信息，而无需征得其他当事人许可。

各当事人同意，一旦有限获取信息符合本协议第 3 条设置可供普通公众任意获取条件，各当事人应能自由使用、复制和传播上述信息，而无需征得其他当事人许可。

非项目当事人若要获取有限获取信息则需获得提供此类信息的国家代表执行处明确许可。依据该规定，国家代表执行处应就使用信息设置条件和明确相关术语含义。国家联络点（个人）联络信息应及时发布在网络上供非项目当事人知悉且后者应就获取和使用有限获取信息与国家联络点及时进行沟通。

7. 信息传播和承认

当信息进行传播和出版或发表任何基于此类信息的研究成果的时候，项目当事人应通过引用、承认或列举参考文献的形式让其他人知道信息来源和联合国环境规划署与德国环境基金会对本项目提供经费资助。

各项目当事人可在研究机构网络中引入链接和使用网络存储信息编辑专业出版物等方式对网络进行宣传。

各项目当事人应倾尽全力确保所有网络使用者全面了解作为信息作者的各当事人、联合国环境规划署与德国环境基金会以及其他对项目提供经费资助的捐赠者。

8. 知识产权

通过网络接收或出版信息均不会对各国国家执行代表处所拥有信息相关知识产权带来影响。

9. 协议的效力、修正和终止

本协议应在不少于两方当事人签字时生效且在各方当事人签字后生效。

本协议可由所有当事人签署书面协议进行修改。

任何一方当事人可至少在书面通知本协议各当事人 30 日之前单方撤回协议。

10. 争端解决

在实施本协议过程中各当事人之间产生的任何争端或异议应由各方依据本协议宗旨和意图友善协商解决。

各当事人同意本协议分别以俄语和英语签署 12 份协议且每份协议具有同等效力。

日期和签字：

二、示范协议部分

海洋微生物获取和惠益分享协议[*]

本协议是＿＿＿＿＿＿＿＿＿＿＿＿＿＿＿＿＿＿＿＿＿＿＿（此处插入提供国机构、代表及全部合同详情，以下简称"提供方"）与＿＿＿＿＿＿＿＿＿＿＿＿＿＿＿＿＿＿＿＿＿（此处插入接收国机构、代表及全部合同详情，以下简称"接收方"）。

以下称为"各当事方"。

前言

欧盟资助的称为 Micro B3 项目是一个为实现下列目标的科研项目：

● 在各区域就海洋微生物多样性取样开展合作，包括通过被称为"海洋取样日"的全球协作活动；

● 形成环境背景下海洋微生物基因组或事实或潜在生物技术应用相关大范围知识；

● 提供创新性的生物信息学方案以为实现海洋微生物基因组数据与环境和生态系统数据大范围整合；

● 最大化地产生结论性的知识以便决策者和公众研究和发展共同体之需。

忆及 获取和使用来自海洋内水、领海、专属经济区或大陆架遗传资源应与《生物多样性公约》规定保持一致，并考虑《生物遗传资源获取和公平、公正分享其惠益的波恩准则》规定，以及适当情况下考虑《生物多样性公约关于获取遗传资源和公正和公平分享其利用所产生惠益的名古屋议定书》以及联合国《海洋法公约》以及由该公约所提倡的国际习惯法规则；

忆及 前述有关生物遗传资源获取和利用相关规定，如果海岸国提出要求，特定海洋区域受到海岸国事先知情同意和共同商定条件约束；

忆及 依据上述规定海岸国有权在其内水、领海、专属经济区及大陆架

---

[*] Micro B3 Model Agreement on Access to Marine Microorganisms and Benefit-sharing.

管理、授权和开展海洋科学研究；而在其他国家或国际组织开展的研究活动时，海岸国有权，如果有意愿且实际可行，参加或作为代表介入海洋科学研究项目并获取数据、样本并接收初级报告及最终结果；

忆及 依据上述规定，来自于生物遗传资源利用的非货币和/或货币惠益应与提供国进行分享，如果相同内容被要求且设置于共同商定条件中；

忆及 依据上述规定，生物遗传资源转移至第三方应设置于材料转移协议中；

忆及 依据上述规定，非商业研究目的的获取活动应以为生物多样性保护和可持续利用为出发点而予以简化；

忆及 承认生物遗传资源的研究和开发活动或者为公共领域或专有目的。

本协议各当事方一致同意下列条款：

第一条 协议

1. 本协议为在提供国内水、领海、专属经济区或大陆架获取生物遗传资源而设置规定，也同样适用利用或转移至第三方，管理和转移至第三方并进行惠益分享。

2. 本协议系整个 Micro B3 联合协议[1]组成部分。其权利和义务适用于所有 Micro B3 成员。

3. 各当事方同意递交一份本协议复印件至 Micro B3 项目网站注册使用者。

第二条 术语界定

本协议所使用的下列属于具有如下含义：

获取：从找到它们的地方收集生物遗传资源的行为；

已获取生物遗传资源：依据本协议所获取生物遗传资源；

相关传统知识：任何实验或观察数据、信息或有关已获取生物遗传资源合成物、生存条件和功能的其他发现；

衍生物：生物或遗传资源的遗传表达或新陈代谢产生的、自然生成的生物化学化合物，即使其不具备遗传功能单元；

生物遗传资源：任何植物、动物、微生物材料或其他最初包含具有实际或潜在价值的遗传功能单元的材料；

Micro B3 伙伴：属于 Micro B3 联合协议缔约方的机构；

海洋取样日：作为 Micro B3 项目的一部分，同世界海洋取样活动具有同样内容，目的是为微生物多样性提供视角并确认来自海洋的创新性生物技术；

---

[1] The Consortium Agreement is publicly accessible at the Micro B3 website：www. microb3. eu.

提供国：源自内水、领海、专属经济区或大陆架的、能够就地获取生物遗传资源的海岸国；

以专有为目的的使用：为保护相关传统知识而开展的研究和开发活动，包括专利权生产的产品和开发的技术，保持相关传统知识的秘密性，以超出增量成本的方式获取传统知识并传播和/或促成从市场获取的生物遗传资源相关产品或技术；

为公共领域的使用：为产生相关传统知识而开展的研究和开发活动，包括开发的产品和技术，公众可仅以不超过增量成本的方式获得并传播，且并不受知识产权或其他知识产权进一步限制；

使用生物遗传资源：与已获取的生物遗传资源的遗传和/或生物化学成分相关的研究和开发活动，包括通过运用生物技术且任何技术应用均与使用生物系统、生命有机物或衍生物相关，以为特定目标产生或改变产品或技术。

第三条　获取生物遗传资源

1. 接收者应有权按照下列条件收集样本：

A. 样本种类，[1] 包括生物遗传资源的种类，[2] 如果知道的话：＿＿＿＿＿＿

＿＿＿＿＿＿＿＿＿＿＿＿＿＿＿＿＿＿＿＿＿＿＿＿＿＿＿＿＿＿＿＿

B. 样本的数量：＿＿＿＿＿＿＿＿＿＿＿＿＿＿＿＿＿＿＿＿＿＿

C. 收集活动相关的地理位置：＿＿＿＿＿＿＿＿＿＿＿＿＿＿＿＿

D. 收集的期限：＿＿＿＿＿＿＿＿＿＿＿＿＿＿＿＿＿＿＿＿

2. 接收者应在样本收集活动结束后＿＿＿＿＿＿＿＿＿＿（该时间由各当事方确认）通知提供方其拟利用的生物遗传资源种类。提供方应在＿＿＿＿周内，对各当事方拟对准予使用的生物遗传资源种类达成协议的情况提出反对意见；（本条如果不适用亦可勾除）[3]

3. 接受者有权将已获取的生物遗传资源转移至经营场所，或依据第 1 条第 2 款规定，转移至其他 Micro B3 伙伴的经营场所，以及与接收者缔结协议并就已获取生物遗传资源使用提供特定协助的机构或个人；[4]

4. 接收者应将部分已获得的生物遗传资源交至提供方或同样指定的机构：

---

〔1〕 E. g. seawater, sediment.

〔2〕 The Kind of genetic resources to be extracted from the sample, i. e. virus, bacteria, funghi, microorganism.

〔3〕 E. g. GPS coordinates.

〔4〕 Not applicable if kind genetic resources included is known ex ante under 3. 1. a).

样本应以下列形式传递：

_____

（本条如果不适用亦可勾除）

5. 接收者应承担在获取和传递生物遗传资源过程中产生的所有成本。

第四条　生物遗传资源的使用

1. 接收者有权使用已获取的生物遗传资源，如有必要，应注意下列说明：

_____。

2. 已获取生物遗传资源的使用应为公共领域。如有必要，应注意下列说明：

_____。

3. 接收者有权使用部分/全部已获取生物遗传资源以为专有目的。如有必要，应注意下列说明：

_____。（本条如果不适用亦可勾除）

4. 接受者在缔结协议之后，应为专有目的使用已获取生物遗传资源和/或使用相关传统知识寻求提供者的同意。如有必要，应注意有关同意程序的说明：

_____。

5. 提供者在缔结协议之后，应为专有目的使用已获取生物遗传资源和/或使用相关传统知识与提供者就改变或终止协议进行友好协商。（本条如果不适用亦可勾除）

第五条　生物遗传资源转移至第三方

1. 接收者可将已获得生物遗传资源或其部分转移至第三方，只要第三方与接收者就已转移生物遗传资源适用本协议第4条至第16条规定达成一致。

2. 如果接收者有意将相关传统知识转移至第三方，且前述传统知识并未依据第6条规定转移至公共领域，第三方应与接收者就已转移的相关传统知识适用本协议第4条至第16条规定达成一致。

3. 一旦转移至第三方，接收者有必要按照下列模板获得提供者事先知情同意：[1]

_____

[1]　NOTE OF CAUTION: The Parties should be aware that too heavy PIC requirements could significantly complicate the research and development process during the non-commercial stage considered in this contract (defined as public domain). A facilitated PIC procedure for non-commercial use (public domain use) as proposed here would also be to the advantage of the Provider country because this allows the Recipent to transfer GR or knowledge during the non-commerial stages more easily and this might lead to incresead commercial product development in later stages, in which a new negotiation with the Provider country is intiated according to the renegotiation clause in Art. 4.4.

转移至提供者或相同指定的机构相关通知，随同转移协议的复印件，均应被视为事先知情同意的证据。如果合适的话，上述机构如下所述：

_____。

或其他机构：应说明其形态

_____。

(本条可依据无需同意的协议规定而勾除)

第六条　知识的传播

1. 接收者应以不超过增量成本的方式使相关传统知识得到公共传播。上述传播方式包括在线、纸质媒体或依据需求的其他方式。在线传播的建议平台为 Micro B3 信息系统（www. microb3. net）以及现有数据基站和信息网络如全球生物多样性信息设施（GBIF），SeaDataNet，Pangaea 和国际核苷酸序列数据协作组织（INSDC）。

2. 除非有其他明确提及，上述知识应在产生后尽快传播，而在海洋取样日之际，收集原始序列数据和与样本的海洋地理数据不应设置禁止期限。如有必要，应注意下列说明：

_____。

3. 接收者应用尽合理努力确保相关传统知识通过在线、纸质或使用者被禁止不以专有为目的使用从门户网站获得传统知识的其他可组织的交付方式进行传播，除非它们获得提供者事先知情同意。

4. 本条第 1 至第 3 款并不适用于第 4 条第 3 款和第 4 款提到以专有目的使用传统知识的情形。

5. 接收者应用尽合理努力确保从 Micro B3 信息系统获取的知识的使用者向其自身研究活动知识系统提供知识的时候，以该系统合理要求的形式与格式以提升公共领域利用的目标。

第七条　承认提供国的贡献

1. 当依据第 6 条相关传统知识可供公众获取时，接收者应指明已利用生物遗传资源的来源国。

2. 当依据第 6 条相关传统知识可供公众获取时，接收者应承认提供国科学家所处角色，以及上述科学家及他们的合作作者从事的任何工作、提供的重要建议或建议。

第八条　记录和报告

1. 接收者应保留关于存储和转移已获得生物遗传资源的记录，并允许提供者或其他任命的相同机构获取上述记录。如果合适应填入相关机构的名称和地址：

2. 接收者应在_____月（填入期间）向提供者或其他任命的相同机构提供书面报告，并告知开始时间_____和结束时间_____，提供利用进度详细情况。如果合适应填入相关机构的名称和地址：

3. 依据第4条第3款和第4款以专有目的使用传统知识的规定，接收者应在本条第2款书面报告结束后，也就获得实施知识产权保护和以此基础销售产品或技术的任何阶段性进展进行报告。[1]

第九条 知识的分享

1. 接收者应向提供者或其他任命的相同机构提供相关传统知识以及就有关合理要求的评估或解释提供协助。如果合适应填入相关机构的名称和地址：

2. 上述知识至少应在可供公众获得状态下提供一次。如有必要应做下列说明：[2]

3. 依据本条第1款所设定的义务可延伸至第4条第3款和第4款所明确的以专有为目的的相关传统知识使用行为。当使用本知识的过程中，提供者不应对任何以专有为目的的使用行为抱有偏见。[3]

4. 接收者应向提供者或其他任命的相同机构提供利用已获取生物遗传资源利用相关出版物_____（填入数量）复件。如果合适应填入相关机构的名称和地址：

---

〔1〕 Subject to negotiation of the Parties it could be agreed that the consent of the Provider is required for certain steps of commercialization such as the bringing on the market of the product.

〔2〕 It may be concluded between the Parties that the Provider shall be informed before publication. This may allow the Provider to check if the requirements under Article 7 are fulfilled and/or if there is reason for pursuing proprietary purposes according to Article 4. 5. In this case the provider shall keep the knowledge confidential during the agreed period.

〔3〕 This clause will be negotiated along with the benefit-sharing arrangement: a provider country will prefer to have access to the information (even if the country keeps it confidential as specified under 9. 2), but a company might prefer to give a higher upfront benefit-sharing under Article 11 as a *quid pro quo* for crossing this Article.

第十条　提供国科学协助及能力建设

作为 Micro B3 项目成员方之一，接收者同意与提供国科学家就本协议相关利用活动展开协作，上述协作形式可能为下列内容：

_____。〔1〕

第十一条　与专有为目的的使用行为相关的惠益分享

1. 接收者同意向提供者支付前期赔偿金_____（数量需要明确），一旦前者以专有为目的使用已获取生物遗传资源。依据第 3 条第 2 款，上述金额应在提供者同意上述已获取生物遗传资源使用行为后_____月内（期限需要明确）支付完毕。上述金额应汇至提供者下列账户上：

_____。（本条如果不适用亦可勾除）

2. 接收者依据第 4 条第 3 款、第 4 款规定以专有为目的使用已获取生物遗传资源或相关传统知识，他必须将已获取任何货币惠益与提供者进行公平、公正惠益分享。

3. 分享份额由本协议各当事方未来协商确定。

4. （可替代第 3 款）分享份额应是已获取生物遗传资源相关产品或技术销售的收入_____。他应以各提供者其他任命的相同机构在任意年终其他确定的账户产生的收入财务报告为基础。如果合适应填入相关机构和账户详情：

_____。

5. 如果接收者没有依据第 4 条第 3 款或第 4 款授权规定以专有目的使用已获取生物遗传资源或传统知识，因此而违反本协议条件，他必须就上述使用行为产生的任何货币惠益进行分享。分享份额应是已获取生物遗传资源相关产品或技术销售的收入_____。上述惠益的支付应以提供者或其他任命的相同机构提供的财务报告或在适当时间基于相同要求为基础。如果合适应填入相关机构和账户详情：

_____。

（本条或整段如果不适用则可以勾除）

---

〔1〕 It should be noted that in the normal case of scientific collaboration the partners conclude a research collaboration contract in which the details of the collaboration are laid out. The ABS agreement should not be overloaded with such details. It will be advisable that the Parties to the ABS agreement make a reference to the research collaboration agreement.

第十二条　其他应尊重的法律

接收者应确保生物遗传资源的收集、存储、转移、利用和出口符合所有提供者适用的法律并保护人类健康与环境、税收、关税和其他关切事项。

第十三条　协议的期限

本协议不设失效期限，除非依据第 8 条第 2 款和第 10 条规定将于＿＿＿＿＿＿＿＿＿＿＿内结束。

（填入时间或在 Micro B3 终止后 2 年之内结束）。

第十四条　可适用的法律

1. 本协议的适用和解释可适用的法律包括：

＿＿＿＿＿＿＿＿＿＿＿＿＿＿＿＿＿＿＿＿＿＿＿＿＿＿＿＿＿＿＿＿。

2. 争端解决的主要法院应当是：

＿＿＿＿＿＿＿＿＿＿＿＿＿＿＿＿＿＿＿＿＿＿＿＿＿＿＿＿＿＿＿＿。

第十五条　争端解决

1. 没有任何当事方在本协议产生争端之时，在依据第 2 条和第 3 条寻求友好路径之前启动诉讼程序（除非为紧急对话程序）。

2. 任何当事方均可主张来自或与本协议有关的整顿必须以书面通知形式告知其他当事方明确争端的性质，并在收到之后立刻开始争端解决程序。

3. 任何本协议产生的争端应在当事方不能通过非正式的如调解、仲裁或双方一致同意的类似技术手段得到解决之后应以最优先、首要的诚实协商方式解决。

第十六条　协议终止

1. 本协议应以双边书面协议形式终止。

2. 本协议应以接收者不能满足任意下列条款规定的义务而终止，如第 4 条第 2 款、第 3 款、第 4 款、第 5 条第 1 款、第 2 款、第 3 款、第 6 条第 1 款、第 3 款、第 7 条、第 8 条、第 9 条第 1 款、第 3 款、第 11 条第 2 款和第 5 款。

3. 只要提供者存在过错，他即可以书面形式通知接收者终止本协议，只要满足下列条件：

●提供者已事先通知接收者存在相应过错；

●接收者不能在提供者明确的法定时间内就提供者存在过错原因的解释或改正作出回应；（不少于 20 个和不多于 60 个交易日）

4. 如果本协议已依据本协议第 2 条予以终止，接收者不应再利用或转移已获取生物遗传资源和相关传统知识；同时他也应向提供者返还或基于提供者的判断毁坏所有生物遗传资源或相关传统知识。本条款的实施应延长至本协议终止之后。

签约地点、日期：＿＿＿＿＿＿＿＿＿＿＿＿＿＿＿＿＿＿＿＿＿＿

提供者：＿＿＿＿＿＿＿　　　　　接收者：＿＿＿＿＿＿＿

欧盟菌种保藏组织为公共收集活动提供生物材料样本核心材料转移协议*

本协议的适用范围：

本协议适用于使用、处置、分配和保藏收集活动提供的材料，并指出被认定的关键要素：

- 可追溯性；
- 公平和公正惠益分享；
- 知识产权；
- 质量；
- 安全及安全保障。

定义：

收集机构：提供材料的收集机关的简称或说明。

接收者：收集行为传送材料的对象。在某些情况下它并非最终使用者而是中间人，该中间人同意：（1）将从收集者而来的现有材料转让协议和材料以未改变的形式和数量交给最终使用者；（2）依据可适用的法律和规则，使用以供受过训练的航运人和授权运输者进一步航运或合理包装。

最终使用者：以已提供的材料为工作对象的科学家。

中间人：第三方，不同于并独立于最终使用者，他能代表最终使用者或向收集者说明的材料做出指示。他们可能是零售商、进口商或其他类型中间人，且与最终使用者机构并无关系。

存储者：向收集者提供原始材料的个体或集体。

材料：原始材料、子代以及未改变过的衍生物，这些材料不包括改变物。

原始材料：存储者提供给收集者的原始材料。

＊ ECCO core Material Transfer Agreement for the supply of samples of biological material from the public domain.

子代：来自原始材料的未被改变的后代（如继代或复制品）。

未改变的衍生物：材料所体现的构成未被改变的功能子单元或产品的复制品或物质，包括但不限于材料提纯或分馏的子集，包括表达蛋白或提取的或放大的 DNA/RNA。

改变物：接收者使用材料产生的物质，它并非原始材料、子代以及为改变过的衍生物且具有新的特征。改变物包括但不限于重组 DNA 无性繁殖体。

商业目的：为实现逐利目标而使用材料。

法定交换：相同实验室内科学家之间、不同但开展特定联合合作的研究机构之间以非商业目的进行材料转移。这也包括公共服务培育机构/生物医学研究中心为实现获取目标而进行的材料转移，并依据相同材料转移协议条件为上述机构/生物医学研究中心进一步分配的可能，并与那些提供收集材料的机构保持协调。

材料的收集者和接收者之间遵循下列规定：

1. 接收者同意提供给收集者的所有与材料任意指令相关的信息均是准确的和全面的，且遵守适当的法律和规则。

2. 接收者同意被确认为第二危险或更高层级的材料（由收集者所在国家国内法规确定）将导致人类疾病发生，改变物或其他未被确认的材料或许在特定条件下也会导致人类疾病产生。

3. 接收者同意在实验室开展的任何材料处置或其他活动将在其义务范围之内开展并符合所有可适用的法律和规则。

4. 接收者保证在其实验室：（1）获取材料将严格受限于个人能力且特定材料数量将得到安全掌控；（2）接收者应进行必要关注，并考虑到这些材料特性，在维持和使用过程中采取特别防护措施以减少对人类、财产、环境的任何风险并防止其不被盗窃或滥用。

5. 除非收集者书面同意，接收者不应售卖、分配或为分配、出借而繁殖或其他转移材料的活动，除非接收者作为中间人且接收者参与到前述法定交换活动之中。

6. 受到本协议术语和规定及任意成文法、规则或其他法律或第三方利益限制规定，接收者应以非商业目的并以合法方式使用材料。

7. 如果接收者希望为商业目的使用材料或改变物，接收者有责任优先就上述使用行为以真诚态度与收集者文档中所提示的材料来源国相关机构就任何惠益分享内容进行协商。

8. 本协议并无任何规定授予接收者有关专利、财产、知识产权或其他与材料相关的权利。

9. 接收者同意在任意和所有与材料相关出版物中承认收集者为材料来源。

10. 保证。收集者因此保证在其质量体系范畴内以及尽可能地通过收集者测试制度来决定，材料是可以养活的且真正来自于收集者。任何与此项保证相反的主张应在完成运输活动后＿＿＿＿＿＿＿日内与收集者进行沟通，并有理由得到收集者满意答复。违反上述保证的首要救济方式为取代免费收集材料的方式。

11. 保证的免责。除非在本协议明确提及并在收集者质量体系范围限度内，不管明示或默示，包括不受限制的，收集者并无任何关于材料真实性、典型性、安全性、符合特定目的的适应性或数据准确性或完整性的保证或表述。

全球基因组生物多样性网络指南：
获取和惠益分享最佳行为实践[*]

2016 年版

·❖·

引言

全球基因组生物多样性网络系统（以下简称"GGBN"）是一个将来自于生命之树的 DNA、具有基因组品质的组织标本进行良好管理的、通过生物多样性研究并对存档材料进行长期保护的营利性收集机构。该系统将促进生物多样性存储机构之间的协作以便确保实现高品质标准，提升最佳实践，确保机构之间的互动，并以符合国际和国内法律、法规规定方式协调材料交换。

依据《关于获取生物遗传资源以及公正和公平分享其利用所产生利益的名古屋议定书》第 20 条规定，GGBN 创设并批准本获取和惠益分享行为准则。它包括两个相关文件，"最佳实践指南"和"基因组材料使用声明附件"以便明确告知该系统成员如何使用和处理生物材料。

上述三个文件所创设的原则和实践完全支持 GGBN 成员国生物多样性生物银行的运营，亦提供来自"生命之树"研究成果的高质量基因组样本和培训，因此也会对未来全球遗传多样性的保护作出贡献。

文档一行为准则对收集机构的管理和成员以前述机构为基础开展研究活动需遵循的规范予以概述；文档二为上述规范提供了最佳实践模式以确保规范实施；文档三就 GGBN 如何管理样本向提供者和使用者进行解释；总而言之，上述信息以符合事先知情同意和与提供者商定共同条件规定就许可、研究和保存已收集材料为参与主体提供确定和透明的信息。

---

[*] Global Genome Biodiversity Network（GGBN）Guidance：Best Practice for Access and Benefit-sharing.

GGBN 获取和惠益分享最佳行为实践

GGBN 成员机构均认可下列获取和惠益分享最佳行为实践。

（一）前言

本最佳行为实践内容是为成员机构实施 GGBN 获取和惠益分享行为准则提供协助。获取和惠益分享最佳行为实践为机构日常工作提供实践指导，以便：

●了解国内法有关权利和义务规定，适时履行条约并与生物材料提供国构建联系；

●当在机构或代表机构工作时，工作人员、授权访问人员和附属机构应遵守法律和法规；

●进入获取阶段的生物材料应获得法律确定性及能够合法保存；

●有效管理与提供者的义务和契约。

并非最佳行为实践的所有部分都与所有机构相关或均应由机构实施。

为了遵守获取和惠益分享规定并使之发挥作用，参与机构应：

（1）仅以合法方式获得生物材料（不管是就地，还是移地状态下的博物馆或植物园）；

（2）以类似生物材料提供者且能追溯的方式保管收集物和相关数据（包括任意二次抽样样品），同时相关规定和条件能够轻易获得；

（3）生物材料的使用[1]必须与材料获取时规定和条件保持一致；

（4）第三方转移生物材料必须与提供国最初提供材料的规定和条件保持一致；

（5）与提供国分享惠益；

（6）创设机构获取和惠益分享政策；

（7）培训工作人员且通告授权访问人员及附属机构。

上述事项详情将在如下部分予以详述。

最佳行为实践指南尤其适用于 1993 年《生物多样性公约》（CBD 公约）生效后，因此它有囊括若干 CBD 公约规定和 2014 年 10 月《名古屋议定书》生效后生物材料获取行为。

（二）生物材料获取

现阶段有很多获取生物材料的方式，如从提供国国内或实地收集（就

---

〔1〕 See "Statement of Use of Biological Material" for a description of the spectrum of "use".

地），从移地永久（如交换、捐赠、分享组织材料或 DNA 样本）或临时转移（如借出）存储资料。参与机构应确保内部相关规则和程序包括获取和惠益分享规定，正如下文所述。

总而言之，参与机构内部相关规则和程序应包括下列内容：

（1）收集区域（见本章第一部分）；

（2）标本（及相关材料/数据）准入条件，包括参与机构在生物材料登记入册或作为引入借用材料所需法律文件，前述生物材料包括但不限于 DNA，其他组织样本，具体是指参与机构应如何管理准入和所需文档；[1]

（3）登记入册，包括标本进入到收集状态所需条件和参与机构管理权限和所有权限，包括：

i. 所需文档（如事先知情同意、共同商定条件、材料转让协议、捐赠信、确认材料已转移文档）；

ii. 机构内工作人员任命和/或授权签署协议或以机构名义接受任何材料（如主任、收集机构负责人）。

1. 获取就地资源（田野调查）

提供国允许开展田野调查的许可程序主要包括事先知情同意和共同商定，有时也包括许可制度。工作人员需与提供国进行协商并取得同意。参与机构要求工作人员在开展田野调查之前充分意识到所需许可和法律文件，并试图在提供国行政主管部门获得相关文件。[2][3] 参与机构和工作人员需意识到应依据提供国法律在与行政主管部门联系时也应与其他部门保持良好沟通。

授予许可机构的相关人员直到所需许可获得同意或收到最终或有关书面担保时才能参与前述许可涉及的田野调查。在提供国开展田野调查应符合该国法律、法规规定。

若参与机构符合经协商一致的要求和行为准则，工作人员仅需进行共同商定（如商议许可条件）。而在商议事先知情同意和共同商定条件时，参与机构及工作人员应明确且清晰地表述使用材料的目的以及第三方使用材料的条

---

〔1〕 Specimens can contain or be associated with other specimens that are relevant for PIC and MAT agreement. Such associated specimens may include, but are not limited to, gut contents and parasites. Some countries prohibit utilization of genetic resources from such associates unless stated in PIC and MAT.

〔2〕 In cases where an institution conducts long-term or repeated project in certain Providing Countries, it might be beneficial to develop framework agreements between the National Competent Authorities of the involved countries.

〔3〕 Relevant information on national ABS legislation and Competent Authorities can be obtained from the ABS cleaning house website (http://absch.cbd.int/).

件。参与机构及工作人员也被鼓励提到 GGBN《生物材料使用声明》，因为它指出了使用生物材料的典型方式，或许会对协商进程有所帮助。参与机构应在正式程序中协助工作人员创设指南，包括谁有权签署协议等明确规定。

而在可能和适当的情形下，除了前述参与机构以外与博物馆、植物园、大学或提供国其他认证科学研究组织成立的合作企业也属于在提供国开展田野调查的组成部分。这也应在共同商定条件中明确其为工作产生的惠益分享。

有关标本、样品收集活动也仅能在或以机构名义在其管理的田野区域开展；任何以私人或其他使用目的额外获得生物材料的请求，包括代表或将前述生物材料售卖至第三方应被机构严格禁止。[1]

2. 永久获取移地资源

永久获取的移地资源包括所有不在就地状态下收集的材料，尤其是来自其他收集机构或移地资源并由参与机构拥有所有权或管理权，比如以销售、捐赠、遗赠、交换和主动提交未经请求样品等。

参与机构应恪尽勤勉义务以使它们确认能够在合法持有材料的情况下获得生物材料。参与机构不应通过任何直接或间接手段获得任意已进入收集状态的生物材料，以及进行售卖或与其他未被国内或国际法律或条约的规定相违背的方式转移，除非外部行政主管部门已明确表示同意上述做法。参与机构应仅在提供书面证明称生物遗传资源和相关信息以符合获取和惠益分享法律或法规、要求，以及相应共同商定条件的情况下接收生物材料。

若生物材料获取自商业提供者，参与机构应意识到这应构成使用目的改变且需要与最初提供者重新进行事先知情同意和共同商定条件。参与机构应被建议对获取材料的法律状态和来源进行检视。

主动提交生物材料的运输并不属于相应文件规定的内容也说明应在符合法律、法规规定前提下使上述材料处于检验检疫状态直到接收机构确认这些材料已符合法律规定要求以及已经形成的事先知情同意或共同商定条件。前述材料直到满足上述条件时才能被使用。

生物材料的接收者在所有权发生改变的时候应当意识到与材料相关的任何共同商定条件或其他许可；上述信息应被记录且提供给合适人员。

3. 临时获取就地资源

临时获取就地资源包括所有不转移参与机构所有权和/或不发生登记入册

---

[1] Institutions are advised to develop or revise procedures to train and inform freelancers and associated scientists prior to doing fieldwork for and in the name of that institution.

的生物材料，这应包括以研究或展览而将借出材料，或由访问科学家携带材料用于 DNA 实验室分析活动，或任何由参与机构访问人员因测试而携带标本的行为。

某项设置工作人员或机构附属组织接收材料条件的政策或许有助于获取和惠益分享协议得到接受。

（三）管理与数据管理

参与机构应确保它的内部政策与程序包括获取和惠益分享内容，并与其他各方面工作协同推进。总体上来说，关于获取的内部政策有必要指出：

A. 协调参与机构收集过程内部政策、管理和记录协议，若参与机构有这些材料的话，单独或新开展的收集过程（如冰冻组织材料和 DNA 收集）应由协议和政策规定以更适用于传统的收集材料。

B. 活体物质收集。应就活体物质收集设定特殊条件，包括细菌培养技术的使用以及在收集过程中使用其他培育和繁育有机物。应对来自于商业性提供者或某些礼物（包括改变目的用于科学研究）的活体物质设置专门协议，包括在合适的情况下新设事先知情同意和共同商定条件。

C. 研究活动和获取与惠益分享。内部政策应考虑到获取和使用生物遗传资源，以及参与机构开展研究活动中研究成果的出版。这些政策或许包括获取与惠益分享的内容，或另行创设单独政策，上述活动是否常规化、参与机构之间是否进行深度沟通，或任何机构组织履行义务是否积极主动取决于研究人员的紧密以及收集管理各项流程及记录保管体系的整合程度；

D. 毁损和外来物种样本。包括试图构成任何基因组二次样本的形式或在机构其他部门储存的研究样本成果。应采用与提供国一致的要求和限制条件进行管理。

E. 生物遗传资源相关传统知识。包括参与机构收集、记录、存储和发布的生物遗传资源相关传统知识所有方面。应包括如何存储、谁有权获取、共享的条件等。参见数据管理和文档部分。（见第三部分第一段）

F. 收集机构内部审计。创设监督或审计系统的目的在于确定参与机构是否对获取和惠益分享相关的文档有效管理，遵守协议和相应程序，以及是否需要改进或有改进的可能。

1. 记录保存和数据管理

参与机构应将其收集材料和相关信息进行管理以便以符合提供国获得生物材料相符合的规定和条件相一致的方式使用生物材料。

为了实现目标，参与机构应做好记录保存——尤其是配备登记人员或在参与机构中心办公室安排行使类似职能的人员，即

● 获取生物材料，包括生物遗传资源相关核心元数据，比如

● 生物遗传资源的描述；[1]（以符合条件的分类水平）

● 生物遗传资源和相关传统知识获取时间与地点；

● 生物遗传资源和相关传统知识直接获取来源；

● 相关法律文件和任意唯一的参考文件，（如许可、国际认证遵约证书的数量，事先知情同意和共同商定条件等）包括有权授予事先知情同意行政主管部门和授予事先知情同意的个人或机构；

● 事先知情同意和共同商定条件协议设定的条件和义务；

● 任意转移第三方的行为，性质属于借用还是永久转移（见第四部分）；

● 拍卖、处置或损失，包括消耗与使用相关的样品。

以及实施数据管理系统使参与机构：

A. 追踪任何参与机构收集生物材料样品或标本的来源地，并以符合使用规定和条件的方式提供给工作人员或授权访问人员；

B. 追溯生物材料进入收集状态（包括使用或转移给第三方）；

为了完成上述任务，数据管理系统理论上应包括如下内容：

● 迅速发现与标本相关法律要求和限制条件的方式（例如，在共同商定条件中列明），以及在必要时将标本或任何二次样本，拟转移材料的单个部分或衍生物相关信息高效转移给其他机构使用者；

● 迅速发现所有获取记录、标本或样品使用或转移记录的方式；包括创设唯一识别码并方便其追踪上述标本或样品；

● 将生物材料使用获得的不同数据和信息与最初标本或样品进行联结的方式（如 DNA 序列信息、图像或其他数码表现形式）；

● 保留特定时段所有生物遗传资源相关记录和法律信息的方式（例如，依据欧盟规定该时段至少为使用结束后 20 年，主要为获取和惠益分享相关的信息）。以不确定基础进行数据保留是合适的。

2. 拍卖和收集材料处置

正如收集管理其他方面活动一样，一项或多项政策或许起到某些作用（见第四部分）。应以符合提供国同意的条件方式处置收集材料。

---

〔1〕 In this list the items italics are those that may be required for reporting to a Checkpoint, as and when the Nagoya Protocol comes into force, for institutions in countries party to Nagoya Protocol.

共同商定条件应要求毁损的标本应遵循使用条件（如排过序的 DNA 应转移至第三方实验室）或返还给提供国。破坏生物材料也须与限制条件或要求保持一致。参与机构应创设相应程序以符合最初事先知情同意、共同商定条件或材料转移协议相一致的方式管理上述破坏活动，若提供国有要求也应与提供国进行确认。

（四）利用

当共同商定条件包括禁止性规定，参与机构也不宜为使用生物遗传资源设置生物材料样品。因此参与机构也创设某些方式使每样生物材料的单个样品（二次取样样品）相关数据表明生物材料使用的限制条件（如利用生物遗传资源）。参与机构也应使创设机制发生作用并使工作人员和其他使用者，如合作项目伙伴能够相互告知或被告知相关信息和遵守生物遗传资源和相关传统知识的规定和条件。

生物遗传资源使用的记录应进行保留。参与机构应就工作人员和其他使用者处置违法利用形式（如故意或过失）设置明确和强有力的政策。

生物遗传资源使用和其他使用生物材料相关出版物应明确提供国。理论上这些出版物包括许可识别码或其他有关标本使用和获取协议，以及开展研究的标本或样品参考清单。"出版物"包括纸质和电子出版物，以及数据库如基因银行。

1. 提供给第三方使用

任何与获得标本条件有关的限制条件或要求，或其他来自参与机构政策相关规定，均需告知第三方使用者。它们应要求共同商定条件、收集许可和某些情形下材料转让协议纸质或电子复印件（尤其永久转移标本、样品或经处理过二次取样样本的时候）。

某些国家为了实施《名古屋议定书》也要求保留材料使用者的记录（如欧盟第 511/2014 号有关获取和惠益分享规则）。在类似情况下通知第三方有关利用生物材料的信息（尤其有关生物遗传资源利用）将会以报道目的予以保存是较合适的做法。这也将构成材料转移协议的内容。

2. 临时使用（如借用/分享组织材料/DNA 二次取样样品）

本部分旨在说明生物材料向第三方临时转移和由其使用的相关规定。这种情形仅在获得最初事先知情同意和共同商定条件时才能发生。

第三方携带生物材料的时候应注意所有材料使用的规定和条件，包括那些限制性条件和要求。

参与机构应创设程序应对第三方针对协商一致共同商定条件（如借用文件）而改变使用目标的请求。第三方也应持有维持样本或样品的记录，包括生物遗传资源利用过程记录。

3. 永久转移至第三方

若最初事先知情同意和共同商定条件存在禁止性规定，生物材料不应被永久转移至其他参与机构。若转移活动并非受最初事先知情同意和共同商定条件禁止，标本应在签署材料转移协议后自由转移至第三方。依据材料转移协议规定第三方需以符合最初事先知情同意和共同商定条件规定方式使用材料。

事先知情同意和共同商定条件详细情况应与材料同时转移（详见前述欧盟法规规定），维持样本或样品记录也应永久转移至第三方。

若第三方对使用材料的要求并不符合事先知情同意和共同商定条件，第三方应与提供国进行协商。

（五）惠益分享

参与机构应实施程序与提供国、其他利益相关方以获取时确定的事先知情同意和共同商定条件公平、公正分享任何利用生物遗传资源产生的惠益，或就后续使用用途改变进行重新协商。与提供国确定的惠益形式应尽可能地包括《名古屋议定书》（见本文件附件二）附件所列举的任意形式。因参与机构从事活动非营利性质，惠益分享多半是非货币形式，特别是：科学培训、教育、能力建设、科学研究项目合作、研究成果和相关出版物共享、在出版数据和研究成果承认提供国。若提供国使用标准清单并将其作为协议签署的基础（见第二部分），由于使用标准词汇表会对记录管理提供支持，所以也会便利惠益分享交付。

（六）参与机构内部政策

明确政策声明将会协助参与机构以符合可适用的获取和惠益分享法律、法规规定的方式进行管理。当参与机构决议具有获取和惠益分享意义，或需要考虑获取和惠益分享相关问题，或需要管理获取和惠益分享相关问题，它们需要规范各项活动，或在工作流程中设定时间节点。

任何生物遗传资源相关政策应使受到此政策规范的参与机构所有工作人员明确知悉。这即意味着工作人员，不管在现场或其他地方，包括在其他机构工作的访问人员、属于本机构的学生、附属人员（研究助理、荣誉研究员）、志愿者、研究机构访问人员等，均应遵守该项政策。上述政策也有必要考虑在多家参与机构工作的个体或集体情况。

参与机构（和/或其他实体）应构建完整获取和惠益分享政策（这或许被称为"伞型"政策且涉及获取和惠益分享所有方面并作为其他政策面参考依据）。单项政策说明应考虑下列事项：

1. 获取新的标本

A. 田野收集——包括所有收集活动，包括获得相关文件的要求，如各类许可、事先知情同意和共同商定条件；

B. 标本/样品准入——在登记入册之前标本进入机构所要求提交的法律文件，包括如何进入以及参与机构管理的文件；

C. 获取——进入收集状态的标本以及机构获得所有权所需条件；上述政策需指出：

I. 所需文件要求（如事先知情同意、共同商定条件、材料转让协议、捐赠信、转移契约文件）[1]以及

II. 负责登记入册机构内个体身份（如主任、收集机构负责人）。

2. 管理收集材料

D. 符合共同商定条件管理方式——包括在管理收集材料法律框架内持续履行义务（如将标本返还给提供国）。同时也应以事先知情同意和共同商定条件一致方式指出计划改变使用目的的活动。

E. 借用材料的进入，包括 DNA 和组织材料——所需文件（如事先知情同意、共同商定条件、材料转移协议、借用格式的复件），以及如何管理上述文件。

F. 机构内单独或最新收集材料（如冰冻组织材料和 DNA 收集、干燥或酒精保存）——应就政策和记录保存进行协调。

G. 损毁及侵入性样品——包括使用冰冻材料其他收集材料提取 DNA、含有遗传功能和多细胞生物材料，后续注意提供国或其他生物遗传资源提供者相一致要求和限制条件要求。

H. 活体材料收集——使用细菌培养技术以及在收集过程中使用其他培育和繁育有机物；来自于商业提供者的活体材料；提供给第三方所要求协议。

I. 生物遗传资源相关传统知识——包括参与机构收集、记录、存储和发布的生物遗传资源相关传统知识所有方面。应包括如何存储、谁有权获取、

---

〔1〕 Legal document managing the formal change of ownership of an object from one person or organization to another.

共享的条件等。

J. 流出材料的研究——其他机构使用者持有生物资源的条件，包括：

i. 借用材料接收者允许或禁止使用材料的分析过程；

ii. 任何未用于分析过程的留存样品/等分的返还或处置；

iii. 任何持有者后续使用行为；

iv. 借用行为文件需求（如最初事先知情同意和共同商定条件或相应概要的复件）；

v. 第三方要求的商业化活动；

vi. 第三方开展的不适当违法活动。

K. 研究和获取与惠益分享——对获取、利用和与研究机构相关获取和惠益分享研究成果出版。

L. 数据管理和归档——所有数据管理均应包括获取和惠益分享——以及文件或信息，包括：

i. 存储和获得获取与惠益分享相关文件和相关信息；

ii. 依据事先知情同意和共同商定规定创设使用生物材料的相互参照的机制；

iii. 与第三方分享获取和惠益分享文件内容，包括通过报告形式；

iv. 敏感信息特殊处理；（如生物遗传资源相关传统知识、事先知情同意和共同商定条件限制信息）；

v. 当材料物理上呈现分离状态时保留组织材料和 DNA 二次取样样品记录的方式；

vi. 与排序数据相关元数据出版协定（如通过基因银行）以及

vii. 保存记录。

M. 内部收集活动审查——监督或审查系统的目的在于确定参与机构是否对获取和惠益分享相关的文档有效管理，遵守协议和相应程序，以及是否需要改进或有改进的可能。

3. 从收集机构移除标本，包括分析过程中消耗

N. 分派和对象退出——包括所有类别生物材料临时或永久离开机构，包括：

i. 内部要求文件，特别与二次取样样品和衍生物消耗相关文件；

ii. 转移至第三方接收者要求的文件；

iii. 提供国要求的文件。

O. 损耗或完全消耗——以符合获取和惠益分享要求开展活动（如依据共同商定条件），包括对收集标本的损耗或完全消耗进行归档。

P. 处置（包括交换和转移）——标本如何丧失机构所有权进行规范，受到共同商定条件或材料转移协议约束。

额外建议：机构政策

参与机构应依据同样的伞型政策找到有助于管理所有要求的国内外和国际法律文件的机构政策。通过上述做法参与机构将有能力协调政策和安排遵守管理规律的程序，包括信息管理以及提供有效的员工培训。类似法律文件应包括：

- 收集许可；
- 研究许可；
- 事先知情同意许可；
- 共同商定许可；
- 材料转移协议；
- 出口许可；
- 进口许可；
- 合作备忘录；
- 国内/国际有关标本所有权公约，如《濒危野生动植物物种国际公约》许可；
- 未来地区、国家或国际水平协商许可；
- 有关解决处置、使用或其他方式争议程序。

每项政策一旦获得同意，应随同相关程序性文件要求工作人员在不同情形如何开展工作以便让这些人员和参与机构遵守。图表型的工作流程将提供帮助。

（七）员工培训

所有涉及收集、管理和研究标本活动的员工，包括承担实验室工作、管理其他机构借出材料的工作人员均应接受获取和惠益分享政策和其他政策有关获取和惠益分享规定的培训。经过认证的工作人员应对培训活动的协调开展和培训记录负责。参与机构有关获取和惠益分享政策和程序性规定的手册也应以数字或纸质形式及时提供。

附件一：术语

获取：是指受拥有资源主权国家（提供国）的许可对生物遗传资源进行

获取/取样。CBD 公约和《名古屋议定书》并未对何谓"获取"进行界定，在某些国家或组织意义各不相同。各方一致同意的定义也应包括在所有法律文件中。欧盟法规将"获取"界定为"在《名古屋议定书》缔约方中获取生物遗传资源或相关传统知识"。

获取和惠益分享信息联络点：是指为获得各国联络信息、各国获取和惠益分享专门法律、获取和惠益分享相关事项。尤其是《名古屋议定书》而依据《生物多样性公约》创设信息分享机制。

获取：是指将标本和样品置入收集状态的行为，通过前述行为参与机构获得所有权和管理权，包括长期借出行为和材料信托管理行为。

使用生物遗传资源产生的惠益：并无明确定义，但可能包括：（1）研究和开发成果产生商业价值的产品而导致的货币惠益（如版税、阶段性付款、许可费）；（2）非货币惠益（如技术转移、研究技能提升、分享研究成果、构建研究伙伴关系、获取与保护和可持续利用生物多样性相关的科技信息、包括生物材料目录和分类研究等）。

生物多样性生物银行：是指收集、保存、存储和提供典型非人工、生物样本和遵从标准操作流程并提供材料用于科学研究的机构。包括天然历史博物馆、植物标本馆、植物园、培养物保藏室、种子银行和基因银行。

生物材料：是指来自 GGBN 成员的活性或死亡有机物的所有标本和样品以及二次取样样品，不管是否包括"遗传功能单元"。亦见"遗传材料"和"标本"定义。

生物储存：是指收集、处置、存储任何通常意义上含有生物要素的储存材料和分配生物标本的行为，包括人类相关材料以支持科学调查的行为。详见 Collection 定义。

生物技术：任何使用生物系统、活性有机物或衍生物技术应用以为特定用途而创设或改变产品或技术的行为（来自《名古屋议定书》定义，重复《生物多样性公约》第 2 条定义）。

收集：是指某类标本或样本可以被共同观察、研究和保存。它们通常通过分享某些特征而被集中，如属于相同分类（如哺乳类、昆虫类、鲸类），来自于相同地域或生态系统，或有同一位收集者或相同收集地点收集。收集行为通常由具有收集功能机构开展，前述生物多样性生物银行或许也会进行收集，包括收集那些对整个生物体并无太多用处的标本。

商业化和使商业化：是指通过售卖、获得许可或其他方式申请、获得或转移知识产权或其他有形、无形权利，开始产品设计，包括市场研发、寻求先期市场许可和/或售卖任何以利用最初生物遗传资源为基础的产品。处置费用（如提供 DNA 样本）、入场费等全部属于公共研究机构管理和/或行政管理的成本范围，并不包括生物遗传资源利用，也不被视为生物遗传资源研究活动的商业化。

国家主管部门：某国授权签署获取和惠益分享协议的组织或个人。

数据：除非明确声明，信息包括位置和其他手机信息、许可和协议，以及提供者提供的与材料相关其他任何信息。

衍生物：是指天然产生于生物遗传资源或生物新陈代谢或遗传表达的生物化学复合物，即使它并不包括遗传功能单元（《名古屋议定书》第 2 条定义）。

交换：也称"转移"或"永久提供"，依据最初协议规定将标本永久转移至第三方。

遗传材料：是指来自植物、动物、微生物或其他来源的任何含有遗传功能单位的材料。

生物遗传资源：是指具有实际或潜在价值的遗传材料。

基因组质量：高分子质量且理论上包括整个基因组的 DNA 或 RNA。

国际认证遵约证书：提供国国家主管部门创设许可或在获取和惠益分享信息联络点出具相同文件（如事先知情同意和共同商定条件）记录文件。该国信息联络点据此提供唯一标识并为相关生物遗传资源提供法律保证。它也有助于简化获取生物材料申报程序。

材料转移协议（MTA）：是指机构双方之间就转移标本或样品，包括遗传材料的规定和条件签署的协议。

合作备忘录（MOC）：是指双方或多方机构之间合作协议。在 GGBN 行为准则和最佳实践指南中它应包括获取和惠益分享内容。

参与机构：是指已签署 GGBN 行为准则并同意遵守最佳实践指南的 GGBN 成员国。

事先知情同意：提供国行政主管部门依据国内法律和机构框架规定在使用者获取生物遗传资源之前给予许可，主要内容为使用者应当或不应当如何使用材料。

提供国：是指供应生物遗传资源的国家，此种生物遗传资源可能取自原产地来源，包括野生物种和驯化物种的种群，或取自移地保护资源，不论是否原产于该国（CBD 公约第 2 条）。

接收者：是指提供者转移材料的组织。

研究：是指系统性地开展调查或研究材料和资源以便建立事实和达成结论的行为。但该行为并不包括任何商业应用开发。

标本：包括任意类型的生物材料。在本协议中，"标本" 通常与 "材料" "样本" 或 "次级样本" 系同义词。本概念也包括仅指寄生虫或消化道内容物的标本和材料。

提供者：是指提供材料的当事方。

传统知识：现阶段国际社会并未就传统知识的定义普遍达成一致。世界知识产权组织（WIPO）将其定义为："社区历代人民发展、维持和传承的知识、技能、技巧和实践，通常构成其文化或精神认同的组成部分。" 它也认为 "狭义传统知识是指有关，特别是来源于传统意义上知识创造的知识，包括节能、实践、技巧和创新"。(http：//www. wipo. int/tk/en/tk/)《名古屋议定书》和欧盟法规将传统知识纳入生物遗传资源相关传统知识，前述法律文件并不认为传统知识系独立存在的概念。

使用：是指安置样本和标本（生物和遗传材料）的目标，包括但不限于《名古屋议定书》所示意思。

生物遗传资源利用：是指包括通过 CBD 公约第 2 条界定的生物技术应用方法，对遗传和/或生物遗传资源生物化学构成物进行开发和研究。(《名古屋议定书》相关定义)。

阿根廷政府获取和惠益分享示范性协议一

若干规定和条件

本有关＿＿＿＿＿＿＿协议是由如下各方缔结签署：

提供者：＿＿＿＿＿＿＿，以下由其负责人作为代表＿＿＿＿，职业为＿＿＿＿（阿根廷国籍，身份证号为＿＿＿＿，其永久居住地位于＿＿＿）

获取者：＿＿＿＿＿＿＿，以下由其负责人作为代表＿＿＿＿，职业为＿＿＿＿（国籍为＿＿＿及身份识别证明有＿＿＿＿，其永久居住地位于＿＿＿）

双方兹就如下事项达成一致：

1. 提供者应就种群样本用于＿＿＿＿＿＿＿＿＿（种群详情已于附件之中）

2. 所有材料产权归提供者且提供者应免费提供材料；所有材料均只能专门用于学术和科学研究目的。

3. 所有材料仅能在研究分析活动中使用；任何留存材料或在分析活动结束后销毁，或在使用结束后返还提供者。

4. 提供者所在国保留对所使用材料及其衍生物相关知识产权专属权利。

5. 该项研究活动应由提供者代表＿＿＿＿和获取者代表＿＿＿＿共同开展。

6. 期限——是否存在延期可能。

7. 获取者应与提供者就项目＿＿＿＿进行协作。

8. 有关已获取材料研究成果发表应同时注明获取者和提供者科研人员。获取者和提供者应及时承认所有与已获取材料相关所有出版物材料来源；获取者和提供者均应将出版物复件和已获取材料的前期报告及其修正版本提交至阿根廷环境和可持续发展部。

9. 提供者和获取者应尽可能地采取措施确保尊重、保护和维持相关国家社团拥有的知识、创新和实践；提供者和获取者应同时采取必要措施确保相关活动遵守所有适用的各国法律、规则、指南和其他规定。

10. 各当事方应遵守开展田野调研的各项条件，若一旦出现任何变化，本协议应重新协商并对上述条件予以考虑。

11. 终止。一旦某当事方不能遵守本协议创设各项义务，另一当事方可通过经证明的通告终止本协议。一旦出现连续违反协议的情形，每个当事方均有权终止协议。

12. 各当事方可为本协议可能产生的所有域内、域外司法活动设定特别住所，或者自愿将管辖权提交阿根廷布宜诺斯艾利斯法院并赋予其批准、适用、解释及其他相关权限，从而在再次提取诉求时明确放弃其他司法适用形式或管辖权限。

基于各方已见证以上内容，本协议由双方各执一份并与原件具有同等效力。

阿根廷政府获取和惠益分享示范性协议二

"＿＿＿＿＿＿项目"研究协作协议

本协议已于 2010 年 10 月 1 日，于＿＿＿＿＿＿生效。

＿＿＿＿＿＿，某机构教授与研究员，作为该机构代表并有权确定他/她研究目标。

该机构保证人＿＿＿＿＿＿（身份证号＿＿＿＿＿＿，永久居住地为＿＿＿＿＿＿）。

＿＿＿＿＿＿，某机构终身研究员，作为该机构代表并有权确定他/她研究目标。

该机构保证人＿＿＿＿＿＿（护照号码＿＿＿＿＿＿，永久居住地在阿根廷或其他国家＿＿＿＿＿＿）。

双方均相互承认彼此具有在科研活动中实施本协议的法定身份。

然而，

现有＿＿＿＿＿＿科技信息是十分有限的；

各当事方在进一步开展＿＿＿＿＿＿研究过程中将会分享利益；

各当事方在过去研究活动中具有良好协作；

阿根廷方面并无充分手段或足够经验开展相关领域研究活动；

B 部分意味着各当事方均会为特定研究项目提供资助并为类似多重研究活动提供经验；

基于以上内容已经见证，各当事方同意为实施本协作协议而就如下事项达成一致：

本有关＿＿＿＿＿＿＿＿＿＿协议是由如下各方缔结签署：

提供者：＿＿＿＿＿＿＿＿＿＿，以下由其负责人作为代表＿＿＿＿＿＿，职业为＿＿＿＿＿＿（阿根廷国籍，身份证号为＿＿＿＿＿＿，其永久居住地位于＿＿＿＿＿＿）

获取者：＿＿＿＿＿＿＿＿＿＿，以下由其负责人作为代表＿＿＿＿＿＿，职

业为_____（国籍为_____及身份识别证明有_____，其永久居住地位于_____）

具体规定

1. 本协议目标是为名为_____的研究项目首年协作提供基础。

2. 本协议各方当事人应共同管理和为项目推动承担责任。基于相互信任，各当事方将为项目推介研究协作人员。

3. 提供者所在国保留对所使用材料及其衍生物相关知识产权专属权利。

4. 有关已获取材料研究成果发表应同时注明获取者和提供者科研人员。获取者和提供者应及时承认所有与已获取材料相关的所有出版物材料来源；获取者和提供者均应将出版物复件和已获取材料的前期报告及其修正版本提交至阿根廷环境和可持续发展部。

5. 提供者和获取者应尽可能地采取措施确保尊重、保护和维持相关国家社团拥有的知识、创新和实践；提供者、获取者应同时采取必要措施确保相关活动遵守所有适用的各国法律、规则、指南和其他规定。

6. 各当事方可为本协议可能产生的所有域内、域外司法活动设定特别住所，或者自愿将管辖权提交阿根廷布宜诺斯艾利斯法院并赋予其批准、适用、解释及其他相关权限，从而在再次提取诉求时明确放弃其他司法适用形式或管辖权限。

7. 阿根廷当事方。

8. 其他当事方。

9. 生物样本应进行冷冻保存并将运送至_____用于专业实验室分析。这项分析工作的目的为_____。

10. 生物样本任何残余物应做如下处理_____。

11. 研究成果必须联合出版并反映协作成果。

12. 各当事方应尽可能广泛地传播研究成果，并将相关成果在国际期刊发表。来自阿根廷当事方更应将研究成果向所有行政机关传播，特别是可能对其稍有用处的公共行政机构。

13. 本协议有效期为 1 年。

基于各方已见证以上内容，本协议由双方各执一份并与原件具有同等效力。

阿根廷政府获取和惠益分享示范性协议三

材料转移协议及其规定

提供机构（全面而详细地描述）：

提供机构的代表人姓名：

提供机构代表人头衔：

接收机构（全面而详细地描述）：

接收机构的代表人姓名：

接收机构代表人头衔：

协议相关项目（适当情形提供）：

拟转移材料：全面而详细地描述

提供机构表单：

各方在考虑《生物多样性公约》相关规定后，拥有签约资格机构或通过尽责授权代表，同意依据下列规定和条件转移样本：

1. 提供给接收机构的材料仅能专门用于科学研究活动，不能用于商业目的。

2. 当出现产品具有潜在商业价值，生产技术可能或并非受到版权保护，抑或依据前述规定样本属于遗传财产，接收机构应将上述情况通知提供机构。上述活动因与潜在利用相关而需暂时中止。而在此等情形下，包括相关法律规定的新合同应得以实施。

3. 在最初提供机构和新的接收机构签署新的材料转让协议实施之前，接收机构不得将遗传财产的样本组成部分转移给第三方。

4. 收到遗传财产样本组成部分的接收机构应在任何与该样本相关的交易活动中遵守材料转移规定。接收机构并不会被认为是提供者且无权享受与样本相关的任何惠益。

5. 任何研究遗传财产的出版物必须专门披露材料来源并确认提供机构。前述出版物复本必须送至提供机构和环境与可持续发展部。

6. 不遵守前述规定可能会受到法律惩戒。

7. 提供机构领导机关应有能力处理本材料转让协议实施过程中各方产生的争端。

8. 不管材料借用的时间到底有多长（最多6个月），本材料转让协议效力将持续1年且在协议失效前各当事方正式请求和一致同意情形下而予以续展。

9. 由于续展协议相对独立性，符合本协议规定的材料转让承诺亦应无限期有效。

为了见证上述内容，提供机构和接收机构签署协议以一式三份分别由双方尽责的授权代表实施。

签约时间及地点：

接收机构代表：

提供机构代表：

澳大利亚联邦政府生物资源获取和
惠益分享示范协议*

时间：

当事方：本协议是由下列各方签署并相互约束：

1. 澳大利亚联邦政府，由环境、水、遗产和艺术部作为代表并代行职责；

2. 获取方名称或住址：＿＿＿＿＿＿＿＿＿＿＿＿＿＿＿＿＿＿＿＿＿＿

＿＿＿＿＿＿＿＿＿＿＿＿＿＿＿＿＿＿＿＿＿＿。

内容及目标：

本协议内容如下：

1. CBD 公约及其《波恩准则》赋予各缔约方管理生物多样性并确保生物遗传资源使用实现公平、公正的惠益分享；

2. 1999 年《环境与生物多样性保护法》（*EPBC Act*，以下简称"法案"）要求设置控制联邦政府地区获取生物资源的规则，包括对联邦政府地区获取生物资源进行公平、公正的惠益分享等规定；

3. 2000 年《环境与生物多样性保护规则》（*EPBC Regulations*，以下简称"规则"）8A 部分是为实现前述《环境与生物多样性保护法》第 301 部分而创设。除非该生物遗传资源明确排除适用该规则要求，在联邦政府地区获取生物遗传资源必须符合规则许可。以商业开发或潜在商业开发为目的获取生物遗传资源申请许可的申请者必须与提供者签署惠益分享协议。

4. 依据前述规则 8A 部分规定联邦政府可作为该地区生物资源提供方。

5. 获取者作为申请者或拟作为申请者提出符合前述规则在联邦政府地区获取生物资源申请相关情况应通过本协议附件二予以明确。

6. 本协议组成的惠益分享协议符合前述规则 8A 部分相关规定。

---

* Deed of Agreement between Commonweal of Australia and Insert Name of Access Party in relation to Access to Biological Resource in Commonweal areas and Benefit Sharing.

7. 本协议获取者依据联邦政府授予允许在联邦政府地区获取生物资源许可也通过本协议附件计划二予以明确。

8. 本协议获取者获取和使用生物资源并与联邦政府进行惠益分享通过本协议附件三和四予以明确。

9. 本协议与前述规则 8A 部分获取许可相关规定共同规范获取者在特定地区获取生物资源活动。

操作细则：

本协议各当事方一致同意如下内容：

1. 解释与说明

1.1 定义

1.1.1 本协议除非明确说明，否则相关定义具体内容如下：

获取区域：是指由本协议附件二明确获取者可以获取生物资源的联邦政府地区或其他地区；

获取者：是指作为获取方的个人或团体（单个或组织），包括办公室、雇工、代理和合作方以及只要符合身份前提下的任意前述主体；

获取生物资源：由前述规则规定和以研究和开发任意生物遗传资源、生物资源构成和包含的生化组成物为目的获取生物资源天然种群的行为，但不包括前述规则 8A 第三部分第 3 款所列行为；

获取许可：是指为实现规则 8A 部分规定，以符合规则第 17 部分规定有权在相关地区获取生物资源的证明；

生物资源：由法案规定和包括生物遗传资源、有机体及组成部分、种群和对人类具有实际或潜在价值或用途的生态系统任何生物成分；

交易日：开展活动相关日期，是指除了公众假期以外的时间；

生效期间：是指本协议生效日期；

生效地区：是指依据法案 525 部分规定本协议效力所及地域；

保密信息：是指：（1）本协议附件计划一所示商业秘密；（2）各当事方同意在本协议生效后为实现本协议目标而形成的任何保密信息；

协议：是指本协议及该协议附件相关计划和其他文件；

部门：是指环境、水、遗产和艺术部，也包括承继前述部门职能的其他澳大利亚联邦政府各部门或代表处；

EPBC Act：是指 1999《环境和生物多样性保护法案》；

EPBC Regulations：是指 2000《环境和生物多样性保护规则》；

获取收入：是指第三方向获取者支付的使用获取生物遗传资源的费用，包括：（1）转移、交付或提供获取样本或产品；或（2）对样本或产品进行分配或许可权利（包括知识产权）；（3）买卖，但不包括以专门研究为目的而向获取者拨付基金；

生物遗传资源：由法案规定和动物、植物、微生物或其他拥有遗传功能且对人类具有实质或潜在价值的材料；

知识产权：包括：（1）版权；（2）所有发明相关权利（包括专利）；（3）所有植物新品种相关权利（包括植物新品种权）；（4）已注册或未注册的商标（包括服务商标）、设计和电路设计图；（5）与知识产权相关的其他权利；（6）技术（不管能否申请专利）；

材料：是指包括知识产权在内的任意财产权所指对象；

产品：是指来源于研究/开发活动或从该活动提取、获得或产出的材料；

研究/开发活动：对样品或产品的研究或开发行为；

样品：在符合本协议获取许可规定下从特定地区获取生物资源样本；

买卖：鉴于下列对象转移至第三方，而由获取者收取的货款：（1）产品；（2）包含产品的材料；

支付门槛：是指依据本协议获取者应向联邦政府支付获取收入的大致比例。

1.2 解释与说明

1.2.1 除非有相反意思，本协议作出如下规定：

a. 要求填入某性别信息即意味着也包括其他性别；

b. 单数信息包括双数且双数信息也包括单数；

c. 基于便利原则插入条款标题且并不会限制或扩充该条款语句意思；

d. 要求填入某个人信息也包括合作伙伴和公司或其他企业形式；

e. 所有以美元标示信息均可以澳元标示；

f. 所有法律或具体法律规定均包括任何已修改的替代性成文法案或重新创设的相关法律或具体规定；

g. 若某个词语或措辞已赋予确定含义，任何与该词语或措辞相关的演讲或语法表现形式均指向该含义；

h. 所有项目相关信息均是指以时间先后为顺序的项目；

i. 计划和其他附件均属于本协议组成部分；

j. 计划（或其他附件）相关信息是与本协议计划（或其他附件）有关的信息，包括通过各当事方书面签署的修改或替代协议；和

k. 不管是否可见，通过书面形式确定的任何词语、图像或符号的表达。

1.3 本协议创设指南

1.3.1 本协议记录各当事方签订协议的主要内容。

1.3.2 本协议需由各当事方实施的正式变更协议才能发生变化。

1.3.3 所有规定应尽可能地被解释而不被归为无效、非法或不可实施。

1.3.4 若本协议有关规定出现不可实施、无效或非法情形，该规定即被另行处理且其他规定不受影响。

1.3.5 任何对特定条款的另行处理或详细考虑均不会影响本协议其他规定效力。

1.3.6 若某项规定未被详细考虑而被视为无效或另行处理，本协议其他规定并不因此受到影响。

1.3.7 本协议租赁条款不应依据创设该条款的前提而被解释为对某当事方不利。

2. 影响、生效和评估

2.1 协议受到许可限制

2.1.1 本协议仅在获取者获得本协议相关生物资源获取许可才生效。

2.1.2 本协议生效日期为获取者获得本协议相关生物资源获取许可当日。

2.2 评估

2.2.1 本协议实施效果将由各当事方提出要求后进行评估。

2.2.2 首次评估应在生效日期起 2 年后开始，后续评估将在不少于 2 年后开始。

2.2.3 评估的时间和形式将由各当事方协商确定。

2.2.4 各当事方可要求双方协商同意第三方开展评估，其他当事方亦可支持该主张。

2.2.5 当评估由第三方开展时：

a. 各当事方应提供尽可能地协助，并对有关信息和第三方合理的协助请求予以回应；

b. 除非各当事方事先一致同意评估费用应由要求开展评估的当事方平均分摊。

2.2.6 本协议有关保密信息的要求也适用于评估活动，各当事方应采取切实步骤确保开展评估活动的相关主体遵守上述要求。

2.2.7 各当事方将就每项评估的结论和建议进行讨论并依据本协议 1.3.2

规定对协议规定和条件进行完善。

3. 惠益分享

3.1 提供惠益

3.1.1 获取者应依据本协议附件计划三规定向联邦政府提供惠益。

3.1.2 获取者应依据本协议附件计划四规定向联邦政府提供额外惠益（如果有的话）。

3.1.3 若依据本协议规定获取生物资源导致发现新的种群分类，获取者必须向存储或收集同类种群的澳大利亚公众机构提供永久借用的收据。

3.1.4 为了提供永久借用收据，获取者必须为创设合理条件使用可供借用的种群。

3.1.5 本条可在本协议生效之前或终止后继续实施。

4. 履行标准

4.1 标准

4.1.1 为了履行本协议获取者应：

a. 遵守本协议附件计划二规定；

b. 以更高的标准且符合最佳实践的要求如任何政策、本附件计划一规定的行为守则或指南或联邦政府通知时开展活动；

c. 遵守获取者获取许可规定；

d. 遵守联邦政府相关法律或各州、地区或当地政府可适用法律；

e. 遵守和支持所有必要的批准和许可程序；

f. 与环境、水、遗产和艺术部保持沟通，并对其合理要求予以回应并且积极遵守该部门合理规定。

4.2 动物伦理

4.2.1 当本协议所涉活动与以科研为目的使用和照顾存活的脊椎动物及其器官相关，获取者应就上述科研目标向经认可动物伦理委员会提出审批和评估申请。前述委员会依据澳大利亚其他类似科研目的使用与护理动物行为准则开展相关活动。

4.2.2 获取者应在研究活动开展的相关区域内遵守所有与动物福利相关的法律、政策、行为准则和指南。

5. 样品及产品的处置和相关权利

5.1 样品和产品的权利

5.1.1 依据该条规定，获取者对所有样品及产品具有专属权利。

5.2 知识产权

5.2.1 获取者和联邦政府之间（并不会影响获取者和第三方之间关系）已授予或将会授予给获取者。

5.3 样品及产品的处置和知识产权

5.3.1 若无前述规定限制，获取者将就因研究/开发活动产生知识产权权利授予第三方。

5.3.2 获取者不得：

a. 转移、交付或提供样品或产品；或

b. 转移、分配或授予样品或产品相关权利（包括知识产权）；

给第三方除非：

c. 已由协定明确规定且该规定尽可能在遵守协议前提下切实可行；以及通常被协议、契约或各当事方公平交易行为所允许。

5.3.3 依据前述规定签署的协议必须确保联邦政府能够从样品或产品的后续使用中获得公平惠益分享，抑或从第三方和其他任意当事方使用中获得权利。

5.3.4 依据 5.3.2 规定由第三方以非商业目的使用样品或产品或相关知识产权必须保证不得或不允许其他各方以商业目的使用材料，除非已经与获取者签署惠益分享协议。

5.3.5 获取者必须保证与联邦政府签署的协议与依据 5.3.2 规定和其他协议规定的第三方协议相一致。

5.4 获取收入和首付款

5.4.1 获取者的获取收入受到本协议附件三有关首付款要求的限制。

6. 财政安排

6.1 获取者支付款项

6.1.1 获取者应按照协议规定在提交年度报告后，并在呈现正确的税务发票后 28 日内及时向联邦政府支付款项。

6.2 税收、关税和行政费用

6.2.1 所有由澳大利亚或国外征收的与本协议有关的税收、关税和行政费用必须由各当事方共同承担。

6.2.2 获取者依据本协议向联邦政府支付数额应包括依据《商品和服务税收法案》（GST）应由联邦政府支付的应税对象税费。

6.2.3 依据本协议规定应税对象，联邦政府应依据《商品和服务税收法案》（GST）向获取者提供税务发票。

6.2.4 本条款中：

a. GST 是指 GST 法案；

b. GST 法案是指《新税收制度（商品和服务税收）法案》（1999 年）。

7. 承认和发表

7.1 承认和发表

7.1.1 获取者应在所有与第三方相关研究/开发活动中就获取联邦政府地区生物资源行为进行说明。

7.1.2 获取者应确保依据 5.3.2 规定与第三方签署协议要求第三方承认联邦政府是样品的提供者。

7.1.3 本条款实施并不因本协议相关规定提前终止或解除而失效。

8. 保存记录

8.1 账目和记录

8.1.1 获取者应保存完整、精确和最新的与本协议相关账目和记录：

a. 包括与交易活动相关的适当审计记录；

b. 所有收据的专门记录；

c. 以某种方式保存使上述材料能够被恰当和合适地获取和审核；

d. 以符合普遍认可的会计实践和标准进行记录。

8.1.2 若无 8.1.1 规定限制，获取者（账目和记录）应确保获取收入的追查能够保证首付款及时支付给联邦政府。

8.1.3 获取者必须从本协议终止或解除之日起保存与样品相关的账目和记录起至少 7 年。

8.1.4 本条款实施并不因本协议相关规定提前终止或解除而失效。

8.2 获取报告

8.2.1 依据本协议在获取样品六个月内，或在首次获取行为后的 3 月 31 日（以最晚时间为准），获取者应向联邦政府提供包括如下内容的样本获取报告：

a. 每份样本的记录，每份样本标签所附唯一识别码及容器；

b. 样本获取的日期；

c. 样本获取地点以及相关描述；

d. 样本性状或质量大致描述；

e. 样本的专业名称或俗称；

f. 样本首次进入获取报告的准确位置；

g. 样本后续处置的详细情况，包括占有样本或样本某部分的其他当事方名称及住址。

8.2.2 一旦发现未经描述的物种，依据8.2.1规定提交的获取报告必须包括唯一标识码，获取者在描述该物种的时候必须随即向联邦政府提出该物种可能术语、俗称的建议。

8.2.3 获取报告必须包括在依据8.3规定年度报告内。

8.3 年度报告

8.3.1 获取者应向联邦政府提供依据协议规定，从协议生效至完成样本获取后自然年度内开展获取活动的年度报告。该年度报告应包括，但并不限于报告期间内出现的如下信息：

a. 与报告相关的经本协议确认的惠益分享协议；

b. 本协议范围内已获取的所有样本概况（包括获取地点、已获取和分离的样本分类学概况）；

c. 对已获取样本种群生态学评估和分类生态学研究成果；

d. 获取样本所在位置的图像、生态数据和种群名录；

e. 筛查结果概况或其他生物化学或遗传学研究成果；

f. 已查实的种群结构概况；

g. 有关样本研究成果的会议论文和出版物；

h. 澳大利亚提供的研究机会和能力建设机会；

i. 有关与第三方签署样本协议的进度；

j. 第三方获取收入和向联邦政府支付的首期款情况；

k. 样本和产品的处置情况。

8.3.2 后续年度报告应就前一个自然年度获取活动以及应包括，但不限于报告期间内出现的如下信息：

a. 与报告相关的经本协议确认的惠益分享协议；

b. 本协议范围内已获取的所有样本概况（包括获取地点、已获取和分离的样本分类学概况）；

c. 对已获取样本种群生态学评估和分类生态学研究成果；

d. 获取样本所在位置的图像、生态数据和种群名录；

e. 筛查结果概况或其他生物化学或遗传学研究成果；

f. 已查实的种群结构概况；

g. 有关样本研究成果的会议论文和出版物；

h. 澳大利亚提供的研究机会和能力建设机会；

i. 有关与第三方签署样本协议的进度；

j. 第三方获取收入和向联邦政府支付的首期款情况；

k. 样本和产品的处置情况。

8.3.3 年度报告应在或早于报告所涉年度后首个 3 月 31 日提交。

8.4 其他报告

8.4.1 获取者针对联邦政府随时、合理的请求而提交其他报告。

8.5 报告形式

8.5.1 获取者提供年度报告应包括如下两部分：

a. 第一部分应仅包括获取者提供的非保密信息且可在未经获取者事先同意的前提下由联邦政府向社会各界公开，且应由获取者为实现出版目标而出版；

b. 第二部分应包括为实现知识产权保护目标而被获取者合理要求地视为商业秘密的信息；以及依本协议商业秘密保护规定而被视为商业信息的任何材料。

8.5.2 获取者依据本协议提供的所有报告应同时提供纸质版和电子版。

9. 保密信息

9.1.1 依据 9.1.5 规定，各当事方在未经其他当事方事先书面同意前提下，不得使用或披露其他当事方的保密信息。

9.1.2 而在出具书面同意书的时候，各当事方可为使用或披露保密信息设置若干条件，而且其他当事方应同意遵守上述条件。

9.1.3 各当事方可在任何时候要求其他当事方为其安排工作人员、服务人员或代理人以符合本协议形式出具书面的与使用或披露保密信息相关的同意书。

9.1.4 若某当事方收到其他当事方依据 9.1.3 规定提出的请求，前者必须及时安排所有相关工作。

9.1.5 本协议项下各当事方的义务不得违反保密信息的限度：

a. 应由各当事方在遵守本协议设置的义务或为实现权利时单独向其工作人员、服务人员或代理人披露；

b. 应由各当事方有能力对本协议相关活动进行高效管理或审计时单独向内部管理人员披露；

c. 应由各当事方各部门工作人员向各部部长披露；

d. 由各当事方与相关组织，或某部门与联邦政府各职能部门在维护当事方合法利益的代表处情况下进行分享；

e. 为了回应澳大利亚参众两院请求而由各当事方披露；

f. 由法律授权或要求披露；

g. 由各当事方披露且该信息应以符合利益的材料表现形式，不管是否获得许可和依据协议或其他授予或得到的与材料表现形式相关的知识产权信息应获得许可或其他规定允许；

h. 处于公共领域否则可能会违反本协议规定。

9.1.6 当事方向其他人披露保密信息：

a. 依据 9.1.5（a）（b）（d）规定，当事方披露应：

A. 向对方告知该信息为保密信息；

B. 除非对方同意继续对信息保密否则禁止提供信息；或

b. 依据 9.1.5（c）或（e）规定，当事方必须向对方告知信息为保密信息。

9.1.7 本条款设置下列义务并不因本协议相关规定提前终止或解除而失效：

a. 本协议附件计划一规定信息门类——以及计划一设定信息存续期间；以及

b. 各当事方协商一致确定的在协议生效后依据协议目标确定的保密信息——各当事方确定的保密期间。

9.1.8 为了保护个人隐私，本协议任意条款不得降低获取者在隐私法案或本协议应履行的义务。

10. 赔偿金

10.1.1 获取者应就联邦政府如下行为进行赔偿或维持赔偿状态：

a. 联邦政府引发的损失或应承担的赔偿责任；

b. 联邦政府财产的损害或损失；

c. 联邦政府在声明联邦政府各项利益时产生的损失或费用，包括出庭律师和自身代理人法律成本与费用、时间成本、耗费资源及联邦政府支付的其他费用；

以及：

d. 获取者依据协议中任何针对某当事方过错导致的责任、损失、损害或费用的行为追究或免除；

e. 获取者违反任何协议规定义务。

10.1.2 获取者向联邦政府赔偿的数额将依据联邦政府有关任何责任、损失、损害或责任的过错程度而适度递减。

10.1.3 依据本条规定联邦政府接受赔偿的权利仅为法律所设置其他权利、权力及补救规定以外的非专属权利，且联邦政府接受赔偿的限度不得超过责任、损失、损害或费用限度。

10.1.4 本条规定"过错"是指任何过失或非法行为或免除或故意行为不当。

10.1.5 本条款实施并不因本协议相关规定提前终止或解除而失效。

11. 保险

11.1.1 只要本协议相关义务仍未履行，获取者必须对本协议附件计划一规定配置保险。

11.1.2 不管何时被提出要求，获取者必须在提出要求 10 日之内向联邦政府职能部门提供满意证据证明获取者已经履行保险义务。

11.1.3 本条款所有保险必须由澳大利亚法律认证保险人承保，不管何时被提出要求，获取者必须向联邦政府职能部门提供满意证据证明获取者已经履行保险义务。

11.1.4 本条款实施并不因本协议相关规定提前终止或解除而失效。

12. 获取前提及记录

12.1 以审计目的而进行的获取

12.1.1 获取者应向联邦政府或联邦政府书面认可的任何人提供由获取者提供的获取前提并准许相关人能够参与审计、调查活动并复制本协议相关的任何材料。

12.1.2 规定权利内容主要为：

a. 联邦政府事先的、合理的通告；

b. 获取者合理的安全保障程序；

c. 在合适情形下，获取者保密信息的禁止披露等本协议保密规定的实施。以及

d. 联邦政府依据本协议规定对任何获取者开展的材料领域相关活动进行干预。

12.1.3 在采取任何方式干涉《审计长法案》（1997 年）及审计长拥有的

法定权力相关规定，审计长有权实现本条款设置的目标。

12.1.4 本条款适用于本协议所有规定及在协议终止后 7 年内仍然有效。

13. 终止

13.1 协议终止

13.1.1 本协议可由双方随时协商一致同意终止。

13.2 因撤销许可而终止

13.2.1 若获取者依据本协议规定的生物资源获取许可被联邦政府撤销，联邦政府应立即终止本协议并书面告知对方。

13.3 终止或过错

13.3.1 若：

a. 获取者不能实施本协议设置各项义务；

b. 获取者违反联邦政府法律或各州、地区与本协议相关规定；

c. 联邦政府对获取者提供的有关本协议因非正确、不完整、过错或误解而导致缺陷的任何声明或文件表示认同；

联邦政府应立即终止本协议并书面告知对方当事方，除非：

a. 联邦政府已经告知获取者；和

b. 获取者不能在告知有效期限内（不少于 20 个交易日）修正或对联邦政府认同协议不能有效实施、违法或存在缺陷的情况进行说明。

13.4 终止后果

13.4.1 依据 13.2.2 或 13.2.3 规定，本协议终止后果主要有：

a. 获取者因此禁止产生或准许或允许使用：

A. 任何样本或产品；

B. 因研究/开发活动产生知识产权；

b. 获取者应或在联邦政府自由裁量权遭到破坏的情形下，向联邦政府移交与所有本协议相关样本或产品；

c. 依据 5.3.2 规定，获取者在所有第三方协议中的权利均可委托至联邦政府且获取者应完成相应任务，同时签署对委托至联邦政府各项权利的所有协议；

以及 13.2.2 规定不因本协议终止后失效。

13.4.2 本协议因本条款终止并不会对获取者现有商业安排中产品零售及产品材料造成影响；获取者的义务应是在本条款终止后依据本协议附件三的规定提供获取收入。

14. 争端解决

14.1 非法律手段

14.1.1 依据 14.2.2 规定，各当事方一致同意在非正式手段不能解决直到适用本条款规定程序时才采取法律方式解决本协议的任何争端。

14.2 争端解决程序

14.2.1 各当事方同意应采取如下方式解决本协议实施过程中任何争端：

a. 某当事方主张应通过书面通知将现有争端性质告知对方；

b. 某当事方应试图通过与授权解决争端的人进行协商来解决争端；

c. 各当事方应从接收解决争端通知之日起 20 个交易日内或同意将争端提交给调解或其他替代解决程序；同时

d. 若：

A. 不存在需要争端解决事项；

B. 不存在将争端提交调解或其他替代解决程序的协议；

C. 存在将争端提交调解或其他替代解决程序的可能，但并无在接收通知之日起 20 个交易日时间规定，或在 20 个交易日到期前各当事方以书面形式统一延长时间；

D. 各当事方已开始寻求法律程序。

14.2.2 本条款并不适用于如下情形：

a. 各当事方为寻求紧急中间救济路径而开始寻求法律程序；

b. 依据第十三条规定因过错而终止；

c. 联邦政府、各州或地区行政主管部门依据获取者所在国法律调查违法或疑似违法行为；

14.2.3 尽管各方存在争议，各当事方必须（除非某当事方书面形式要求禁止这么做）继续依据本协议规定履行相应义务。

14.2.4 本条款的实施并不因本协议相关规定提前终止或解除而失效。

15. 一般规定

15.1 雇佣、伙伴和代理关系的否认

15.1.1 获取者同意联邦政府的工作人员、雇员、合作伙伴或代理人，或其他受联邦政府约束或代表联邦政府的人并非代表自身，或用尽最佳努力确保这些人并非代表自身。

15.1.2 获取者并非由于本协议而成为联邦政府工作人员、雇员、合作伙伴或代理人，获取者也并非因此而拥有权利或权力代表或使联邦政府受到任何约束。

15.2 弃权

15.2.1 各当事方不能或延迟实现本协议规定权利并不意味着他已放弃权利。

15.2.2 各当事方单独或部分实现本协议规定权利并不能阻碍该当事方继续或重新实现他未曾实现过的权利。

15.3 分配和替代

15.3.1 除非本协议另行规定，不论发生何种情况，获取者不得在未经联邦政府合理保留的事先书面同意前提下替代履行义务和分配权利。

15.3.2 获取者不得在未与联邦政府首次协商情形下，为了要求替换协议内容而分享各项安排而不与其他各当事方进行协商。

15.4 通告

15.4.1 任何通告、请求或其他给予或本协议要求的沟通方式必须以书面形式出具且按照如下方式处理：

a. 若是获取者向联邦政府提出——依据本协议附件 1D 类规定办理；

b. 若是联邦政府向获取者提出——依据本协议附件 1E 类规定办理。

15.4.2 任何通告、请求或其他沟通方式必须通过人力，或邮资预付邮件或电子形式传递。若是以电子形式进行传递或转移，复件应由邮资预付邮件形式发送至收件人处。

15.4.3 某项通告只有在下列情形才能被认为已提出或接收：

a. 若通过人力已移交至相应地址；

b. 若通过澳大利亚预付普邮形式发送，直到发送日期后 2 个交易日内；

c. 若通过电子形式传递，直到经确认的发送收据证明该文件已及时传递至接收方处；

d. 不论如何，若在交易日或非交易日下午 5 点之后（接收方当地时间）接收，则自动延续至下一个交易日。

15.4.4 各当事方均可通过书面通知形式更换其代表。

15.5 适用法律

15.5.1 本协议应被解释为适用澳大利亚首都特区法律。

双方签字：

双方见证人签字：

附件：计划一

A. 适用的政策、实践准则和指南（本协议第 4 条规定）

A.1 请详细列举所有适用样本获取及后续研究活动的政策、实践准则和指南。这份清单应包括任意数据标准或将适用于数据报道准备过程的议定书。这些可能的政策包括：《波恩准则》《澳大利亚研究活动义务准则》《涉及传统知识研究与土著居民参与澳大利亚现存生物地图册数据采样标准的议定书》（http://www.ala.org.au/datastandards.htm#LSID）、《大学伦理委员会要求》（如本协议第 5 条第 2 款规定动物伦理要求）、《澳大利亚政府生物伦理学手册》（http://www.bioethics.gov.au/）等均有助于识别类似材料。

B. 保密信息（本协议第 9 条规定）

B.1 联邦政府保密信息情况如下：

类别	保密期限

B.2 获取者保密信息情况如下：

类别	保密期限

C. 保险（本协议第 11 条规定）

C.1 公共责任保险应为价值至少 10 000 000 澳元的主张提供保险，或为依据本协议规定开展活动时相关事件所涉利益提供公共责任保险。此处"事件"意思是指出现单个事件或与最初原因相联系的其他任何有联系或相伴发生的系列事件，具体视情形而定。

D. 联邦政府通告地址

D.1 The Director

Genetic Resource Management Policy

Department of the Environment, Water, Heritage and the Arts

GPO Box 787

CANBERRA ACT 2601

AUSTRALIA

E. 获取者通告地址

附件：计划二之获取和使用条件

A. 获取区域

A.1 应列举拟获取样本清单，包括具体经度和纬度。

B. 进入获取区域的时间和频率

B.1 应明确进入获取区域的时间和预计日期。

C. 获取生物资源样本

C.1 应包括获取生物资源名称，最低分类水平以及该资源门类所属（若清楚的话）。若样本种群组成情况并不清楚，应列举取样方法和已收获的有机物类型。注意到8.2.1规定要求获取报告必须在样本获取后六个月内向联邦政府提交，或样本获取后下一年3月31日前，以最晚的时间为准。

D. 已获取资源质量

D.1 应列举获取区域内每项样本的可能质量情况。应注意使用公制度量单位。

E. 从获取区域移除样本质量

E.1 应列举获取区域内移除样本质量。应注意使用公制度量单位。

F. 获取目标

F.1 应对获取样本目标和后续开展研究活动进行简要描述。

G. 样本标签

G.1 应就为样本标记标签的方式进行说明。

本规则要求必须对样本进行适当标记且必须留存获取样本的记录。上述记录必须包括如下内容：

- 每项样本唯一的识别码，或者附于标签或附于样本的容器；
- 样本获取的日期；
- 样本获取的地点；
- 样本大小或质量的适当描述；
- 样本专业术语或俗称；
- 样本首次进入保存记录的位置（如样本首次储藏的位置）；
- 样本后续转移的详情，包括其他占有样本或部分样本的名称和位置。

H. 样本所有权的处置

H.1 应包括任何计划向第三方转移样本的详细情况。第三方主要是指博物馆、研究机构、个体研究人员或商业组织。

I. 土著人民知识的使用

I.1 应包括上述知识来源的详细情况。如该知识是否来自于科学或其他公共资料，来自于获取者或其他土著居民团体。

J. 土著人民知识使用的承诺或利益

J.1 若获取者或其他土著居民团体相关土著人民知识被使用，应提供关于该知识使用协议复件（若存在书面协议），或关于该知识使用的口头协议。

K. 获取区域生物多样性惠益的提议

K.1 应提供获取区域生物多样性保护研究惠益声明。惠益应包括（但不限于）经改进的知识：生物多样性、分类学；生物和生态技术；环境改变影响；协助环境管理和保护知识和数据。

附件三：惠益

A. 首付款

A.1 获取者在一个年度内所获总的获取收益按照格式 1 确定基数，获取者应按照格式 2 规定比例向联邦政府支付预付款。

产品用途	年度总获取收益基数 （单位：澳元）	预付款比例
制药、营养食品或农业	小于 500 000 500 000~5 000 000 大于 5 000 000	0 2.5 5.0
研究	大于 200 000 或者 小于 100 000 100 000~3 000 000 大于 3 000 000	2.5 0 1.0 3.0
工业、化学、治疗及其他	大于 200 000 或者 小于 100 000 100 000~3 000 000 大于 3 000 000	1.5 0 1.0 2.0

A.2 获取者应在收到并在呈现正确的税务发票后 28 日内及时向联邦政府支付税款。

B. 提供样本

B.1 获取者应将每份样本的分类复印件提供给具有成文法规定的保存生物资料义务的澳大利亚公共机构，或其他由联邦政府认可的、以永久贷款支持的具有储藏同阶或同类分类标本的其他机构。

B.2 在上述规定实施 3 个月内，获取者必须向联邦政府通告提供样本复件的公共机构的基本信息、提供日期、样本清单以及说明该机构是否接受样本。

B.3 获取者同意向公共机构提供分类标本复件也包括允许后者为了国际生命条形码项目而使用该标本进行基因分析。

B.4 获取者可为 B.1、B.3 规定的提供行为设置若干合理条件，但这并非限制接收机构后续以非商业目的使用标本的唯一条件。

C. 知识转移

C.1 获取者同意非保密状态下联邦政府报告内的知识和信息，具体是指与分类学、保护和可持续利用生物多样性保护相关的，可以将其转移至澳大利亚研究机构、澳大利亚生物图册、海洋生物普查、联邦区域管理者、以非商业目的土著获取者。

D. 出版物

D.1 获取者应向联邦政府通告涉及样本研究成果的出版物并依据请求向其提供电子或纸质版本。

附件四：额外惠益

作为获取生物遗传资源回报需要支付大量货币和非货币惠益。CBD 公约《关于获取生物遗传资源并公正和公平分享通过其利用所产生的惠益的波恩准则》对惠益分享的形式有详尽规定。（http://www.cbd.int/doc/publications/cbd-bonn-gdls-en.pdf）以下条款仅做示范。

A. 不设名额研究活动

A.1 获取者应让联邦政府意识到所有田野调查均包括在获取区域获取生物资源。

A.2 联邦政府可要求在上述田野调查活动中开展额外研究活动。

A.3 联邦政府应就依据 A.2 规定开展额外研究活动支付合理成本费用并在协商间隙与获取者单独探讨相关条件和规定。

B. 研究资助

B.1 获取者应向当地研究机构提供研究资助以助其对已获取样本种群或所在生态系统进行研究。

C. 合资企业

C.1 获取者应与下列机构成立合资企业：

a. 从事已获取样本种群或所在生态系统研究的澳大利亚研究机构；

b. 开展生物活性筛查、临床前和/或临床试验或其他开发商业产品（包括样本及其相关产品）的澳大利亚公司或研究机构。

D. 能力建设

D.1 获取者应向澳大利亚研究机构或土著提供者转移生物遗传资源使用知识，包括生物技术、或与生物多样性保护和可持续利用相关的知识。

E. 技术转移

E.1 获取者应向澳大利亚研究机构或土著提供者转移生物遗传资源使用知识，包括生物技术或与生物多样性保护和可持续利用相关的知识。有关转移的规定应与接收机构协商，且必须以公平和有利的条件进行转移，包括优惠和优先的条件。

F. 科学研究和项目发展

F.1 获取者应与澳大利亚研究机构开展协作并为后者科学研究和项目发展作出贡献，尤其是生物技术研究活动。

澳大利亚昆士兰州便利生物发现行业的惠益分享示范协议[*]

本协议签署于_____。

昆士兰州与附件一条款一所提到当事方：

宣读以下事宜：

1. 昆士兰州希望为本州生物发现行业发展提供便利以惠及本州社区及经济。

2. 当事方希望对来自于昆士兰州的生物材料样本开展生物发现研究并进行相关商业化开发。

3. 昆士兰州和当事方都愿意就来自生物发现研究和相关商业化开发所产生的惠益进行公平分享（包括非货币惠益）。非货币惠益包括：

（1）作为昆士兰州生物技术行业代表进行投资；

（2）向昆士兰州实体进行技术转移；

（3）为昆士兰州创造就业；

（4）与昆士兰州实体订立协作协议；

（5）对昆士兰州实体进行投资；

（6）对昆士兰州基础设施开发与研究活动进行投资；

（7）在昆士兰州开展实地和临床试验；

（8）在昆士兰州开展商业、生产、加工或制造活动；

（9）在昆士兰州创设相关行业或作物；

（10）提升昆士兰州生物多样性知识；

（11）提升昆士兰州自然环境知识；

（12）在昆士兰州博物馆或植物标本馆寄存凭证标本。

---

[*] Model Biodiscovery Benefit Sharing Agreement prepared by the State of Queensland, Australia to facilitate the development of the Queensland Biodiscovery Industry.

4. 昆士兰州同意当事方以本协议规定和条件开展生物发现研究及相关商业化活动。

双方一致同意如下内容：

1. 解释

1.1 定义

在本协议中：

协议：是指本份文件所证实的生物发现惠益分享协议。

辅助协议：是指任何包括从属许可规定的协议（不论如何描述），具体来说也包括为授予从属许可由从属许可人提供有关对价任何规定。

生物发现许可：是指依据本协议第6条第1款由主管部门授予许可。

生物发现计划：是指符合第2条第1款（a）项规定必须向主管部门递交的计划。

生物发现研究：是指对化学、化合物、样品或衍生物的组成内容或物质、所包含成分或产品开展任何研究。

生物材料：是指任何植物、动物、微生物或其他非人造生物材料，包括任何产生、提取或来源于生物材料的物质。

工作日：是指除周六、周日，布里斯班银行或公共假日以外的日期。

准则：是指由昆士兰州政府通过的、并可能随时更改的《昆士兰州生物技术道德实践准则》（见附件六）。

收集行为：是指从自然环境中获取（不论如何描述）生物材料的行为。

实施日期：是指满足附件一条款二提到的时间。

商业化：

（1）与知识产权有关的活动。具体又包括授予或以其他方式允许其他主体开展知识产权活动和知识产权的处分活动；

（2）向从属许可人授予生物发现相关许可；

（3）与样品相关活动。具体又包括以任何商业化或工业化目的对样品进行繁殖、培育或生产等其他行为（不包括生物发现研究）；以任何商业化或工业化目的对于样品相同条款描述的生物材料进行繁殖、培育或生产等其他行为（不包括生物发现研究）；对上述样品或生物材料处置活动；

（4）与衍生物相关活动。以任何商业化或工业化目的对衍生物进行繁殖、培育、制造或生产等行为（不包括生物发现研究）；以任何商业化或工业化目的复制或实质上复制衍生物行为（不包括生物发现研究）；对衍生物处置活动。

商业化日期：是指组织或其代表首次开展商业化的时间。

商业计划：是指依据本协议第 8 条第 3 款由主管部门批准的计划。

商业收入：任何商业化对价提供（不管是货币形式或非货币形式）的，或与组织（或其他人代表组织）相关，或与商业化活动具有某种联系的价值形式。

条件：本协议第二条第一款预先设定的条件。

公司法：是指可能会随时修改的澳大利亚联邦《公司法案》（2001 年）及其相应规则。

主管部门：是指代表昆士兰州的昆士兰创新、信息经济、体育和娱乐部。

衍生物：

（1）任何提取或来源于样品的化学、合成物质或成分；

（2）任何实质上未发生改变的代表前述化学、合成物质或成分的化学、合成物质或成分；

（3）来源或混合（不管以什么方式或何种程度）前述化学、合成物质或成分的任何化学、合成物质或成分。

处置：是指售卖、转移、分配、创设任何利益，许可或部分惠益。

履行日期：是指开始日期后 1 个月时间或由当事方同意其他日期。

最初规定：是指附件一条款四提到的时间。

破产情形：关乎下列事项：

（1）某人或某人声明其没有能力在到期或应付期限内以其自身收入偿还负债；

（2）依据可适用的法律规定，某人正被或必须被视为破产或没有能力偿还负债；

（3）一项有关公司解散的申请或命令已经发布，决议或决定已经通过或有关解散的决定或决议正在准备通过；

（4）公司已任命行政主管人员、临时清盘人、清算人或依据任何适用法律规定某些具有类似或相同职能的人或任何任命某些人的活动已经开始和该项活动并未持续，而在 7 天工作日内撤销或解散；

（5）公司任何财产已由某位接收者或管理者接收；

（6）依据《公司法案》公司已重新注册或建议重新注册，通知已经发送至公司；

（7）对某人财产强行或面临危难、扣押或执行；

（8）某人已参与或正采取行动参与某项安排活动（包括安排计划或公司安排契约）、构成、妥协或为分配利益，所有或任何档次的个人债权人，或成员，或包括前述主体的备忘录；

（9）已出现有关某人不动产扣押命令的诉讼，或该诉讼已在 7 天工作日内撤诉，或某人就此提起自诉；

（10）某人依据联邦 1966 年《破产法案》第五十四部分 A 规定作出意思表示；或

（11）任何依据适用法律规定发生在某人身上的相同或具有类似效应的法律后果。

知识产权是指：

（1）发明、创新或改良（不管是否具有可专利性）；

（2）专利或专利申请；

（3）商业秘密；

（4）专门技能（不管是否具有可专利性）；

（5）植物育种者权；

（6）已创设或获得或正在创设或获得中与生物发现研究有关的版权。

损失：包括州政府支付、承担或发生或有责任包括下列内容的损失、要求、行动、责任、损害、成本、支出、费用、开支、报酬、价值减损或任何门类或角色的缺失：

（1）税收相关责任；

（2）第三方利益或其他应支付的款项；和

（3）调查与支持任何主张或行动相关的法定（以完全赔偿为基础）或其他合理费用，不管是否产生任何责任，所有数额均应用于解决上述主张或行动。

最低绩效评价：

（1）附件一门类七提到自商业化日期开始 12 个月内的数额；

（2）每后续 12 个月后比下列更多的数额：前 12 个月最低绩效评价；布里斯班市所有类别消费者价格指数变化之前 12 个月最低绩效评价增长数额，此类数额应以符合附件四公式计算。

非货币惠益：任何对昆士兰州带来的社会、环境或经济效益，包括下列内容：

（1）作为昆士兰州生物技术行业代表进行投资；

（2）向昆士兰州实体进行技术转移；

（3）为昆士兰州创造就业；

（4）与昆士兰州实体订立协作协议；

（5）对昆士兰州实体进行投资；

（6）对昆士兰州基础设施开发与研究活动进行投资；

（7）在昆士兰州开展实地和临床试验；

（8）在昆士兰州开展商业、生产、加工或制造活动；

（9）在昆士兰州创设相关行业或作物；

（10）提升昆士兰州生物多样性知识；

（11）提升昆士兰州自然环境知识；

（12）在昆士兰州博物馆或植物标本馆寄存凭证标本。

来自海外的：与实体身份有关，是指该实体并非昆士兰州境内或澳大利亚实体。

许可：依据昆士兰州法律授予允许收集行为的一项权利。

特定信息：是指依据第 4 条第 3 款规定应向主管部门提交的信息。

适当的商业术语：是指当事双方交易、协议或合同内容中以公平视角或类似议价角度经常涉及规定。

周期：是指 3 月、6 月、9 月或 12 月最后一天结束后任意 3 个月时间，且必须包括开始日期和类似日期继续出现的时间。

昆士兰州草本标本馆：由环境保护部门或其继任者设置的草本标本管理部门。

昆士兰州博物馆：昆士兰州博物馆委员会或其继任者依据昆士兰州 1970 年《博物馆法案》进行管理的文物管理部门。

来自昆士兰州：与实体身份有关，是指：

（1）该实体注册办公室或主要业务活动范围位于昆士兰州；

（2）该实体公司结构是依据昆士兰州法案创设；

（3）该实体与其他关联公司雇佣的超过 10 名的雇佣永久工作地点位于昆士兰州；

（4）主管部门为实现本协议目标以书面形式同意将该实体视为来自昆士兰州，来自澳大利亚也具有相同的意思。

关联公司：与实体身份有关，是指任何与实体相关的依据《公司法案》第五十部分规定的任何法人团体。

报告期间：以 6 月份最后一天为界的任意十二个月，且必须包括开始日期和类似日期继续出现的时间。

样品：是指在许可规定下授权收集的生物材料样本。

从属许可：是指依据第九条规定有关生物发现许可的任何附属许可。

从属许可人：任何拥有从属许可的人。

税收：

（1）依据税法或其他联邦或州成文法规、条例征收、施加或获得所有税收；

（2）属于买卖税、消费税、增值税、工资税、集团税、发薪扣除制、现收现付制、未分配利润、员工福利税、扣除税、代扣所得税、土地税、水费、市政收费、印花税、礼品税或其他州、区域、联邦或任何政府部门收集、征收或施加的市政费用会税款，以及其他额外税收、利息、罚款、支出、费用或任何与相同形式的长期、短期付款或不能主张返还的获取、要求、施加的数额。

税收法案：是指联邦 1936 年《收入税收评价法案》和联邦 1997 年《收入税收评价法案》。

全部特许权使用费：是指依据本协议第 11 条第 1 款规定属于或应向主管部门缴纳的所有特许权使用费总额。

商业秘密：任何具有商业利益或优势，属于或可能属于生物发现研究或使用与之相关的规则、设计、概念、理念、流程图、汇编、程序、设备、方法、技术或工艺。

单一识别码：

（1）与样品相关的唯一识别码（不管是由数字还是字母组成或是由数字或字母混合而成）；

（2）与衍生物相关的唯一识别码（不管是由数字还是字母组成或是由数字或字母混合而成），该识别码必须从提取、来源或来自样品的单一识别码中产生。

1.2 推定含义

除非有相反意思，本协议：

（1）单数也包括复数，反之亦然；

（2）任何性别也包括其他性别；

（3）如果某个词语或短语意思已经明确，其他语法形式也具有类似意思；

（4）"包括"是指无限制的涉及；

（5）没有任何推定含义规则适用于不利于当事方条款，因为各当事方提出这些条款或将从这些条款中受益；

（6）下列词语的引述：

一个人包括合伙、合资企业、未被确认为社团的组织、公司和政府以及其他法定机构或部门；

某物或总数包括该项事物的整个或单个部分；

任何法律或附属法律包括所有后期制定的相关法律或附属法律；

义务是指一项承诺或表述，和一项不能遵守包括违反前述承诺或表述义务的表述；

权利是指包括利益、补救、自由裁量权和权力；

时间是指布里斯班当地时间；

$ 或者美元是指澳大利亚货币；

此类或其他文件包括已被代替、改变或替换的文件，不管在确认当事方的问题上发生任何变化；

书面包括任何以有形方式代表或复制词语且永久可视的形式，包括转换的传真件；

本协议包括所有附录和附件。

（7）若某个时间或本协议需要完成的活动时间并非工作日，该活动应在下一个工作日完成；同时

（8）如果时间是以某日或项目计算，那么该天或项目开始之日应排除在外。

2. 先决条件

2.1 条件

（1）当事方必须向主管部门提交的让后者合理满意的书面计划；

在最初阶段当事方拟开展所有生物发现研究和相关商业化活动的详细情况；

开展特定的生物发现研究和相关商业化活动可能时间表；

在当事方提出合理意见前提下，昆士兰州所有能从特定生物发现研究和相关商业化活动中可得惠益分享详细情况（包括非货币惠益）；

其他主管部门合理要求的事项。

（2）依据准则对正在接受捐助的生物技术组织提供资助。

（3）依据附件二形式，依据附件一条款三设定每位保证人恰当实施保证。

2.2 先决条件

依据本协议第 2 条第 4 款规定，除非所有条件得到满足，本协议（除第 2 款规定以外）不得生效。

2.3 条件满足

当事方必须恪尽最大努力以满足或在履行期限届满前满足条件。

2.4 条件放弃

上述条件仅能通过主管部门书面表示整体或部分放弃。

2.5 条件满足期限

若上述条件并不在满足期限前达到或由主管部门依据本协议第 2 条第 4 款表示放弃，本协议将终止实施。

2.6 终止效果

若本协议依据第 2 条第 5 款规定终止，本协议（除第 15 条、第 20 条、第 23 条第 2 款和第 2 条第 6 款以外）将不再发生效力，同时：当事方也免于履行本协议所设定的后续义务，但是当事方仍应就本协议终止前任何违法行为承担责任。

3. 规定

本协议从开始之日生效且直到终止失效：

（1）符合第 17 条规定；或

（2）主管部门于终止期限届满前六个月以书面形式表明应在最初条件后失效。

4. 收集样品

4.1 许可通告

当事方必须在授予许可 10 个工作日内向主管部门提交许可。

4.2 遵守许可规定

当事方必须遵守许可规定（许可效力必须在当事方与主管部门签署惠益分享协议且满足本协议先决条件时才能实现）。

4.3 提交规定信息

当事方必须在收集样品结束后一个月内依据附件三形式向主管部门提交样品信息。

4.4 规定信息认证

当事方必须在书面通知 2 个常规工作日内，允许主管部门或经正式授权的代表调查、抑或从拥有或控制的样品及衍生物中采样以认证规定的信息是否准确。

5. 识别样品及衍生物

当事方必须：

（1）在收集样品的时候或在尽快可行的时间标记样品唯一标识码；

（2）在提取、引出、创设衍生物的时候或在尽快可行的时间标记衍生物唯一标识码；

（3）在或与每份样品或识别码相关容器上面或内部陈列每份样品和衍生物的唯一识别码。

6. 生物发现许可

6.1 生物发现许可

以本协议规定为依据，主管部门可就当事方下列行为授予排他性许可：

（1）使用样品或衍生物开展生物发现活动；

（2）对样品或衍生物进行相关商业化。

6.2 遵守准则

当事方必须在开展生物发现研究活动中遵守准则规定。

6.3 出口限制

当事方不得在未经主管部门事先书面同意情况下（此项同意必须以主管部门完全自由裁量权为基础）从澳大利亚出口样品或衍生物。

6.4 处分限制

以本协议第 8 条第 2 款、第 9 条第 1 款为依据，当事方不得在未经主管部门事先书面同意情况下（此项同意必须以主管部门完全自由裁量权为基础）对样品或衍生物进行处分。

7. 生物发现研究

7.1 昆士兰州生物发现研究

（1）当事方不得在未经主管部门事先书面同意情况下（此项同意必须以主管部门完全自由裁量权为基础）在昆士兰州以外的地方开展研究；

（2）在决定是否允许当事方在昆士兰州以外的地方开展研究的过程中，主管部门应关注在昆士兰州以外的地方开展的生物发现研究可能为本州带来的惠益（包括非货币惠益）。

7.2 惠益最大化

在开展生物发现研究过程中，当事方必须恪尽最大努力以实现昆士兰州惠益（包括非货币惠益）最大化。

7.3 非货币惠益

当事方同意提供依据附件一条款十规定和条件提供非货币惠益（如果有的话）。

8. 商业化

8.1 适当地商业化条款

除非商业化符合适当性规定，当事方不得在未经主管部门事先书面同意情况下（此项同意必须以主管部门完全自由裁量权为基础）开展商业化活动。

8.2 授权商业化

以本协议第8条第1款为规定，当事方不得开展商业化活动（除非依据本协议第九条第一款规定授予从属许可或进行知识产权相关商业化活动），除非上述商业化活动是由主管部门依据第8条第3款设定商业化计划所规定。

例一： 当事方可进行知识产权相关商业化活动而无需得到商业计划授权；

例二： 当事方可在主管部门同意前提下向从属许可人授予从属许可以便其能够使用样品或衍生物开展商业发现研究而无需得到商业计划授权（不过上述生物发现研究在未经主管部门同意前提下不得在昆士兰州以外的地方进行）；

例三： 除非生产活动是由商业计划授权，主管部门不得进行衍生物商业生产。

8.3 商业计划批准

（1）如果当事方准备在商业计划授权下依据第8条第2款规定开始进行商业化，当事方应向主管部门提交一份商业化计划草案且应尽可能地得到主管部门满意，并完整包括下列内容：

商业计划授权涉及所有商业化活动；

商业计划授权涉及所有商业化活动给昆士兰州带来的所有惠益（包括非货币惠益）；

可能在昆士兰州以外区域进行的商业计划授权涉及所有商业化活动。

（2）主管部门依据第8条第3款规定收到商业计划草案一个月内，主管部门必须基于自由裁量权批准或拒绝商业计划。

（3）在决定是否批准商业计划的过程中，主管部门应关注商业计划授权商业化活动可能为本州带来的惠益（包括非货币惠益）；

（4）主管部门可以整体、部分或有条件地批准商业计划（该条件仍取决于自由裁量权)。

(5) 一旦商业计划得到主管部门批准(不管是整体、部分或有条件地批准),该计划对当事方具有法定约束力并成为协议一部分。

8.4 最佳努力

以第 8 条第 1 款和第 2 款规定为依据,当事方应恪尽努力开展商业化活动。

9 从属许可

9.1 许可

以第 9 条第 1 款为依据,当事方应在主管部门事先知情同意前提下(该同意不得无理由撤销)依据本协议第 6 条第 1 款规定就本协议所设定许可行为授予从属许可:

(1) 使用样品或衍生物开展生物发现研究;同时

(2) 对样品或衍生物进行商业化。

9.2 优先考虑

(1) 在寻求可能的从属许可主体过程中,当事方必须优先考虑来自昆士兰州实体。

(2) 若当事方不能寻找到满足其条件参与从属许可的昆士兰州实体,当事方或许可以相同条件寻找来自澳大利亚的实体参与从属许可。

(3) 若当事方不能寻找到满足其条件参与从属许可的澳大利亚实体,当事方或许可以相同条件寻找来自海外的实体参与从属许可。

9.3 来自海外实体的从属许可

若当事方以第 9 条第 2 款为依据得到主管部门同意将许可授予来自海外的实体,当事方必须提供寻找来自昆士兰州和澳大利亚实体的相关情况以满足主管部门的需要。

9.5 惠益最大化

每项从属许可的规定必须为昆士兰州经济寻求惠益最大化(包括非货币惠益)。

9.6 书面要求

每项从属许可和辅助协议必须以书面形式提供。

9.7 从属许可通知

当事方必须在从属许可或辅助协议生效后 10 个工作日内向主管部门提交签订生效副本。

9.8 遵守从属许可规定

当事方必须确保从属许可符合从属许可项下从属许可人相关义务规定。

9.9 提交规定信息

除非满足从属许可人依据从属许可实现权利或履行义务的合理需要，当事方不得要求从属许可人获得任何有关样品的规定信息。

10. 知识产权

当事方必须在自身承担成本的基础上采取合理措施保护和保障任何知识产权形式，包括获得和维持适当知识产权注册。

11. 特许权使用费和最低实施

11.1 特许权使用费

当事方必须依据附录一条款五计算特许权使用费数额并将其支付给主管部门。

11.2 特许权使用费支付

当事方必须在每个季度结束后一个月内：

（1）以主管部门要求形式就每个季度所有商业化活动收据对其进行真实说明；

（2）依据第11条第1款规定向附录一条款六提到的银行账户（或主管部门书面提示的任何其他银行账户）支付各季度特许权使用费。

11.3 非货币惠益价值考量

（1）若当事方不同意商业化收入某些部分的价值是由非货币惠益构成，该当事方必须在合适时候向符合条件的、独立的评估方进行告知以决定非货币惠益价值，该项活动成本应由各当事方分摊。

（2）若当事方不同意委托评估方，主管部门应任命一位符合条件的、合适的独立评估方。

11.4 最低实施

如果在每一个商业化周期内，前12个月内所有特许权使用费数额少于这个周期最低实施价值，当事方必须向主管部门支付特许权使用费与最低实施价值之间差额，如果该数额是第11条第1款所要求支付的特许权使用费。

例：若特定12个月内最低实施价值为10 000澳元，而该周期当事方应向主管部门支付的特许权使用费为8000澳元，那么当事方仍应向主管部门额外支付2000澳元。

11.5 特许权使用费比例和最低实施价值的减免

（1）如果当事方合理相信生物发现研究和/或已开展或将要开展的商业化活动已产生或将会为昆士兰州带来显著的非货币惠益，当事方可以书面通知形式明示这些非货币惠益，并要求主管部门同意减少依据第 11 条第 1 款应缴纳的特许权使用费和/或最低实施价值。

（2）依据第 11 条第 5 款 a 项规定，在收到当事方提交的要求 1 个月内，主管部门必须基于完全自由裁量权接受或拒绝前述请求。

（3）主管部门可以整体、部分或有条件地批准商业计划（该条件仍取决于自由裁量权）。

例： XYZ Pty Ltd 从昆士兰州收集的某类植物中发现了一种全新的生物活性成分。XYZ Pty Ltd 拟就昆士兰州发现的这种生物活动成分进行明确的商业开发。而在对该公司请求进行考虑后，只要 XYZ Pty Ltd 继续在昆士兰州对该项活性成分进行商业开发，主管部门同意减少该公司依据惠益分享协议规定应缴纳的特许权使用费。

12. 保留会计账户和记录

当事方必须与常规可接受的会计实践保持一致。所有商业化收据的账户、记录必须真实和恰当。当事方其他有关计算支付数额的计算工具也应与第 11 条第 1 款保持一致。

13. 对账户和记录进行审计

（1）在每一个商业化周期后一个月内或其他正式工作日事先书面通知 2 个工作日后，当事方应允许主管部门或获得合法授权代表依据第 12 条规定审计账户和记录。

（2）当事方应允许主管部门或获得合法授权代表开展调查并从任何拥有或控制的书籍、账户、收据、论文和文档索取复制件、照片或摘要并将其全部或部分用于认证活动。

（3）主管部门必须承担依据第 11 条第 2 款有关认证声明的成本，除非上述认证过程显示当事方低估商业化收据价值比例多达 3% 以上，而在这种情况下，当事方必须满足主管部门有关认证声明成本的需要。

14. 年度报告

14.1 年度报告

当事方必须在每个报告年度后一个月内，向主管部门提交书面报告，该报告必须提供能让主管部门满意的信息，内容包括以下事项：

（1）报告年限内生物发现研究活动结果概要，不论是来自或代表当事方还是从属许可方；

（2）报告年限内任何商业化活动（包括商业计划），不论是来自或代表当事方还是从属许可方；

（3）在当事方合理建议下，任何具有商业化可能性的知识产权表现形式、样品或衍生物；

（4）报告年限内任何对生物发现计划的更改，包括当事方有关更改的理由；

（5）在报告年限内和之前当事方遵守生物发现计划情况；

（6）报告年限内由于当事方或由其提供的商业化收据总体数额；

（7）依据第 11 条第 1 款规定在报告年限内应向主管部门支付特许权使用费总额；

（8）报告年限内任何提供给第三方的任何出版物（不管是专业抑或不是）还是发表，不论是来自或代表当事方还是从属许可方。

14.2 符合条件的年度报告

依据第 14 条第 1 款规定，若主管部门在收到报告一个月内没有通知当事方，则其提交的年度报告亦被认为符合条件。

15. 机密

各当事方在本协议内或在协议协商过程中交换的信息，包括本协议规定，被认为属于机密，且不应向任何人披露除非：

（1）法律规定或澳大利亚股票交易所有限公司要求；

（2）得到提供机密的当事方同意；

（3）除非违反协议规定，该机密处于公共领域；

（4）该机密早已被人熟知或在接收日之前接收方已经拥有并可以无限制地披露；

（5）当事方有必要在从属许可协商或其他商业化活动协议过程中向其他当事方披露信息，只要后者愿意受到协议约束；

（6）只要愿意受到协议约束而提供给当事方专业咨询人员。

16. 通知

16.1 常规规定

与本协议相关的通知、报道和其他联络信息应以书面英语形式表达并交由寄件人代表。

16.2 如何进行联络

联络方式可通过步骤展开：

（1）个人传递；

（2）以通知形式留下各当事方最新地址；

（3）通过预付普通邮件向当事方寄送最新地址，如果位于澳大利亚领域外，通过预付普通邮件方式；

（4）以传真形式留下各当事方最新地址。

16.3 通知传递特殊主体

（1）通知传递特殊主体包括：

符合附件一条款八的当事方是特殊主体；符合附件九条款一的主管部门。

（2）各当事方可通过发出通知的形式改变其通知传递特殊主体的身份。

16.4 通过通知的方式

依据第16条第7款规定，下列情形可以通过通知方式进行沟通：

（1）在发出通知后3个工作日内，当事方位于澳大利亚境内地址；

（2）其他任何情况，发出通知后10个工作日内。

16.5 通过传真的方式

（1）依据第16条第7款规定，当寄件人机器发出报告称传真件已经完全投至收件人处，可以通过传真方式进行沟通。这份报告是结论性的证据即表明传真机当时获得的全部地址可在报告上显示。

（2）除非在完成传递后1个工作日内重新要求传递，当事方无权将传真件视为不合法手段。第16条第5款规定适用于所有重新传递活动。

16.6 通过邮件的方式

（1）依据第16条第7款规定，当寄件人收到地址信息系统发出的电子确认信件表明该地址已经收到邮件，可以通过邮件方式进行沟通。该确认信件是结论性的证据即表明该地址当时获得的邮件可在报告上显示。

（2）除非在完成传递后1个工作日内重新要求发送，当事方无权将邮件视为未完成的状态，第16条第6款规定适用于所有重新发送活动。

16.7 沟通时间

沟通活动可在下列时间段内进行：

（1）开出收据的下午5点以后；

（2）开出收据的非工作日；可在下一个工作日内继续进行沟通。

17. 因违约而终止

如果发生下列情况，守约方可通过书面通知形式立即终止协议：

（1）违约方并未依据协议在规定时间内支付任何应付款项，其也未在守约方发出要求违约方遵守协议书面通知 10 个工作日内履行支付义务；

（2）违约方并未依据协议规定履行任何义务且在出现违约且可补救情况下并未在守约方发出要求违约方开展补救书面通知 10 个工作日内开展补救工作；

（3）违约方依据本协议规定所做任何承诺或保证实际上并不准确或真实；

（4）违约方发生任何破产事件；

（5）违约方停止或被威胁而停止其商业活动或构成其商业活动实质组成成分；

（6）违约方是自然人且死亡；

（7）违约方是公司且：

已经减资或采取任何减资行动，除非可赎回的优先股可以再次赎回；

已经通过或采取任何行动以通过公司法案第 254N 部分提到内容；

或它：购买或采取行动以购买；或在未经守约方书面同意前提下（上述同意不得以不合理的方式撤销）进行资金协助（以符合公司法案第 260A 部分规定含义）或采取行动以为任何人提供资金资助以便后者获得或分享股权；

依据公司法案或其他法案规定正经历调查，或调查人员已经任命准备开展调查活动；

控制人或部分控制公司的团体停止控制公司；如果属于附属机构，当协议生效时它不再属于控股公司的附属机构；在未经守约方书面同意前提下（上述同意不得以不合理的方式撤销）发生董事变更、股权转移或分离、提出可变股权的通知或建议。

18. 协议终止效果

18.1 协议终止对各当事方效果

一旦协议终止，当事方：

（1）停止实现许可设定的后续权利，包括收集任何额外的样品；以及

（2）使用样品或衍生物开展生物发现研究活动。

18.2 累计权利

如果协议终止，各当事方应在事先或终止结果发生之前保留或实现所有累计权利。

18.3 有关破坏无限制规定

不管依据本协议或普通法规定，任何当事方对权利的破坏，都是源于其他当事方违反本协议规定义务，而这种行为绝不能因对方行使终止或依据第

17 条规定终止协议而受到限制或侵害。

18.4 非直接或间接损失

不管是违反抑或不履行本协议设定的义务，各当事方均有责任为对方承担非直接或间接损失（包括利润损失），即使某当事方已明确就非直接或间接损失风险进行通知。

19. 协议终止后义务履行

本条、第 5 条、第 6 条（除第 1 款 A 项）、第 8 条、第 9 条（除第 1 款 A 项）、第 10 条、第 11 条、第 12 条、第 13 条、第 14 条、第 15 条、第 16 条、第 18 条、第 20 条、第 21 条、第 22 条和第 23 条在本协议终止后仍将完全存在、履行和有效（第 10 条第 4 款也仅在初步规定时效后协议终止时有效）。

例一：惠益分享协议终止时，当事方不得使用任何样品或衍生物以开展生物发现研究或授予从属许可以允许从属许可人使用任何样品或衍生物以开展生物发现研究。

例二：惠益分享协议终止时，当事方可就样品或衍生物进行商业开发或授予从属许可以允许从属许可人就样品或衍生物进行商业开发。当事方应继续在惠益分享协议终止后向主管部门就其开展商业化活动支付特许权使用费。

例三：若惠益分享协议在最初规定失效前终止，当事方应继续向主管部门支付相当于最低实效价值的款项直至最初规定失效。

20. 争端解决

20.1 争端通知

（1）若当事方之间出现本协议或与本协议相关争端或分歧，或协议的违反、终止、有效性、主旨，或主张侵权、公平或与任何国内、国际法律规定，当事方可以书面通知形式向对方适时确认和提供此类争端相关情况。

（2）尽管存在上述争端，所有当事方仍应依据规定履行协议。

20.2 会议

在收到争端通知 10 个工作日内，各当事方至少应就解决争端决议或就具体方式达成一致进行一次协商。除非此类事件的发生很特殊，各当事方由有权代表其同意或认可决议或具体方式代表出席每次协商过程。

20.3 专家决议

（1）若上述争端无法在 5 个工作日内解决（各方代表一致商议认为合适时间），各当事方同意在提起仲裁或诉讼前将争端交由澳大利亚商事争端中心

（ACDC）专家决议。

（2）专家决议将以符合 ACDC 专家决议指导原则设定程序进行，调解人员的选派以及上述原则与成本开销均包括在本协议规定中。

（3）本条款并不被视为程序已经完成。

20.4 信息交换

各当事方承认任何信息或文件交换的目的或提供符合本条款规定任何解决方式的目的是试图解决上述争端。没有任何当事方依据第 20 条规定将争端决议过程中所获的信息或文档用于解决各当事方争端以外的事由。

20.5 争端决议终止

依据本协议规定一致同意争端决议或双方设定的失效期限到期时，各当事方应依据第 20 条第 1 款和第 20 条第 5 款规定以书面形式终止条款中所设定的争端决议过程并可提起诉讼。

21. 赔偿

21.1 赔偿

当事方应就直接来源于下列事项的所有损失向主管部门支付赔偿款：

（1）当事方、服务人员或本协议履约代表产生违约行为；

（2）从属许可人、服务人员或依据第 11 条第 1 款规定从属许可中要求设定的代表违约行为；

（3）当事方、服务人员或本协议履约代表任何行为或疏忽行为（包括过失、非法行为或故意不当行为）；

（4）从属许可人、服务人员或依据第 11 条第 1 款规定从属许可中要求设定的代表任何行为或疏忽行为（包括过失、非法行为或故意不当行为）。

21.2 赔偿独立性

（1）本协议每笔赔偿款项都是连续义务，并分离与独立于当事方其他义务并仍持续主协议终止。

（2）昆士兰州也无需在履行本协议赔偿义务之前支出费用或支付款项。

22. 保险

（1）依据本协议和其他规定，当事方开始商业化活动过程中必须维护公共责任和专业赔偿保险产生效果，并提醒主管部门作为利益相关方承担责任限度不低于附件一条款十一设定的数额。

（2）当事方应在主管部门随时书面提醒 1 个月内向主管部门提供保险证明复印件和相关货币政策证明复印件。

23. 常规条款

23.1 诚信义务

当事方必须基于诚信依据协议规定履行义务。

23.2 印花税

（1）各当事方有义务且必须缴纳依据本协议或与本协议相关、依据本协议执行的文件或经证明为纳税交易证明或受其影响而产生的印花税（包括任何罚款或罚金，除非是因其他当事方过错产生），当事方应依据需求支付给纳税方。

（2）当事方以外的主体缴纳依据本协议或与本协议相关、依据本协议执行的文件或经证明为纳税交易证明或受其影响而产生的印花税（包括任何罚款或罚金），也应依据需要支付给纳税方。

23.3 商品和服务税

（1）依据第 23 条第 3 款，有关"商品和服务税""接收者开具税收发票""提供方""对应税给付""税收发票"是指依据 1999 年联邦《商品和服务税收法案》最新税制系统开具相关文件。

（2）所有依据或按照本协议提供的对价和应支付数额都不包括商品和服务税。

（3）提供方因任何供应行为向接收方施予的商品和服务税，接收方提供的任何可支付对价和数额均不包括接收方必须向提供方支付商品和服务税本身。除了对商品和服务税进行专门考虑以外，以多重税率为依据计算的额外应税额度也应单独考虑而不应被减少或撤销。

（4）当事方属于某种由课税长官确定的接收方，后者应当提交自创的符合下列要求的税收发票：

依据第 11 条第 2 款规定要求当事方确认的以构成有效的接收方创设的税收发票为方式发布的声明；

主管部门承诺并未提供任何税收发票，该发票是当事方依据第 11 条第 2 款构成接收方创设税收发票规定相关声明而创设发票。

当事方承诺其注册仅用于商品和服务税相关事宜，并会向主管部门通知主管部门停止注册事宜。

当事方将向主管部门赔偿依据本条规定信赖接收方创设税收发票信息而产生的任何罚款、利息、成本或其他费用。

因各种原因，从接收方得到的商品和服务税数额不同于提供方向课税长官缴纳或支付商品和服务税税额，接收方应补缴上述数额差额（如果有需要的话），除非提供方有权要求其偿还和已然支付课税长官退款，否则接收方无任何补缴义务。

如果第 23 条第 3 款 D 项不能适用，主管部门应在当事方依据第 11 条第 2 款发布确认声明后 1 个月内向当事方提交税收发票。

23.4 法律成本

除非本协议明确提及，各当事方必须自行支付有关协商、准备、实施和执行本协议义务的法律和其他成本。

23.5 修正

本协议仅能被各当事方充分实施的文件确认或取代。

23.6 权利实施和放弃

（1）各当事方单独或部分实施或放弃本协议相关权利并不能阻止权利在其他方面实施或其他权利实施。

（2）各当事方对放弃、实施、尝试实施、不能实施或延期实施权利而产生或导致的其他当事方任何损失、成本或费用不负责任。

23.7 权利累积

除非本协议明确规定，本协议各当事方权利具有累积性质且独立于当事方其他任何权利。

23.8 同意

除非本协议明确规定，当事方可有条件或无条件的给予或撤销本协议项下任何同意且并无义务告知理由。

23.9 后续步骤

各当事方必须迅速完成其他当事方合理要求的事项以使本协议生效并履行本协议设定义务。

23.10 适用法律和管辖权

（1）本协议受到和被视为应当适用昆士兰州法律；

（2）各当事方应无条件地、不可改变地提交非排他性的昆士兰州司法管辖权申请，但是任何拥有管辖权的法院有权审理来自这些法院的上诉申请，并放弃反对这些法院任何诉讼程序权利。

23.11 分配权利

（1）当事方不得在未经州政府书面同意前分配或处置本协议设定权利。

（2）任何有意违反协议规定的行为是无效的。

23.12 责任

任何两个或多个义务人可以分别或共同受到协议约束。

23.13 协议副本

本协议由多个副本共同构成且这些副本共同构成一份文件。

23.14 整体理解

（1）本协议包含各当事方之间应就本协议主题做整体理解。

（2）所有与本协议主题相关的事前协商、理解、表述、承诺、备忘或保证并无法律效力且将被本协议所合并或取代。

（3）任何当事方也不得用口头方式就下列事项进行解释或提供信息：

影响本协议解释或意义的因素；各任意当事方之间达成的担保协议、保证或谅解。

23.15 各当事方关系

本协议并不意味着在各当事方间创设了一种合伙、合资或代理关系。

24. 保证

各当事方可就下列事项进行保证：

（1）依据协议规定拥有缔结协议的权利或权力以及履行协议的义务；

（2）有关协议执行、交付和履行等活动已充分、合法的得到所有法人行为或政府行为授权；

（3）本协议的有效性及受约束的协议将依据本协议规定得到履行；

（4）本协议执行和实施不能，本协议相关交易活动也不得违反或与宪法或法律规定冲突或导致违法行为或产生过错。

25. 协议评估

如果有当事方提出要求，另一方同意在每个报告年度后 1 个月内就协议相关事项进行讨论，当事方可基于自由裁量权在此时同意就变动协议做出决定。

附件一：常规信息

当事方名称

条款一：ABN（如果有的话）

条款二：开始时间：＿＿＿＿＿＿＿＿＿＿＿＿＿＿＿＿＿＿＿＿＿＿

条款三：保证人：＿＿＿＿＿＿＿＿＿＿＿＿＿＿＿＿＿＿（当事方每位主管或当事方的控股公司）

条款四：首期时限：7 年；（1）商业化活动收入的 10% 或首期款项 40 000 000 澳元； （2）商业化活动收入的 5% 或首期款项 30 000 000 澳元； （3）商业化活动收入的 3%。

条款五：特许权使用费比例

条款六：银行账户：＿＿＿＿＿＿＿＿＿＿＿＿＿＿＿＿＿＿＿＿

最初最小化实施价值

条款七：价值：＿＿＿＿＿＿＿＿＿＿＿＿＿＿＿＿＿＿＿＿＿＿

地址：＿＿＿＿＿＿＿＿＿＿＿＿＿＿＿＿＿＿＿＿＿＿

传真号：＿＿＿＿＿＿＿＿＿＿＿＿＿＿＿＿＿＿＿＿

电邮地址：＿＿＿＿＿＿＿＿＿＿＿＿＿＿＿＿＿＿＿

条款八：关注：＿＿＿＿＿＿＿＿＿＿＿＿＿＿＿＿＿＿＿＿

地址：创新和信息经济部，PO Box 187 BRISBANE ALBERT STREET QLD 4002

传真号：（07）3225 8754

条款九：关注点：管理者、科学和研究政策与策略

条款十：非货币惠益：＿＿＿＿＿＿＿＿＿＿＿＿＿＿＿＿＿

条款十一：公共责任：＿＿＿＿＿＿＿＿＿＿＿＿＿＿＿＿＿

条款十二：专业赔偿：＿＿＿＿＿＿＿＿＿＿＿＿＿＿＿＿＿

附件二：昆士兰州（昆士兰州创新和信息经济，体育和休闲部）与保证人的保证契约

111 George Street，BRISBNE QLD 4000 AUSTRALIA，电话：（07）3405 6207；传真号：（07）3225 8754

本协议订立于＿＿＿＿＿＿＿＿＿＿＿＿＿＿＿＿＿＿＿＿。

位于布里斯班乔治大街 111 号的昆士兰州创新和信息经济，体育和休闲部

以及＿＿＿＿＿＿＿＿＿＿＿＿＿＿＿＿＿＿＿＿＿ACN/ABN＿＿＿＿

＿＿＿＿＿＿＿＿＿＿（保证人名称）

重申

一个＿＿＿＿＿＿＿＿＿＿＿＿＿＿＿＿＿＿＿＿＿ACN/ABN＿＿＿＿

＿＿＿＿＿＿＿＿＿（保证人名称）同意遵守生物发现惠益分享协议设定

义务。

保证人同意就惠益分享协议设定赔偿条款提供保证。

双方同意

保证人向昆士兰州做出保证，当事方将按照下列规定和条件履行惠益分享协议设定义务：

（1）如果当事方（除非惠益分享协议已被昆士兰州或成文法律规定或具有合法管辖权的法院决议解除）不能履行和实施义务，且昆士兰州提出要求的话，保证人将会完成或使得惠益分享协议义务呈现完成状态；

（2）如果当事方违反法定义务，且这种行为违反不能通过法律规定保证人得到补救，或惠益分享协议因违约而终止，保证人将赔偿由于昆士兰州因前述违约行为产生的成本和费用。

（3）保证人亦不会通过当事方与昆士兰州且不会在未经后者同意下、通过当事人行为其他推论或在缺乏正式变化或声明的情况下免除、让与或赦免本契约约定。

（4）当事方的义务将会继续履行且直到保证人完成本契约约定后发生效力。

（5）本契约约定保证人义务和责任将不会超过惠益分享协议对当事人义务和责任设定。

（6）如果昆士兰州提出要求，保证人被要求以符合本契约约定履行惠益分享协议任何义务，保证人同意更新当事方惠益分享协议的义务。

（7）本契约将受到且被认为应符合昆士兰州生效法律规定。

（8）当事方不能依据惠益分享协议履行义务，保证人义务将会持续到当事方解散或受到联邦《公司法案》（2001年）或其他法律第五章所设定的外部行政程序限制。

契约约定权利和义务将会持续到惠益分享协议规定所有义务均已履行、遵守或免除。

若当事方通过手工、邮寄或转移电子复印件（电邮或传真方式）至当事方或其他人建议的地址，通知或其他沟通方式将会适当提供或发挥作用。

（9）当通知是以电子方式提供或发挥作用，发送方可以通过其他方式以确认是否接收。

（10）当事方通知服务的地址列示如下：

保证人：

实际地址：_____；

邮寄地址：＿＿＿＿＿＿＿＿＿＿＿＿＿＿＿＿＿＿＿＿＿；

电话号码：＿＿＿＿＿＿＿＿＿＿＿＿＿＿＿＿＿＿＿＿＿；

传真号码：＿＿＿＿＿＿＿＿＿＿＿＿＿＿＿＿＿＿＿＿＿；

电邮地址：＿＿＿＿＿＿＿＿＿＿＿＿＿＿＿＿＿＿＿＿＿；

当事方：

实际地址：＿＿＿＿＿＿＿＿＿＿＿＿＿＿＿＿＿＿＿＿＿；

邮寄地址：＿＿＿＿＿＿＿＿＿＿＿＿＿＿＿＿＿＿＿＿＿；

电话号码：＿＿＿＿＿＿＿＿＿＿＿＿＿＿＿＿＿＿＿＿＿；

传真号码：＿＿＿＿＿＿＿＿＿＿＿＿＿＿＿＿＿＿＿＿＿；

电邮地址：＿＿＿＿＿＿＿＿＿＿＿＿＿＿＿＿＿＿＿＿＿；

昆士兰州：

实际地址：昆士兰州布里斯班乔治大街 111 号，4000；创新和信息经济部第十三楼，生物技术和管理小组组长收

邮寄地址：昆士兰州布里斯班阿尔伯特大街，807 邮箱，创新和信息经济部第十三楼，生物技术和管理小组组长收

电话：（07）3224 2644；

传真号：（07）3225 8754

当事方其他地址信息亦可随时以书面形式通知其他当事方。

（11）如果符合下列条件，通知或其他沟通方式被视为接收：

人工传递，但当事方已发送包括提供服务的实际地址，所在单位雇佣的自然人签署的通知收条的通知；

3 个工作日以后，通过邮寄邮出或邮至澳大利亚地址；

10 个工作日以后，通过邮寄邮出或邮至澳大利亚以外地址；

以传真方式，当传真机显示有关沟通内容已符合传递的记录（或上述时间已超出正常工作的时间；或正常工作的重新开始之日），或

以电邮或其他电子方式，只有在其他当事方以其他方式发出告知收据。

作为契约实施

昆士兰州通过创新和信息经济，体育和休闲部来实施

见证人：

＿＿＿＿＿＿＿＿＿＿＿＿＿＿＿＿＿＿＿＿＿＿＿＿＿＿。

见证人姓名：

＿＿＿＿＿＿＿＿＿＿＿＿＿＿＿＿＿＿＿＿＿＿＿＿＿＿。

保证人：

_____ 。

_____ （ACN、ABN 或其他识别符号）

在_____

（城市或乡镇名称）_____ （州/领地或国家的免除名称）_____

_____ （长官姓名）

以_____ （秘书或其他永久工作人员姓名）在场

_____ （见证人签名）

当某位律师或其他代理人实施契约或代表保证人粘贴署名的时候，该实施方式必须标明授权来源及上述授权必须以契约形式并将经认证的复印件提供给昆士兰州。

附件三：提交信息

当事方信息

姓名：_____ 。

ABN：_____ 。

联络人：_____ 。

许可信息

许可名称：_____ 。

授权主管部门：_____ 。

许可日期：_____ 。

许可证号码：_____ 。

许可持有人姓名：_____ 。

收集当事方信息

样品是由_____收集。该当事方或雇佣人员、其他实体有_____

_____ 。

实体姓名：_____

ABN：_____ 。

联络人：_____ ·

收集样品自然人姓名：_____

地址：_____ 。

电话：_____ 。

传真： _____。

电邮： _____。

移动电话： _____。

收集日期： _____。

样品收集的具体位置

样品收集所在区域： _____。

几何坐标： _____。

样品收集栖息地描述（包括外来物种信息）： _____。

样品详情

分类描述详情（以最低认知水平为基础）： _____。

收集材料描述（如细枝、叶子）或材料混合或保存的方式： ___。

收集数量（如克数，具体到五位小数点） _____

凭证标本

生物发现主管机构保存的凭证标本 _____。

是否已经完成下列信息补充，是 或 不是

储存时间： _____。

主管机构名称： _____。

附件四：最低实施价值的计算

（1）在本附件中：

"CPI" 指的是澳大利亚统计署及其附属机构每季度发布的布里斯班所有群体消费者价格指数，它也包括任何已公布的可取代的指数。

"CPI-1" 是指先于周期开始之前最新 CPI 指数。

"CPI-2" 是指先于周期结束之后最新 CPI 指数。

"MPV" 是指先于周期的 12 个月内最低实施价值。

"NMPV" 是指周期最低实施价值。

"周期" 是指要求计算的最低实施价值的 12 个月。一个周期的最低实施价值必须以下列公式计算：$NMPV = MPV * CPI\text{-}2/CPI\text{-}1$

附件五：从属许可的规定

从属许可协议规定必须在惠益分享协议协商之后予以确定。

附件六：昆士兰州生物技术道德实践准则

前述准则复印件可以在创新和信息经济，体育和休闲部网站，www. biotech. qld. gov. au 索取。

创设欧盟植物生物遗传资源信息基础设施[*]

2001 年 9 月 11 日版

————⟨∙◎∙⟩————

EURISCO[1]法律通告与许可协议

义务

作为本搜索引擎的使用者，唯一义务即仔细核查版权、数据相关权限和许可限制条件以确保使用材料获得必要许可。

常规规定

• EURISCO 是欧盟植物遗传资源分类搜索目录并提供欧盟各国移地植物生物遗传资源目录数据库入口。上述目录由作为《生物多样性公约》信息联络点的欧盟各国实施和维持运营。

• EURISCO 是由欧盟资助的欧盟植物遗传资源信息基础设施创设。

• EURISCO 由代表欧盟作物遗传资源网络合作项目（ECP/GR）的国际植物遗传资源研究所主持和维持运营。

• EURISCO 的存在得到欧盟、国际植物遗传资源研究所和欧盟作物遗传资源网络合作项目资金支持，各国相关目录也提供显著努力并作出极富价值贡献。

• 国际植物遗传资源研究所——IPGRI，是一个由国际农业研究磋商小组支持的国际科学研究自治组织。IPGRI 的使命即为提升遗传多样性的保护和使用以利当代和后代人类福祉。IPGRI 的总部位于意大利罗马，并在全球 19 个国家拥有办事处。目前它主要运营三个项目：（1）植物遗传资源项目；（2）国际农业研究磋商小组支持项目；（3）提升香蕉与车前草产量的国际网络。

---

[*] Establishment of an European Plant Genetic Resources Information Infra-Structure.

[1] EURISCO 是一个为欧洲移地植物收集提供信息的分类搜索目录。参见：http://eurisco.ipk-gatersleben.de/apex/f? p=103：1.

版权

版权国法律和国际公约为本引擎呈现的信息提供保护。国际植物遗传资源研究所或信息最初提供者拥有上述信息版权。前述信息不得以复印、复制、改变、出版、上传/下载、张贴、转播、售卖、广播、发布或分配等除外的形式或方式，或未经版权持有人、国际植物遗传资源研究所或最初提供者事先书面许可流通。

使用特别规定

使用者只有在同意和遵守本协议规定前提下才能获取和使用信息。只要满足下列条件，使用者能够获取和使用本引擎提供的信息：

（1）仅能以科学研究、育种、生物遗传资源保护、生物遗传资源可持续管理，或学术、信息或个人目的使用信息；

（2）信息或其组成部分的获取或使用，并不构成以营利目的进行售卖或分配信息的状态，包括在检索系统内进行任何商业性出版、复制、转播或存储；

（3）不更改任何信息；

（4）信息来源应为 "EURISCO"；

（5）使用者不得主张信息所有权；

（6）除非本协议明确特定授予，使用者不得主张任何相关信息知识产权；

（7）使用者应采取合理手段就与任何使用行为相关的规定进行沟通并确保因使用者获取和使用信息而有权获取或使用信息的任何人能够遵守这些规定。

获取种质资源

本引擎的内容仅供常规信息检索需要，且并不意味着各国目录所记载的种质资源可以获取和得到。使用者必须直接与特定国家目录管理机构联系，并咨询国家目录所记载的种质资源是否可得或可获取。

免责声明

本搜索引擎的内容并不构成专业建议。从本引擎获得的信息应被认为值得信赖。本引擎的内容仅供常规信息检索需要，且这些内容可能包括技术不准确或排版错误。国际植物遗传资源研究所或本搜索引擎并不确保信息准确、完整或正确。各国目录管理机构亦独立管理在本搜索引擎存储或可获得信息。使用者必须直接与国家目录管理机构取得联系并就各国目录管理信息进行咨询和评价。

本搜索引擎内容是以"原本形态"呈现并提供的，本搜索引擎、国际植物遗传资源研究所、欧盟作物遗传资源网络合作项目和各国目录管理机构不会就本引擎内容做任何承诺，以及就商品是否能够销售、特定目标相符性、主题和是否侵权等潜在承诺予以保证。

本搜索引擎、国际植物遗传资源研究所、欧盟作物遗传资源网络合作项目和各国目录管理机构也不共同或单独承担因使用、数据化或盈利来自于使用或与使用以及与本引擎提供信息准确性、内容和性能相关的损失，不管是本协议设定的活动，抑或疏忽或还是其他情况。

通过本搜索引擎获取或存储的信息形式和指定名称并不视为本搜索引擎、国际植物遗传资源研究所、欧盟作物遗传资源网络合作项目和各国目录管理机构对任何国家、城市或地区及其行政主管部门法律定位表达的意见或提供支持，也不视为对其边界或界限的限定。

与本搜索引擎发生链接的其他引擎并非本搜索引擎、国际植物遗传资源研究所、欧盟作物遗传资源网络合作项目控制。后者也不对内容定位或通过以及其他引擎内容可得性负责。

链接仅是为便利而创设且并不视为对任何链接提供引擎以及所有者和运营者提供参考和支持。一旦通过本搜索引擎提供的链接进入其他引擎使用者同样受到该引擎有关版权、数据使用权规定和许可限制约束。

许可终止

若使用者行为违反协议规定，本许可应立即终止。使用者可在任何时候被禁止使用本引擎信息。对任何原因导致的终止，使用者可同意删除或毁损所有信息的复印件，或停止使用所有信息。

可转让性

作为使用者和本搜索引擎/国际植物遗传资源研究所之间，被许可人授予权利和授权包括使用者从搜索引擎获得任何信息。使用者可将上述权利转让或转移给第三方，只要使用者或第三方同意受本协议相关条款约束。使用者不得向第三方转让或转移授予除上述权利以外的其他权利。本协议为各方及各自继承人、代表、继任者及受让人的利益而签署，并应对其具有约束力。

无效和非强制履行

若本协议某项条款被认为部分或整体无效或不能强制履行，上述条款的无效或不能强制履行仅被认为此条款无效而并不影响其他条款有效性或强制履行。此外，各当事方也同意拥有管辖权法院修改以被确认为无效或不能强制履行的任意条款以符合各当事方意图一致的要求而变得有效或强制履行。若前述法院不能从事上述工作，各当事方也应就条款效力符合无效或不能强制履行的适用法规定尽可能地达成一致，同时也应在协议中引入替代条款。

弃权

行为延迟或不能履行并不视为本协议各当事方放弃权利。任何放弃行为需以书面并经有权放弃权利的当事方签字同意。除非明确在弃权声明中涉及，弃权行为仅适用于弃权声明所设定的特定环境，也并不会对包括后续相同或类似权利行使环境带来影响。

邱园非商业目的提供 DNA 示范协议*

2004 年 1 月起正式生效

邱园承诺遵守《生物多样性公约》（以下简称"CBD 公约"）的缔约精神和规定并期待合作伙伴都能够以 CBD 公约规定相一致的方式从事开展活动。本协议创设的目的即是认识到邱园获得大量植物、真菌材料并以移地收集机构重要角色实施前述公约的事实，并借此希望提升科学研究和交换。在违反材料本身和 CBD 公约规定情形下，邱园保留拒绝提供任何植物或真菌材料的权利。

邱园提供材料清单由本协议完全规定并受到下列规定和条件限制：

1. 接收者仅能够将材料、材料的后代及衍生物视为公共物品并将其用于科学研究、教育、植物园开发和保护等活动；

2. 接收者不能售卖、分配或以盈利或其他商业应用目的[1]使用材料、材料后代及衍生物；

3. 接收者应依据 CBD 公约规定公平和公正地就使用材料、材料后代及衍生物进行惠益分享，接收者可以登录下列网址参考《波恩准则》附件有关货币和非货币惠益非穷尽式清单详细情况：www. biodiv. org/programmes/socio - eco/benefit/bonn. asp；

4. 接收者需承认在所有与材料、材料后代及衍生物使用有关的出版物和书面/电子报告中邱园作为提供者的身份，且应将上述所有出版物和报告附件提交邱园；

5. 接收者应以符合相关法律、法规和材料附带条件的要求采取所有适当

---

* No Commerical Material Supply Agreement for DNA.

[1] 商业化包括但不限于下列活动：售卖、提交专利申请，获得或转移知识产权权利或通过售卖、许可或以其他任意方式获得其他有形、无形权利，启动产品开发、开展市场研究、寻求前期市场许可。

和必要措施接收材料、材料后代及衍生物以避免外来物种入侵；

6. 接收者仅能将材料、材料后代及衍生物转移给善意第三方比如植物园、大学或科研机构以非商业目的用于科学研究、教育、保护和植物园开发活动。所有转移活动必须符合本协议规定和条件，接收者仍需应要求通知邱园所有转移活动，且向其提供相应材料转移协议；

7. 接收者应保留与材料接收有关的可检索记录以及邱园提供的任何相关数据；

8. 除非明确提及，上述材料所涉所有信息或数据的版权都属于邱园或邱园的授权人所有。接收者可以依据规定以学术交流、教育或研究等目的单独使用上述数据。接收者不得将上述信息或数据用于商业目的；接收者也应承认来源数据经过"邱园董事会许可"；

9. 邱园不会就所提供材料、材料后代或衍生物是否符合使用目的的有关特性、安全性、是否有销路做出明确或隐含表示或保证；接收者也向邱园赔偿任何和承担与材料、材料后代或衍生物和/或与转移或使用有关的数据有关的所有责任，包括生态损害。本协议受到且应依据英国法律规范和解释；

10. 接收者应提前向邱园，并在适当情形下向材料提供者就本协议未涉及的任何活动申请事先许可。

我同意遵守上述条件和规定：

签字：　　　　　　　　　　　　日期：

姓名及身份：　　　　　　　　　组织和部门：

地址：　　　　　　　　　　　　E-mail：

　　　　　　　　　　　　　　　电话号码：

敬请将签字复印件邮至如下地址：＿＿＿＿＿＿＿＿＿＿＿＿＿＿＿＿＿，Royal Botanic Gardens，Kew，Richmond Surrey TW9 3AE，United Kingdom.

Kew Staff Signature：　　　　　　Name/Position/Date/：dd/mm/yy

非洲联盟各成员国协同实施《名古屋议定书》政策框架 *

2014 年版

第二十四届非洲联盟普通成员大会：

注意到 第十五次非洲联盟环境部长普通会议提出了政策工具的建议；

回顾了 《生物多样性公约》的目标为按照本公约有关条款从事保护生物多样性、持久使用其组成部分以及公平合理分享由利用生物遗传资源而产生的惠益；实现手段包括生物遗传资源的适当取得及有关技术的适当转让，但需顾及对这些资源和技术的一切权利，以及提供适当资金；

回顾了 《关于获取生物遗传资源以及公正和公平分享其利用所产生利益的名古屋议定书》（以下简称《名古屋议定书》）已获通过并为公约目标——公平合理分享利用生物遗传资源产生的惠益实施提供国际法律框架；

考虑到 联合国《土著人民权利宣言》及《名古屋议定书》第 31 条实施；

进一步回顾 《粮食和农业植物生物遗传资源国际公约》（以下简称《粮农公约》）的目标是为可持续农业和粮食安全而保存并可持续地利用粮食和农业植物生物遗传资源以及公平合理地分享利用这些资源而产生的利益；

进一步回顾 《粮农公约》获取和惠益分享多边系统与 CBD 公约规定相处和谐；

认识到 促进和维护公平合理分享利用生物遗传资源而产生的惠益国际机制是为提供国和土著社区创设生物多样性和相关传统知识可持续发展机会首要任务；

---

* African Union Policy Framework for the Coordinated Implementation of the Nagoya Protocol on Access to Genetic Resources and the Fair and Equitable Sharing of Benefits Arising from their Utilization.

承认 获取和惠益分享可为保护和可持续利用生物多样性、环境可持续、减贫并为实现非洲可持续发展目标作出贡献;

进一步认识 公平合理分享利用,包括适当获取、技术转移以及对相关权利予以尊重和资金支持,生物遗传资源和相关传统知识而产生的惠益促进可持续利用和保护生物多样性;

回顾了 《非洲联盟土著社区居民、农民和育种者权利保护及生物资源获取示范法案》,特别是该法案有关禁止不当滥用和过度使用生物遗传资源和相关传统知识的规则及目标;

考虑到 非洲联盟 2011 年第十六次成员大会通过第 353 号决议有关生物多样性系非洲联盟优先事项的条款,鼓励各成员国成为所有生物多样性相关国际公约成员国且要求非洲联盟委员会在生物多样性领域采取更为具体行动;

留意到 非洲各国部长们在 2010 年 10 月参加日本名古屋 CBD 公约第十次缔约方大会时在理解地区协作方式和策略能确保非洲积极践行获取和惠益分享基础上同意签署《名古屋议定书》,并认为《名古屋议定书》将在 4 年内逐步产生实施效果;

认识到 非洲各小岛发展中国家作为生物多样性热点的极端重要以及这些国家有限本地物种的不可持续的使用和过度开发,同时也认识到有必要通过更严厉的制度与机制控制和规范生物遗传资源和相关传统获取活动;

考虑到 《名古屋议定书》已于 2014 年 10 月 12 日生效;

留意到 生物遗传资源和相关传统知识获取以及公平合理的惠益分享已在各国际、地区间、地区内和国内场合持续讨论,同时也有必要为非洲境内各国协作予以详细阐述和改进。

因此:

批准 非洲联盟各成员国协同实施《名古屋议定书》政策框架;

认识它为 《名古屋议定书》协作实施指南发展创造条件并考虑到便利非洲获取和惠益分享实施以及确保各方合作与协作;

鼓励 非洲联盟各成员国加入《名古屋议定书》并为实施该议定书在国内创设获取和惠益分享政策框架;

呼吁 所有土著和当地社区居民以及其他利益相关方在非洲开展获取和惠益分享活动时全面考虑此政策框架;

要求 非洲联盟委员会与地区经济委员会保持协作创设非洲《名古屋议定书》协作机制;

敦促 非洲联盟各成员国分配财政和其他资源以支持《名古屋议定书》协同实施并在获取惠益分享协议基础上履行各成员国义务;

要求 非洲联盟委员会在符合本政策框架实施指南规定基础上创设便利实施《名古屋议定书》的条件;

进一步要求 发展伙伴和其他相关各方为非洲联盟委员会、非洲联盟各成员国、土著和当地社区以及其他利益相关人在符合本政策框架基础上实施《名古屋议定书》提供财政和技术支持。

目标

1. 本政策框架目标是为在非洲境内实施《名古屋议定书》提供政策和战略指导,并为便利和确保实施《名古屋议定书》开展协作与合作提供基础。

术语使用

2. 获取和惠益分享政策框架术语使用必须与 CBD 公约第 2 条和《名古屋议定书》第 2 条规定保持一致。

3. 为了鼓励术语使用更具法律确定性,非洲联盟各成员国应当使用与各国获取和惠益分享相关法律和制度规定相符合的前述定义。

获取和惠益分享程序、意识提升和信息分享

4. 本政策框架鼓励非洲联盟各成员国向《名古屋议定书》获取和惠益分享信息联络点通报各国获得生物遗传资源和相关传统知识事先知情同意的要求,包括适用法律、制度、国内获取和惠益分享发生地的行政和/或政策措施。

5. 非洲联盟各成员国应在符合国内立法或制度要求的前提下合作创设可兼容的适用本大陆和地区的事先知情同意获取许可程序,包括共同商定条件和使用者遵约监督方式。

6. 非洲联盟各成员国应在符合《名古屋议定书》第 21 条规定前提下开展合作提升《名古屋议定书》履约和土著和当地社区获取和惠益分享,以及所有利益相关方便利和鼓励遵守国内立法或制度要求的意识。

7. 非洲联盟各成员国应在各国、土著和当地社区和所有不同层次利益相关方之间开展信息分享,包括通过创设数据库和/或在适当条件下信息联络点等。

获取与利用

8. 为了践行生物遗传资源国家主权原则并在符合国内发展战略前提下，非洲联盟成员国应在符合《名古屋议定书》第 6 条第 3 款和第 12 条第 1 款规定前提下通过使机构更加透明和获取规定更具功能提升生物遗传资源和相关传统知识可持续利用效率。

9. 非洲联盟成员国作为来源国或符合 CBD 公约获得生物遗传资源的国家应明确获取生物遗传资源应获得事先知情同意且该生物遗传资源仅能在《名古屋议定书》第 6 条规定事先知情同意和明确的共同商定条件下使用，除非提供生物遗传资源的成员国明确放弃事先知情同意要求。拥有或得到包括从移地条件下收集的生物遗传资源实物，并不意味着获取行为无需或已获得事先知情同意。未经事先知情同意和共同商定的获取行为是非法行为。各成员国应在实施生物遗传资源国家主权原则加强合作。

10. 非洲联盟成员国应通过国内立法、制度构建、行政方式和/或其他政策手段确保事先知情同意或批准，以及在土著和当地社区参与情形下对获取生物遗传资源授予同意并进行共同商定。缺乏国内相关立法的成员国并不意味着无需事先知情同意或批准，以及土著和当地社区确已授予同意或无需同意。成员国应在践行主权和土著和当地社区相关权利时加强合作。

11. 非洲联盟成员国应通过国内立法、制度构建、行政方式和/或其他政策手段确保生物遗传资源相关传统知识获取能够在事先知情同意或批准，以及在土著和当地社区参与情形下对获取生物遗传资源授予同意并进行共同商定的前提下进行。缺乏国内相关立法的成员国并不意味着无需事先知情同意或批准，以及土著和当地社区确已授予同意或无需同意。成员国应在践行主权和土著和当地社区相关权利时加强合作。

12. 非洲联盟成员国应在获取和惠益分享国内立法、制度构建、行政方式和/或其他政策手段明示事先知情同意、共同商定条件也同样适用于获取和利用《名古屋议定书》第 2 条规定的天然生化衍生物及该衍生物使用所涉传统知识。前述利用或后续应用和商业化行为须在共同商定条件基础上公平公正分享。

13. 非洲联盟成员国应将获取或贸易不可能或不会导致像符合《名古屋议定书》第 2 条定义所示将生物遗传资源视为商品的获取行为排除适用于所有获取或国内立法或制度安排。

14. 非洲联盟成员国应向使用者提供获取和惠益分享国内立法、制度构建、行政方式和/或其他政策手段。该使用者已合法获得生物资源或商品以及在后续依据《名古屋议定书》规定使用和/或商业开发生物遗传资源时影响所有利益相关方告知改变使用意图事实，并在上述使用和/或商业开发开始前获得事先知情同意和以合适方式进行共同商定。该使用者也基于共同商定条件就上述使用生物遗传资源和相关传统知识行为、后续使用和商业开发行为进行公平、公正分享。

15. 依据《名古屋议定书》第 12 条第 4 款规定，非洲联盟成员国应将土著和当地社区内部和之间长期习惯性使用和交换生物遗传资源和相关传统知识的行为排除适用于国内立法或制度安排。

16. 依据《名古屋议定书》第 4 条第 3 款和第 4 款规定以及《粮食和农业植物生物遗传资源国际公约》相关规定，同为前述议定书和公约缔约方的非洲联盟成员国必须以相互支持的方式协同实施前述国际法律文件。

17. 受各国发展战略及《名古屋议定书》第 8 条规定限制，非洲联盟成员国应竭力提升和鼓励生物多样性保护和可持续利用相关研究，以及如何：

（1）简化以非商业研究目的获取生物遗传资源和相关传统知识程序；

（2）认识并为非商业获取生物遗传资源和相关传统知识行为改变或转化提供便利；

（3）足够重视现存或即将面临的国内或国际的威胁或损害人类、动物或植物健康的情况，并考虑是否有必要迅速获取生物遗传资源并迅速就前述获取行为进行公平、公正惠益分享，包括在必要的情形下，尤其为发展中国家支付足额待遇；

（4）为确保非洲大陆粮食、农业和食品安全支持获取生物遗传资源和相关传统知识。

惠益分享

18. 依据《名古屋议定书》第 5 条，非洲联盟成员国应确保生物遗传资源和相关传统知识获取以公平、公正方式与土著和当地社区、持有资源和相关传统知识的其他利益相关人进行分享。

19. 非洲联盟成员国应在创设并支持生物遗传资源和相关传统知识内在、文化及社会价值的透明、公平、公正和统一的惠益分享标准而进行合作、分享信息和政策协调。

20. 当惠益分享标准业已建立，非洲联盟成员国应在确保被遵守的前提下将前述标准融入获取和惠益分享国内立法、制度创设、行政和/或政策方式进行合作。

21. 非洲联盟成员国应依据《名古屋议定书》第 12 条、第 19 条和第 20 条规定鼓励协同发展和使用共同商定条款部门或跨部门示范性条款、行为守则、指南、最佳实践和/或惠益分享标准。

22. 非洲联盟成员国应在其国内立法中创设共同商定明确适用于获取生物遗传资源、天然生化衍生物以及后续应用及其商业开发行为、获取生物遗传资源和相关传统知识相关产品公平、公正惠益分享的具体条件。

23. 依据《名古屋议定书》第 11 条规定，一旦生物遗传资源和相关传统知识来自两个或两个以上国家，所有非洲联盟成员国均应竭力在共同商定条件基础上就最低程度地惠益分享进行合作与协作。

24. 非洲联盟成员国应支持依据《名古屋议定书》第 10 条规定就国内和国际水平的全球多边惠益分享机制创设和有效实施提供支持。

监督和遵约

25. 非洲联盟成员国应竭力提供和采取必要措施监督获取生物遗传资源和相关传统知识活动，同时鼓励依据《名古屋议定书》第 17 条规定国际认证遵约证书或其他相关证书，以及通过符合本框架第五段规定常规的、系统性的信息交换制度和创设检查点来遵守事先知情同意和共同商定制度。

26. 为了便利前述第 19 段提到的信息交换，非洲联盟委员会必须创设获取和惠益分享信息库并尽可能地与非洲联盟成员国和非洲土著和当地社区展开咨询；各成员国、土著和当地社区以及其他利益相关方均在适当条件下向数据库提供信息。

27. 共同商定条件应包括要求申请知识产权或有权对使用生物遗传资源和相关传统知识相关产品进行市场营销的使用者应披露前述知识产权或产品所使用生物遗传资源和相关传统知识来源简况，并声明已依据提供国获取和惠益分享国内立法和相关制度要求获得事先知情同意和共同商定条件。

28. 非洲联盟成员国应向永久居住地在境内的或拥有适当遵约和相互支持措施的《名古屋议定书》缔约国使用者提供生物遗传资源和相关传统知识事先知情同意。

29. 非洲联盟成员国应考虑在非遵约情形下如何设置地区争端解决机构解决争议。

保护和提升生物遗传资源相关传统知识、社区和农民权以及经济发展

30. 非洲联盟成员国应保障和保护土著和当地社区生物遗传资源和相关传统知识、传统牲畜及作物集体权利，包括获取生物遗传资源和相关传统知识而产生的经济发展权益。

31. 非洲联盟成员国应依据《名古屋议定书》第 9 条、第 12 条规定通过国内立法将直接来源于获取生物遗传资源和相关传统知识相关权益用于生物多样性的可持续利用和保护并改善土著和当地社区居民生活条件。

32. 非洲联盟成员国应确保获取生物遗传资源并未超过可持续获取限度及生物资源耗尽或在遗传、种群、生态系统层次上其他威胁生物多样性可持续性程度。

能力建设、能力发展和技术转让

33. 非洲联盟成员国应在能力建设、能力发展开展合作和加强人力资源和机构实力以有效实施《名古屋议定书》。

34. 非洲联盟成员国应确保生物遗传资源和相关传统知识，尤其是非商业目的惠益为国内和地区能力建设和技术转移作出贡献。

35. 认识并鼓励土著和当地社区开展支持生物多样性保护和可持续利用活动，非洲联盟成员国应：

（1）采取政策、法律或其他规则等形式在生物遗传资源和相关传统知识相关权利不复存在的前提下为土著和当地社区以及资源监管人创设相应权利；

（2）支持并指导土著和当地社区和使用者开展共同商定条件协商，并后续监督相关规定实施；

（3）为生物多样性保护和可持续利用提供直接货币惠益；

（4）支持土著和当地社区能力发展、技术支持以提升在价值链中位置，并因而增强其获得利润的能力；

（5）鼓励和支持土著和当地社区依据《名古屋议定书》第 12 条和其他规定发展和运用获取和惠益分享相关习惯法，社区协定及各种程序。

36. 非洲联盟成员国应鼓励各国知识产权行政职能部门以及大陆及地区知识产权国家组织通过能力建设、协助共同商定条件协商，以及遵守获取和惠益分享规定并监督和追溯生物遗传资源和相关传统知识使用过程等方式在获取和惠益分享活动中起到更多作用。

哈佛大学专属许可协议[*]

考虑到双方事先承诺和契约，各方一致同意下列内容：

第一条　定义

本协议所使用下列术语具有含义如下：

1.1 **附属机构**：本协议所涉任何公司、社团或商业组织持有至少50%可投票股份或其他所有权。除非明确提到，本协议包括附属机构。

1.2 **生物材料**：哈佛大学提供的材料（详见附件 B）以及后续材料、突变体或哈佛大学提供或本协议创设的衍生物。

1.3 **领域**：_____。

1.4 **哈佛大学**：哈佛大学的主席和学者，一家位于马萨诸塞州非营利性教育集团所设技术和商标许可办公室，霍利约克中心，727 套间，马萨诸塞大道1350 号，剑桥，马萨诸塞州 02138。

1.5 **许可生产过程**：专利权或使用生物材料及其他部分技艺的过程。

1.6 **许可产品**：富含专利权的产品或专利权直接产品或以符合或通过经许可生产过程提供服务或许可生产过程直接产出或使用生物材料或纳入部分生物材料提供的服务。

1.7 **许可人**：_____；依据_____（州法律）设置的并在_____（地址）设有办公地点的社团。

1.8 **净销售额**：因销售、租赁或其他转移许可产品的行为而开具的账单、发票或接收数额（无论哪项有限），不包括：

（1）传统贸易，数量或现金折扣以及无关联佣金或事实允许和实际提取的代理手续费；

（2）因拒绝或返还而归入或偿还的数额；

（3）订购单、发票或其他销售文件单独课征的税收和/或其他有关生产、

---

　*　Exclusive License Agreement（sample）-Harvard College，United States of America.

销售、运输、寄送或代表许可人或从属许可人或由其本人支付、使用的其他政府费用；

（4）若单独提到的话，第三方提供运输或寄送合理费用。

净销售额也包括许可人或从属许可人因销售、租赁或转移许可产品而收到任何非现金对价的公平市场价值。

1.9 **非商业研究目的**：专利权和/或生物材料用于学术研究或由非营利性或政府机构承担其他非营利性科研活动，这些活动不会在产品中使用专利权和/或生物材料或制作产品用于销售或提供有偿服务。

1.10 **非版权类从属许可收入**：从属许可费用、从属许可维持费用、从属许可阶段性付费以及由从属许可人依据本协议因从属许可而支付给许可人的类似非版权类费用。

1.11 **专利权**：已提交美国专利申请：_____（序列号），_____（提交时间），所描述和主张的专利，专利申请序列号_____中任何与主题主张相关的和现有专利权、专利申请权或重新授予专利权占主导的以及专利分割、专利延续、专利部分延续，由哈佛大学控制或所有的任何和所有相关的外国专利和专利申请；

1.12 **国境内**：_____。

1.13 96-517 号公共法案和 98-620 号公共法案包括这些成文法案修正案。

1.14 售卖包括在不受限制情形下的租赁、其他转移和类似交易。

第二条　声明

2.1 哈佛大学通过发明者分配在美国专利申请权_____（序列号），_____（提交时间）有关_____（专利）、相关外国专利申请权和在专利申请中描述和主张的整体性权利、所有权、利益而成为所有者。

2.2 哈佛大学有权依据拥有的专利权限授予许可。

2.3 哈佛大学也承诺以符合公共利益的方式推行一项政策即哈佛大学产出的理念或创造性劳动将会更大可能地用于公共利益，同时也相信一项合理动机会加速得到引荐而置于公用。

2.4 许可人将奋力准备和试图进行发明且应在本协议约束下将产品投向市场。

2.5 许可人渴望在本国境内获得专属许可以便在美国和其他特定国家实施前述与专利权相关发明，并在商业市场上制造、使用、销售（产品亦依据市场需求而制作），哈佛大学也渴望在符合本协议规定情况下将许可授予许可人。

第三条　权利授予

3.1 哈佛大学依据本国和本领域的规定和条件授予许可人和接收许可的人如下权利：

（1）专利权限下专属商业许可；以及

（2）使用生物材料的许可。

在专利权限内可制作、使用、购买和销售许可产品，以及实施许可生产过程。上述许可应包括在哈佛大学批准的前提下（该批准亦可合理撤销）授予从属许可的权利。只要专利权限下授予许可不属于专属许可，为了向许可人提供商业专属权利，哈佛大学同意不再将专利权许可授予其他人，除非依据 3.2 第（1）条规定、第（2）条规定哈佛大学需要履行义务，抑或因为商业目的不再向其他人提供生物材料。

3.2 许可的授予和实施受到下列条件约束：

（1）哈佛大学于 1998 年 8 月 10 日所做《发明、专利和版权政策声明》、96-517 号公共法案、98-620 号公共法案，以及哈佛大学与其他研究支持者签署协议所应履行义务。若本协议所授予权利多于 96-517 号公共法案、98-620 号公共法案的规定则可能需要按照成文法规定进行修正。

（2）哈佛大学所保留的若干权利：

（i）以非商业研究目的并以非排他形式向其他人制作、使用和提供生物材料，并向其他人授予非排他形式的许可以便制作、使用生物材料；

（ii）以非商业研究目的授予其他人非排他许可以便其制作、使用专利权所描述和主张的主题。

（3）许可人只要在可行情况下应倾尽全力，并以合理可靠的商业实践和判断方式将许可产品向市场推介；因此，直到本协议失效时为止，许可人应努力将许可产品尽可能合理地分享给公众。

（4）从本协议有效期＿＿＿＿＿＿＿（年）后任何时间，哈佛大学可基于合理判断在许可人提出进度报告并未表明后者从事下列活动时终止或拒绝非排他性许可：

（i）直接或通过从属许可方式将许可的材料在某国或以此授予许可的国家商业使用，以及尽可能合理地将经许可材料由公众分享；

（ii）参与研究、开发、制作、营销或为实现 3.2 第 4 条（i）项目标而进行的从属许可；

（可在此处特定阶段的履行情况予以列举）。

（5）在所有从属许可中，许可人应提出合理、可能要求即从属许可人应尽最大努力将从属许可所涉材料投入商业利用。许可人也应在文件中表明从属许可受到和从属于本协议规定和条件约束，除非：①从属许可不再继续授予从属许可；②从属许可净销售额部分版税比例将授予许可人。所有从属许可协议复件应尽快地提交给哈佛大学。

（6）不管是哈佛大学、潜在从属许可人及其他人提出建议，一旦许可人不能或不希望授予从属许可，哈佛大学应直接将从属许可授予潜在从属许可人，除非依据哈佛大学合理判断，该许可违反友好、合理商业实践且授予许可并不能实质上增加许可产品公众分享的可能性。

（7）在其他国家或领域使用许可除了应将该国或具体领域信息列入单独协议中，同时也要求许可人提交证据以证明哈佛大学对此并无反对意见且表明许可人希望及有能力在其他国家或领域通过在该国或领域使用这些产品或技术使之得到开发或商业化。

（8）在美国专利专属期限内，许可人应将在美国实际生产的许可产品在本土销售。

（9）美国政府及依据96-517号公共法案、98-620号公共法案其他机构应保留或不受本协议任何影响。

第四条　授权费

4.1 许可人应在协议开始实施时向哈佛大学支付不可返还的授权费共计_____美元（或在首个专利权被授予时支付授权费共计_____美元）。

4.2（1）许可人应依据协议规定将许可人和从属许可人净销售额____%的授权费支付给哈佛大学，许可人也应将从属许可人非授权费以外收入_____%的费用支付给哈佛大学；

（2）若本协议许可转换为非专属性许可或其他在同样领域或国家授予非专属性许可，在非专属性许可期限内上述授权费不应超过相同领域或国家其他许可人支付授权费；

（3）许可人及其附属机构或从属许可人为零售而进行的售卖活动，授权费应以附属机构或从属许可人净销售额为基础。

4.3 在本协议生效后每个日历年度的1月1日，许可人应依据下列标准向哈佛大学支付不可返还的许可维持费用和/或实施费用。该笔费用不得冲抵该日历年度应缴费用且年度费用报告应反映上述缴费情况。该笔费用也不得冲抵各阶段性付款（如存在的话）以及下一日历年度应缴费用。

1月1日，_____（年），_____美元；

1月1日，_____（年），_____美元；

1月1日，_____（年），_____美元；

1月1日，_____（年），_____美元。

第五条 报告

5.1 在签署协议前，许可人应向哈佛大学提交一份有关许可人在协议实施过程中拟议将授予许可材料投入商业利用活动的书面研究及发展报告。该报告应包括销售项目及拟进行的市场营销努力。

5.2 在不超过每个日历年度 6 月 30 日 60 日内，许可人应向哈佛大学提供一份描述截止到 6 月 30 日最近 12 个月的研究与开发进展、行政管理审批、制造、从属许可、市场营销和销售以及后续年度计划报告。若授予许可涉及多项科学技术，进度报告应为每项技术报告提供说明；

若进度发展与前述 5.1 所预期的计划略有不同，许可人应将这些差异进行解释并提出改进研究开发计划以供哈佛大学评价和审批。许可人也应对哈佛大学评估许可人的表现提供任何合理的额外数据。

5.3 许可人应在许可产品首次在某国销售 30 日内向哈佛大学报告。

5.4（1）许可人应在每半个日历年度即 6 月 30 日、12 月 30 日后 60 日内向哈佛大学提交至少包括下列信息的半年度授权费报告：

（i）各国许可人、附属机构和从属许可人销售许可产品数量；

（ii）上述许可产品的总账单；

（iii）所有许可生产过程使用或销售所占比例；

（iv）为确定净销售额而扣除的数量；

（v）许可人接收到的不属于授权费的从属许可收入数额；

（vi）应缴授权费数额，或若在任何报道周期内声明无任何应缴授权费则不应向哈佛大学缴纳授权费；

上述报告应由许可人相关工作人员证明正确性且应包括所有授权费扣除数额的详细清单。

（2）许可人在向哈佛大学提交半年度授权费报告的同时向其缴纳应缴授权费。若使用多项技术，许可人应在前述报告中就每项许可产品和许可生产过程中使用的专利权、生物材料进行说明。

（3）当资金支付给银行时才被认为收到所有应缴授权费，且这些资金均可以美元形式通过支票或无线转账而获取。国外货币与美元兑换汇率应以授权费缴纳期限内上个工作日美国现时汇率为准（如《纽约时报》或《华尔街日报》报道）。未发生转移、交换、收集或其他费用不得扣除资金。

（4）所有报告均应由哈佛大学进行保密保管，但法律规定除外；不过，哈佛大学也可在其日常报告中引用年度授权费数据。

（5）后期资金的数额以每个月1~1.5%的比例，或最多250美元的标准支付。

5.5 在发生公司收购或合并，改变名称或公司结构、组织或特征时，许可人应在上述事项发生后30日内书面通知哈佛大学。

5.6 一旦许可人或附属机构、从属许可人（取得优先买卖权人）未被美国专利和商标局认证为"小微实体"，许可人应立即通知哈佛大学。

第六条　保存记录

6.1 许可人应保存且要求附属机构和从属许可人保存经许可产品的正确记录（以及支持文件）、依据协议使用或销售情况以及由哈佛大学确定适当的授权费数额情况。上述记录应在报告结束后至少保存3个月。为了验证报告和授权费数额，它们也会在日常的营业时间内被哈佛大学任命的会计人员查阅。在开展本节有关查阅活动过程中，哈佛大学会计人员应能够获取哈佛大学合理认为的与第4条授权费数额相关所有记录文件。

6.2 除非前述信息与报告准确性、授权费数额相关，哈佛大学会计人员不得向哈佛大学透露任何信息。

6.3 哈佛大学会计人员开展查阅活动所产生的费用由哈佛大学承担，除非查阅结果反映在任意12月内低估或未足额缴付授权费数额超过5%，许可人应支付查阅活动产生的费用以及任何许可人应向哈佛大学报告缴付的额外数额，以及在每个月1~1.5%比例的授权费数额基础上应缴纳的利息。

第七条　国内和外国专利申报和维持

7.1 本协议实施过程中，许可人应补偿哈佛大学因准备、申报、起诉和维持专利权而所需所有合理费用。同时，许可人还应补偿自哈佛大学收到发票之日起未来所有费用开支。这些发票数额后期支付也遵照每月1~1.5%比例执行。哈佛大学应就准备、申报、起诉和维持所有和任意专利申请和专利权而独立承担责任。哈佛大学也因与许可人就准备、申报、起诉和维持专利申请和专利权进行协商且向许可人提供有关准备、申报、起诉或维持相关任意文件复件。

7.2 哈佛大学和许可人应在准备、申报、起诉和维持专利权和所有授权许可人专利申请和专利事项中全程合作，实施所有材料和文件或要求哈佛大学成员实施材料和文件以便让哈佛大学以其自身名义在任何国家申请、起诉和维持专利申请和专利。各方就需引起注意，以及对任意专利申请或专利准备、申请、起诉或维持的事项向对方发出立刻通告。若许可人或附属机构或从属许可人（取得优先买卖权的人）被美国专利和商标局认证为"小微实体"，许可人应立即通知哈佛大学。

7.3 许可人可在书面通知哈佛大学后 60 日内放弃专利权。上述通告不得减轻许可人补偿哈佛大学在 60 日通知期限失效之前应支付专利相关费用的义务。

第八条　违反协议

8.1 对依据本协议专门授予许可人的任何专利权而言，许可人有权以自己名义起诉以及自行承担专利违法而应支付的费用，只要上述许可在诉讼开始时仍为专属许可。哈佛大学同意在其发现或意识到专利违法情形时及时通知许可人。在许可人开始任何专利违法行为之前，许可人也应谨慎考虑哈佛大学观点和在是否提起控告仍处于未知情形时所作决策对公共利益的潜在影响。

8.2

（1）若许可人选择如上文所述介入违法行为，哈佛大学应在法律许可程序内选择作为当事方参与具体诉讼。不管哈佛大学是否最终作为当事方参与诉讼，哈佛大学均应在与诉讼相关的情形下全程配合许可人；

（2）若哈佛大学选择依据第 1 款作为当事方参与诉讼，哈佛大学应与许可人共同对诉讼进行控制；

（3）许可人应补偿哈佛大学任何相关诉讼成本，包括合理律师费用、作为许可人诉讼参与方费用，但不计入哈佛大学成为共同原告的费用。

8.3 一旦许可人选择提起上述诉讼，许可人减少向哈佛大学缴纳有关提起专利诉讼授权费用数额最多不超过许可人费用和诉讼成本费用 50%，包括合理律师费用；不过减少数额也不得超过每个日历年度专利诉讼中应向哈佛大学缴纳全体授权费用的 50%；若许可人的费用和成本的 50% 超过许可人每个日历年度减少的授权费用数额，许可人应在此基础上减少后续年度应向哈佛大学缴纳的授权费用数额，但仍不得超过提起专利诉讼任意年度内应缴授权费用总额的 50%。

8.4 只有在哈佛大学事先书面同意前提下才可对诉讼进行处理、进行合意判决或自愿最终供述，且上述合意不得被不合理撤销。

8.5 因诉讼而产生的补偿金应依据本条规定首先补偿许可人和哈佛大学诉讼费用（非来源于授权费），然后再补偿哈佛大学因许可人依据第 8 条第 3 款而减少的授权费数额。任何留存的补偿金应在许可人和哈佛大学之间公平分配。

8.6 若许可人依据本条规定不对侵犯专利权行为行使起诉权利，哈佛大学应自行承担起诉费用、把握诉讼程序和保留所有补偿金。许可人应在诉讼相关情形下与哈佛大学全程合作。

8.7 在没有前述第 8 条第 6 款普遍限制下，哈佛大学应自行或由许可人通知而为后者设置 60 天时间限制以便决定起诉哈佛大学发现或意识到的任何违法行为。若在前述 60 天期限届满后，许可人仍未提起诉讼，哈佛大学应自行承担费用、把握诉讼程序和保留所有补偿金基础上提起诉讼。而在哈佛大学善意提起有关任何违法行为的诉讼时，许可人应帮助哈佛大学支付所谓侵害者对许可人现存或未来授予产品从属许可而产生的损害费用（不管是否被认定为"授权费"），数额大致相当于哈佛大学未得到补偿的诉讼费用（包括但不限于合理律师费用）。

8.8 若宣告判决结论认定许可人为被告且拥有专利权无效，哈佛大学应自行承担诉讼费用并取代许可人成为单独被告。许可人应在与诉讼相关情形下与哈佛大学全程合作。

第九条　协议终止

9.1 本协议依据下列情形终止，除非专利权中最后专利或专利申请失效或放弃，否则将仍旧保持效力。

9.2 哈佛大学将依据下列情形终止：

（1）若许可人并未缴纳应缴的授权费和在哈佛大学书面通知未缴纳授权费事实后 45 日内仍未能及时补缴（包括以第 5 条第 4 款规定应缴利息）；

（2）若许可人违反第 10 条第 4 款第 3 项、第 4 项规定而获得和维持保险；

（3）本协议生效后 3 年之内任何时间，哈佛大学决定依据第 3 条第 2 款第 4 项决定终止本协议；

（4）若许可人变成破产者，应为债权人利益作出安排或为破产事项提起诉讼或进行抗辩。前述终止应在哈佛大学向许可人作出书面通知后立即生效；

（5）若哈佛大学会计人员依据第 6 条规定发现许可人在任意 12 月内低估

或未足额支付数额超过 20%；

（6）若许可人行为涉嫌构成制造、使用或销售许可产品重罪；

（7）除前述情形，许可人违反了本协议设定任何义务以及并未在哈佛大学就违法行为书面通知起 90 日内进行改正。

9.3 依据本协议授予所有从属许可，许可人在所有从属许可中展现的利益主张都可能被哈佛大学终止或在本协议终止时将其转授给哈佛大学。

9.4 许可人可在向哈佛大学做出书面通告前 90 日内终止本协议，同时支付终止损失费_____（美元）；而在协议终止时，许可人应向哈佛大学提交一份最终授权费报告，由哈佛大学开销的任何授权费、未补偿专利费用应及时清偿。

9.5 依据第 9 条第 2 款终止本协议的情形下，不管是哈佛大学或许可人，许可人应终止所有生物材料的使用行为且应请求返还或毁损（由哈佛大学做出选择）所有控制或拥有的生物材料。

9.6 第 6 条第 1 款、第 2 款、第 3 款、第 7 条第 1 款、第 8 条第 5 款、第 9 条第 4 款、第 9 条第 5 款、第 6 款、第 10 条第 2 款、第 3 款、第 5 款、第 6 款、第 8 款、第 9 款不受终止条款限制。

第十条　一般条款

10.1 哈佛大学并不确保许可专利权的有效性，也不会就许可人、附属机构或从属许可人在未侵害其他专利的前提下就开发的生物材料或许可专利权或其他专利权做任何主张。

10.2 哈佛大学明确否认任何或所有默示或明确的保证且不会就专利权、生物材料或哈佛大学提供的信息，以及本协议详细创设的许可产品或许可生产过程与特定目标的适应性或可商业性作出默示或明确保证；后续哈佛大学也不会就所提供的生物材料或在制作或使用材料的方法是否免受专利侵权责任追究进行调查和作出表示。

10.3 哈佛大学决不能就任何间接、特殊、偶然或后续损害承担责任（包括但不限于，对利润、预期储蓄、其他经济损失、对个人或财产损害相关损害），来自于或与本协议或主体相关的，不管哈佛大学知晓或应当知晓前述可能造成损害。哈佛大学累计承担与本协议或主体相关任何损害责任不得超过依据本协议许可人向哈佛大学缴纳授权费总额。前述例外和限制同样适用于任意类型的主张和行为，而不管是否基于合同、侵权（包括但不限于过失）或其他诉因基础。

10.4 除非为实现本协议目标需要，许可人也不应支配或转让生物材料。许可人至少要像保护其有价值的个人财产一样保护生物材料且采取措施以防包括破产过程中债权人和信托人、第三人对生物材料主张利益。

10.5（1）许可人应赔偿、维护哈佛大学及现任或前任主席、管理委员会成员、托管方、工作人员、教员、医学或其他专业工作人员、雇员、学生、代理人和其他相关继任者、继承人和财产过户的人（以上总称为"受偿人"），来自于或源于任何类型或性质的主张、责任、成本、费用、损害、缺陷、损失或义务（包括但不限于合理律师费用和其他诉讼成本或费用）（以上总称为"主张"），并以或依据或与本协议相关，包括但不限于有关任何产品、生产过程或提供服务、使用或销售与本协议授权权利相关的产品责任诉讼。

（2）许可人应自行负担费用向哈佛大学提供合理可接受律师以提起或对抗前述受偿人有关赔偿事项相关诉讼，而不管该诉讼提起是否正当。

（3）许可人或从属许可人、附属机构或许可人代理人使产品、生产过程或服务开始进入商业销售或分配任何时候，许可人应自行承担成本及费用购买和维持不少于 2 000 000 美元/每次、每年最多 2 000 000 美元的一般商业责任险，这也是对受偿人额外的保证。任何产品、生产过程或服务的临床实验阶段，许可人仍应自行承担成本及费用购买和维持不少于或等于哈佛大学作为受偿人对额外保证要求赔偿数额的一般商业责任险。上述商业责任险应提供：①承保产品责任范围；②依据本协议许可人赔偿合同责任范围广泛形式。一旦许可人选择对上述所有或部分事项自行承保（包括扣除或保留每年累计超过 250 000 美金的数额），该自我保险项目必须由哈佛大学和哈佛大学医学研究所风险管理基金会基于自身立场而接受。该保险承保最小数额不应对本协议规定许可人承担赔偿责任创造限制条件。

（4）许可人因应哈佛大学要求向其提供承保事项书面证明。许可人应在前述保险取消、不再更新或材料改变之前 15 日内提交书面证明；若许可人并未在 15 日内获得可比较的替代保险，哈佛大学有权在未经通知或任何等待期限前提下于前述期限结束后终止本协议。

（5）许可人应在本协议失效或终止后继续维持一般商业保险：①许可人、从属许可人、附属机构或许可人代理人正在对依据本协议开发或相关任何产品、生产过程或服务进行商业销售或分配；②前述事项发生后不少于 15 日合理期限。

10.6 许可人不应使用或改变哈佛大学的姓名或标志，或在未经哈佛大学书面同意时在任何广告、促销或销售文宣中加入任何哈佛大学发明者姓名。

10.7 在未经哈佛大学事先书面同意情形下，许可人不得依据法律或其他自愿或非自愿地将本协议或权利全部或部分转移或授予给任何第三方；本协议也约束哈佛大学及许可人的继受者、法律代表和代理人。

10.8 本协议的解释和适用受到马萨诸塞州法律约束。

10.9 许可人应遵守所有使用的法律法规。特别是了解和熟悉应对转移商品和技术数额受到美国商品控制和技术数据出口相关法律法规，尤其是所有美国商务部出口行政管制法律。

除了上述法律法规以外，还包括禁止或要求特定类型技术数据转移至某国的出口许可。许可人因此同意和提供书面保证称将会遵守所有美国控制商品和技术数据出口的法律，也会就许可人及其附属机构或从属许可人任何违反行为承担责任，同时还会在上述任何性质违法行为引发诉讼中维护并使哈佛大学处于无害地位。

10.10 许可人同意：①获得制造销售许可产品和许可生产过程要求所有行政审批；②针对许可产品使用恰当的专利营销技术；许可人也同意依据许可证生效国法律法规要求注册或记录本协议内容。

10.11 本协议各方（或各方律师）签发的任何通知均应充分按照下列相同或：①传递给某人；②发送要求返回接收单的认证邮件；③若发送者由成功传送证据应传真给其他人以及无论如何，发送者均可依据下列地址将原始邮件发送至下列地址：

许可人：

_____ （公司名称）

_____ （地址）

_____ （传真号码）

哈佛大学：

Office for Technology and Trademark Licensing

Harvard University

Holyoke Center, Suite 727

1350 Massachusetts Avenue

Cambridge, MA 02138

Fax：（617）495-9568

各方可通过发布后续通知形式对上述地址进行改变。

传递给某人邮件的通知应将传递时间认定为传送时间。通过传真发送通知应将传真时间认定为传送时间。通过信件发送通知应将信封邮戳时间认定为传送时间。

10.12 若有管辖权法院后续认定本协议某条款无效、非法或不能执行，且该认定不能撤销上诉，它应被认定与本协议其他规定不相关联。只要本协议其他规定符合各方意图，本协议其他条款、权利和义务应继续有效而与该认定无关。

10.13 一旦任何争论或主张来自于或与本协议任意规定或违反本协议规定有关，各当事方应尽量友善解决。由于受到本部分最后规定限制，各当事方不能解决的任何争议应迅速由美国仲裁协会规定通过仲裁方式解决。而仲裁需求应在争论或主张产生后合理时间内提起，且前述争论或主张不能在适用的成文法限制性规定为基础的诉讼法律机构成立之后提起；仲裁机构位于马萨诸塞州波士顿。仲裁机构仲裁裁决具有最终约束力。各方可依据案件情况将该裁决呈递至有管辖权法院或通过法院对该裁决予以司法确认和发出实施命令。尽管如此，各方或许并无提出仲裁的可能性，但仍可在第三方提起诉讼中就本协议相关的内容向对方主张第三方主张或相反要求。

10.14 本协议系各当事方之间全部合意，除非明确表达或由某当事方书面形式后续同意，任意一方应受本协议相关规定或表达限制。

各方通过充分授权代表来实施协议并以兹见证。

President and Fellows of Harvard College

_____。

Joyce Brinton, Director

Office for Technology and Trademark Licensing

_____。

Date：_____。

Company

_____。

Signature

_____。

Name

_____ 。

Title

_____ 。

Date： _____ 。

韩国生物科学与生物技术研究所材料转让示范协议[*]

本协议将在各当事方最后一位授权签名时生效。本协议各当事方为＿＿＿＿
＿＿＿＿＿＿＿＿＿＿（以下称为"提供者"）和＿＿＿＿＿＿＿＿＿＿（以下称为
"接收者"）。

1. 提供者同意按照下列条件向接收者调查人员转移研究材料。

2. 接收者调查人员为＿＿＿＿＿＿＿＿＿＿＿＿＿＿＿＿＿＿＿＿＿＿＿。

3. 接收者调查人员使用的研究材料仅单独适用于具有下列特征的研究项
目（有关特征描述应作为本协议附件）。

4. 接收者调查人员仅能依据特定容量环境依据研究目的在实验室里使用
研究材料。本研究材料不能用于下列商业目的，包括为避免生疑而生产或销
售任何产品或为了用于临床而申请商业许可，且接收者也不得就使用研究材
料或以使用研究材料而开发任何材料申请专利。

5. 所有有关研究项目的口头发表或书面出版活动中，除非有别的要求，
接收者必须承认提供者对于研究材料的贡献。在法律允许的情况下，接收者
同意在披露之日起 3 年内以保密方式，在提供者所有有关研究材料的书面信
息上附上"保密"标签，除非接收者事先知晓上述信息或已进入共享状态或
在向接收者披露时并未设置保密义务。接收者可能出版或其他公开披露研究
项目成果，但是如果提供者已经给予接收者保密信息，前述公开披露活动应
在前述披露活动评估完毕后 30 日内进行。

6. 研究材料代表着提供者显著投资行为，提供者也被认为拥有所有权，
接收者因此同意对研究材料保留控制权，且同意后续活动不将研究材料转移
至不受其监督且未经提供者事先书面同意的其他人。提供者保留向其他人分
配和为自身目的使用研究材料的行为。当研究项目已经完成或 3 年期限已过，
以前述事项最先出现为准，接收者将可销毁研究材料或以双方一致同意的方

＊ Model Material Transfer Agreement of the Korean Research Institute of Bioscience and Biotechnology.

式处置材料。

7. 提供给接收者研究材料不附任何明示或默示，包括任何商业化或适合特定目的的承诺。提供者也不做任何有关使用研究材料不会侵犯第三方任何专利或所有权利的表述。

8. 接收者同意在涉及所有来自于接收者有关提供者研究材料产生的新结果、数据、信息和专门技能任何发明的专利申请中，在提供者对有关特定申请披露和主张提供事先知情同意许可后方能进行。

9. 接收者应承担任何直接或间接使用研究材料或仅能用于研究目的的其他任何材料的风险及结果。

10. 接收者同意就不管何种类型，任何来源于提供者使用、存储或处置材料无害行为产生的损失、主张、损害或责任提供辩护、赔偿和支持，除非上述行为归因于提供者违法或过失行为。如果上述赔偿已被排除，则接收者可预计有关材料使用、存储或处置行为带来的损害责任，除非上述行为归因于提供者的违法或过失行为。

11. 接收者理解本协议所涉研究材料或仅能用于研究目的的其他材料并无其他权利或许可，且上述权利或许可仅产生于本协议各当事方转移研究材料的行为。

如果各当事方同意按照上述条件接收研究材料，请由具有授权代表资格的主体在装入信封的信笺上签名，并将原件返还于我方。只有在接到确认信笺后才能转移研究材料。

下列签名代表同意和接受上述规定：

提供者：＿＿＿＿＿＿＿＿＿＿　　接收者：＿＿＿＿＿＿＿＿＿＿

签名：＿＿＿＿＿＿＿＿＿　　　签名：＿＿＿＿＿＿＿＿＿

姓名：＿＿＿＿＿＿＿＿＿　　　姓名：＿＿＿＿＿＿＿＿＿

职务：＿＿＿＿＿＿＿＿＿　　　职务：＿＿＿＿＿＿＿＿＿

日期：＿＿＿＿＿＿＿＿＿　　　日期：＿＿＿＿＿＿＿＿＿

捷克共和国常规微生物培育收集中心获取遗传材料非专属许可示范协议*

规定与条件

1. 提供者将向接收者转移遗传材料并保证接收者在材料转让协议规定和条件下享有有限的、非专属许可使用权利。提供者通过发布命令形式要求接收者遵守前述规定和条件。

2. 本材料转让协议适用于，除其他以外，使用、处理、提供、分配、售卖以及对提供者提供材料的任何处置行为。

3. 接收者不得出现售卖、租赁、许可、借用、提供、分配或将材料转移至其他主体行为，并以包括合法交换方式进行保留。

4. 接收者同意在满足所有可适用的法律、法规规定并履行义务前提下使用遗传材料。

5. 受到本协议规定和条件、其他法律或任意第三方利益所设置的法律、管理或其他限制，接收者应当以任何合法方式使用遗传材料用于学术研究、教学或质量监控。任何遗传材料商业利用行为要求获得提供者事先书面授权。上述授权可以被合理撤销。

6. 接收者同意在遗传材料证明和所有提供者资料中予以适度感谢，包括《生物多样性公约》或在 MOSAICC 行为准则规定所提出的建议，同时也要考虑本国专门法律及 TRIPs 协定等国际公约第 29 条有关专利申请者涉及发明披露规定。

7. 遗传材料使用必须受到知识产权规定限制。任何专利、专利申请、商业秘密或其他财产权利中并未赋予接收者任何明示或默示许可以及其他权利。

---

* Model Transfer Agreement: Terms and Conditions of limited non-exclusive license model agreement to use genetic resource material of the Culture Collection of Dairy Microorganisms (CCDM) of the Czech Republic.

特别值得注意的是，并无任何明示或默示许可及其他允许使用遗传材料或任何以商业开发为目的的专利适用。

8. 接收者应就遗传材料的使用申请相关知识产权许可承担唯一责任。接收者同意以前述使用以外的方式与知识产权所有者开展善意协商以明确商业许可规定；同时也应考虑《生物多样性公约》第 15 条第 7 款有关惠益分享条件相关国内专门法律规定。

9. 遗传材料的使用应受到特定遗传材料分类描述所提到的专门限制性规定，同时也应当得到接收者同意。

10. 任何依据材料转让协议转让的遗传材料都被视为具有天然可试验性，且可能存在危险。提供者不应做出表示并以明示或默示形式对任何种类材料提供担保。具体包括明示或默示可商业化或符合特定目标，或使用遗传材料不会或应当不会侵害任何专利、版权、商标或其他财产权利的担保。

11. 提供者应以符合可适用法律和法规方式对遗传材料进行加工、包装和运输。接收者有义务确保获得所有要求其接收命令的许可。

12. 除非法律禁止，接收者应承担所有可能来自于遗传材料使用、储存或处置行为的损害后果。提供者并不需负担接收者，或其他第三方反对提供者或接收者、由于或来自接收者使用遗传材料的行为产生的任何损失、主张或需求，除非是提供者故意不作为导致。除非法律禁止或提供者故意不作为，接收者应赔偿并以无害方式代替提供者实现不利于后者的主张或需求。

13. 不管是以法律实施或其他方式确认本协议或本协议所涉及任何权利或义务，均需得到提供者事先书面同意。

14. 适用于接收者提出的任何遗传材料的协议版本应自接收者发出指令之时起生效。

15. 本协议适用捷克共和国法律（不包括冲突法律条款）条款。捷克共和国法律应优先适用于本协议中冲突或不协调内容。布鲁塞尔法院对本协议所产生任何冲突享有排他管辖权。

16. 发票日期起 30 日内不支付视为发票到期。

定义

1. **提供者**：常规微生物培育收集中心。

2. **接收者**：详见发票上购买者，或并无购买者时流转记录上的最终使用者。

3. **存储者**：在提供者监督下存储原始材料的法人或自然人。

4. **研究团队**：在相同实验室，或以协议约束开展相同研究主题的被委托科学家。

5. **材料**：原始材料、后代材料和未被改良的衍生物。此处并不包括经改造材料。有关材料的描述应随流转记录或发票转移。

6. **原始材料**：由提供者所属存储者提供材料。

7. **后代材料**：来自原始材料未经改变的后续材料，必须从细胞到细胞，或从有机物到有机物。

8. **未经改变的衍生物**：由接收者产生的未经改变的具有功能作用的子单元物质。

9. **改造材料**：接收者使用材料产生的物质，它并非原始材料、后代材料或未经改变的衍生物且具有新的性能。

10. **合法交换**：研究团队内部材料转移。合法交换也包括指定培育收集中心/以获取为目的而创设生物资源中心之间材料转移，如果拟接收培育收集中心/生物资源中心后续分配活动符合材料转让协议规定或与提供方收集中心所处同样位置。

11. **商业利用**：以盈利为目的使用遗传材料。商业利用应包括售卖、租赁、交换、许可或其他以盈利为目的转移材料的行为。商业利用也应包括开展商业服务活动、制造产品、开展合同研究或以盈利为目的开展研究活动等。

捷克共和国基因银行植物遗传资源和农业生物多样性保护与利用项目粮食和农业植物遗传资源材料转让协议[*]

作物研究所，基因银行部，Drnovská 507，161 06 Praha 6- Ruzyne，捷克共和国，电话：+420-233-022-111；传真：+420-233-022-286；电邮：cropscience@ vurv. cz；（以下简称提供者）

授权代表捷克共和国农业部，并依据 2003 年第 148 号法案持有植物遗传资源（PBR）。参加植物遗传资源和农业生物多样性保护与利用项目的主体为实现育种、研究和教育目的有义务将植物遗传资源样品提供给本国和外国使用者。如果存在足够库存且这些样品不会导致生物遗传资源陷入危险及损害状态，植物遗传资源样品将依据本协议规定提供。拟提供生物遗传资源样品参数和服务内容将由 2003 年第 458 号法案规定。如果外国自然人、法人使用者的义务规定仅适用于个别主体，它们有关提供样品的要求必须符合《粮食和农业植物遗传资源国际公约》规定。

本协议是为保护植物遗传资源而设，同时确保资源获取和在尊重公平惠益分享前提下可持续利用。

粮食和农业植物遗传资源的样品的可得性是由提供者来把握并保证满足下列材料分类标准：

类别一：

《粮食和农业植物遗传资源国际公约》附件一所列植物遗传资源。

类别二：

不属于《粮食和农业植物遗传资源国际公约》附件一所列植物遗传资源

---

[*] Material Transfer Agreement on Plant Genetic Resources for Food and Agriculture, ´National Programme on Plant Genetic Resource and Agro-biodiversity Conservation and Utilization´ of the Czech Republic, Czech Gene Bank, CRI.

但是：

• 它们要么是由研究所事先所获生物遗传资源开发（生产、成为财产）而来，要么研究所在《生物多样性公约》生效前所获且不受到任何法律保护和/或它们可得性并不限于其他方式，如特定生物遗传资源所有者或作者——如提出的互惠要求；

• 《生物多样性》生效后所获，但是以协议为基础且该协议能够不受限制地为农业（生物）研究、育种和教育提供生物遗传资源。

若符合公约第12条第3款、第13条第2款规定，上述类别一、类别二植物遗传资源可得性将得到保证。

非上述类别的植物遗传资源，或受到法律保护和/或可得性限于生物遗传资源作者、提供者或所有者所规定其他方式的生物遗传资源不属于本协议适用对象。然而，它们仍然能够在相互分享相同或类似优势和/或在特殊协议基础上实现可得性。

在对其特定职责、义务和权利有所认识和尊重前提下，提供者在满足下列条件基础上能够在基因银行或其收集系统中获取植物遗传资源：

下列条件也应经过植物遗传资源接收者同意：

• 获取生物遗传资源样品专门用于研究、育种和教育活动中保护和利用以确保食物生产和农业；

• 不会对植物遗传资源申请任何形式知识产权或其他权利保护以限制粮食和农业植物遗传资源，或以协议为基础所获的遗传片段或成分便利获取；

• 确保在相应可获得的生物遗传资源接收者面对所有未来（第三方）个人和/或机构时候，保证特定生物遗传资源和/或遗传材料直接或本质上来源于提供者，第三方也将受到本协议相同条款约束且保证将上述义务转移至后续可能的接收者；

• 如果已获得植物遗传资源样品、片段或成分将可能继续被接收者定性或评估，以及获得某些性能方面最新数据，接收者有义务向样品提供者提供上述内容。在接收者要求下，拟提供的数据仅在转移3年后才能公开共享；

• 若植物遗传资源样品、片段或成分使用结果已经发表，接收者（使用者）有义务在出版物中了解、引用提供者所使用的生物遗传资源并将出版物复印件交由提供者保存；

• 一旦某项植物遗传资源样品使用的结果或育种（如栽培变种）需要法律保护，植物遗传资源样品接收者有义务通知提供者并向其提交申请法律保护文件复印件；

● 植物遗传资源样品接收者拥有完全的义务确保样品转移符合本国有关生物安全和检验检疫规定，以及进口和在接收者国家内利用植物遗传资源开展培育活动规定；

植物遗传资源检疫状态应在个案中得到保证同时必须明确体现在检疫证书中，且要附上复印件。提供者并无确保任何护照或其他植物遗传资源样品提供数据的正确性与准确性义务。它也无法保证植物遗传资源样品（遗传和/或机械的）纯度、安全性、质量和适用性。

一旦就本协议框架内容发生争端，本协议当事方可寻求本国或法国巴黎国际商事仲裁院进行仲裁。

前述植物遗传资源样品只有在接收者同意协议规定要求下才能提供。本协议也在接收者接收前述植物遗传资源样品后立刻生效。

若前述条件并未被接收者接受，提供者可以拒绝对接收者提供后续服务。

植物遗传资源样品清单如下，亦可增列附件：

_____；

_____；

提供者要求请求方法定代表人填写并签署本协议并将协议返还给提供者。

植物遗传资源样品接收方姓名：

_____；

地址：

_____；

接收方代表：

_____、_____

_____、_____。

姓、名、头衔：_____；职务：_____；

签名：_____。

时间和地点：_____。

提供者代表：

Ing. Zdenek Stehno, CSc. Head of the Gene Bank _____

姓、名、头衔：_____；职务：_____；

签名：_____。

时间和地点：_____，布拉格。

昆虫生理和生态国际中心（ICIPE）
生物材料和/或信息转让协议*

2000 年版

———⊰·◦◉◦·⊱———

本协议备忘录签署由昆虫生理和生态国际中心作为一方，_____作为另一方于 200_____年_____月共同签署。

当昆虫生理和生态国际中心（ICIPE）准备依据下列设定的规定和条件提供生物材料和/或相关信息，以及

当接收方已经准备或试图以商定条件和规定接收生物材料和/或相关信息，

因此双方一致同意下列内容：

1. 协议范围

（1）本协议包括下列生物材料、相关信息和/或由各缔约方正式签署补充协议附件中的系列活动：

————————————————————————————————————

————————————————————————————————————

（2）未经本协议规定及附件明确授权，任何涉及生物材料和/或相关信息的活动都被明确禁止。这应当被理解为包括但不限于，任何转移至第三方、意图商业化或对本协议未明确涉及的生物材料和/或相关信息主张权利的活动。

2. 昆虫生理和生态国际中心（ICIPE）所有权保留

（1）ICIPE 保留本协议所涉生物材料和/或相关信息的所有权，这应当理

---

* Agreement drafted by the International Centre of Insect Physiology and Ecology (ICIPE) for the transfer of Biological Material and/or Related Information, 2000.

解为包括任意衍生物，以及生物材料和/或相关信息规定直接适用结果而产生的信息所有权和其他权利；

（2）本条款的规定和条件受本协议附件明确书面反对意见的约束；

（3）本条款的规定和条件受任何第三方对本协议有关生物材料和/或材料所有权或拥有权利约束；当第三方权利存在的时候，本协议附件中需详述这些权利以及 ICIPE 具备实施本协议的法定资格情况。

3. 权利和义务

（1）本协议各方权利和义务严格受到本协议规定和条件限制。因此，各方均无权享有除本协议明确规定以外的任何惠益、报酬、补助金、赔偿金或津贴；

（2）因自身故意或过失或忽略实施本协议，接收方应就第三方提出权利主张单独承担责任，ICIPE 绝不会对任何第三方主张承担责任。

4. 结论

（1）接收方以本协议设定目的使用生物材料和/或相关信息是 ICIPE 进行考虑的内容；

（2）除非本协议或附件明确表示反对意见，接收方应考虑如下任意活动之一以便为 ICIPE 提供便利：

（i）依据第 1 条以及本协议附件内容，赋予 ICIPE 获取由接收方承担任何涉及生物材料和/或相关信息的研究成果的权利；

（ii）依据第 1 条以及本协议附件内容，将接收方承担任何涉及生物材料和/或相关信息的研究成果供各界共享以满足 ICIPE。

5. ICIPE 知识产权政策

（1）除了本协议或附件明确表示反对意见，本协议内容应符合 ICIPE 知识产权政策 2000 规定和条件；

（2）本协议各方应确保已阅读和理解 ICIPE 知识产权政策 2000 规定。

6. 期限

（1）有关生物材料的规定，本协议生效期限直到生物材料、任何衍生物和/或相关信息返回至 ICIPE 满意为止；

（2）有关生物材料相关信息的规定，如版权或商业秘密本协议生效期限受任何附随相关权利限制；

（3）本协议可能会被任何时候各方的后续协议所取代。

7. 本协议的修改或变化

尽管本协议或附件包括有关协议内容相反意见，但只要各方协商或一致同意即可修改或变化。前述修改或变化内容应以书面形式明确表述并将其附于本协议附件。

8. 协议终止

（1）本协议可在任何时候由各方依据本协议第 6 条规定终止；

（2）一旦各方决定终止协议，各方应以书面形式相互通知对方，包括为满足第 6 条规定和条件而要求的提供终止的详细情况。

9. 争端解决

（1）各方同意以真诚态度就本协议产生的争端解决方式进行协商；

（2）当各方不能在 3 个月内解决本协议产生的任何争端，该争端将依据 ICIPE 章程的规定和条件而予以解决。

10. 豁免和优先

依据 ICIPE 章程或 ICIPE 与肯尼亚政府签署的总部协议，本协议并不被理解为或视为对 ICIPE 豁免和优先权利的放弃。

各方将会通过实施本协议以兹见证。

（签名部分省略）

美国国家癌症研究所癌症治疗和诊断处开发治疗项目部与来源国及来源国组织示范备忘录 *

美国国家癌症研究所癌症治疗和诊断处开发治疗项目部（以下简称"DTP/NCI"）对来源国的植物、陆地和海洋微生物及海洋大型生物具有调查兴趣，并希望与来源国组织开展协作。DTP/NCI 将恪尽努力在双方共同接受的确保相关专利技术得到知识产权保护承诺限制条件下，向来源国组织（由来源国政府任命的代表）转移与药物发现和开发相关知识、专业知识和技术。事实上，来源国组织也希望与 DTP/NCI 紧密合作以就其境内的植物、陆地和海洋微生物及海洋大型生物开展调查，并就下列备忘录设定条件和规定选取综合性合成物。

1. 以内部抗癌物质筛选活动为基础，来源国政府将选取有关植物、陆地和海洋微生物及海洋大型生物的综合复合物及提取物（受先前确定的年度数量限制）以在 DTP/NCI 开展抗癌物测试。如果内部筛选活动无法进行，相关材料情况将按照下列第 2 条和第 3 条规定发送至 DTP/NCI 以便其提供数据。

2. 在提交材料之前，来源国组织将发送每项材料的数据清单并在保密监管的情况下，由 DTP/NCI 对事先提交的数据记录进行检查。

3. 对纯化合物来说，上述数据清单将提供与化学组成、结构、生物数据、可溶性、毒性和任何在处置、存储和运输过程后应采取防护措施的相关数据。

对粗提取物来说，应提供来源有机物分类、收集地点和日期、与有机物相关有毒物质、可获得生物数据和任何已知的与有机物/提取物药用用途相关的数据。

4. 癌症治疗和诊断处（以下简称"DTP"）将向来源国政府告知与本项

---

* Model Memorandum of Understanding between the Development Therapeutics Program Division of Cancer Treatment and Diagnosis National Cancer Institute, United States of America (DTP/NCI), a Source Country and a Source Country Organization (SCO).

目相关的全新材料，以及将运送至 DTP 进行筛选的材料。DTP 也将提供上述材料获取数量记录。每项材料进行首次测试的数量为：纯化合物 5 毫克、粗提取物 10 毫克。

5. 所有测试结果应尽可能地以可得方式向来源国组织提供，但是不应迟于样本接收之日起 270 天（9 个月）。如果可以，试管测试结果应在样本接收之日起 90 天内告知。来源国组织将在超过 270 天后收到延迟书面通知以及延迟理由说明。

来源国组织提供数据应被视为来源国组织保密信息，如果被贴记标签将会受到 DTP/NCI 保密保管，除非上述数据早已进入公共领域。有关材料数据也不得通过 DTP/NCI、测试实验室或数据分析机构，以及所有美国政府协作方以文件形式向公众公开。除非法规或法院判决对前述材料数据或测试结果有所规定，只有直接参与 DTP/NCI 活动的雇员能够获取有关保密材料来源及性质和测试结果信息。

6. 任何体现显著活性的提取物将会在后续运用活性跟踪分离法分离纯化合物以观察活性。上述分离活动将会在来源国政府实验室进行。如果来源国政府没有合适的活性跟踪设备，DTP/NCI 将会在必要资源可得前提下，协助来源国组织建设必要的活性跟踪系统。除此之外，相应的符合条件被选派的来源国组织科学家也将在符合第 7 条规定情况下被派往 DTP/NCI 学习分离技术。此外在备忘录实施期间，DTP/NCI 也将协助来源国政府提升药物发现和开发能力，包括筛选以及从陆地和海洋有机物中分离活性化合物能力。

7. 如果符合具有合适实验室空间等其他必要资源相关规定，DTP/NCI 同意邀请来源国组织选派的高级技术人员和/或科学家参与 DTP/NCI 工作，或如果当事方同意，在实验室使用技术以利于本备忘录后续工作。上述访问时限除非双方事先商定，将不超过 1 年，除非开展活动与来源国组织提供材料相关，拟选派的"访问科学家"将受到国家癌症研究所客座研究人员常见规定约束。花费开销和其他访问条件将在科学家到达之前由双方友好协商。

8. 一旦活性成分和/或综合化合物以符合国家癌症研究所癌症治疗和诊断处（以下简称"DCTD"）药物开发小组（以下简称"DDG"）标准从来源国提供材料成功分离或提纯，包括但不限于啮齿动物模型体内活性物质，它们将由 DTP/NCI 和来源国组织共同进行后续开发。一旦活性物质被 DTP/NCI 批准进行临床前开发（如通过 DDG 的二 A 阶段），DTP/NCI 将与来源国组织科学家在特定成分开发活动开展协作。

9. 来源国组织和 DTP/NCI 均认识到相关发明由专利法决定。DTP/NCI 和来源国将会在适当情形下就 DTP/NCI 和来源国雇员依据备忘录联合开发的发明共同寻求专利保护以及来源国境内保护。来源国组织雇员单独就发明寻求的专利申请将由来源国组织自行处理，DTP/NCI 雇员单独就发明寻求的专利申请将由 DTP/NCI 自行处理。

对于 DCTD 确定临床试验周期内具有显著抗癌可能性的合成物来说，美国政府对制造和/或使用任何美国政府主张专利设定了特许权使用费、不可撤销和非专属性许可，而来源国政府拥有或将获得上述合成物或与合成物有关技术。不过，上述许可仅适用于以来源国 DTP/NCI 或 DTP/NCI 测序实验室产生数据而产生的来源国专利。该项许可仅适用于癌症治疗相关与关联的药用研究目标。"药用研究目标"指的是使用目的不应包括临床试验以外的病人治疗或合成物的商业分配。

10. DTP/NCI 将恪尽努力在双方共同接受的保证专利技术得到知识产权保护等承诺限制条件下，向来源国组织（由来源国政府任命的代表）转移与药物发现和开发相关知识、专业知识和技术。

11. 所有依据本备忘录规定开展协作活动所授予专利许可将包括本备忘录条款且应表明上述许可得到备忘录通知。

12. 活性物质可在最终授予制药公司生产和营销许可。DTP/NCI 也将要求转让人与来源国组织和/或符合条件的政府代表协商并签署协议。上述协议将表达来源国政府相关代表、机构和/或接受特许权使用费和其他形式赔偿金的民众关切。

上述条款也同样适用于天然产物材料直接分离物相关发明、一种结构上以天然产物材料直接分离物为基础的产品、一种由天然产物材料提供主要开发线索的合成材料，或一种合成或使用前述分离物、产出物或材料的方法；然而可支付的特许权使用费比例将依据投入市场药物与最初分离的产物之间的关系而变化，据了解最终开发药物投放到市场或许是一个长达 10 年～15 年的过程。

13. 为了找到许可持有人（*Licensees*），美国国家癌症研究所开发治疗项目组要求许可持有人寻找提供给来源国的天然产品最初来源。如果没有找到合适的使用来源国天然产品的许可持有人，或者如果来源国政府、来源国组织是合适人选，或提供者不能以相互同意的公平价格提供适当数量的原材料，该许可将会被要求以合适的条件提供给来源国政府、来源国组织，经协商后的一笔款项将会用于支付因森林退化而受到威胁或其他保护措施所及的药物植物、微生物或海洋大型生物培育费用。上述条款也适用于许可持有人开始将提供主要开发线索的来源国材料投入市场的情形。

14. 第13条并不适用于不同国家自由交换的有机体（如常见野草、农作物、观赏植物、污损生物），除非当地居民提供的信息表明对有机体有特别用途（如药用、除害）并可引导有机体收集活动，或除非来源国政府、来源国组织以及美国国家癌症研究所开发治疗项目组提供了其他可以接受的理由。如果有机体可以在不同国家自由交换，但是现行提供的活性元素仅能在来源国找到，这时即可适用第10条。

15. 来源国政府和DTP/NCI可商定签署协议以本备忘录为基础的相关协作活动数据出版。

16. 美国国家癌症研究所认为来源国组织无需对国家癌症研究所使用来源国组织提供材料而产生的损害或DTP/NCI的其他主张承担责任；但是，本备忘录任何各当事方无需就故意或过失产生的任何损失、损害或其他责任进行赔偿。各当事方应就上述当事方产生的任何损失、损害或其他责任承担责任以作为本备忘录各当事方开展活动结果，除非作为美国政府代表的国家癌症研究所认为责任应符合联邦赔偿法案规定。

17. 除非来源国组织书面授权，DTP/NCI不能将其提供的材料分配给其他组织。不过，如果来源国组织希望与国家癌症研究所选取的组织就材料分配事宜开展合作并通过国家癌症研究所收集协议获得分配材料，DTP/NCI将为上述组织和来源国组织创设协议。

18. 来源国政府或来源国组织、代表机构科学家及协作人员将会因其他生物活动而就相同原材料的额外样本进行筛选，并以独立于本文件的目标对其进行开发。即使最后授权签名在双方协议更新的首个5年期限之后完成，本文件也依然有效。本文件也因各当事方书面协议而可随时更改。上述修正文件的复印件将会作为文档保留于下列地址。来源国组织和DTP/NCI有信心认为本备忘录将为发现和开发抗癌新疗法双方成功合作奠定基础。

来源国或来源国组织：

_____

日期：

_____

邮寄和沟通地址：

国家癌症研究所：

Andrew C. von Eschenbach，

M. D. 国家癌症研究所主任

日期：_____；

邮寄及联系地址：

技术转移部

国家癌症研究所，弗莱德埃里克，菲尔维中心，502 房间

1003-W. 7th 街，弗莱德埃里克，马里兰州 21701-8512，美国

电话：301-846-5465

来源国代表机构或来源国组织：_____；

名称：_____；

主题：_____；

日期：_____；

邮寄及联系地址：_____。

美国国家癌症研究所癌症治疗/诊断部门开发
治疗项目组与来源国政府及组织协作示范文件[*]

美国国家癌症研究所癌症治疗/诊断部门开发治疗项目组目前正在寻找植物、微生物和海洋大型生物作为新型抗癌和抗艾滋病潜在药物来源。开发治疗项目组属于美国国家癌症研究所这一国家健康研究机构，同时作为美国政府健康和人类服务部组成部门的药物发现项目。在药物发现和开发过程中，该机构希望在寻找潜在天然药物的同时提升生物多样性的保护、并认识到有必要就在其境内收集的有机物的药物开发产生的商业化收益对该国及其组织进行赔偿。

作为药物发现项目的一部分，开发治疗项目组与很多组织就世界范围内植物、微生物和海洋大型生物收集签署协议。开发治疗项目组有兴趣从来源国寻找植物、微生物和海洋大型生物，并希望与来源国政府、来源国组织在寻找过程中适度开展协作。上述收集活动将会在美国国家癌症研究所与协作人收集协议框架内进行，且将与来源国及其政府相关主管部门/机构保持协作。美国国家癌症研究所将恪尽努力向来源国政府、来源国组织任命作为前者代表的机构转移药物发现与开发相关的常识、专业知识和技术，并受到双方共同接受对已经专利保护的技术进行知识产权保护相关条款承诺的约束。而来源国政府、来源国组织同样希望在本文件设定条件和条款前提下就植物、微生物和海洋大型生物收集事宜与国家癌症研究所开发治疗项目组开展紧密协作。

A. 开发治疗项目组、癌症治疗/诊断部门、美国国家癌症研究所之间协作将包括下列事宜：

---

[*] Model Letter of Collaboration between the Developmental Therapeutics Program Division of Cancer Treatment/Diagnosis National Cancer Institute, United State of America (DTP/NCI) and a Source Country Government (SCG) /Source Country Organization (s) (SCO).

（1）开发治疗项目组将会筛选所有来源国的为抗癌和抗艾滋病而搜集的植物、微生物和海洋大型生物提取物，也会季度性地向来源国政府、来源国组织代表机构通报测试结果。上述结果亦可通过协作人提供。

（2）上述测试结果应由各当事方保密，且直到美国国家癌症研究所开发治疗项目组就某项已分离的活性成分申请美国专利的时候才能公布。类似申请程序必须依据本文件第6条规定进行。

（3）任何体现显著活性的提取物将会进一步通过生物测定引导蒸馏法测试观察活性分离纯化合物。上述生物测定实验只能由美国国家癌症研究所开发治疗项目组进行，上述蒸馏活动也只能在美国国家癌症研究所开发治疗项目组实验室进行。来源国代表机构选派的符合要求的科学家可依据本文件A部分第4条规定参加上述活动。此外在协议有效期间内，美国国家癌症研究所开发治疗项目组将会协助来源国机构，并与来源国代表机构一道协助来源国提升药物发现和开发能力，包括从植物、微生物和海洋大型生物筛选、分离活性成分能力。

（4）受到提供适当实验室空间和其他必要资源规定要求限制，美国国家癌症研究所开发治疗项目组同意引进来源国代表机构选派的高级技术人员或科学家参与实验室工作，或者在当事方同意情况下，为推动本文件规定活动而使用实验室提供的技术设备。除非来源国代表机构与美国国家癌症研究所开发治疗项目组事先同意，上述人员工作或停留时间不应超过1年。除非其开展活动的原材料来自来源国，选派的客座研究员将受到美国国家健康研究所有关客座研究员规定限制。薪水及其他交换条件将由双方通过诚意协商确定。

（5）一旦从来源国收集的植物、微生物和海洋大型生物材料中分离出可能有用的元素，而相关元素的未来开发将由美国国家癌症研究所开发治疗项目组与来源国代表机构共同开展。一旦活性元素由美国国家癌症研究所开发治疗项目组准许在临床前开发，美国国家癌症研究所开发治疗项目组和来源国代表机构将讨论科学家如何参与特定元素开发过程等问题。

美国国家癌症研究所开发治疗项目组将会恪尽努力将生物发现和开发协作过程中的任何常识、专业知识和技术转移给来源国代表机构，并受到双方共同接受的承诺影响，该项承诺涉及对已受专利保护的技术进行知识产权保护。

（6）美国国家癌症研究所开发治疗项目组应对所有依据其雇员或美国国

家癌症研究所开发治疗项目组和来源国政府或组织或代表机构雇员共同签署协议的发明申请专利保护，如果可以的话也应在境外，包括来源国寻求适当保护。

（7）所有来源于协作的专利许可均应包括涉及本文件条款且应标明该许可已由本文件告知。

（8）如果某活性成分最终被授予某制药公司生产和营销许可，美国国家癌症研究所开发治疗项目组将在适当情形下要求正式的许可持有人与来源国政府或来源国组织进行协商并签署协议。本协议将会涉及代表来源国政府或组织的相关主管部门、机构和/或自然人获得特许权使用费和其他赔偿数额等事宜。

（9）上述条款也同样适用于天然产物材料直接分离物相关发明、一种结构上以天然产物材料直接分离物为基础的产品、一种由天然产物材料提供主要开发线索的合成材料，或一种合成或使用前述分离物、产出物或材料的方法；然而可支付的特许权使用费比例将依据投入市场药物与最初分离的产物之间关系发生变化，据了解最终开发药物投放到市场是一个可能长达10年～15年的过程。

（10）为了找到许可持有人（*Licensees*），美国国家癌症研究所开发治疗项目组要求许可持有人寻找提供给来源国天然产品的最初来源。如果没有找到合适的使用来源国天然产品的许可持有人，或者如果来源国政府、来源国组织是合适人选，或提供者不能以相互同意的公平价格提供适当数量的原材料，该许可将会被要求以合适的条件提供给来源国政府、来源国组织，经协商后的一笔款项将会用于支付因森林退化而受到威胁或其他保护措施所及的药物植物、微生物或海洋大型生物培育费用。上述条款也适用于许可持有人将提供主要开发线索的来源国材料投入市场的情形。

（11）第十部分并不适用于不同国家自由交换的有机体（如常见野草、农作物、观赏植物、污损生物），除非当地居民提供的信息表明对有机体有特别用途（如药用、除害）并可引导有机体收集活动，或除非来源国政府、来源国组织以及美国国家癌症研究所开发治疗项目组提供了其他可以接受的理由。如果有机体可以在不同国家自由交换，但是现行提供的活性元素仅能在来源国找到，这时即可适用第10条。

（12）美国国家癌症研究所开发治疗项目组将会对来源国政府、来源国组织和代表机构科学家提供的具有抗癌和艾滋病活性的任何纯化合物进行测验，并提供前者事先筛查过程中仍未发现的化合物。如果已检测到具有显著抗癌和艾滋病功效的活性物质，该化合物未来开发和专利权利将在适当时候由美国国家癌症研究所开发治疗项目组与代表机构和来源国政府、来源国组织共同进行。

如果某活性成分最终被授予某制药公司生产和营销许可，美国国家癌症研究所开发治疗项目组将在适当情形下要求正式的许可持有人与来源国政府或来源国组织进行协商并签署协议。本协议将会涉及代表来源国政府或组织的相关主管部门、机构和/或自然人获得特许权使用费和其他赔偿数额等事宜。

（13）美国国家癌症研究所开发治疗项目组将向其他组织寄送选定的样品以调查是否存在抗癌、艾滋病和其他治疗功能。除非得到来源国政府及其组织授权，上述样品将会被限定仅由美国癌症研究所协作方收集。任何收到样品的组织必须同意在适当情况下对来源国政府、来源国组织和个人进行赔偿，正如前述第 8 条和第 10 条所述情况，尽管第 11 条规定情况正好相反。

B. 来源国政府、来源国组织在下列协作事项中所处角色包括：

（1）来源国政府或来源国组织有关部门将与协作方共同收集植物、微生物和海洋大型有机生物，且与协作方共同授予必要许可以确保美国国家癌症研究所开发治疗项目组及时收集和出口材料。

（2）来源国政府或来源国组织有关部门可能掌握当地居民或传统医师提供任何植物、微生物或海洋大型有机生物药用知识，这些信息将在可能情况下优先适用于植物、微生物或海洋大型有机生物收集活动。传统药师使用的详细管理方法将会在适当时候提供已确保出现提取物。所有信息将由美国国家癌症研究所开发治疗项目组保密直到所有当事方同意公开为止。

在公开前述信息之前应获得传统药师或社区许可，同时也应就前者做出贡献表示感谢。

（3）如果要求进行研发活动，来源国政府或来源国组织相关部门及协作方应相互协作以提供更多数量的具有活性成分的原材料。

（4）如果大量的原材料被要求投入生产，来源国政府或来源国组织相关部门及协作方应在来源国调查是否存在大量可繁殖的材料。同时应就材料可持续产量进行考虑以保护当地生物多样性，以及计划和实施阶段当地人群的因素。

（5）来源国政府或来源国组织、代表机构科学家及协作人员将会因其他生物活动而就额外相同原材料样本进行筛选，并以独立于本文件的目标对其进行开发。

即使最后授权签名在双方协议更新的首个 5 年期限之后完成，本文件也依然有效。本文件也因各当事方书面协议而可随时更改。上述修正文件的复印件将会作为文档保留于下列地址。

国家癌症研究所：_____；

Andrew C. von Eschenbach，

M. D. 国家癌症研究所主任

日期：_____；

邮寄及联系地址：

技术转移部

国家癌症研究所，弗莱德埃里克，菲尔围中心，502 房间

1003-W. 7th 街，弗莱德埃里克，马里兰州 21701-8512，美国

电话：301-846-5465

来源国代表机构或来源国组织：_____；

名称：_____；

主题：_____；

日期：_____；

邮寄及联系地址：_____。

美国国家癌症研究所和调查申请人员材料
转让示范协议*

（初定于 1989 年 4 月 22 日，最近修改于 1999 年 10 月 29 日，
最新版为 2002 年 2 月）

———————◆◁·◉·▷◆———————

    本材料转移协议经准许后由国家健康研究所使用，并经修改后再用于国家健康研究所下设国家癌症研究所癌症治疗诊断部开发治疗项目组天然产品部所有来自天然产品储藏库的研究材料转移活动。

    天然产品的储藏代表着一种天然产品资源（如植物提取物、微生物培养物等），它也将用于治疗与防治癌症和艾滋病新型成分的发现与开发。这些研究材料来源于一个或多个国家，通常是由这些来源国组织协作收集而成。（来源国组织被界定为来自所获取研究材料的国家的政府实体部门或隶属于来源国有权向国家癌症研究所提供研究材料的合适组织）。国家癌症研究所希望其他组织参与生物活性元素发现活动并提升其资源使用效率，同时也依据附件A 中选定标准和程序从天然产品储藏库中向符合条件的研究组织提供有限数量研究材料。

    本材料转让协议明确了国家癌症研究所向符合条件的申请调查人员转移样本的相关规定。一旦申请调查人员符合条件，材料转让协议设定的条款即在国家癌症研究所和申请调研机构（以下简称"接收者"）之间生效，除非"接收者"指出调查人员是独立个体且不属于任何机构。

    特别是：

    1. 国家癌症研究所将向接收者披露当前从天然产品储藏库获得研究材料的保密信息，但上述活动仅适用于且应足够详细以使得接收者识别、确认特

---

* Model Material Transfer Agreement between the American National Cancer Institute （NCI） and applicant Investigators.

定研究材料并将其提交给天然产品分部、开发治疗项目组和开发治疗项目组委员会批复于＿＿＿＿＿＿＿＿＿＿（时间）在天然产品储藏库获取活动的计划进行评估。

相应地，接收者必须迅速指出下列可能来自于天然产品储藏库的研究材料，如植物和海洋生物提取物。

不过，接收者不能从活性物质储藏库获取研究材料（如材料并不是或近期正处于国家癌症研究所科学家研究对象），也不能打听活性物质储藏库中材料信息，除非接收者同意本协议第六页出现的特别规定。

接收者同意尊重保密信息状态并恪尽所有努力以维持上述信息秘密和保密状态，前述努力程度应不低于接收者付出维持和保护自身保密信息细致程度。这些保密信息不应披露、显示或者告知其他人，除非是那些将签署信息用于评估需要的接收者的雇员，或那些被要求维持保密和获得接收者信息的情况下与接收者签署保密协议（也包括接收者秘密义务）的雇员。而且，上述雇员也应接受接收者有关保密信息保密性质以及据此履行相应义务的建议。

据此，国家癌症研究所认为接收者不应仅就测试及考虑保密信息承担责任；但是，除非前述明确提到的，接收者同意不使用保密信息。

2. 在接收者或天然产品分部、开发治疗项目组要求下，国家癌症研究所同意向接收者转移保密信息清单中专门列示的粗提取物以用于评估。专门提取物电子记录将由天然产品分部保存并根据接收者提供的研究材料随时更新。上述电子记录将作为本协议附件，相关记录书面复印件也将周期性或应接收者要求而周期性公布。

3. 研究材料不得用于受试者。本研究材料仅用于适当控制条件下的研究活动。交换样品的协作组织或个人并不属于本协议主体，且仅需在各协作方之间完成材料转让协议复印件上签字。研究材料也不得用于商业目的，如生产或销售，研究材料的商业化使用将要求获得商业化许可。接收者同意遵守所有适用于研究项目或处理研究材料的联邦规则与规定。

4. 除非有其他要求，在所有有关研究项目口头发表和书面出版物中，接收者应感谢国家癌症研究所、经国家癌症研究所认证的来源国其他适格组织或个人作出的贡献。经由法律许可，接收者同意自披露之日起 3 年内以秘密方式处理任何和所有国家癌症研究所有关的研究材料（该研究材料上标"保密"）的书面信息，除非接收者事先知道上述信息或它们正在变为共享状态或将其披露给无保密义务的其他接收者。接收者将出版或以其他公开方式披露研究项目结论。不过，如果国家癌症研究所已将保密信息提供给接收者，上述出版物或公开发表仅能在天然产品部发出通知 30 日后由来源国组织审阅上述内容后才能进行，除非出现法院命令要求短期或依据联邦《信息自由法案》（5U.S.C.522）规定。接收者同意在符合适当报告条件下向天然产品部告知研究材料使用的目的、进度、结局和额外研究计划。国家癌症研究所同意以上述规定相互维持信息接收者的保密状态。

5. 研究材料代表着国家癌症研究所的显著投入且被视为该主体财产。接收者同意对研究材料保留控制，也不在国家癌症研究所未后续书面批复监督下向第三方转移研究材料。本协议其他主体实施上述活动，如第 3 条所示，也将构成类似批复形式。国家癌症研究所保留向第三方转移研究材料并将其用于实现自身目的的权利。当研究项目完成或进行 3 年后，以上述事实最后发生为准，研究材料将会被销毁或以国家癌症研究所和接收者共同接受的处置方式进行处理。

6. 研究材料应作为服务内容提供给研究团队。它应以不带承诺、表示或暗示，包括任何商业化承诺或符合特定目的的方式提供给接收者。国家癌症研究所不做研究材料将不会侵犯任何第三方任何专利或所有权声明。

7. 接收者同意支付所有因准备、处理和运输研究材料至接收者的合理成本。而且，接收者同意所有研究材料的样本提供将因其足额供应程度而定，但是绝不会对国家癌症研究所的研究项目带来不利影响。

8. 国家癌症研究所保留研究材料命名权，包括材料本身、雇员在研究项目中所获任何专利或其他发明相关知识产权。接收者也同意雇员、代表或协作方创设发明相关知识产权能够在管辖权范围内的专利成文规定下得以实现。接收者同意但不要求、推断或暗示研究项目是否得到政府支持、研究机构或人员开展研究项目或其他产生商业产品的结果。接收者同意不让美国利益受到减损且由政府承担因接收者以任何目的使用研究材料产生的负债、需求、损害、费用和损失导致的赔偿责任。

9. 接收者承认美国国家癌症研究所以示范文件从来源国组织获得研究材料，该文件规定国家健康研究所要求所有基于研究材料（不管该项发明来源于研究材料直接分离物、一种结构上以天然产物材料直接分离物为基础的产品、一种由天然产物材料提供主要开发线索的合成材料，或一种合成或使用前述分离物、产出物或材料的方法）的国家癌症研究所所属人员专利相关商业许可均需签署协议，并表明已经国家健康研究所许可持有人和来源国组织分别同意。

即使研究材料并非来自于前述示范文件，美国政府代表机构，国家癌症研究所也应在符合美国政府政策前提下遵守《生物多样性公约》特定原则。前述公约呼吁以期与提供生物遗传资源的缔约国公平分享研究和开发此种资源的成果以及商业和其他方面利用此种资源所获的利益。

为了遵守上述原则并明示来源国组织利益，接收者应继续同意以研究材料为基础的且被接收者最终开发和投入市场的发明，或接收者向公司或其他机构授予开发和商业化许可（不管该项发明来源于研究材料直接分离物、一种结构上以天然产物材料直接分离物为基础的产品、一种由天然产物材料提供主要开发线索的合成材料、或一种合成或使用前述分离物、产出物或材料的方法），接收者或接收者许可授予人应与适当的来源国组织开展协商并签署协议。接收者和/或接收者许可授予人和来源国组织之间协议应表明各方当事人共同关切。接收者同意不管是接收者、接收者许可授予人或来源国组织必须在接收者或接收者许可授予人开展、指导或支持的临床开发研究活动之前开展协商。协商必须完成且在结构基础或分离于研究材料的活性元素商业化销售之前应实施协议。活性元素相关的协议必须约束来源国组织、接收者和任何许可授予人或与该项活性元素任何知识产权相关的接收者代理人。

假如这些材料能够在数量、质量并以相互同意的公平价格上满足接收者使用要求的话，接收者将会试图将来源国确定为首要提供和/或原材料（天然产品）培育来源以满足生产活性要素的要求（不管上述要素是否分离于天然产品或以其结构为基础）。如果上述材料必须得到培育，接收者同意将来源国确定主要付出培养努力的来源。

10. 为了满足第 4 条报告要求，接收者必须将研究材料的筛选结果报告给天然产品分部和开发治疗项目组。紧接着移除经鉴定的所有权信息后（接收者、天然产品部和开发治疗项目组共同鉴定），天然产品部/国家癌症研究所也将筛选数据概况提供给来源国组织。

11. 国家癌症研究所承诺提供仅在公司研究和开发协议（CRADA）基础上申请知识产权许可若干选择。如果接收者希望未来整体或部分来自雇员创造的研究材料发明可以进行许可，应当举行一场公司研究和开发协议正式谈判。对于常见的 CRADA 协议或国家癌症研究所技术转移政策咨询，可致电国家癌症研究所技术转移部电话：（301）-846-5465。

12. 材料转让协议将以在哥伦比亚特区联邦法院适用的联邦法案为法律

依据。

13. 国家癌症研究所和接收者之间材料转让协议由所有当事方签署后生效。通过签署标准材料转让协议，接收者承认收到和查阅了作为本协议附件A 的天然产品储藏库的有关材料分配政策声明的复印件。

14. 本协议各项条款可分别使用。如果本协议某项规定或条款根本无效或不能实施，应被提醒本协议将不会生效，本协议每项规定或条款将依据法律对其完整内容进行认可的情况下才能变得有效并实施。下列签名的当事方确认并确证本文件产生或反映的内容均是真实的和准确的。

接收者：

申请调查人员签名：_____。

姓名：（打字或打印）_____。

头衔：（打字或打印）_____。

日期：_____。

接收者授权官方人士签名：_____。

姓名：（打字或打印）_____。

头衔：（打字或打印）_____。

日期：_____。

接收者本协议相关地址：

_____。

电话：_____。

传真：_____。

国家癌症研究所：

Edward A. Sausville, M. D. , Ph. D.

Associate Director, Development Therapeutics Program, DCTD

Thomas M. Stackhouse, Ph. D.

Technology Transfer Branch, NCI

国家癌症研究所本协议相应地址：

NCI-Technology Transfer Branch

National Cancer Institute at Frederick (NCI - Frederick) , Fairview Center, Suite 500, 1003-W. 7th Street, Frederick, MD 21701

Tel：301-846-5465

Fax：301-846-6820

美国国家癌症研究所和调查申请人员材料转让示范协议特别额外条款[*]

活性物质储存室

当提出从活性物质储存室获取研究材料的申请时（如材料已经或刚刚成为国家癌症研究所研究对象），接收者认识到上述材料属于国家癌症研究所近期利益且科学家也对其筛查工作、后续情况的分析与开发等进行过智力投入。因此接收者同意并认为合适的话，使用研究材料构成与国家癌症研究所天然产品分部或其他特设部门合作方式。接收者也进一步同意遵守在此之下的规定，以致研究材料的分离、提纯和测试活动将严格配合国家癌症研究所的努力以确保研究材料的纯粹分离物以更有效的方式呈现以及与国家癌症研究所合作方式得到后续开发。

尤其是，接收者同意以及时方式向国家癌症研究所报告任何分离物的特征和性质，包括经确认的来自研究材料的合成物或组成成分；以及制造或使用前述分离物的任何工艺。此外，接收者同意向国家癌症研究所技术转移部（地址详见签名页）报告其任何使用研究材料相关发明申请专利保护的意图，并在国家癌症研究所/开发治疗项目组和接收者交换有关研究和开发活动以确保接收者和国家癌症研究所有关研究材料，以及适当时候共同保护的利益前提下以真诚态度协商保密披露协议。

接收者理解在任何单独协议情况下每次应从活性储藏库获取有限数量样品（通常不多于20株）。接收者同意一旦完成每个样品的分析，它将任何和所有剩余样品返还至天然产品分部/开发治疗项目组。在接收者接收首批样品后，开发治疗项目组依据接收者进入合作研究和开发协议程度不同而有权从储藏库中额外获取样品以确保接收者和国家癌症研究所各自付诸的努力都能

---

[*] Special Additional Provisions that apply to samples.

同等对待。

接收者下列签名表明其同意从活性物质储藏室获取研究材料的特别规定。从活性物质储藏室获取研究材料需依据本协议获得许可。

接收者研究人员签名表明其同意从活性物质储藏室获取研究材料的特别规定。

_____。日期：_____。

接收者授权官方人员签名表明其同意从活性物质储藏室获取研究材料的特别规定。

_____。日期：_____。

（此条款初版为 1991 年 12 月 13 日制定，最新修改于 1999 年 10 月 29 日，最近版本为 2002 年 2 月）

附件 A：天然产品储藏库材料分配政策

美国国家癌症研究所开发治疗其他项目组天然产品储藏库在发现或开发抗癌、艾滋病或其他疾病，以及有价值的研究活动中，所使用的材料，不管是多样性还是大小都是数一数二的。作为一种国家资源，国家癌症研究所有职责确保它的使用最大程度地用于公益事业。

目前已有两个项目可用于天然产品储藏库获取：

1. 开放式储藏库项目；

2. 主动式储藏库项目。

开放式储藏库项目

本项目创设于 1992 年以使机构外的社区能够调查储藏库材料，并非仅限于国家癌症研究所现阶段活性调查，且是作为一种潜在活性物质以治疗癌症、艾滋病、机会性感染以及与材料来源国有关的疾病。1999 年，调查范围扩大至所有人类疾病。

材料分配

●瓶装样品：样品（25 毫克）毫克应标记条形码且通过分类方法确定分类，每月运送至接收者最高定额为 500 毫克（上述定额可由生效的正式研究和开发协议进行更改）。来自特定国家的特别属和/或种，或样品按照要求应尽可能地包括或排除在运送过程中。

● 板状样品：样品也可以通过 96 孔聚丙烯板（15 毫克或每孔 500 微克）或聚苯乙烯（50 微克）板运输；此类样品并无定额限制。该类样品提取物并无最初独占权，仅需提供特定样品提取物的来源：类型等信息（如 12 条线路中 2 号线板状样品包括 88 项有机提取物）。上述板状也应包括来自活性物质储藏库项目样品；上述提取物也仅用于符合条件的调查人员从活性物质储藏库项目中获取样品的活动。相同的板状应运送至不同调查人员。

● 在测试结果提交至开发治疗项目组天然产品分部后，材料测试专有期限为 3 个月。

● 一旦确认活性提取物，调查人员应直接通过电邮或传真联系天然产品分部，同时应通告活性材料是否可得。

● 调查人员应在先到先得基础上保留后续调查研究所需活性样品。当不止一位调查人员发现特别提取物活性成分时，首次发现调查人员保留报告权利，但也需创设其他利益相关调查人员等待清单。

● 不管是开放式储藏库项目（最多 6 个月专有期限），还是主动式储藏库项目（如果需要可以将专有期限时限延长至 15 个月），如果正处于活性成分试验（正处于预留阶段），提取物均不可获得。

● 一旦首位调查人员"释放"相关提取物，该活性成分将依据等待清单依次运送至下一位调查人员。

● 后续也可以提供活性材料（75~100 毫克），以及与之相关的分类或其他收集数据。

● 二次测验和/或首次分离活性元素后还可拥有 3 个月专属期限。而在上述期限过后接收者应向天然产品分部通报发现成果及感兴趣的程度。

● 任何提取物专属期限最多不超过 6 个月。

● 首次接收材料之后 6 个月内，天然产品分部将以接收者预先同意的语言告知来源国所获材料结果。

● 来源国将会获知最初材料接收者的名称，同时也会被告知若后续需要材料，后者仍应与之联系。后续材料的获得将正式由接收者与最初收集者（如果可能的话），以及来源国许可主管部门共同承担责任。

● 国家癌症研究所的职责是确保材料转移协议的条件在现阶段和后续开发阶段得到维持，为此天然产品分部将与接收者组织和来源国政府保持联络。

获取要求

研究组织和个人调查人员应包括下列内容的简要计划书（不超过五页）

形式满足天然产品储藏库的要求。

- 简介；
- 研究假设；
- 筛选过程，并伴随筛选特征描述；
- 人员；
- 组织研究能力。

癌症和治疗项目组组长指定的国家癌症研究所癌症治疗和诊断项目组工作人员应对上述要求进行评估。当该计划书信息能够确定处于保密状态，来自研究所、部门以外以及国家健康研究所的不设名额工作组成员在需要的情况下也可获得任命。

上述评估活动首先要考虑与药物发现筛选目标相关的科学价值，以及申请者化学、制药专业技术是否符合后续天然产品储藏库天然产品需求。

评估天然产品储藏库获取申请评估的委员会将会接受并对计划进行连续评价。上述预期也将因申请数量而发生变化。

获取条件

天然产品分部工作人员对本项目的实施承担行政责任。符合条件的申请者将在后期直接与前者接洽获取材料事宜和报告研究结果。

依据材料转让协议（该协议应附上此政策附件）规定将向经批准申请的组织和个人研究人员提供选定样本，前述协议是由标准公共健康服务协议修改且符合该项目特定需求。本协议重要内容包括：

- 接收者必须同意保护国家癌症研究所材料来源国利益；
- 国家癌症研究所应保留每样材料所有权。前述所有权应与知识产权有所区别；
- 接收者现金支付通过准备成本并对样品进行运输；
- 样品提供绝不耗尽所提供材料的价值或给国家癌症研究所付诸努力带来不利影响；
- 未被使用的样品应以双方当事人同意的方式处置；
- 应建立报告程序以确保向国家癌症研究所告知研究材料使用情况。为实现上述目的，应鼓励接收者在特定提取物被证实有利可图时与天然产品分部尽早保持联系，以为各当事方协商一致的情况就未来开发事宜达成合适安排。它们包括所有分类确认事宜；提供更多已提取完成的研究材料；通过现有收集伙伴协助获得原材料；正式合作研究和开发协议协商；

- 研究材料的研究结果将以及时方式传送至国家癌症研究所；
- 与研究材料相关的筛选结果概要以及任何纯化天然产品将提供给来源国相关组织；
- 而在整个交换过程中应安装保密措施以防止所有权信息泄露。

作为相互交换信息一部分，如果研究组织被确认为位于来源国境内且积极推动相关科研领域研究活动，接收者应以便利协作研究的目的而被告知。

- 国家癌症研究所所有测试信息应提供给接收者、收集者、来源国政府或位于来源国境内相关组织，这些信息延迟发表的时间直到癌症开发和治疗项目组授权向外界公开为止。
- 国家癌症研究所不会就储藏库内的研究材料授予无限制的获取许可。样品的选择将由国家癌症研究所与接收者讨论后决定，样品大小也将限制接收者首次和有限的二次筛选测试性状。
- 大量原材料需要接收者自担成本和以满足国家癌症研究所、收集代表机构和来源国组织制定协议对活性物质进行分离和开发的规定。特定情况下，如果最初发现活动对项目具有实质科学意义，不管如何国家癌症研究所应同意参与调查人员重新收集以获得额外和/或研究材料。

进一步科技方面信息可从以下渠道获得：

Dr. David Newman

Natural Products Branch

NCI-Frederick

Fairview Center, Room 206

P. o. Box B

Frederick, MD 21702-1201

Phone：301-846-5387

Fax：301-846-6178

Email：newman@ dtpax2. ncifcrf. gov

测试结果及样品需求应提交至 Mrs. Erma Brown，地址为 brown@ dtpax 2. ncifcrf. gov 或以上地址。

需求复印件也必须提供给 Drs. Cragg 和 Newman，地址为 cragg@ dtpax 2. ncifcrf. gov 和 newman@ dtpax2. ncifcrf. gov。

主动式储藏库项目

本项目创设的目的用于准许符合条件的美国调查人员获取抗肿瘤 60 细胞系活性材料，除此之外还包括开放式储藏库项目包括材料。截止到 1999 年 2 月，超过 3000 个样本被认定为活性物质。

获取条件

● 美国本地调查人员筛选活动应事先由合适机构进行同行评议（如美国政府资助机构、美国癌症团体和其他相关美国资助的组织）。上述调查人员应提供现有已经许可的数据。

● 美国特许设立的组织开展筛选活动无需经过同行评议。上述组织应按照开放式储藏库项目中获取要求提交简短建议以供评估。

● 来自来源国组织可以参加国家癌症研究所收集活动。上述组织可以获取已在自己国家收集完毕的有机提取物。

所有要求从主动式储藏库项目获取材料的调查人员和组织必须提供下列信息：

● 化验及有关癌症简短描述；

● 活性跟踪分离研究所需的化学专业知识描述；

● 测试所需要的提取物类型（一种或多种海洋或陆地植物或海洋无脊椎动物）。

材料分配

● 在签署材料转让协议（本政策声明应作为附件）第六页特别条款的时候，天然产品分部将会向调查人员提供包括所有可得材料详细情况电子文档（所有分类和由单次计量和多次计量测试组成的抗癌筛选数据以及平均值图）；

● 调查人员可在后续研究活动中选择 20 个样本；

● 每个选定样本中 25 毫克将会提供给调查人员以决定他们的化验是否能够测定活性物质；

● 板状样品。调查人员从开放式储藏库项目中获得板状样品中确认提取物将受限于主动式储藏库。上述提取物将会提供给调查人员以判断他们是否有资格从活性储藏库获取材料，同时也受到前述 20 份样品数量限制。

● 在活性物质确认过程中，调查人员应通过邮件或传真与天然产品分部直接联系，或告知是否可以获得活性材料。

● 调查人员应在先到先得基础上保留后续调查研究所需活性样品。当不止一位调查人员发现特别提取物活性成分时，首次发现调查人员保留报告权利，但也需创设其他利益相关调查人员等待清单。

● 自样品接收之日起，调查人员拥有 3 个月专属期限，在该期限内应告知天然产品分部以及他们试验是否有效果。

● 后续调查材料应满足下列条件：

保证人、非营利性组织和小型企业（需满足 SBIR 标准），天然产品分部将在协商数量上提供后续材料。

依据 SBIR 标准，对于营利性的不属于小型企业的组织来说应为获取未来材料负责，并在可能情况下与最初收集人员和标准材料转让协议第九条规定的来源国进行合作。

● 自再次接收相当数量材料用于活性跟踪分离研究之日起，调查人员对材料拥有一年的专有期限。如果有必要上述期限将延长至天然产品分部和调查人员评估结束之后。

● 20 份样品限制是会发生替换的。当调查人员决定不再继续对样品进行研究，或识别样品中活性成分，剩余的特定样品应在重新分类的 5 个工作日内予以返还。

● 如果重新分类的每个样品对调查人员并无任何后续利益，可以申请获取新的样品。

一次性从活性储藏库项目中获取样品不应超过 20 份。

● 国家癌症研究所应持续通报调查进度，并帮助任何活性物质的开发符合癌症治疗和诊断部药物开发委员会批复标准。

● 国家癌症研究所有义务维持标准材料协议条件在当前和后续开发阶段得到维持，天然产品分部也将与调查人员和来源国保持联系。

获取条件

除了材料分配条件存在区别以外，开放式储藏库项目获取条件（见下列内容）也同样适用于活性储藏库项目。后续科技信息可从下列渠道获得：

Dr. Gordon Cragg

Natural Products Branch

NCI-Frederick

Fairview Center，Room 206

P. o. Box B

Frederick，MD 21702-1201

Phone：301-846-5387

Fax：301-846-6178

Email：cragg@ dtpax2. ncifcrf. gov

样品测试结果和要求应提交至：Mrs Erma Brown，地址为 brown@ dtpax 2. ncifcrf. gov 或以上地址。

需求复印件也必须提供给 Drs. Cragg 和 Newman，地址为 cragg@ dtpax 2. ncifcrf. gov 和 newman@ dtpax2. ncifcrf. gov。

某国部门/组织（某国政府）与英国皇家邱园董事会获取和惠益分享协议（草案）*

本协议于 20_____年_____月由代表某国部门/组织（该部门/组织代表某国政府）的人员（详细地址：_____，以下"_____"作简称）与英国皇家邱园董事会（位于里士满、萨里、TW9 3AB，以下简称邱园）共同签署。

前言

鉴于：

上述人员和邱园开展长期联合合作以实现_____（某项目目标或主题）进而提升人类福祉和依据_____（该国生物多样性战略规定）保护_____（某国）生物多样性。双方认为应在每次适当考虑前言内容。

鉴于：

合作各方认识到各国对生物遗传资源拥有主权，同时各国有权依靠本国政府和本国立法管制生物遗传资源获取活动；

合作各方也承诺将实施《濒危野生动植物物种国际贸易公约》（1973 年）、《生物多样性公约》（1992 年）、《粮食和农业植物遗传资源国际公约》（2001年）和所有地区性、本国有关生物多样性法律、法规，包括_____（某国）关于植物生物遗传资源获取和转移法律；

上述人员具有_____（法律地位和任务主张）；

_____（某部门）本协议相关工作将由上述人员具体实施；

邱园是英国在 1983 年依据《国家遗产法案》设立的植物园，除去慈善工作以外，该植物园主要任务是激发和实现全球范围内的以科学为基础的植物

---

* Access and Benefit-sharing Agreement between the government of Country represented by Ministry/Organization and the Board of Trustees of Royal Botanic Gardens, Kew, United Kingdom.

保护并提升人类生活质量。邱园由英国环境、食品和城市事务部提供支持，该部对邱园委员会主要宗旨和活动最终负责。

为了开展非营利性活动，邱园与全球其他伙伴合作实施包括如下战略在内的真实行星计划：发现、分配和加速全球关键信息收集；识别处于危险状态的植物和真菌门类和所在地区；协助实施全球植物和真菌保护项目；延伸千年种子银行全球合作项目适用范围；创设生态恢复科学家和实践人员全球网络；扩大实施识别和适应本地植物门类成功繁育科研项目；向全世界范围内人员传播令人愉悦、鼓舞的经验。

现在＿＿＿＿＿＿（某国）和邱园一致同意下列条款：

定义

1. 本协议中，下列表述做如下解释：

1.1 **"协议"** 是指包括附件在内的获取和惠益分享协议；

1.2 **"生物多样性"** 是指任何来源的活体有机物的变异性，包括但不限于，陆地、海洋和其他水生生态系统和构成前述系统的生态复杂成分；也包括种群，以及种群之间和生态系统内种群多样性；

1.3 **"商业化"** 或 **"商品化"** 是指专利申请；获得或通过售卖或许可以及其他任意方式转移知识产权权利或其他有形、无形权利；进行产品开发；开展市场研究和寻求先期进入市场许可；和/或售卖任何因此而产生的产品；

1.4 **"生物遗传资源"** 是指任何来自于植物、动物、微生物、真菌类或其他包含遗传功能单元的生物材料；

1.5 **"遗传研究"** 包括 DNA 提取和存档、聚合酶链式反应扩增、DNA 排序和指纹印制、从组织样本中制作 DNA 条形码以便推断和研究动植物种群关系或有助于保护种群水平基因和基因组多样性；

1.6 **"植物标本研究"** 是指对各种类植物标本进行综合观察、特征描绘、分析、数据归档和绘图以便更好地理解其分类和识别，包括为传授花粉、DNA 和解剖准备而进行取样；

1.7 **"园艺研究和公共陈列"** 是指对植物材料进行繁殖和培育以便更好地认识如何让植物获得生长和再生，包括在需要情况下使用微繁殖技术，以及在由公共观赏的植物园中陈列已标记的标本；

1.8 **"邱园植物标本"** 是指在里士满郡萨里 TW9 3AE 的植物标本，此处已就复制的植物标本登记入册；

1.9 **"材料"** 是指植物、种子、组织样本和植物标本材料及其所含生物遗传资源；

1.10 **"千年种子银行"** 是指由位于英国西苏塞克斯郡阿丁磊威克赫斯特由邱园运营的种子银行，此处已就复制的种子登记入册；

1.11 **"转移通告"** 是指依据协议将材料转移给邱园的记录文件，形式上可参照本协议附件二；

1.12 **"_____（某国）"** 植物标本是指由_____（某国）在_____保存的植物标本；

1.13 **"_____（某国）"** 种子银行是指由_____（某国）在_____运营的种子银行；

1.14 **"合作伙伴"** 是指_____（某国）和邱园；

1.15 **"项目"** 是指_____（某国）和邱园依据本协议附件一规定（包括其他经协商一致的额外附件）开展长期合作活动；

1.16 **"种子研究"** 是指有关更好地了解种子保护研究活动，包括以一种最终可以利用的特性识别法公布如何控制收获种子、发芽、生命力、储存周期、水分、休眠期和种子诊断特性等；

1.17 **"第三方"** 是指除了_____（某国）和邱园以外的其他任何个人或机构。

目标

2. 本协议目标是就实现_____（某国）或_____（国内、地区或国际水平）生物多样性保护而创设技术合作框架。

国际种子保护网络

3. 合作伙伴认识到与其他组织进行合作有助于理解、保护和提升野生植物多样性可持续利用，因此通过转移技术和提升标准等手段以表达协助构建国际种子保护网络的兴趣。

活动

4. 依据本协议所设定条件和术语，合作伙伴将通过采取本协议附件中规定共同收集、研究和保存_____（某国）植物多样性。合作伙伴认识到其他额外活动可能会经由各方协商一致且由合作各方签字完善后作为单独附件纳入本协议，具体形式可参见本协议附件三。

其他额外活动包括但不限于：

4.1 继续支持和就已开展的特定合作项目进行合作，这些活动将由本协议附件一规定；和/或在_____（某国）移地或就地保护活动中开展合作，包括种群和栖息地保护评估和栖息地恢复；

4.2 依据_____（某国）可适用的法律、法规、许可、事先知情同意和/或许可等规定，并以生态可持续性方式在_____（某国）开展联合田野调查；

4.3 对_____（某国）种子银行和植物标本馆所存储的材料复本转移至英国邱园和千年种子银行（和/或其他名称的种子银行或植物标本馆）以便登记入册；

4.4 将从合作各方获得材料存入_____（某国）种子银行和植物标本馆（和/或其他名称的种子银行或植物标本馆），并将复本转移至英国邱园和千年种子银行；

4.5 针对上述材料开展植物标本研究、遗传研究、种子研究和园艺学研究以及公共陈列以提升对植物多样性的认识，以便长期保护该材料。

资助

5. 合作各方应对相关资源开展本协议所涉活动。任何特定资金安排都应在附件中规定。上述活动技术细节应由合作各方依照每年资金基础和以符合适当资金安排予以确定。

_____（若情形允许的话，也应当）：

合作各方应共同合作确定额外项目资金准确来源，同时应共同准备联合资金资助建议并将其提交给可能赞助商。

获取

6. _____（某国）应保证任何政府和其他利益相关方如土著和当地社区，事先知情同意，准许和/或许可的实现，以便合作各方能够：

6.1 进入材料所在区域；

6.2 获取和收集材料，以及在相关和适当条件下材料相关传统知识；

6.3 出口材料复制品、相关数据、图片至英国；

6.4 在_____（某国、第三国或英国/其他各国）开展上述活动。

转移通知

7.1 所有收集材料或送至邱园的材料均需列入转移通知，尤其是应遵守本协议附件二规定。所有列入转移通知的材料均应依据本协议规定进行转移；

7.2 代表_____（某国）职能部门签字的代表应确认所收集材料和正在转移至邱园的材料正以符合_____（某国）可适用法律、法规、批准程序（permits）、事先知情同意和/或许可证规定转移。

惠益分享

8.1 _____（某国）和邱园一致同意公平和公正分享由材料收集、研究和生物遗传资源保护、相关图片和数据而产生的惠益；

8.2 前述活动产生惠益分享，包括但不限于如下内容：

通过技术和学术训练以及技术转移协同合作以支持和提升机构发展，具体形式详见附件一和其他一致同意活动项目附件；

创制和传播能够拯救_____（某国）生物多样性保护的科技及公共资讯；

邱园和_____（某国）之间交换技术和专家，同时为_____（某国）正在进行植物保护方面的能力建设提供便利。

材料、图片和数据的使用和转移

9.1 上述依据协议转移至邱园的材料和相关图片、数据应登记入册并视情况将复件保存于邱园位于里士满郡萨里、西苏塞克斯、威克赫斯特等地储存机构。邱园应准许本园工作人员和授权访问人员将上述材料、相关图片、数据用于科学研究，以及种子、遗传学、植物标本学、园艺学研究、公共陈列和长期保护。相关图片、数据应通过适当地数据传播门路并以完全免费的方式进入网络科学研究数据库。

邱园也应将转移材料及时提供给_____（某国）或由_____（某国）进行保留，_____（某国）有权使用上述材料，包括生物遗传资源和相关传统知识，以及视情况包括用于教学和研究目的。

9.2 上述材料相关传统知识应以符合_____（某国）规定、《生物多样性公约》第 8 条（j）款规定和条件在邱园使用。

种子返还

10.1 由于邱园为保护种子而拥有充分的种子储备，一旦＿＿＿＿＿＿＿（某国）所存储种子出现减损或破坏情势，或某物种濒于灭绝，应＿＿＿＿＿＿（某国）请求，邱园应依据协议向该国提供由该国转移至邱园的相同种子样本。

10.2 ＿＿＿＿＿＿＿（某国）应竭尽全力将邱园依据上述条款提供的种子样本在合理时间内返还给邱园。

种子材料转移至第三方

11.1 邱园应向第三方出借和/或提供材料和/或相关图片和/或相关数据＿＿＿＿＿＿＿（或仅限于植物标本材料）以便于后者从事科学研究或教育活动，并与第三方签署禁止将材料用于商业目的或进一步将材料和/或相关图片和/或相关数据＿＿＿＿＿＿＿（或仅限于植物标本材料）的协议；

11.2 ＿＿＿＿＿＿＿（邱园同意依据该公约所设定粮食和农业植物生物遗传资源多边系统将《粮食和农业植物生物遗传资源国际公约》附件一规定的材料转移至第三方。上述转移活动适用该公约第 12 条第 4 款有关标准材料协议以及受到该公约所设定其他条件和规定限制。）上述情形亦仅适用于《粮食和农业植物生物遗传资源国际公约》成员国；

11.3 为了协助英国政府履行作为前述公约成员国的国际法律义务，邱园将通过网络并借由欧盟植物遗传资源在线分类合作项目（EURISCO）周期性地发布非保密性的符合前述公约附件一范围内的进入到英国植物遗传资源国家存储库的材料复本情况。邱园所提供的＿＿＿＿＿＿＿（某国）物种地理位置严格限制在国家水平。

商业化

12.1 ＿＿＿＿＿＿＿（某国）政府任何商业化的行为和邱园同意的表述均需另行通过书面协议确定，此外也将尊重，尤其是是否需要另行获得事先知情同意、批准程序和/或许可证以反映材料使用用途可能发生的改变。

公共关系及报道

13.1 合作各方应合作编写开展活动报道、活动达成指标、产生的经费以及向项目赞助商、合适的出版商与媒体提供材料相关数据和图片。而在所有有关项目公共场合，合作各方应相互信任；

13.2 任何与本协议或与本协议合作各方关系有关的出版物出版应得到合作各方事先同意；

13.3 依据第 13 条第 4 款规定，任何一方在未经事先书面同意前提下使用其他各方商标、符号和其他类似标记；

13.4 合作各方可被＿＿＿＿＿＿＿（某国）、邱园和千年种子银行授权在公共场合依据本协议规定开展相关材料活动中使用标记。而在书面或线上使用材料过程中，合作各方应通过"邱园和＿＿＿＿＿＿＿（某国）通过千年种子银行关系合作"等表述强调协作关系。

期限

14.1 本协议将在合作一方最后签字完成时生效，而该协议期限为生效后＿＿＿＿＿＿＿（5 年）。

14.2 ＿＿＿＿＿＿＿（某国）政府和邱园均可通过签署书面协议形式使本协议延长或重设五年有效期限。

14.3 ＿＿＿＿＿＿＿（某国）政府和邱园亦可通过签署书面协议形式对上述条款进行修改。

终止

15.1 尽管第 14 条第 1 款相关规定，合作各方均可提前 6 个月通过书面通知告知对方终止本协议；

15.2 本协议第 8 条第 1 款（惠益分享规定）、第 9 条（转移或使用材料）、第 10 条（种子返还）、第 11 条（材料转移至第三方）、第 12 条（商业化）和第 17 条（争端解决）等规定仍将会在本协议终止或无效后继续有效，除非合作各方协商一致规定无效。

不可抗力

16.1 合作各任意方无需对对方因包括而不限于下列原因导致的任何本协议义务迟延履行或不履行承担责任，如天灾、政府行为、战争、火灾、洪水、爆炸、民众骚乱或劳资纠纷。

16.2 受影响的任意方应以书面形式通知对方上述现象或活动产生的原因和持续时间。上述通知也应介绍受影响任意方履行义务情况、上述现象或活动产生影响的程度和原因持续期限内是否导致协议履行中止。

16.3 若不存在上述侵害，受影响的任意方必须采取所有合理措施减少不可抗力对本协议设定义务的影响，并尽快恢复受不可抗力影响的义务能够正常履行。

争端解决

17.1 任何由本协议产生或与本协议有关的争端，包括是否存在争端、争端解决方式有效性和是否终止，应能在最大程度上通过友好协商予以解决。而依据本条设定目的，"友好"是指符合诚实、真诚以及目的合法等标准，并应同时符合任意协商的机制和实质。

17.2 从任意方就争端事宜首次书面通知对象之日起 3 个月始，若争端仍未得到解决，在采取新的解决方式之前，各方可通过与调解人员协商通过调解程序或在缺乏协商可能情况下在任意一方收到协商请求书面通知 15 天内由该方派遣调解人员进行调解。该调解人员应经由海牙国际法院秘书长任命。调解过程使用语言为英语，调解地点应由合作各方协商一致同意或在未达成协议情况下定为海牙。

17.3 任何由本协议产生或与本协议有关的争端在任命调解人员之日起 3 个月内仍未得到解决，各方可通过与仲裁人员协商通过仲裁程序或在缺乏协商可能情况下在任意一方收到协商请求书面通知 15 天内由该方派遣仲裁人员进行仲裁。该仲裁人员应在争端提交仲裁之日起由国际商事仲裁委员会任命。除非合作各方另行达成一致，上述仲裁所适用的法律应为英国法，仲裁员亦可自行决定程序规则。仲裁庭所使用的语言也为英语。调解地点应由合作各方协商一致同意或在未达成协议情况下定为巴黎。

其他注意事项

18.1 本协议相关通知或其他文件必须通过手动、发送注册邮件或由服务于以下地址的通讯员传递；

_____（某国接收通告地址）

RBG Kew：

Head of Legal and Governance, Royal Botanic Gardens, Kew, Richmond, Surrey TW 9 3 AB, UNITED KINGDOM.

18.2 所有通告或文件在特定时期和时间一经传递对接收方而言均视为

送达。

协议整体性

19. 本协议各条款以及附件共同构成合作各方协商协议全部内容，除非本协议或附件另有规定，合作各方不得做出任何违反上述内容的表述或承诺。

禁止转让

20. 本协议及附件规定仅针对签约方有效，未经其他各方事先书面同意情况下，本协议有关权利和义务规定不得随意转让或转移。

法律上无合作关系

21. 本协议未包括的内容不视为在邱园和_____（某国）政府之间存在法律上合作关系，或者某方被视为对方的代表。

其他规定和条件

22.1 本协议并不限制_____（某国）政府与其他公共和/或私人组织、个人成为其他合作伙伴参与其他类似活动；

22.2 本协议规定并不认为某方对另一方具有财政承诺。

本协议英文版本和_____（某国）语言版本出现冲突或不一致情形时，本协议英文版本优先适用。

签字：   签字：

作为_____（某国）政府代表或为   作为邱园代表或为邱园

_____（某国）

姓名：   姓名：Prof. Stephen D. Hopper

身份：   身份：Director（CEO and Chief Scientist）

日期：   日期：

附件一：技术合作项目描述

附件二：形式：转移通知

下列材料将以符合邱园和_____（某国）政府获取和惠益分享协议规定（签约时间：_____）形式转移至邱园。

通过签署转移通知，_____（某国）将确认所收集材料和正在转移至邱园的材料正以符合适用法律、法规、许可、事先知情同意和/或许可证规定的形式发生转移。

收集日期	收集编号 No.	科	种	材料复件编号 No.

签字：　　　　　　　　　　　　　　　　签字：

作为＿＿＿＿＿＿＿（某国）政府代表或为　　作为邱园代表或为邱园

＿＿＿＿＿＿＿（某国）

姓名：　　　　　　　　　　　姓名：

身份：　　　　　　　　　　　身份：

日期：　　　　　　　　　　　日期：

由＿＿＿＿＿＿＿（某国）签署的本文件复件将以附件形式附于每份种子和植物标本转移至邱园。而在植物材料回执中，邱园将在复件签字并将其返回至＿＿＿＿＿＿＿（某国）作为邱园依据获取和惠益分享协议接收种子和植物标本的确认材料。

附件三：某国部门/组织（某国政府）与英国皇家邱园董事会获取和惠益分享协议之额外附件。

合作各方认识到

邱园和＿＿＿＿＿＿＿（某国）政府部门已于＿＿＿＿＿＿＿签署获取和惠益分享协议。所有协议规定和在附件使用的术语应在协议中予以明确。

依据本协议第4条规定，合作各方承认可经协商一致创设额外项目并将其作为协议附件。

合作各方一致同意

本附件规定的项目应作为本协议附件＿＿＿＿＿＿＿（附件标号），本附件一旦签署即成为本协议部分。

＿＿＿＿＿＿＿＿＿＿＿＿＿＿（项目描述文件或内容）

本附件英文版本和＿＿＿＿＿＿＿（某国）语言版本出现冲突或不一致情形时，本协议英文版本优先适用。

本附件的各方通过签字形式确认上述规定有效。

签字：　　　　　　　　　　　签字：

作为_____（某国）政府代表或为　作为邱园代表或为邱园

_____（某国）

姓名：　　　　　　　　　　　姓名：

身份：　　　　　　　　　　　身份：

日期：　　　　　　　　　　　日期：

欧洲生物分类机构联盟材料改变
所有者标准材料转让协议二[*]

前言

1. 本协议适用于以非商业目的分析和研究并改变所有者/永久监管者的永久材料（包含生物遗传资源）转移行为。

2. 欧洲生物分类机构联盟开展活动受到生物多样性公约（以下简称"CBD 公约"）及《关于获取生物遗传资源以及公正和公平分享其利用所产生利益的名古屋议定书》（以下简称《名古屋议定书》）规范。材料应在使用者承诺依据国际法律和公约规定使用材料及其数据基础上在各当事方之间转移。本协议创设宗旨是提升科学研究和生物遗传资源转移，同时也意识到提供者需要若干条件获得材料。若出现与提供材料本身所附要求和/或与 CBD 公约规定不符时，提供者有权拒绝提供任何材料。

3. 本协议附件是关于本协议所用术语规范表述。

协议各方

提供者：　　　　　　　　　　　　　　接收者：

4. 提供者在满足下列条件或规定的情形下向接收者提供本协议附件 B 所列标本或样品。

材料所有者及相关信息

5. 提供者保证在依据本协议规定向接收者提供材料时并无任何第三方主张权利并对转移造成阻碍。

6. 提供者应表明或保证材料使用不会损害其他任意第三方专利或其他与材料直接或间接相关的财产权利。接收者应承认他有责任证实该材料是否受

---

[*]　Standard Material Transfer Agreement（MTA 2）for Provision of Material with change in ownership.

到专利或其他专利运用限制。

7. 若干文档的复印件，如下文所述，若与材料有关均属于本协议附件内容且属于协议内容。

- ☐ 收集许可
- ☐ 共同商定条件
- ☐ 事先知情同意
- ☐ 出口许可
- ☐ 进口许可
- ☐ 因第三方转移通知提供国信件
- ☐ 《濒危野生动植物种国际贸易公约》提供国代码
- ☐ 其他文档，请标示_____
- ☐ 国际认证的遵约证明数量为_____

8. 接收者应保留前述获取材料规定相关的可追溯记录和提供者相关数据。

获取和利用本协议附件 B 材料相关惠益分享

9. 接收者同意在尽可能的情形下，在最初获取材料时遵守事先知情同意和共同商定条件以及协议其他规定，同时也会在有关活动违背上述条件与提供者进行沟通。

10. 以使用为目的转移材料必须遵守相关规定和条件。

11. 接收者必须在尽可能的情况下以符合 CBD 公约规定就使用材料、子代材料及衍生物公平、公正惠益分享。《名古屋议定书》附件及本协议附件二已对货币和非货币惠益进行非穷尽式列举。

12. 提供者应就提供者所在国主管机关请求提供材料相关信息。

风险及保障

13. 接收者仅对安全接收、使用、存储和处置材料及衍生物负责。

14. 接收者承认从提供者接收的任意材料风险必须以特定使用目的为前提而进行评价。

15. 接收者承认以签署协议所担自身风险使用材料、衍生物并实现权利。

16. 接收者应就任何人对提供者、办公人员、雇员和代表就下列事项进行的主张而支付的所有费用、损失、损害和成本（包括完全损害赔偿基础上的法律成本）进行赔偿：

（1）接收者使用材料、衍生物及其他依据协议实现权利行为；

（2）接收者违反协议的行为。

材料转移

17. 接收者应尽可能地和必要地依据法律法规规定采取措施引入材料。

18. 接收者在提供者提出要求情况下有责任确保他能满足提供者所有的授予许可要求。

签约

19. 不管各当事方让与或转移协议，该方当事人权利未经书面许可不得转移。任何经许可的受让人必须以书面形式确认其受本协议相关规定约束。

20. 各当事方必须确保其办公人员、雇员和代表必须遵守本协议所设置义务，假如该义务得到个人遵守。

本协议依据提供国国内法律规定创设并受其约束。

协议签约方

提供者授权签约者　　　　　　　　接收者授权签约者

姓名（印刷体字母）　　　　　　　姓名（印刷体字母）

日期　　　　　　　　　　　　　　日期

地点　　　　　　　　　　　　　　地点

附件 A　用语含义

获取：对生物遗传资源拥有主权的国家（提供国）或其他主体允许获得生物遗传资源的行为。应注意该定义并未在 CBD 公约或《名古屋议定书》中明确，同时在其他国家或组织有可能含义各有不同。在所有具有约束力的法律文件中应明确该定义具体涵义。

欧盟相关规则将"获取"界定为"在《名古屋议定书》缔约国中获得生物遗传资源及其相关传统知识的行为"。

协议：本文件。

生物多样性银行：主要存储非人类、生物遗传资源及相关数据，并拥有标准操作流程并为科学研究提供材料的机构。例如菌种保藏室、DNA 银行和组织细胞保藏室。

储藏：以保存和学习为目的对某些标准或样品进行管理的行为。这些行为通常与分享某些特征有关，如相同分类（如哺乳动物、昆虫、鲨鱼等），或来自于相同地理区域或生态系统，或由相同收集者或探险队收集。储藏行为通常由具有储藏职能的机构开展，例如天然历史博物馆、植物标本室、植物园、种子银行或生物多样性银行。

商业、商业化、商业目的：对利用原初生物遗传资源或筛查复合库的最终结果进行买卖和/或前期市场许可、开展市场评估、产品开发、通过买卖或许可以及其他方式申请、获得或转移知识产权或其他买卖或其他有形或无形权利。也包括任意组织如接收者为买卖、租赁、授权许可材料、子代材料、衍生物而筛查复合库以便生产或制作商品。处置费用（如提供 DNA 样本）、分析成本补偿、"入场费"等均属于公共机构管理和/或控制范围，该项费用并不包括利用生物遗传资源行为，前述行为也不被视为生物遗传资源研究活动的商业化。

数据：提供者提供给接收者与标本和/或储藏行为相关信息，包括但不限于证明信息、生物信息、分类信息、管控链条信息以及图片等。

衍生物：生物遗传资源或生物新陈代谢或遗传表达产生的天然生物化合成物，但这不包括功能性遗传单元（《名古屋议定书》第 2 条）。

评估：同时包括材料的形成和测试。

遗传材料：具有遗传功能的动物、植物和微生物或其他来源的任何含有遗传功能单位的材料。

生物遗传资源：具有实际或潜在价值的遗传材料。（CBD 公约第 2 条及《名古屋议定书》定义）

全球基因组生物多样性网络：（GGBN）来自生命之树的、通过生物多样性研究和对存档材料进行长期保护的、管理得当的基因组织样品储藏全球网络。该网络依据国内法律和各国实践在生物多样性银行进行协作以便确保材料的质量标准、提升最佳实践、进行交互操作并协调生物遗传资源转移。

材料：本协议附件所列清单。

材料转移协议：双方机构创设含有有关标准或样品转移规定和术语，包括遗传材料的合同。

元数据：任何与材料有关的描述该材料原初证明或来源的数据。

转变：接收者使用材料创造的不同于原初材料、子代材料或非转变衍生物而拥有新特征的物质。转变具体包括但不限于 DNA 无性繁殖重组。

事先知情同意：生物遗传资源提供者和使用者就获取、使用条件以及各方利益分享而确定协议。

原初材料：储藏者最初交由提供者的材料。

所有权：由个人或机构拥有的与财产相关的所有法定权利；在某些国家也由产权转移或类似文件确认法律转移行为效力而确认所有权。

事先知情同意：生物遗传资源获取之前由提供国行政主管部门根据相应国内法制及机构框架授予许可，如使用者被允许或禁止从事与材料相关行为。

子代材料：未转变的材料后代（如再次培养材料或材料复制品）。

提供国/材料提供者（生物遗传资源提供国）：从就地条件或从移地条件下，即并非来自于就地条件，提供生物遗传资源（包括野生和驯养种群）的国家或个人。（CBD 公约第 2 条规定）

接收者：接受提供者提供材料的组织。

研究：系统性调查或研究材料及来源以便提供事实和达成新的结论。该行为并不包括任何商业或非商业开发应用。

样品：同标本含义相同。

种群：包括生物材料任何类别，在本协议中"种群"通常与"材料""样品"或"子样品"具有同样含义。本概念包括相关种群或材料但不限于寄生虫和消化道所含物。

提供者：提供材料所在方。

转移：从某个人或机构临时或永久传递材料行为。

非转变衍生物：构成非转变功能子单元或表现材料特征的产品和复制品，包括但不限于分馏或纯化后材料子集，包括已表达的蛋白质或抽取或放大的 DNA/RNA 片段。

使用：以实现处置标本和样品（生物和遗传材料）为目的，包括但不限于《名古屋议定书》对使用的界定。

使用者：使用标准和样品的个人或机构，包括但不限于《名古屋议定书》对使用的界定。

使用生物遗传资源：遗传和/或生物遗传资源生化合成物相关研究和开发活动，包括 CBD 公约第 2 条涉生物技术应用。

附件 B 材料

本协议所涉提供者提供的材料清单如附件 B。本附件构成本协议内容。

附件 C 其他相关文件

当某单一材料类型相关文件数量较多，与材料相关的所有文件复印件应附于本协议且应明确标明所涉种群。所有文件复印件均构成本协议内容。

欧洲生物分类机构联盟材料改变所有者标准材料转让协议三[*]

前言

1. 本协议适用于以非商业目的分析和研究并改变所有者/永久材料（包含生物遗传资源）转移行为。

2. 欧洲生物分类机构联盟开展活动受到生物多样性公约（以下简称"CBD 公约"）及《关于获取生物遗传资源以及公正和公平分享其利用所产生利益的名古屋议定书》（以下简称《名古屋议定书》）规范。材料应在使用者承诺依据国际法律和公约规定使用材料及其数据基础上在各当事方之间转移。本协议创设宗旨是提升科学研究和生物遗传资源转移，同时也意识到提供者需要若干条件获得材料。若出现与提供材料本身所附要求和/或与 CBD 公约规定不符时，提供者有权拒绝提供任何材料。

3. 本协议附件是关于本协议所用术语规范表述。

协议各方

提供者：　　　　　　　　　　接收者：

4. 提供者在满足下列条件或规定的情形下向接收者提供本协议附件 B 所列标本或样品。

材料所有者及相关信息

5. 提供者保证在依据本协议规定向接收者提供材料时并无任何第三方主张权利并对转移造成阻碍。

6. 提供者应表明或保证材料使用不会损害其他任意第三方专利或其他与

---

* Standard Material Transfer Agreement（MTA 3）for Receipt of Material with change in ownership.

材料直接或间接相关的财产权利。接收者应承认他有责任证实该材料是否受到专利或其他专利运用限制。

7. 若干文档的复印件，如下文所述，若与材料有关均属于本协议附件内容且属于协议内容。

☐ 收集许可

☐ 共同商定条件

☐ 事先知情同意

☐ 出口许可

☐ 进口许可

☐ 因第三方转移通知提供国信件

☐ 《濒危野生动植物种国际贸易公约》提供国代码

☐ 其他文档，请标示_____

☐ 国际认证的遵约证明数量为_____

8. 接收者应保留前述获取材料规定相关的可追溯记录和提供者相关数据。

获取和利用本协议附件 B 材料相关惠益分享

9. 接收者同意在尽可能的情形下，在最初获取材料时遵守事先知情同意和共同商定条件以及协议其他规定，同时也会在有关活动违背上述条件前与提供者进行沟通。

10. 以使用为目的转移材料必须遵守相关规定和条件。

11. 接收者必须在尽可能的情况下以符合 CBD 公约规定就使用材料、子代材料及衍生物公平、公正惠益分享。《名古屋议定书》附件及本协议附件二已对货币和非货币惠益进行非穷尽式列举。

12. 提供者应就提供者所在国主管机关请求提供材料相关信息。

风险及保障

13. 接收者仅对安全接收、使用、存储和处置材料及衍生物负责。

14. 接收者承认从提供者接收的任意材料风险必须以特定使用目的为前提而进行评价。

15. 接收者承认以签署协议所担自身风险使用材料、衍生物并实现权利。

16. 接收者应就任何人对提供者、办公人员、雇员和代表就下列事项进行的主张而支付的所有费用、损失、损害和成本（包括完全损害赔偿基础上的法律成本）进行赔偿：

（1）接收者使用材料、衍生物及其他依据协议实现权利行为；

（2）接收者违反协议的行为。

材料转移

17. 接收者应尽可能地和必要地依据法律法规规定采取措施引入材料。

18. 接收者在提供者提出要求情况下有责任确保他能满足提供者所有的授予许可要求。

签约

19. 不管各当事方让与或转移协议，该方当事人权利未经书面许可不得转移。任何经许可的受让人必须以书面形式确认其受本协议相关规定约束。

20. 各当事方必须确保其办公人员、雇员和代表必须遵守本协议所设置义务，假如该义务得到个人遵守。

本协议依据提供国国内法律规定创设并受其约束。

协议签约方

提供者授权签约者　　　　　　　　接收者授权签约者

姓名（印刷体字母）　　　　　　　姓名（印刷体字母）

日期　　　　　　　　　　　　　　日期

地点　　　　　　　　　　　　　　地点

附件 A　用语含义

获取：对生物遗传资源拥有主权的国家（提供国）或其他主体允许获得生物遗传资源的行为。应注意该定义并未在 CBD 公约或《名古屋议定书》中明确，同时在其他国家或组织有可能含义各有不同。在所有具有约束力的法律文件中应明确该定义具体涵义。

欧盟相关规则将"获取"界定为"在《名古屋议定书》缔约国中获得生物遗传资源及其相关传统知识的行为"。

协议：本文件。

生物多样性银行：主要存储非人类、生物遗传资源及相关数据，拥有标准操作流程并为科学研究提供材料的机构。例如菌种保藏室、DNA 银行和组织细胞保藏室。

储藏：以保存和学习为目的对某些标准或样品进行管理的行为。这些行为通常与分享某些特征有关，如相同分类（如哺乳动物、昆虫、鲨鱼等），或来自于相同地理区域或生态系统，或由相同收集者或探险队收集。储藏行为通常由具有储藏职能的机构开展，例如天然历史博物馆、植物标本室、植物园、种子银行或生物多样性银行。

商业、商业化、商业目的：对利用原初生物遗传资源或筛查复合库的最终结果进行买卖和/或前期市场许可、开展市场评估、产品开发、通过买卖或许可以及其他方式申请、获得或转移知识产权或其他买卖或其他有形或无形权利。也包括任意组织如接收者为买卖、租赁、授权许可材料、子代材料、衍生物而筛查复合库以便生产或制作商品。处置费用（如提供 DNA 样本）、分析成本补偿、"入场费"等均属于公共机构管理和/或控制范围，该项费用并不包括利用生物遗传资源行为，前述行为也不被视为生物遗传资源研究活动的商业化。

数据：提供者提供给接收者与标本和/或储藏行为相关信息，包括但不限于证明信息、生物信息、分类信息、管控链条信息以及图片等。

衍生物：生物遗传资源或生物新陈代谢或遗传表达产生的天然生物化学合成物，但这不包括功能性遗传单元（《名古屋议定书》第 2 条）。

评估：同时包括材料的形成和测试。

遗传材料：具有遗传功能的动物、植物和微生物或其他来源的任何含有遗传功能单位的材料。

生物遗传资源：具有实际或潜在价值的遗传材料。（CBD 公约第 2 条及《名古屋议定书》定义）

全球基因组生物多样性网络：（GGBN）来自生命之树的、通过生物多样性研究和对存档材料进行长期保护的、管理得当的基因组织样品储藏全球网络。该网络依据国内法律和各国实践在生物多样性银行进行协作以便确保材料的质量标准、提升最佳实践、进行交互操作并协调生物遗传资源转移。

材料：本协议附件所列清单。

材料转移协议：双方机构创设含有有关标准或样品转移规定和术语，包括遗传材料的合同。

元数据：任何与材料有关的描述该材料原初证明或来源的数据。

转变：接收者使用材料创造的不同于原初材料、子代材料或非转变衍生物而拥有新特征的物质。转变具体包括但不限于 DNA 无性繁殖重组。

事先知情同意：生物遗传资源提供者和使用者就获取、使用条件以及各方利益分享而确定协议。

原初材料：储藏者最初交由提供者的材料。

所有权：由个人或机构拥有的与财产相关的所有法定权利；在某些国家也由产权转移或类似文件确认法律转移行为效力而确认所有权。

事先知情同意：生物遗传资源获取之前由提供国行政主管部门根据相应国内法制及机构框架授予许可，如使用者被允许或禁止从事与材料相关行为。

子代材料：未转变的材料后代（如再次培养材料或材料复制品）。

提供国/材料提供者（生物遗传资源提供国）：从就地条件或从移地条件下，即并非来自于就地条件，提供生物遗传资源（包括野生和驯养种群）的国家或个人。(CBD 公约第 2 条规定)

接收者：接受提供者提供材料的组织。

研究：系统性调查或研究材料及来源以便提供事实和达成新的结论。该行为并不包括任何商业或非商业开发应用。

样品：同标本含义相同。

种群：包括生物材料任何类别，在本协议中"种群"通常与"材料""样品"或"子样品"具有同样含义。本概念包括相关种群或材料但不限于寄生虫和消化道所含物。

提供者：提供材料所在方。

转移：从某个人或机构临时或永久传递材料行为。

非转变衍生物：构成非转变功能子单元或表现材料特征的产品和复制品，包括但不限于分馏或纯化后材料子集，包括已表达的蛋白质或抽取或放大的 DNA/RNA 片段。

使用：以实现处置标本和样品（生物和遗传材料）为目的，包括但不限于《名古屋议定书》对使用的界定。

使用者：使用标准和样品的个人或机构，包括但不限于《名古屋议定书》对使用的界定。

使用生物遗传资源：遗传和/或生物遗传资源生化合成物相关研究和开发活动，包括 CBD 公约第 2 条涉生物技术应用。

附件 B 材料

本协议所涉提供者提供的材料清单如附件 B。本附件构成本协议内容。

附件 C 其他相关文件

当某单一材料类型相关文件数量较多，与材料相关的所有文件复印件应附于本协议且应明确标明所涉种群。所有文件复印件均构成本协议内容。

全球基因组生物多样性网络标准材料转让协议*

引言

全球基因组生物多样性网络最初要求即是创设标准材料转让协议以便：

● 适用临时和永久转移活动（包括在协议终止或材料分析过程中发生的损毁）；

● 适用于网络成员、非网络成员及其他主体之间；

● 适用非商业使用，仅在提供者许可前提下开展商业使用；

● 严格将适用对象限制于基因组样本或分析。

单个标准材料转让协议被认为无法满足所有需求。从材料对外输出来看，临时转移要求（如借出）和永久转移要求多半不一致。

● 临时转移/借出指的是在转移过程中不改变材料所有权。一旦发生材料分析，材料无需全部或部分返还；

● 永久转移指的是在转移过程中改变材料所有权，新所有权人对材料享有相应权限和并履行相关义务。

此外适用于确定对外输出材料的标准材料转让协议亦能适用对内材料输出将更会凸显其价值。

因此现阶段标准材料转让协议包括三项具体协议：

MTA1——不改变材料所有权的提供基因组样本的全球基因组生物多样性网络标准材料转让协议；

MTA2——改变材料所有权的提供基因组样本的全球基因组生物多样性网络标准材料转让协议；

MTA3——改变材料所有权的接收基因组样本的全球基因组生物多样性网络标准材料转让协议。

---

* Global Genome Biodiversity Network：Standard Material Transfer Agreement（MTAs）.

文件编撰

全球基因组生物多样性网络政策与实践工作组通过若干成员国、CETAF成员和其他成员起草的文本创设前述标准材料转让协议。上述协议样本也被检视且制成常规格式以识别具体条款（See 'MTAs used as a basis'）。敬请联系全球基因组生物多样性网络政策与实践工作组秘书处咨询全球基因组生物多样性网络标准材料转让协议订立过程。

文件使用

全球基因组生物多样性网络认识到某些成员国已就材料转移创设议定书，某些情形还涉及标准材料转让协议，如分子分析领域。上述文件包括全球基因组生物多样性网络认为符合基因组样本以及能够共同构成完整标准材料转让协议的条款。研究机构希望单独或整体适用这些协议，或应及时向其通告最近协议文本情况。成员国也将对照最近文件检测自身文件是否有复制或不一致情形并按照要求对后者进行修正。前述 MTA1 协议经略微修改后也可作为现存借用协议的附件。

直到 2014 年 11 月，全球基因组生物多样性网络尚未收到有关协议的任何法律建议。全球基因组生物多样性网络也建议每家参与机构提供若干建议，因为法律管辖权完全取决于提供机构所处国家或区域，每家机构也希望依据本国法律单独适用。欧盟成员国建议考虑于 2014 年 10 月生效的欧盟第 511/2014 号《欧盟生物遗传资源获取和因使用产生的惠益进行公平公正惠益分享条例》，2015 年 10 月生效的欧盟实施法案以及各国国内法律。

本文件将有效地翻译成各成员国本国语言以确保法律详细审查和普遍适用。

本文件由各成员国签署。上述行为看似与改变所有权同样重要，但是该行为可能会在寻求法律建议时进行讨论。

全球基因组生物多样性网络成员国与非成员国区分

全球基因组生物多样性网络成员之间设定专门标准材料转让协议的最初意图是便利材料转让。不过，全球基因组生物多样性网络不具备约束力的备忘录也提到各成员应遵循道德标准/行为准则（全球基因组生物多样性网络行为准则并不视为对机构准则和/或行为标准的矛盾或替代）。

与国际植物园交易网络签署的越来越多的正式协议进行对比发现，前者在成员之间构建了一套普遍使用的模式并试图就成员间惠益分享安排、提供者有关利用行为明确和保密规定作出努力。

标准材料转让协议将会对提供国和获得材料的最初机构或个人之间任意法律协议中确定持续性条款发挥作用。标准材料协议本身即是法律契约，转移行为不仅涉及材料也包括附随的法律义务。即使全球基因组生物多样性网络成员缺乏法律确定意识，标准材料转让协议于各成员之间的适用亦不会出现成员与非成员之间的差异。

欧盟成员国额外（选择适用）条款

NHM 包括主题内容为转移的条款，或许对某些主体有些帮助。

"_____（某机构）有义务遵循英国和欧盟法律（如数据保护法案1998、信息自由法案2000）。因此 *NHM* 允许向第三方披露任何与以下明确列明的门类有关系的信息"。

上述条款亦可加入到标准材料转让协议中。

标准材料转让协议亦作为下列 MTA1 和 MTA2 的基础：

标准材料转让协议来自于

- Australian Tree Seed Centre（ATSC）（http：//www2. sl. life. ku. dk/dfsc/Extensionstudy/Forest%20Reproductive%20Material%20website/FRM−2844. htm）.

- CBS（a CETAF member）（http：//www. cbs. knaw. nl/pdf/MTA−CBS. pdf）.

- Center for Molecular Biodiversity，Zoologisches Forschungsmuseum A. Koenig，ZFMK.

- Danida Forest Seed Centre（DFSC）（http：//www2. sl. life. ku. dk/dfsc/Extensionstudy/Forest%20Reproductive%20Material%20website/FRM−2844. htm）.

- DNA Bank Network（GGBN）（http：//ggbn. org/ggbnDocuments. html）.

- International Poplar Commission（IPC）（Working Party on Genetics，Conservation and Improvement）（http：//www2. sl. life. ku. dk/dfsc/Extensionstudy/Forest%20Reproductive%20Material%20website/FRM−2844. htm）.

- Kew BDN Bank（GGBN member）（http：//apps. kew. org/dnabank/MTA. html）.

- NYBG（http：//sciweb. nybg. org/Science2/pdfs/Material_Transfer_Agreement.

pdf).

• Ocean Genome Legacy (GGBN) (http://www. oglf. org/MTA. htm).

• Oxford Forestry Institute (OFI) (http://www2. sl. life. ku. dk/dfsc/Exten-sionstudy/Forest%20Reproductive%20Material%20website/FRM-2844. htm).

• Senkenberg (GGBN) (http://ggbn. org/ggbnDocuments. html).

• Smithsonian (NMNH-Brazil).

• STRI (GGBN) (http://www. stri. si. edu/english/research/applications/permits/anam/export_ req. php).

• University of Copenhagen: (http://www. ku. dk//MTA_ general_ PST. doc). See also http://healthsciences. ku. dk/phd/current/supervision_ and_ research_ environments/collaboration/University_ of_ Copenhagen_ Guide_ to_ Reseachers_ and_ External_ Partners. pdf/.

标准材料转让协议亦作为下列 MTA3 的基础

• AMNH

• BIO, Canadian Centre for DNA Barcoding

• NHM UK-Transfer of Title to the Natural History Museum; Transfer of Title to the Natural History Museum Of Illicitly or Illegally Acquired Material

• RBG Kew-Donation of materials to the Royal Botanic Gardens, Kew (v1. 0 2012)

• Smithsonian Institution, NMNH (Brazil)

• University of Guelph

• ZFMK Biobank

MTA1-不改变材料所有权提供基因组样本的全球基因组生物多样性网络标准材料转让协议 *

━━━━◆◉◆◉◆━━━━

前言

1. 本协议适用于全球基因组生物多样性网络各成员之间以非商业目的进行分析和研究的、并不改变所有权/永久管理人的遗传材料的临时转移。本协议终止时未使用/消耗的材料应被_____（损毁或返还，可视情况删除）。

2. 全球基因组生物多样性网络活动受《生物多样性公约》（以下简称CBD公约）[1]以及《关于获取生物遗传资源以及公正和公平分享其利用所产生利益的名古屋议定书》[2]规范。各成员之间材料转移需满足使用者同意以及符合国际法和国际公约条件等条件。本协议即为提升科学研究和交换，同时认识到提供者最初获得材料的条件。当上述活动与材料相关规定相违背和/或不符合CBD公约规定时，提供者保留不提供任何材料的权利。

3. 有关术语界定见诸本协议附件一。

协议各当事方

提供者：

接收机构：

接收科学家：

4. 提供者将依据本协议附件二清单并在符合下列条件和规定情形下提供材料。

---

* Global Genome Biodiversity Network：Standard Material Transfer Agreement for provision of material with no change in ownership.

〔1〕 http://www.cbd.int/convention/text/.

〔2〕 http://www.cbd.int/abs/doc/protocol/nagoya-protocol-en.pdf.

材料及相关信息的所有权

5. 提供者保证提供材料不涉及任何第三方权利且并不因此而排除依据本协议规定向接收者提供材料。

6. 提供者保留所有材料和数据的权利（受与提供者共同商定条件的影响）。

7. 本协议任何规定不被视为应或可能授予接收者除符合本协议目的以外的任何使用权利或许可。

8. 提供者应自由、基于独立裁量权将材料分配给其他人基于任何目的和为自身而进行使用。

9. 除非明确提及，提供材料所涉所有数据版权由提供者所有。接收者仅在将数据独立适用于学术、教育或研究等场合；不得用于商业目的；接收者应承认数据来源得到"_____（提供者）"的许可。

10. 一般而言，未得到提供者许可前提下不得在出版物中改动材料相关数据（除非需符合编辑规范必须改动）。出版前对数据进行实质改动需经提供者同意。

11. 未经提供者书面授权前提下，接收者不得将材料全部或部分转移至第三方。

12. 接收者在如下情形保留所有权：

I. 改动（提供者保留材料的所有权除外）；

II. 经过使用材料或改变行为产生新物质，但不是未被改变的衍生物或改变行为本身（比如并不包括原初材料或未被改变的衍生物）。

请注意：若上述情形来自于接收者与提供者联合行动，需经单独协议重新协商确立共同所有权。

13. 如下所示有关文件，以及附在材料附件的文件均构成本协议部分。

☐ 收集许可

☐ 共同商定许可

☐ 事先知情同意许可

☐ 出口许可

☐ 进口许可

☐ 通知提供国第三方转移许可

☐ 提供国《濒危野生动植物国际贸易公约》注册证书

□ 其他许可（敬请标记）＿＿＿＿＿＿＿＿＿＿

国际认可的遵守证书数量有＿＿＿＿＿＿＿＿＿＿。

14. 接收者应保留与获得材料规定相关和提供者提供任何附随数据相关检索记录。

材料使用

15. 接收者仅能在非商业目的科学研究、教育和保护活动中使用材料及产生衍生物；接收者不得以盈利或其他商业运用为目的的售卖、分配或使用材料、衍生物或来自于材料使用或分析产生直接或间接成果。

惠益分享

16. 接收者应依据 CBD 规定就使用材料、子代材料及衍生物产生的惠益进行公平和公正的惠益分享。《名古屋议定书》已在附件中非穷尽式地列明货币和非货币惠益形式。[1]

17. 任何时候若依据协议规定来自于材料的产品或技艺未受知识产权保护且被确定为可能具有商业价值但事先未与提供者进行讨论，接收机构应立即停止下一阶段所有研究和与材料相关的活动并立即向提供者通告。接收机构应在与提供者签署生物遗传资源使用和惠益分享书面协议前停止开展任何具有潜在商业价值的活动。

18. 接收者应将利用相关的出版物复印件提供给提供者。

19. 接收者应在所有书面、电子版本出版物和报告中明确作为材料、储存 DNA 来源（如独一无二的 DNA 或凭单编号）提供者。

20. 接收者应随同提供者提供的唯一标识码向 Genbank/EMBL/DDBJ 提供序列数据，以及包括 Genbank/EMBL/DDBJ 登入号码在内的数据存储清单。任何提交给 Genbank/EMBL/DDBJ 的额外数据需与最初标本和提供者提供的登入号码联系。

21. 在任意出版物，或提交至公共数据库文档中，接收者应包括下列数据使用声明："本论文中有关遗传材料的数据/这些数据"出版仅能用于非商业使用。除非商业科学研究以外的目的利用行为将会破坏生物遗传资源最初获取的条件，同时应与＿＿＿＿＿＿＿（相关论文作者/序列数据存储方进行联络）和/或寻求生物遗传资源最初提供者许可。

---

〔1〕 http：//www. cbd. int/abs/text/articles/default. shtml？sec＝abs-37.

22. 接收者同意在任意和所有与利用相关的出版物中承认提供国为材料来源。

23. 接收者同意在任意和所有与利用相关的专利申请中承认提供国为材料来源。

风险与保证

24. 接收者对安全接收、使用、存储和处置材料及衍生物负独立责任。

25. 接收者应赔偿提供者及其工作人员、雇工和代理（受害者）引起的或应对任何人就下列事项而提起权利主张而导致的赔偿相关的费用、损失、损害和成本（包括拥有完整损害基础而导致的法律成本）：

（a）接收者使用材料及衍生物，及依据本协议实现其他权利行为；

（b）接收者违反协议的行为。

26. 提供者不对任何种类，不管是明示还是暗示，有关材料、子代材料和衍生物的特性、安全性、可销售性以及与特定目的的符合性，以及所提供DNA的准确性或可靠性负责。

27. 提供者并不对任何分析失败的结果负责（如DNA提取、聚合酶链式反应、排序反应等）。

材料运输

28. 接收者应依据相关法律、法规规定采取合适和必要措施输入（包括在合适的时机返还）材料。

29. 接收者应有义务确保他能提供所有提供者要求提供的许可文件。

协议

30. 合作各方不能在未经对方书面同意的前提下获得权力或将协议委托或转移。任何经认可的受托人也应以书面形式表示接受协议规定约束。

31. 一旦某个人受到本协议规定的义务约束，各合作方应确保其工作人员、雇员和代理都能履行这些义务。

32. 本协议将于下列发生最早的时间内终止：

（a）接收者现阶段有关材料研究活动结束之时；抑或

（b）合作各方提前30天书面通知；抑或

（c）材料转让协议/合同于_____年_____月_____日提前终止。

33. 若协议以第 32 条第 1 款规定终止，接收者应依据提供者意愿停止材料使用，并

☐ 返还任何未消耗的材料及衍生物；

☐ 毁损任何未消耗的材料及所有衍生物；

☐ 毁损任何未消耗的材料但仍然保留适用于衍生物的规定；

☐ 以书面形式通知提供者有关未消耗材料和所有衍生物的处置情况，比如聚合酶链式反应产品、圆形排序产品或相关副产品，并要求提供者依据欧盟第 511/2014 号规则规定履行 20 年报告义务的开始时间。

34. 一旦提供者依据第 32 条第 2 款规定终止，除了违反协议规定或与事先共同商定条件存在冲突之外，提供者应满足接收者的请求至少将终止期限推迟 1 年以上已满足研究进程完成需要。

而在终止有效期限或因应要求而延迟的终止期限到来时，接收者应停止材料使用并依据提供者意愿，返还或毁损任何未消耗的材料及衍生物。接收者也可行使自由裁量权或者毁损衍生物，或保留适用于衍生物的规定。

35. 本协议的失效或终止，不得影响本协议所设定的义务。

36. 本协议相关行为和解释均受_____（提供国）法律约束。

MTA2-改变材料所有权的提供基因组样本的全球基因组生物多样性网络标准材料转让协议*

引言

1. 本协议适用于全球基因组生物多样性网络各成员之间以非商业目的进行分析和研究的、并改变所有权/永久管理人的遗传材料的永久转移。

2. 全球基因组生物多样性网络活动受《生物多样性公约》（以下简称CBD公约）〔1〕以及《关于获取生物遗传资源以及公正和公平分享其利用所产生利益的名古屋议定书》〔2〕规范。各成员之间材料转移需满足使用者同意以符合国际法和国际公约等条件。本协议即为提升科学研究和交换，同时认识到提供者最初获得材料的条件。当上述活动与材料相关规定相违背和/或不符合CBD公约规定时，提供者保留不提供任何材料的权利。

3. 有关术语界定见诸本协议附件一。

协议各当事方

提供者：

接收机构：

接收科学家：

4. 提供者将依据本协议附件二清单并在符合下列条件和规定情形下提供材料。

5. 提供者保证提供材料不涉及任何第三方权利且并不因此而排除依据本协议规定向接收者提供材料。

---

* Global Genome Biodiversity Network：Standard Material Transfer Agreement for provision of material with change in ownership.

〔1〕 http：//www.cbd.int/convention/text/.

〔2〕 http：//www.cbd.int/abs/doc/protocol/nagoya-protocol-en.pdf.

6. 提供者也无需就使用材料不会直接或间接侵害与所提供材料相关的第三方专利或其他财产权利而做任何表示或保证。接收者也应确认有职责确保所接收材料是或可能符合专利或专利申请要求。

7. 如下所示有关文件，以及附在材料附件的文件均构成本协议部分。

☐ 收集许可

☐ 共同商定许可

☐ 事先知情同意许可

☐ 出口许可

☐ 进口许可

☐ 通知提供国第三方转移许可

☐ 提供国《濒危野生动植物国际贸易公约》注册证书

☐ 其他许可（敬请标记）_____

国际认可的遵守证书数量有_____。

8. 接收者应保留与获得材料规定相关和提供者提供任何附随数据相关检索记录。

获取和利用合同附件材料产生的惠益分享

9. 接收者同意遵守事先知情同意和共同商定条件以及其他可供使用的最初获取材料的其他任意条件，接收者亦应在任何与事先知情同意和共同商定条件相冲突的情形出现时事先与提供者沟通。

10. 仅能以附随的规定和条件使用转移的材料。

11. 接收者应依据 CBD 规定就使用材料、子代材料及衍生物产生的惠益进行公平和公正的惠益分享。《名古屋议定书》已在附件中非穷尽式地列明货币和非货币惠益形式。[1]

12. 提供者因应提供国主管部门的请求提供有关材料信息。

风险和保证

13. 接收者对安全接收、使用、存储和处置材料及衍生物负独立责任。

14. 接收者承认任何从提供者处接收的材料均应以潜在使用行为为基础进行评价。

15. 接收者承认依据自身风险使用材料、衍生物和实现协议创设的权利。

---

〔1〕　http://www.cbd.int/abs/text/articles/default.shtml? sec＝abs-37.

16. 接收者应赔偿提供者及其工作人员、雇工和代理（受害者）引起的或应对任何人就下列事项而提起权利主张而导致的赔偿相关的费用、损失、损害和成本（包括拥有完整损害基础而导致的法律成本）：

（a）接收者使用材料及衍生物，及依据本协议实现其他权利行为；

（b）接收者违反协议的行为。

材料运输

17. 接收者应依据相关法律、法规规定采取合适和必要措施输入（包括在合适的时机返还）材料。

18. 接收者应有义务确保他能提供所有提供者要求提供的许可。

协议

19. 合作各方不能在未经对方书面同意的前提下获得权利或将协议进行委托和转移。任何经认可的受托人也应以书面形式表示受协议规定约束。

20. 一旦某个人受到本协议规定的义务约束，各合作方应确保其工作人员、雇员和代理都能履行这些义务。

21. 本协议相关行为和解释均受_____（提供国）法律约束。

MTA3-改变材料所有权的接收基因组样本的全球基因组生物多样性网络标准材料转让协议

引言

1. 本协议适用于全球基因组生物多样性网络接受的材料。

2. 全球基因组生物多样性网络活动受《生物多样性公约》（以下简称CBD公约）〔1〕以及《关于获取生物遗传资源以及公正和公平分享其利用所产生利益的名古屋议定书》〔2〕规范。

3. 接收者保留不接受任何材料的权利以及接收行为违背和/或不符合CBD公约规定时，接收者有权撤销接收决定。

4. 有关术语界定见诸本协议附件一。

协议各当事方

提供者：

接收机构：

接收科学家：

5. 提供者将依据本协议附件二清单并在符合下列条件和规定情形下提供材料。

材料和相关信息的所有权

6. 提供者保证提供材料不涉及任何第三方权利且并不因此而排除依据本协议规定向接收者提供材料。

7. 提供者应证明所获得、出口、进口的材料符合适用成文法规定以及

---

〔1〕 http://www.cbd.int/convention/text/.

〔2〕 http://www.cbd.int/abs/doc/protocol/nagoya-protocol-en.pdf.

CBD 公约特殊规定。

8. 如下所示有关文件，以及附在材料附件的文件均构成本协议部分。

☐ 收集许可

☐ 共同商定许可

☐ 事先知情同意许可

☐ 出口许可

☐ 进口许可

☐ 通知提供国第三方转移许可

☐ 提供国《濒危野生动植物国际贸易公约》注册证书

☐ 其他许可（敬请标记）_____

国际认可的遵守证书数量有_____。

9. 接收者应保留与获得材料规定相关和提供者提供任何附随数据相关检索记录。

10. 提供者应不可改变地和无条件地免费转移若干事项，包括任何权利，如版权或其他与_____（接收者）所有权人相关使用和商业开发权利，同时确认提供者不会对所有权或因转移特定事项而导致的赔偿或与接收者相对的若干事项的所有权主张后续权利。上述事项包括接收者处置、加工、出版或传递材料或数据权利不受限制，只要提供者持有的材料符合材料获取时许可条件（许可、事先知情同意、共同商定条件等），以及后续修改和属于第 13 段协议附件。

接收条件

11. 接收者依据下列条件接收材料：

（a）标本与接收者活动范围和目标相关且保持一致；

（b）接收者原则上愿意，但不强制接收材料和相关数据；

（c）提供者应将样本、收集完整数据以及可能情况下的深度分类结论，通过接收者提供的有效数据形式同时提交给接收者。若仅将完整标本的二次分子抽样样品捐赠给接收者，相关凭单信息也应提供（如形态学凭单的存储数据，包括凭单 ID 号）。

材料使用

12. 提供者若希望禁止向第三方提供材料或以其他方式限制使用，他们应在捐赠开始时以书面形式作出声明并将其列于附件。否则提供者上述权利将归于灭失。

惠益分享

13. 接收者同意遵守事先知情同意和共同商定条件以及其他可供使用的最初获取材料的其他任意条件，接收者亦应在任何与事先知情同意和共同商定条件相冲突的情形出现时事先与提供者沟通。

协议

14. 本协议相关行为和解释均受_____（接收国）法律约束。

附件一：材料转移协议相关的术语界定

获取：是指受拥有资源主权国家（提供国）的许可对生物遗传资源进行获取/取样。CBD 公约和《名古屋议定书》并未对何谓"获取"进行界定，在某些国家或组织意义各异。各方一致同意的定义也应包括在所有法律文件中。

欧盟法规将"获取"界定为"在《名古屋议定书》缔约方中获取生物遗传资源或相关传统知识"。

协议：本文件。

生物多样性银行：是指收集、保存、存储和提供典型非人工、生物样本和样本的、遵从标准操作流程并提供材料用于科学研究的机构。包括天然历史博物馆、植物标本馆、植物园、培养物保藏室、种子银行和基因银行。

收集：是指某类标本或样本可以被共同观察、研究和保存。它们通常通过分享某些特征而被集中，如属于相同分类（如哺乳类、昆虫类、鲸类），来自于相同地域或生态系统，或由同一位收集者或相同收集地点收集。收集行为通常由具有筹集功能机构开展，前述生物多样性生物银行或许也会进行收集，包括收集那些对整个生物体并无太多用处的标本。

商业化和使商业化：是指通过售卖、获得许可或其他方式申请、获得或转移知识产权或其他有形、无形权利，开始产品设计，包括市场研发、寻求先期市场许可和/或售卖任何以利用最初生物遗传资源为基础的产品。处置费用（如提供 DNA 样本）、入场费等全部属于公共研究机构管理和/或行政管理的成本范围，并不包括生物遗传资源利用，也不被视为生物遗传资源研究活动的商业化。

商业目的：从本协议创设目标来看，商业应用是指：通过售卖、获得许可或其他方式申请、获得或转移知识产权或其他有形、无形权利，开始产品设计，包括市场研发、寻求先期市场许可和/或售卖任何来自于材料或衍生物分析的数据或产品的行为。

或售卖、租售，或许可材料、二代材料、衍生物的行为；通过任意组织、包括接收者销售材料、二代材料、衍生物以开展合同缔结、甄选复合实验室、生产或制造产品以供销售、开展研究活动以促进任何售卖、租售、许可或转移材料、二代材料或衍生物至盈利组织的行为。

下列行为并不被视为商业利用行为：

工业赞助学术研究活动，除非符合以上有关商业目的界定的诸多条件。

处置费用（如提供 DNA 样本）、入场费等全部属于公共研究机构管理和/或行政管理的成本范围，并不包括生物遗传资源利用，也不被视为生物遗传资源研究活动的商业化。

数据：除非明确声明，信息包括位置和其他手机信息、许可和协议，以及提供者提供的与材料相关其他任何信息。

衍生物：是指天然产生于生物遗传资源或生物新陈代谢或遗传表达的生物化学复合物，即使它并不包括遗传功能单元（《名古屋议定书》第 2 条定义）。

交换：也称"转移"或"永久提供"，依据最初协议规定将标本永久转移至第三方。

评估：是指对材料的构想和材料测试。

遗传材料：是指来自植物、动物、微生物或其他来源的任何含有遗传功能单位的材料。

生物遗传资源：是指具有实际或潜在价值的遗传材料。

全球基因组生物多样性网络：是指一个将来自于生命之树的 DNA、具有基因组品质的组织标本进行良好管理的、通过生物多样性研究并对存档材料进行长期保护的赢利性收集机构。该系统将促进生物多样性存储机构之间的协作以便确保实现高品质标准，提升最佳实践，确保机构之间的互动，并以符合国际和国内法律、法规规定方式协调材料交换。

材料：是指本协议保留的项目清单。

材料转移协议：是指机构双方之间就转移标本或样品，包括遗传材料的规定和条件签署的协议。

修正：是指接收者使用材料创设的并非原初材料、二代材料或未改变的衍生物且具有新产权的物质。修正物包括但不限于经 DNA 重组的无性繁殖个体。

共同商定条件：是指生物遗传资源提供国与使用者之间就获取、使用条件以及惠益分享签订的协议。

原初材料：是指储存者最初提供给提供者材料。

事先知情同意：提供国行政主管部门以符合适当国内法制和机构框架规定就使用者事先获取生物遗传资源授予许可，如使用者能或不能对材料做什么。

二代材料：未经改变的（如复制或再次培养）后续材料。

提供国/材料提供者：是指供应生物遗传资源的国家，此种生物遗传资源可能取自原地来源，包括野生物种和驯化物种的种群，或取自移地保护资源，不论是否原产于该国（CBD 公约第 2 条）。

接收者：是指提供者转移材料的组织。

研究：是指系统性地开展调查或研究材料和资源以便建立事实和达成结论的行为。但该行为并不包括任何商业应用开发。

标本：包括任意类型的生物材料。在本协议中，"标本"通常与"材料""样本"或"次级样本"系同义词。本概念也包括仅指寄生虫或消化道内容物的标本和材料。

提供者：是指提供材料的当事方。

未改变衍生物：是指构成未改变功能二级单位或与材料相关的产品的复制品或物质，包括但不限于，材料子集的提纯或分离，包括蛋白质表达或抽取或放大 DNA 或 RNA。

使用：是指安置样本和标本（生物和遗传材料）的目标，包括但不限于《名古屋议定书》所示意思。

生物遗传资源利用：是指包括通过 CBD 公约第 2 条界定的生物技术应用方法，对遗传和/或生物遗传资源生物化学构成物进行开发和研究。（《名古屋议定书》相关定义）

瑞士科学院非商业研究获取和惠益分享协议[*]

前言

本协议目标是以《生物多样性公约》（以下简称"CBD 公约"），特别是该公约第 1 条、第 8（j）条、第 15 条和《关于获取生物遗传资源并公正和公平分享通过其利用所产生惠益的波恩准则》等为依据为生物遗传资源和相关传统知识各当事人进行惠益分享设置规定。

本协议包括依据 CBD 公约第 15 条第 7 款设置的共同商定条件。

本协议希望促进非商业性，如分类学、生态学、生化及遗传学等领域学术研究，并促进保护、环境友好型及可持续利用生物遗传资源的实现。

本协议目标是在考虑生物遗传资源获取、提供各方关切基础之上为各当事人之间合作、透明化、沟通和信任提供合理基础。

评论：

《生物多样性公约》第 1 条创设三项目标，即保护生物多样性、持续利用其组成部分以及公平合理分享由利用生物遗传资源而产生的惠益；实施手段包括生物遗传资源的适当取得及有关技术的适当转让，但需顾及对这些资源和技术的一切权利，以及提供适当资金。

第 15 条规定获取生物遗传资源应用于无害环境之用途，获取需经提供这种资源缔约国事先知情同意，提供国和使用国应以共同商定条件协商确定惠益分享。

第 16 条认为获得技术和转移技术均为实现本公约必不可少的要求。它要求各缔约国向其他缔约国提供和/或便利取得并向其转让有关生物多样性保护和持续利用的技术或利用生物遗传资源而不对环境造成重大损害的技术。

上述条款囊括 CBD 公约有关获取和惠益分享最核心的内容。不过各缔约

---

[*] Agreement on Access and Benefit Sharing for Non-Commercial Research: Sector specific approach containing Model Clauses from Swiss Academy of Science.

方仍可自由和鼓励以符合该公约其他规定和规则如第 7 条（查明和监测）、第 12 条（研究和培训）、第 17 条（信息交换）、第 18 条（技术和科研合作）、第 19 条（生物技术的处理和惠益分配）为前提规范相关活动。

第一条　协议各当事方

本协议是在_____（时间）由如下各方：

_____

（如各国获取和惠益分享行政主管部门、代表该部门有权签署实施本协议的个人）

以下统称"提供方"。

和如下各方：

_____

（如应负责的研究机构、代表该机构有权签署实施本协议的个人）

以及_____（如授权主管或研究团队成员以及授权研究人员）

以下统称"使用方"。

评论：

本协议仅供各当事方起草使用。"提供方"即为符合提供国国内法行政主管机关。依据 CBD 公约他必须履行相应义务。

本协议也适用于授权机构如联邦政府的协商谈判。

不过本协议并不适用于如下情形，如依据提供国国内法与私人比如地主签署额外的或辅助的协议。

使用方仅能为研究机构，研究人员个体仅能作为该研究机构代表。

若提供方为传统知识持有人，研究人员（即使用者）和传统知识持有人（个人、社区和该社区法定代表人）仍需单独签署协议。

现有协议已尽可能在与研究机构、政府部门协商过程中考虑传统知识持有人利益。

使用方和提供方的数据均可用于各方沟通时的参考和联络点。从提供方来看，研究机构应在整个协议实施中起重要作用。从使用者来看，各国政府部门或行政机关应对协议实施负责。

第二条　事先知情同意

评论： CBD 公约第 15 条指出获取生物遗传资源需经提供这种资源缔约国事先知情同意。

本条提供两种路径以供选择。

选择一：本协议的缔结以提供方向使用方预先授予事先知情同意许可为基础。该事先知情相关文档附在协议后并被视为属于本协议一部分。

评论：本路径适用于以预先事先知情同意为基础的生物遗传资源获取活动。

选择二：提供方确认他已收到使用方开展研究活动通知并同意在符合本协议研究项目相关规定基础上从就地/移地条件下使用方提供生物遗传资源。

评论：本路径适用于提供方确定事先知情同意属于共同商定条件。

研究项目相关人员应提供获取资源信息、获取计划以及未来或拟分享惠益。

第三条　本协议目标

本协议目标以如下术语说明：

1. 获取生物遗传资源；

2. 以符合事先知情同意方式进行使用；

3. 尽可能地向第三方转移；以及

4. 获取生物遗传资源进行惠益分享。

评论：若研究项目获取对象包括生物遗传资源相关传统知识，该惠益分享应与传统知识持有人依据提供国国内法（若该法确已存在）另行签署独立的、辅助性的协议。

第四条　术语

本协议相关术语与 CBD 公约第 2 条规定具有相同含义，除非本条另有规定。

评论：本条包括本协议使用术语的标准含义。不过各当事方仍可以符合自身需要，尤其是符合拟开展研究活动需要自由替换或自定义相关规定。各当事方也可通过排除或采用不同选择对上述定义进行扩大或缩小解释。

4.1 生物遗传资源

生物遗传资源是指具有实际或潜在价值的遗传材料。

选择一：遗传材料是指任何来自于动物、植物、微生物或其他包括遗传单位功能的材料。

选择二：遗传材料包括活性或已死亡的资源。

选择三：遗传材料包括上述材料之衍生物。

4.2 衍生物

选择一：衍生物是指以生物遗传资源为基础且通过表达、复制、描述或数字化等技术产生产品。

选择二：衍生物是指来自于生物遗传资源并实质被改变而具有全新属性的物质。

4.3 商业化

商业化是指对使用生物遗传资源以产生任意类型的实质或潜在经济效益。

这意味着尤其是任何对生物遗传资源的许可、租赁、销售行为和/或通过申请专利、获取知识产权或其他有形、无形权利的方式产生的产品都属于商业化表现。

商业化也包括将生物遗传资源任意转移给盈利机构。

评论：此处"商业化"的定义也可用来指具有商业因素的行为或活动。

集中确认资源是否转移给商业机构行为本身而非使用者是否具有商业开发的意图是更为实际的做法。

4.4 共同商定条件

共同商定条件是生物遗传资源和相关传统知识提供方和来源方依据提供国国内法律签署协议。共同商定条件为生物遗传资源和相关传统知识获取及公平、公正的惠益分享设置条件。它们适用于各种特定的获取情形。

评论：共同商定条件可包含在一份文件中，或以主文件和与特定利益相关方签署辅助协议形式存在。

4.5 传统知识

选择一：传统知识是一种对保护和可持续利用生物资源至关重要和/或具有经济社会价值的、在土著和当地社区发展多年的、逐步累积的知识。

选择二：传统知识是指与生物遗传资源相关的具有实际或潜在价值的由个人或集体实践的信息。

4.6 事先知情同意

事先知情同意是指提供方做出单边声明称他/她已获悉拟开展的研究相关信息并将向对方提供后者所要求的生物遗传资源。

评论：事先知情同意包括同意研究许可。

4.7 产品

产品是指通过研究或研究/开发从生物遗传资源获得、提取、生产的商品，如通过分析生物遗传资源而产生的信息或数据。

4.8 后代

后代是指未经改良的生物遗传资源后续产物。

4.9 第三方

第三方是指除提供方以外的任何人或机构，但受到提供方控制或监督的使用方或协作方。第三方并不受协议规则和条件约束除非得到使用方同意。

评论：关于第三方关系详见 CBD 公约第 8 条。

4.10 未经授权的个人

未经授权的个人是指未经使用者授权而控制生物遗传资源的人。

第五条　已获取生物遗传资源

使用者可获取如下生物遗传资源：

_____（如列明可获取生物

遗传资源的清单)

评论：当事方此处可列明种群名称或材料菌株情况，或其他能够用于确定生物遗传资源的其他属性。

选择一：若使用者在签署协议的同时并不知晓保存在收集场所的种群/菌株情况，所收集的种群/菌株常规情况应尽可能地在通过附件形式予以表现。

在实物样本收集完毕后若干月内研究人员应将田野记录内已收集实物样本清单提交给提供方。

评论：这份清单应包括已确认或未确认种群信息。若在提交的清单中含有未确认的种群/菌株，应做出下列选择。

选择二：若已收集实物样本未在前述给定时间内通过清单确认，它们经过确认的信息应在可行的情况下尽快与使用者分享。

第六条　使用

材料应以非商业目的使用，包括开展学术研究和收集，以及用于培训、教学和教育。

使用方必须遵守使用方、提供方国内法律和其他国际法律。禁止以任何商业目的使用材料或衍生信息。

选择一：遗传材料仅能以如下目的使用：

_____。

第七条　使用目的从非商业目的至商业目的的转变

禁止对生物遗传资源及其相关信息进行商业使用。

任何从非商业目的至商业目的的转变的使用行为需先获提供方书面事先知

情同意。商业化的相关规定应纳入相关各方新签署的共同商定条件。

第八条　生物遗传资源和相关传统知识第三方转移

以学术研究和收集、培训、教学和教育或其他非商业目的向第三方转移活动应以使用者承诺第三方已知晓协议相关规定并将以该协议相关义务同样约束后续接收方为条件。

评论：使用者以协议相关规定限制第三方行为是非常重要的，这种做法有助于避免生物遗传资源不经控制的流转。

若第三方个人或机构被任命进行特定分析和技术辅助工作，该协议规定必须包括关于开展合作的内容。

选择一：使用方应每年向提供方提供一份接受生物遗传资源转移的第三方清单。

选择二：使用者应依据协议相关规定保存任何将生物遗传资源转移给第三方的可供检索的记录。

选择三：使用者应与第三方签署一份要求第三方以协议规定相同义务使用和转移生物遗传资源和相关传统知识的协议。

评论：选择一至选择四分别设置不同控制维度。各当事方应依据自身需要做出选择以反映不同控制维度。

选择四：生物遗传资源和相关传统知识应在提供者提供书面同意和依据提供方与第三方共同商定条件规定向第三方转移。为科学确认而将生物遗传资源临时转移给分类学专家行为除外。

评论：选择四是一项极其严格的措施。它适用情况首先需是遗传材料包括传统知识。即使目前问题是传统知识的保护，该选择创设初衷即认为提供者应有需要继续维护知识保密性，因此会严格控制生物遗传资源和相关传统知识进一步转移。

选择五：使用者有权在收集并储存生物遗传资源并为开展研究如植物标本室、博物馆和培养储藏室等而允许其不受限制地获取。

选择六：若生物遗传资源以教育目的转移至移地活性生物遗传资源保存机构（如动物园、植物园）等，这些机构——除本协议设置义务之外——还应采取合适的防范措施以禁止生物遗传资源被未经授权的人占有。

选择七：生物遗传资源和使用或储存受到特定条件或禁止性规定限制，当生物遗传资源转移至第三方时，这些条件或禁止性规定（包括任何指示性信息）应明示于标签或其他与样本有联系的地方。

评论：研究人员必须面对有关生物遗传资源处理的特定条件或禁止性规定并不清晰或并非明确显示（如在样本之上）的情况。因为即使他们想遵守上述规定也可能无法如愿。

本规定宗旨是当关于生物遗传资源使用特定条件或禁止性规定未能明确提示使用者的时候试图免除它的任何责任。这也包括未对标本进行标记或未提供标本参考信息（如在互联网）的情形。

第九条　惠益分享

获取和使用生物遗传资源产生的惠益应在符合 CBD 公约创设原则前提下与使用者公平、公正地分享，惠益分享基本形式有：

（1）若有兴趣，应向提供方提供本地研究人员参与研究活动的机会；

（2）一旦书面或口头出版研究成果应完全承认生物遗传资源来源；

（3）若包括生物遗传资源相关传统知识，一旦提供方提出要求，使用者出版研究成果或口头发表应完全承认生物遗传资源和相关传统知识来源；

（4）提供方有权接收所有出版物复印件；

（5）研究成果应以合适方式并符合提供方合理要求向所有利益相关方（如社区、土著居民）传播；

（6）若情况允许，以符合最佳科学实践的做法与提供方的储藏室分享标本复制品。

此外，使用方也同意进行如下惠益分享：

_____

评论：若情况允许，第九条列举的形式应是进行惠益分享的最低标准。鼓励各当事方扩充惠益形式和增加惠益内容。本协议附件也附有《波恩准则》非货币惠益相关规定。这些惠益形式也包括本协议第九条规定。各当事方也可不按本条规定另行设置惠益形式和内容。

第十条　提供方的权利和义务

本协议第一条规定提供方应成为本协议实施过程中使用方联络点。

提供方有义务便利生物遗传资源获取。具体包括符合提供方以及出口许可相关国内、地区规定便利申请获取许可。

选择一：提供方应设置/任命如下机构_____为在本协议实施过程中使用方的联络点。

联络点联络的内容已附于本协议附件_____。

提供方有权以双方协商一致的条件从使用者处接收研究状态信息（见第

12 条报告规定）。

评论：这是技术联络点。它或许与本协议第一条规定略有不同。本技术联络点将作为第一条的代表和接受后者指挥。

提供方有权获得研究状态信息的不同选择已由本协议第十二条规定。

选择二：提供方有权要求使用方提供项目相关部分的进展分析报告：

_____（罗列具体部分）

提供方应确认已具备开展前述分析获得的必要条件（如设备、人员和消耗品）。

使用方应确认他/她为具有实现本协议的必要资源（如资金、时间）。

评论：通过在提供方境内开展部分研究活动，提供方的研究人员有机会全身心参与研究活动。不过，本条有关"提供方权利"而不是"惠益分享形式"的措辞的主要理由是前者实现高度依赖于提供方技术能力。

第十一条　使用方的权利和义务

使用方有权借助行政力量的支援和指导更为便利地获取提供方的获取申请许可。

除非提供方书面同意，使用方不得以任何商业目的使用研究活动产生的生物遗传资源或衍生物，也不得对生物遗传资源相关产品进行商业化。

使用方有义务尽可能地采取措施防止未经授权的人占有生物遗传资源。

使用方有义务在相关信息公之于众之前向提供方通报任何未曾预见的、具有潜在商业价值的研究成果。

评论：若提供方希望以研究成果申请专利，提供方应有必要避免披露信息（如发表研究成果）。这是因为由于缺乏新颖性而不能被知识产权保护。

选择一：若研究活动与生物遗传资源相关传统知识相关，使用者有义务在遵守相关国际、国内和地区法律规定和提供方说明前提下从事相关活动。不论如何使用者均有义务尊重传统知识持有人习惯法和适用道德准则。

评论：有关传统知识国际法律有 1948 年《世界人权宣言》、国际劳工组织 169 号公约、《里约宣言》《21 世纪议程》以及《生物多样性公约》等。

提供方有权告知使用方如何使用含有传统知识的生物遗传资源。该项权利相关规定既可通过额外规定也可通过协议附件予以明确。

道德准则可参见：国际人种生物学会道德准则（2008 年修正版）

http://ise.arts.ubc.ca/global_ coalition/ethics.php

道德准则内容是用来确保土著和当地社区文化和智慧财产能得到尊重。

详见 CBD 公约第 8（j）条跨部门不设名额特设工作组报告和 UNEP/CBD/
COP/10/2.

选择二：为了符合国内法规定，使用方可与传统知识持有人和/或生物遗传资源所在私人土地主签署辅助协议。

本辅助协议构成本协议组成部分。

评论：这份辅助协议效力取决于提供方国内法律有关与国家以外其他主体（如联邦政府、传统知识持有人、土著和当地社区、私人土地主等）签署协议的义务规定。

第十二条　分享数据

使用方同意提供方有权获取如下研究成果相关数据：

_____；

使用方应就提供方获取数据提供便利条件。

提供方同意仅将这些数据用于研究活动，提供方需获得使用方的同意。

评论：本条款为了长期获取使用方产生数据而设，这些数据内容早已超出出版物范围。提供方也应及时向其他各方叙明哪些信息对其重要。本条也应包括数据转移的方式和数据/信息的描述如时限、转移手段等。

本协议各方应考虑数据转移的潜在障碍及可能对其带来的影响。例如，若提供方与使用方之间存在语言障碍，本协议各方将会确定运用哪种语言为官方语言或一旦拥有更多选择或其他情形而确定使用这些数据的特定标准等。

选择一：即便共同开展研究，提供方和使用方也可单独签署获取数据协议并将其作为本协议组成部分并附于附件（附件_____）。

评论：报告义务取决于研究活动特殊性质和提供方利益主张。他/她也可在不同时期要求获取各种不同信息。

第十三条　报告

使用方应在符合提供方相关要求如结构、信息等基础上向提供方提供书面报告。

选择一：使用方应在研究活动完成后提交年度报告。

选择二：根据提供方的要求，使用方应在研究活动完成后提交年度报告。

评论：至此，依据数据复杂程度和时间安排，本协议可提供各种不同选择以满足各当事方需要。

不过，本协议各当事方应权衡并作出决定并使该选择最能符合便利条件或自行创设相关最能符合其需要的规定。各当事方均能以最详尽方式自由确定报告内容和结构以及确定报告提交时间。

选择三：依据提供方要求，使用方应在研究活动完成后提交年度书面报告。该报告应包括转移生物遗传资源给第三方清单。

选择四：若提供方是私人，依据他/她的请求，这份报告应由使用方翻译成当地语言并尽可能地适用于普通民众。

第十四条　知识产权

使用方不得对前述情形下收到的任何生物遗传资源主张知识产权。

若使用方对研究成果申请知识产权的行为将视为改变使用目的因此直接适用于本协议第七条相关规定。

若提供方希望就研究成果申请知识产权，行为将视为改变使用目的因此直接适用于本协议第七条相关规定。尤其是知识产权权利主体和来自知识产权价值如何分配等问题亟待协商。

评论：本协议第 15 条选择三即是有关提供方想申请知识产权的情形。

本协议第 7 条是有关获取行为从非商业目的转至商业目的的规定。

第十五条　出版

使用方有权依据本协议第六条规定和最佳科学实践做法出版生物遗传资源相关研究成果。生物遗传资源来源应被予以承认。

选择一：使用方有权依据最佳科学实践做法出版生物遗传资源相关研究成果。生物遗传资源和相关传统知识的来源应被予以承认。

选择二：生物遗传资源相关传统知识持有人有权依据某些理由，如为了精神事由；防止生物遗传资源被消耗和/或防止卫生部门不当或有害使用传统知识等要求对特定信息进行保密＿＿＿＿＿＿＿＿＿＿（如具体信息描述）

选择三：若使用方在研究过程中发现生物遗传资源存在任何未被预见的潜在商业利益，他/她有义务在上述信息公布之前通报提供方。

若提供方准备继续从事商业活动，该事项将通过双方依据本协议第七条进行协商。提供方同意不阻止使用方开展研究活动，除非利益迫切相关和对所有权益以清晰界限进行判断。

评论：本项规定考虑到提供方对出版物是否减少他/她获取生物遗传资源商业价值的机会这一问题。另一方面来看它也考虑到使用方利益不能因提供方有关材料商业化决策而受到明显影响或研究活动延迟进行。

选择四：若由于提供方试图对研究成果申请专利而阻止使用方出版研究成果，提供方应在＿＿＿＿＿＿＿个月内提交专利申请文件。在双方协商一致时期后，提供方若仍未提交专利申请，使用方有权继续出版研究成果。

第十六条 协议终止后生物遗传资源处理

在项目结束后，生物遗传资源应依据本协议第六条规定进行储存或处置。

选择一：若协议终止或履行完毕后生物遗传资源已被储存或处于公共保存状态，这些遗传材料仅能依据协议规定相同条件再行使用。

第十七条 协议终止和期限

本协议应在＿＿＿＿＿＿＿＿＿＿终止且以各当事方协商一致重新生效。

选择一：本协议应被视为有效直到项目结束遗传材料返还至提供方而使其满意。而遗传材料相关信息，本协议应受限于相关权利规定，如版权或商业秘密等。

评论：本条设置目的是维持与协议不相关联的权利和义务。这便意味着即使本协议不再履行使用方也有义务为所有被提供方界定为商业秘密信息保密和在协议终止后不向第三方转移。

选择二：当某当事方希望在项目结束之前终止本协议，该当事方应提前＿＿＿＿＿＿＿月进行书面声明。

本协议可在双方协商一致任何时间提前终止。

本协议若出现各方违法情形可立即终止。

第十八条 争议解决

各当事方同意恪尽诚信努力对采取何种方式解决本协议产生争议进行协商。若各当事方不能在＿＿＿＿＿＿月内解决争议，该争议将最终提交至双方协商一致的仲裁员予以解决。

选择一：若各当事方不能在＿＿＿＿＿＿＿月内解决争议，该争议必须在依据＿＿＿＿＿＿＿法院地法选取＿＿＿＿＿＿＿作为本协议产生争议唯一机关之前解决。

第十九条 其他条款

评论：各当事方亦可将他们认为重要的条款或其他相关事项如保证、不可抗力和免责声明等纳入本协议内容。

附录：《波恩准则》附录二：货币和非货币惠益

非货币惠益可以包括：

• 分享科研和开发成果；

• 在科研和开发方案中，特别是在生物技术活动中进行协调、合作和提供捐助，并尽可能在资源提供国内进行合作活动；

• 参与产品开发；

●在教育和培训方面进行协调、合作和提供捐助;

●允许利用易地生物遗传资源收集设施和数据库;

●根据公正和最优惠的条件转让知识和技术,包括根据商定的减让和优惠条件进行转让,特别是转让利用生物遗传资源的知识和技术（包括生物技术),或同保护和可持续利用生物多样性有关的知识和技术;

●加强向利用生物遗传资源的发展中国家缔约方转让技术的能力,以及在提供生物遗传资源的原产国内开发技术的能力。还促进地方社区和土著社区保护和可持续利用其生物遗传资源的能力;

●体制能力建设;

●提供人力和物力资源,以便加强负责管理和执行生物遗传资源获取条例的人员的能力;

●由提供资源的缔约方充分参与的同生物遗传资源有关的培训,并应尽可能在这些缔约方国内举办培训;

●同保护和可持续利用有关的科学资料,包括生物资源盘点和生物分类研究报告;

●对当地经济的贡献;

●考虑到生物遗传资源在提供国国内的用途,针对重点需要,例如健康和粮食保障,进行的科研活动;

●可以通过获取和惠益分享协定以及随后的合作活动建立的机构和专业关系;

●粮食保障惠益;

●社会认可;

●共同拥有相关的知识产权。

美国圣地亚哥州立大学研究生与研究分部材料非所有权转让简化协议*

本协议所适用的材料及其任何相关信息或圣地亚哥州立大学（以下简称"SDSU"）因此而提供的（生物）材料，以及来自接收者或经复制的任何产品。

我们非常乐意向接收者提供材料，该材料具体来自 SDSU＿＿＿＿＿＿＿＿科学家的实验室，但是受到下列条件限制：

1. 接收者同意（生物）材料仅能用于位于下列研究机构接收者科学家实验室内与研究项目（详情见附件 A）非商业研究目的研究活动。

2. 所有适用于国家健康研究所、国家科学基金会规则均继续适用。前述（生物）材料不得用于人类疾病治疗或测试，也不得直接或间接用于商业目的。

3. 在未经 SDSU 事先同意情况下，（生物）材料不得以任何目的分配至第三方。此外，接收者应仅允许其直接控制和监督的雇员及代表获取（生物）材料。如果接收者希望直接使用（生物）材料以实现盈利或商业目的，或在研究活动中间接识别或培育上述材料的商业价值，接收者应在前述使用活动开始前与 SDSU 协商以确定商业许可规定。接收者应了解 SDSU 并无授予其许可，以及授予其他人专属或非专属许可法定义务。

4. 本协议并无任何规定授予任何专利相关权利或 SDSU 专门知识，或任何使用（生物）材料及其任何产品或工艺权利或与之相关的盈利或商业目的，但是不限于生产、销售、药物筛选或药品设计。

5. SDSU 并不保证使用（生物）材料的行为不会侵犯任何专利权或其他所有权。（生物）材料应以研究为目的向研究群体提供。提供的材料也不保证符

---

* San Diego State University（SDSU），Graduate and Research Affairs，Simple Agreement for Transfer of Non-Proprietary Biological Materials.

合特定目的而具有可销售性，或其他明示、默示保证。应当了解 SDSU 及其雇员、代表与（生物）材料及其使用行为产生的责任并无关联。

6. 接收者应在协议终止后或在 SDSU 以任何理由提前要求时立即返还（生物）材料。

7. 本协议在下列发生最早的日期结束：（1）当材料通常可从第三方获得；（2）接收者当前材料研究活动已经完成；（3）各当事方向对方发送书面通知 30 天之后；（4）或在下列事实：

_____

8. 本简化协议的内容视为阐明整个书面协议及各当事方对协议的理解，除非各当事方实施书面协议，否则不得改变或修改。

各当事方授权代表以确认协议签署：

SDSU（授权机构代表）　　　　　　　　SDSU 科学家：

Lawrence B. Feinberg　　　　　　　　　姓名：_____

Associate Vice President for Research and Technology　职务：_____

San Diego State University　　　　　　　地址：_____

5500 Campanile Drive　　　　　　　　　城市、州、邮编：_____

San Diego, CA 92182-1643　　　　　　签名：_____

签名：_____　　　　　　　日期：_____

日期：_____

接收者（授权机构代表）　　　　　　　接收者科学家：

机构名称：_____　　　　　姓名：_____

姓名：_____　　　　　　　职务：_____

地址：_____　　　　　　　地址：_____

城市、州、邮编：_____　　城市、州、邮编：_____

签名：_____　　　　　　　签名：_____

日期：_____　　　　　　　日期：_____

美国圣地亚哥州立大学研究生与研究分部材料所有权转让协议[*]

原始材料描述：_____

材料：如果改变后的材料以原始材料为基础或包括原始材料的实质要素，或并非来自原始材料创新改变或与原始材料相比具有显而易见的区别，本协议所称"材料"包括任何对材料的改变，子代以及未经改变的衍生物。不过，上述并无任何规定可被解释为阻止接收者材料使用行为相关发明申请专利保护或阻止以及延迟接收者发表材料使用行为相关研究报告。

子代：未经改变的材料后代，比如源自病毒的病毒，细胞的细胞以及有机物的有机物。

未经改变的衍生物：接收者创设的能够成为未经改变的、重要的原始材料子功能单元的物质。例如，未经改变的细胞株亚克隆体、提供者熟知的、分馏的原始材料子集合、提供者提供 RNA/DNA 显示的蛋白质、提供者预期的或主动获知的 RNA/DNA 蛋白质序列、杂种细胞株分泌出单克隆抗体、原始材料比如新质体或载体子集。

改变物：接收者创设的包括/包含材料的物质。

本协议的规定和条件如下：

1. 本协议所涉材料为提供者财产且仅由接收者在其机构设备上单独用于研究活动，且仅由接收者科学家进行。研究活动类型限制于本协议附件一。

2. 在未经提供者书面同意情况下，接收者科学家同意不将材料转移至未受其监督的开展研究的其他人。接收者科学家也应向提供者表明对材料要求。而在材料提供充分的情形下，提供者及其科学家同意依据材料转让协议将材料转让至其他希望复制接收者科学家研究成果的（至少需是非营利性或政府

---

* San Diego State University (SDSU), Graduate and Research Affairs, Proprietary Material Transfer Agreement.

机构）科学家。

3.（1）接收者有权在不受限制的情况下通过材料使用行为对其创设的物质进行分配，且上述物质并非子代、未经改变的衍生物或改造物。

（2）依据提供者书面通知以及材料转让协议，接收者可将改造物发送至非营利性或政府组织且仅用于研究目的。

（3）经提供者书面同意后，接收者可将改造物用于商业开发。接收者应认识到上述商业开发行为应获得提供者商业许可且提供者并无强制义务。但是本段内容并不阻止接收者就改造物专利主张授予商业许可。

4.（1）提供者与接收者有形财产的所有权界定依据本协议附件一规定处理。

（2）提供者通过使用材料行为而可自由申请专利以主张发明，但是就改造物或材料使用行为本身申请专利的情形时应通知提供者。

5.（1）除了本协议明确提及，接收者并不被认为已拥有专利、专利申请、商业秘密或其他提供者所有权。特别是，接收者也不认为有权使用材料或改造和其他提供者相关专利权以盈利或商业目的，比如材料或改造物销售、以制造为使用方式、向第三方提供服务以作为交换对价，或以研究目的进行使用或在其他实体获得研究成果情况下为盈利实体提供咨询。

（2）如果接收者希望使用材料或改造物以盈利或商业目的，接收者应同意，并在上述行为开始之前，与提供者进行真诚协商以设定商业许可规定。接收者应了解提供者并无授予接收者许可，以及授予专属或非专属商业许可给其他人的义务。

（3）如果研究结果与发明中材料结果或改造物具有商业利用价值，接收者科学家同意马上向办公室披露上述发明或改造物以履行技术转让职责，且向任何创设发明或改造物的提供者雇员披露相关情况。上述发明或改造物发明权应依据美国专利法案确定。接收者在其科学家帮助下，应迅速向提供者提供披露文件复印件（和/或改造物样本），提供者应在 5 年内对上述信息保密且仅将其用于评估提供者。如果接收者或提供者决定提起专利申请，提供者应在 30 日内决定是否支付专利申请成本。考虑到提供者提供上述材料且支付专利申请成本，接收者应允许提供者在 90 天内（发明或改造物申请美国专利日期或在无任何专利申请的情形下提供改造物样本之日起算）就世界范围内商业许可规定进行协商。上述许可应包括以各当事方贡献和符合相应产业标准为基础的特许权使用费，且受到接收者政策限制，也需包括从非营利性组织到营利性组织类似技术许可等特别规定。如果上述期限内并无许可内容的协议规定，提供者拥有向第三方自由提供商业许可的权利。

6. 向接收者提供材料的规定并不能改变材料事先存在的权利。如果提供者授予第三方相关权利（不包括授予联邦政府或其他非营利性基金的习惯性权利）将会影响接收者，这些权利参见附件 B。

7. 提供者应向接收者通知其所熟知的任何与材料相关的毒性、健康风险等。后者科学家也应通过材料使用发现与材料相关的毒性、健康风险等。

8. 任何依据本协议提供的材料都应被认为具有开展实验的本质，提供者不得做任何表示且给予任何明示或默示承诺。目前也并无任何明示或默示表明该材料为满足特定目而可销售，或该材料使用不会侵犯任何专利、版权、商标或其他权利。

9. 接收者应就来自材料使用、存储或处置材料的所有损害承担责任。提供者不对接收者造成的任何需求、主张或损失承担责任，或由于以及因为接收者使用材料的行为而让接收者陷入其他当事方设置不利局面，除非是提供者重大过失或故意不良行为导致。

10. 本协议不得解释为延迟或禁止出版材料或改造物使用行为相关研究成果。接收者科学家同意在所有出版物中采取合适的方式承认材料来源，如果有必要，同意在提交或出版时将相关出版物复印件提交给提供者。

11. 接收者同意按照所有可适用的法律和规章规定使用材料，例如，包括与人类或动物主题或重组 DNA 相关研究活动规定。

12.（1）本协议在下列发生最早的日期结束：

当材料通常可从第三方获得，例如，通过试剂目录或来自布达佩斯条约所规定的储藏库；

接收者当前材料研究活动已经完成；

各当事方向对方发送书面通知 30 天之后。

（2）如果本协议因前述第 1 条第 1 款情形而终止，接收者将可得来源材料按照最低限制规定返还给提供者。

（3）除非出现下列第四款情形，或协议依据第 1 条第 2 款、第 3 款和第 4 款情形终止，接收者不应继续使用材料，且按照提供者指示将剩余材料予以返还或摧毁。接收者也应该摧毁改造物或按照本协议第 4 条和第 5 条适用于改造物规定继续保留。

（4）一旦提供者依据第 1 条第 3 款规定终止协议而非违反协议规定或出

现即时健康风险或侵犯专利等情况，为了满足接收者完成研究活动要求，提供者可延迟协议终止生效期限最长不超过 1 年。

13. 提供材料的费用为_____美元，应在本协议实施时及时缴纳。上述费用包括提供者为准备材料花费成本为_____美元，专门补偿给提供者运输或特别处置成本为_____美元。

14. 接收者同意通过合理努力（这种努力至少应像维护自己保密信息一般）维持材料相关技术保密性，并按照协议规定使用。上述保密义务并不仅限于信息，接收者应表明：

（1）披露信息时该信息正处于公共领域；

（2）在披露之后进入公共领域，且接收者及其雇员并无过错；

（3）提供者披露前接收者及其雇员业已熟知；

（4）第三方向接收者合法披露，且并无事先保密义务。第三方并不受到接收者有关保密义务的限制。前述保密义务应在协议终止后继续生效。

15. 下列额外或另外规定也是由当事方一致同意：

_____

请将下列信息填充，如果需要额外空间可另加纸张。

提供者：_____	接收者：_____
授权机构代表：_____	授权机构代表：_____
签名：_____	签名：_____
日期：_____	日期：_____
印刷体名字：_____	印刷体名字：_____
职位：_____	职位：_____
地址：_____	地址：_____
城市、州及邮编：_____	城市、州及邮编：_____
提供者科学家：_____	接收者科学家：_____
姓名：_____	姓名：_____
职位：_____	职位：_____
地址：_____	地址：_____
城市、州及邮编：_____	城市、州及邮编：_____
签名：_____	签名：_____
日期：_____	日期：_____

附件 A：属于提供者的：

原始材料：_____。

子代：_____。

未改变的衍生物：_____。

属于接收者的：

改造物：不管提供者是否就提供的任何形式的材料保留所有权。

通过材料或改造物使用而创设的物质，如果不属于子代、未改变的衍生物或改造物（如不包括原始材料或未经改变的衍生物）。

研究项目简介：

_____。

附件 B：提供者应描述任何提供者事先拥有的对第三方（除非联邦政府或非营利性组织）可能会影响接收者的义务。

乌拉圭国家农业研究所非营利性限制许可协议[*]

——◆◇◎◇◆——

各当事方就下列事项达成一致：

1. 乌拉圭国家农业研究所（以下简称"INIA"）和接收者＿＿＿＿＿＿＿＿＿＿
＿＿＿＿＿。

2. 本协议所涉及的草本植物材料是属于＿＿＿＿＿＿＿＿＿＿，并由 INIA
开发的种群，具体是指：

样本数量	属和种	植物品种名	种子重量（g）
1			
2			
3			

3. 前述所描述将运送至接收者的材料样本，主要是为满足不同栽培品种
的评估。任何人未经许可不得对蛋白质，和/或材料中特定分子进行克隆或者
分子操作。

4. 接收者同意与 INIA 分享材料的田野/温室/耐药评估结果，以及适应或
本地基因型。

5. 接收者同意不将上述材料转移至除签署本协议当事方以外的人，除非
该主体在本协议监督下作为合作方并同意受到本协议规定和条件约束。未经
许可任何人不得将材料转移至其他人，除非 INIA 事先书面同意。

6. 本协议以及材料转移结果构成对接收者使用材料的限制性许可，即仅
适用于非营利性目的。材料不得用于与本协议不一致的目的。直到完成本协
议所授予限制性许可相关工作，上述材料才能销毁。

7. 接收者不应获得材料的任何所有权，除非 INIA 事先书面同意。

---

* Restricted License for non-profit purposes of the National Agricultural Research Institute（INIA）Uruguay.

8. 接收者不得保留剩余种子或已收获的试验种子。如果接收者希望将收获种子用于未来田野试验，接收者应同意就上述事项与 INIA 进行沟通。

9. 接收者不得为研究以外的目的以种子交换为基础增加种子数量。

10. 作为田野试验的结果，如果接收者有兴趣将材料投入市场，接收者同意在有关产品投入市场前，与 INIA 进行真诚沟通，接收者也应向 INIA 支付补偿。上述补偿应包括来源于材料销售总额价值的特许权使用费。

11. 接收者同意向 INIA 寄送材料使用研究结果报告。

12. 接收者同意在未提到来源和相信 INIA 作为材料创造者的情况下出版材料结果。

13. 如果各当事方之间可能进行全面、真诚讨论，本协议任何争端都可得到解决。而在没有任何协议情况下，各当事方同意通过仲裁解决争端。上述争端应当依据联合国国际贸易法委员会 1995 年 6 月 21 日修正的《国际商事仲裁院示范法案》规则和程序进行。

各当事方可放弃任何法院或法庭进一步上诉或救济权利，除非是仅仅为了获得仲裁庭对任何判决的管辖权，而该管辖权本来是由法院专属。

各当事方同意仲裁程序所产生的外部成本、费用必须以符合仲裁员或仲裁院决定来分担。如果仲裁员或仲裁院并未就上述问题作出规定，则上述成本或费用应由各当事方平均分担。

14. 现有协议与签名日期同时生效，而在所有与材料交换相关研究和开发活动结束后失效。

对于有关见证的问题，各当事方授权法定代表以相同意旨签署本协议的复印件也将在标示的时间、地点生效。

INIA：_____　　　接收者：_____

签名：_____　　　签名：_____

姓名：_____　　　姓名：_____

时间与地点：_____　　　时间与地点：_____

转让人与受让人转移特定生物遗传资源协议[1]

前言

鉴于：

受让人的名称：＿＿＿＿＿＿（生物技术行业组织成员），公司情况、位置等信息＿＿＿＿＿＿＿＿＿＿；

转让人的名称：＿＿＿＿＿＿，公司情况、位置等信息＿＿＿＿＿＿＿＿＿＿；

受让人依据与转让人签署生物勘探协议，识别和/或收集特定生物遗传资源的实物样本；

受让人希望占有识别和/或收集特定生物遗传资源；同时

受让人已通知转让人生物遗传资源可能用途以符合占有目的，以及该生物遗传资源相关首席研究人员的联络信息和身份；同时

基于受让人提供上述信息，转让人同意将财产权转让给受让人以便后者使用。

转让人与受让人因此就下述内容达成一致：

简评：若转让人或受让人为其他机构的代理（或受让人有义务将特定生物遗传资源转移给其他机构），此时其他机构也应予以确认。

前述前言仅适用于转让人与受让人之间事先签署生物勘探协议的情形。

转让人即是通常意义的提供方，《生物技术产业组织成员参与生物勘探活动指南》（2005 年，以下简称《生物勘探活动指南》）第一段 A.11 将其界定为有权授予事先知情同意或许可获取和使用特定生物遗传资源的法定机构，这些机构尤其包括各国中央政府、地方政府、土著或当地社区以及上述机构结合。此外，转让人也可以是提供方的代表。若存在生物勘探协议，通常应明确列举提供方。不过也可依据协议应在识别和/或收集特定生物遗传资源过程

---

〔1〕 本协议原文对每个部分均附简评，为了更好地体现译文内容，译者对简评部分予以保留并进行翻译。

中确认新增转让人。

前言也注意到应依据协议将事先知情同意用于转移特定生物遗传资源活动中。事先存在生物勘探协议也指出事先知情同意可用于特定生物遗传资源收集活动但并未明确指出其可用于特定生物遗传资源的使用和转移，但生物勘探活动指南第三部分"事先知情同意"可酌情适用。

第一条　定义

本协议所使用的术语具有如下含义：

"生物勘探协议"是指转让人和受让人书面签署的以_____为题并实施的、附在本协议最后部分的书面协议；

"生物遗传资源"是指非人工的包括遗传功能的动物、植物或微生物材料；

"缔约方"是指转让方和受让方。

简评：生物勘探活动指南第一部分 A 可见评注使用定义的情况。

第二条　材料

本协议所涉及材料是指：对拟转移的特定生物遗传资源实物样本做详细描述。

简评：对拟转移的特定生物遗传资源实物样本进行描述应包括如下：

1. 生物遗传资源实物样本的分类信息（若分类信息无从得知，则可对实物样本物理属性进行描述）；

2. 描述实物样本的图片、绘画和其他书面材料；

3. 获得实物样本的位置以及转让人提供的关于实物样本地理来源（如来源国）的任何信息；

4. 标本样品应存储在相应设备中以维持标本的完整并应允许未来进行特征描述（permit future characterization of it）；这些设备应包括《国际承认用于专利程序的微生物保存布达佩斯条约》所设立的国际保藏单位。令人接受的设备也不限于上述这些保藏单位，但是也应包括转让人和受让人均认为符合条件的其他保藏单位。

实物样本描述应尽可能地由转让人来完成。另外一种做法即是由受让人与转让人共同开发一套双方均满意的描述方式。若有大量实物样本需要转移，应将这些描述文档置于附件。此外也应使用各种转移协议，尤其是存在各种不同用途以及通过不同惠益分享安排规范转移活动的时候。

第三条 转移

3.1 转让人应在满足下列条件要求前提下依据第2条设立协议将实物样本转移给受让人。

3.2 转移实物样本的条件，包括样本数量、包装、运输的地点和实践等。

3.3 受让人不得再将转让人提供的实物样本再次转移，也不得将实物样本转移供第三方使用除非以下情形：

3.3.1 受让人如前文所述系其他机构的代理且该机构受本协议约束；

3.3.2 第三方接收实物样本得到转让人书面授权；

3.3.3 受让人的继承人也受本协议约束。

3.4 受让人应保存实物标本控制、存储和物理移动的记录并将这些记录提供给转让人。

简评：若实物样本从发生转移所在国出口和/或进口，该国政府应对出口和/或进口活动予以审批。若政府机构本身即为转让人，它应明确是否有权和/或得到授权进行出口和/或进口。不论如何，相关政府应尽出口和/或进口审批之责。相应地，各国政府规则也应明确设置控制材料的程序性规定。各国应尽履行上述规定之责而且所有规定必须得到实施。

第四条 材料使用

4.1 受让人（受让人作为代理时的被代理人）应依据第三条规定基于下列目的使用已转移实物样本：

选择一：生物勘探协议第_____条列举的目的；

选择二：生物勘探协议第_____条列举的目的以及上述目的；

选择三：选择一和选择二目的。

4.2 受让人（受让人作为代理时的被代理人）不得以第2条规定的实物样本申请专利或植物新品种保护（如转移给受让人的材料形式）。受让人可以对已使用的实物样本相关的发明申请专利，包括转变实物样本形式的专利、已使用实物样本开发出的物种相关植物新品种权利。

简评：若受让人希望以前述第4条第1款规定以外的目的使用实物样本，它必须与转让人进行协商对协议进行修改或重新与转让人签订协议。

第4条第3款规定受让人可以实物样本为基础申请专利或植物新品种权。然而第5条是关于惠益分享的规定，该条认为转让人是受让人的许可人或应将两者作为联合申请主体等内容列入惠益分享协议。上述有关禁止受让人申请专利或植物新品种保护的规定是用来确保转让人权利不受限制或专利权人或植物新品种权人以外的其他人使用实物样本。

第五条　惠益分享

5.1 受让人（受让人作为代理时的被代理人）应在双方共同确定的时间内就使用实物样本进行下列惠益分享：

选择一：生物勘探协议第＿＿＿＿＿条列举的目的；

选择二：生物勘探协议第＿＿＿＿＿条列举的目的以及上述目的；

选择三：选择一和选择二目的。

简评：惠益分享内容的确定以转让人需求为准，特定惠益需求受如下因素影响，如土著和当地社区、已转移实物样本的商业价值、实物样本潜在用途、使用实物样本生产有价值的产品的同类产品以及其他因素等。总而言之，为惠益内容设定示范形式或具体方式是不太合适的，因为这种单一形式或方式无法适应所有环境。

通过惠益分享形式将会确定惠益分享具体内容、惠益分享的相关条件和惠益分享开始的时间（如即时费用支付、在研究活动或实验设置中使用材料特定费用）。此外，本部分也将包括未来某个时点双方承诺对惠益分享有关术语和条件进行协商。这些时点包括：（1）某个时间；（2）某项使用已转移材料研究活动开始的时间；（3）某项产品被确认或准备投产或上市的时间。通常不建议协商时间晚于上述时间，即使上述协议缺乏获取和惠益分享有关术语以影响商业活动的开展和/或存在破坏材料价值的可能。

生物勘探活动指南第五部分 B 段列举的惠益分享若干类型可供生物勘探协议形成惠益时参考。同时各方也应注意到《关于获取生物遗传资源并公正和公平分享通过其利用所产生惠益的波恩准则》附件二也对惠益分享类型进行列举，具体可参阅：http://www.biodiv.org/decisions/default.aspx？m＝COP－06%id＝7198&lg＝0.

第六条　保护和可持续利用生物多样性

受让人应采取尽可能的措施和极尽诚信义务就第 3 条规定已转移实物样本相关研究数据进行分享，这些研究数据可能会对收集的特定实物样本的种群、环境、栖息地的保护提供支持。

简评：本条规定义务来自于指南第五部分 3 段（第 1 和 2 段仅与收集活动相关）。生物勘探协议或应包括类似条款。

第七条　一般条款

7.1 除非各方协商一致同意另定期限，本协议履行期限从协议开始生效之

日起算为10年。本协议应自任意一方以书面通知方式提出终止协议意图并通知发出之日起6个月后终止。（可对通知提出要求）

7.2 第4条第3款和第6条设定权利和义务应排除协议终止或终结。

7.3 除非申请专利或植物新品种保护时需要履行来源披露义务，在协议面临终止或终结之时，受让人（受让人作为代理时的被代理人）应以本协议相关规定返还已转移实物样本（或来源于已转移实物样本的其他材料或生物遗传资源）至转让人，或在转让人要求下销毁前述样本、其他材料或生物遗传资源。

7.4 本协议条款即构成本协议全部内容并对该协议各方和未对本协议有关内容进行保留或保证的其他各方。本协议内容不会被扩充、取消或修改除非协议各方签署书面协议以示同意。

7.5 本协议设置的权利和义务在未经协议各方事先知情同意情况下不得被分配或转移。

7.6 本协议任何内容不视为协议各方形成合伙或代理关系。

7.7 不管法律适用是否出现冲突，本协议应遵守并符合相关法律、法规规定。

7.8 ［补偿和保密条款的保留］。

7.9 ［争端解决方式条款的保留］。

签名

简评：第7条第1款设置了适时通知义务，但仍取决于转让人不同情形而发生变化。例如，与植物园相关适时通知程序明显与土著和当地社区通知义务存在差别。若存在生物勘探协议，本通知义务规定将会对该协议通知条款造成影响。

第7条第2款在适用过程中应对本协议第4条规定某些"使用"行为以及第5条保留条款某些"惠益"内容进行说明。

针对第7条第9款保留条款规定也取决于转让人不同情形。若存在生物勘探协议，本保留条款内容也应与该协议保留条款规定保持一致。生物勘探活动指南第二部分第7段指出争端解决条款应提供一套"公平和有效"的解决方式且应包括与指南附件中提到程序保持一致的国际仲裁条款。

编译后记

生物遗传资源及获取和惠益分享是一个在国内国外面临不同境遇的、与国家安全、生态安全密切相关的、虽然冷门但具有永恒意义价值的生态环境议题。从濒危物种的保护与消失、到物种的跨境流动与国际贸易、再到知识产权或其他权利的争夺与剽窃，均与生物遗传资源及获取和惠益分享活动（行为）密切相关。

我的导师秦天宝教授曾于 2005 年出版过一本题为《国际与外国遗传资源法选编》的书，这是国内第一本全面、系统归纳、梳理和翻译全球生物遗传资源法律的专著，它被很多人誉为生物多样性法制的入门读物，也是国内理论界关注程度最多、引用率最高的"网红书"之一。这本书在我攻读博士学位期间为我从事相关领域的学术研究提供了重要文献与资料参考，本书的设计编排灵感即来源于此。即便如此，本书也试图在主题、选材、内容等方面有所突破和创新，以尽可能全面、系统、详尽地展现近十多年来全球生物遗传资源获取和惠益分享领域所出现的新现象、新动向和新特征。

最终呈现在诸君面前的这本书并非严格意义上的学术专著（译著），将其界定为资料汇编似乎更为合适。尽管耗时甚巨，但这项具有基础性的、正外部性的工作也得到了很多人的关心、帮助和支持。我与英国皇家植物园邱园生物多样性公约履约小组、印度国家生物多样性管理局相关干事素昧平生，他们仍主动热情地提供了关于邱园植物遗传资源、印度最新生物遗传资源获取和惠益分享相关文件、材料，使得这些文献得以通过本书首次介绍到国内；围绕本书部分内容所撰写的学术论文也相继见诸于若干学术期刊，这些刊物的编辑与外审专家对拙作的抬爱亦使得本人能够持续保持研究兴趣与动力；生态环境部自然生态司、生态环境部对外环境合作中心、生态环境部南京环境科学研究所、中国科学院昆明植物研究所等相关部委、兄弟院校及科研单位的领导、前辈、同仁亦多次询问此书进展，对本人亦是关怀备至，使得本人抱有十足的斗志与干劲及时完成编译以不至于延误"工期"；除了秦天宝教授以外，我国著名生物多样性学者、中央民族大学生命与环境科学学院首席科学家薛达元教授、中国政法大学环境资源法研究所所长于文轩教授为本书欣然作序，中国政法大学出版社丁春晖编辑及团队为本书的出版持续不断地付出心力，我的研究生刘巧儿、余亦竹、张湘莹多次协助审读校对书稿，均是本书能够成功出版的重要保证。

本书当中大多数内容均是当今各国、各国际组织、各国政府、大学、科研机构、民族和当地社区已经或即将适用的关于生物遗传资源获取和惠益分享规则、规范和实施细则，如果能够为我国理论和实务等社会各界、利益相关方开展生物遗传资源获取和惠益分享实践提供些微决策帮助和行为指导，本人深表荣幸。然而本书中所出现的谬误，敬请各位不吝赐教，我的邮箱地址是 calvin1594@ gmail. com。

李一丁

2018 年 10 月于贵阳花溪

图书在版编目（CIP）数据

全球生物遗传资源获取与惠益分享行为指南与示范准则资料汇编/李一丁编译. —北京:中国政法大学出版社, 2018.10

ISBN 978-7-5620-8611-6

Ⅰ.①全… Ⅱ.①李… Ⅲ.①生物多样性－生物资源保护－国际公约 Ⅳ.①Q16②X176③D996.9

中国版本图书馆 CIP 数据核字(2018)第 231310 号

出 版 者	中国政法大学出版社
地　　址	北京市海淀区西土城路 25 号
邮寄地址	北京 100088 信箱 8034 分箱　邮编 100088
网　　址	http://www.cuplpress.com（网络实名：中国政法大学出版社）
电　　话	010-58908586(编辑部) 58908334(邮购部)
编辑邮箱	zhengfadch@126.com
承　　印	固安华明印业有限公司
开　　本	720mm×960mm　1/16
印　　张	29.5
字　　数	530 千字
版　　次	2018 年 10 月第 1 版
印　　次	2018 年 10 月第 1 次印刷
定　　价	88.00 元